Krokodile

Alligatoren, Kaimane, Echte Krokodile
und Gaviale

Ludwig Trutnau

Die Neue Brehm-Bücherei Bd. 593
Westarp Wissenschaften · Magdeburg · 1994

Die Deutsche Bibliothek — CIP–Einheitsaufnahme

Trutnau, Ludwig:
Krokodile: Alligatoren, Kaimane, echte Krokodile und
Gaviale / Ludwig Trutnau. – Magdeburg: Westarp-Wiss., 1994
(Die Neue Brehm-Bücherei; Bd. 593)
ISBN 3-89432-420-1
NE: GT

Umschlag: *Tomistoma schlegelii* (Sunda-Gavial), Foto: TRUTNAU

Wolf Graf von Westarp
Uhlichstraße 6, 39108 Magdeburg, Tel. + Fax. 0391–35620

Satz und Layout: Heinz–Jürgen Kullmann, Dortmund
Druck und Bindung: Hartmann, Ahaus

Inhaltsverzeichnis

1 Einführung

Die Stammesgeschichte der Alligatoren, Kaimane, Krokodile und Gaviale reicht bis in die Zeiten der Trias vor ca. 200 Millionen Jahren zurück. Über Jahrmillionen waren diese imposanten Reptilien die gewaltigsten Beherrscher unserer Erde. Von der Riesenfülle der ehemaligen Formenmannigfaltigkeit sind nur bescheidene Reste übriggeblieben, die heute durch vier Unterfamilien — Alligatorinae, Crocodylinae, Tomistominae und Gavialinae — repräsentiert werden. Aber auch unter den rezenten Krokodilen befinden sich noch Achtung einflößende Gestalten von vier, fünf, sechs, sieben und mehr Metern Länge. Immerhin weht von ihnen der Hauch einer urtümlichen Welt von vor Jahrmillionen zu uns herüber. In ihrem äußeren Erscheinungsbild sind die Krokodile den uns so vertrauten Eidechsen recht ähnlich. Von letzteren unterscheiden sie sich jedoch durch ihre Länge, ihr Gewicht, ihre Bezahnung, ihr Skelett, den Bau ihres vierkammerigen Herzens und der Lungen, der Bildung der Zunge, den Bau des Magens sowie in der Ausprägung der Geschlechtsorgane.

In der einschlägigen Literatur und im Sprachgebrauch werden Krokodile nicht selten leichtfertig Panzerechsen genannt. Diese Bezeichnung ist ein Mißgriff, für den es nur bedingt eine sachliche Basis gibt. Der Name »Panzerechsen« mag wohl dem Laien wegen der echsenähnlichen Gestalt und dem Hautpanzer, der in der Form von großen, kräftigen und zum Teil verknöcherten Hornschilden den gesamten Körper bedeckt, eine sehr nahe Verwandtschaft suggerieren. Allerdings sind besonders die anatomischen Unterschiede wie die verschiedenen stammesgeschichtlichen Verwandtschaftsbeziehungen zwischen Echsen und Krokodilen so bedeutend, daß die nomenklatorisch ungültige Bezeichnung »Panzerechsen« besser unterblieben wäre, um eine Verwechslung zwischen Echsen und Krokodilen bei Laien zu verhindern und um einen Eingang in das fachliche Schrifttum zu vermeiden. Nicht zu Unrecht dürfte der Fachfremde erstaunt sein, wenn er hört, daß die Verwandtschaft der Krokodile zu den Vögeln bedeutend näher ist als die zu den Echsen.

Vögel und Säugetiere haben unter den Menschen zahlreiche Liebhaber. Alligatoren, Kaimane, Krokodile und Gaviale jedoch bringen die meisten Menschen zum Erschaudern und nicht selten zu gleichzeitiger Faszination. In meist grausigen Erzählungen berichten Tropenreisende und Eingeborene ferner Länder von diesen schrecklichen Ungeheuern, die bewegungslos und trefflich getarnt mit aufgerissenem Maul an den Ufern von Seen und Flüssen wie im Schlamm der Sümpfe lauern und stets bereit sind, einen unaufmerksamen Erdenbürger im Überraschungsangriff zu packen und zu verschlingen. Selbst Zoologen hegen bisweilen gegenüber diesen gepanzerten Geschöpfen mit dem schreckenerregenden Gebiß, in deren Nähe sich kaum ein anderes Tier wagt, gemischte Gefühle. Nach Ansicht der meisten Menschen sind Krokodile gefräßig, gierig, mordlustig, verschlagen, wild, grausam, feige oder weisen weitere unliebsame Wesenszüge auf. Es sei darauf hingewiesen, daß derartige Attribute eher menschliche als tierische Eigenschaften kennzeichnen und, daß das Verhalten eines Krokodils wie bei anderen Tieren von den angeborenen Instinkten und von den im Leben gemachten Erfahrungen festgelegt wird.

Überall, wo Krokodile keinen Schutz genießen, tritt ihnen der Mensch unnachsichtig entgegen. Die rücksichtslose Verfolgung entspringt aber weniger einem übertriebenen Schutzbedürfnis, als vielmehr der kommerziellen Gier nach ihren wertvollen Häuten, die sich zu feinsten Leder- und Galanteriewaren verarbeiten lassen. Dabei wird übersehen, daß auch Krokodile Integrationsstufen eines komplizierten Ökogefüges sind, die der Mensch schon im eigenen Interesse nicht herausbrechen darf.

Es ist der Wunsch des Verfassers, daß dieses Buch nicht nur eine objektive Gesamtschau über die Krokodile gibt, sondern durch die Vermittlung von Kenntnissen speziell auch zu ihrem Schutz und zu ihrem Überleben in unserer so wenig naturfreundlichen Welt beitragen möge.

Altrich, im Juli 1994 Ludwig Trutnau

2 Ursprung der Krokodile

Die ersten Reptilien traten vor ungefähr 310 Millionen Jahren im oberen Karbon auf. Man kennt aus diesem Zeitabschnitt die Stammesreptilien (Ordnung Captorhinomorpha) und die drei Gruppen Urraubsaurier, bei denen schon Schläfengruben ausgebildet sind. Es ist unbekannt, ob die Reptilien in vielen verschiedenen Linien entstanden sind oder einen einheitlichen Ursprung haben. Der Züricher Paläontologe KUHN–SCHNYDER hat die Mehrstämmigkeit der Reptilien nachdrücklich hervorgehoben, während andere Paläontologen sie von dem urtümlichen anapsiden Bauplan ableiten, wie ihn die Stammreptilien verkörperten (KUHN 1971).

Die Blütezeit der Reptilien war das Erdmittelalter mit einer Fülle unterschiedlicher Formen, die alle Kontinente bewohnten. Die Saurier liefen und kletterten nicht nur auf der Erdoberfläche, sondern sie hatten auch das Wasser und die Luft erobert. Den heute vier lebenden Reptilienordnungen, nämlich den Schildkröten (Testudinata), den Schnabelechsen (Rhynchocephalia), den Schuppenkriechtieren (Squamata) — letztere gliedern sich in Echsen (Sauria), Schlangen (Serpentes) und Doppelschleichen (Amphisbaenia) auf — und den Krokodilen (Crocodylia), stehen mindestens 20 ausgestorbene Ordnungen gegenüber. Die bekanntesten unter ihnen sind die beiden Dinosaurierordnungen, die Flugsaurier, die Paddelechsen, die Pflasterzahnsaurier, die säugetierähnlichen Reptilien und die Fischechsen (KUHN 1971).

Der Begriff »Kriechtier« entspringt einer wenig glücklichen Wortwahl, da die noch vor 200 Jahren unbekannten Saurier nicht nur krochen sondern auch liefen, kletterten, schwammen und flogen.

Nach STEEL (1973) ging gegen Ende der Kreidezeit vor rund 70 Millionen Jahren das Zeitalter der Saurier zu Ende. Es verschwanden die Dinosaurier, die Paddelechsen, die Fischechsen und andere, doch die Krokodile überlebten die Kreidezeit. Nach ihrer Blüte im Tertiär ist ihre Anzahl heute auf etwas mehr als 20 Arten gesunken.

Die Vorläufer der Krokodile sind die Thecodontier der Trias, die sich von den Eosuchiern aus dem Perm herleiten. Die Eosuchier haben ihren Ausgangspunkt in den Stammreptilien des Karbons. Eingehende Angaben über ausgestorbene Krokodile vermitteln die Schriften von LANGSTON (1965) und STEEL (1973, 1975, 1989). Die rezenten Krokodile wie auch zahlreiche fossile Formen nahmen ihren Ausgangspunkt aus den Vollkrokodilen (Eusuchia) vor ungefähr 150 Millionen Jahren.

Die Auffassungen über die Systematik der rezenten Krokodile sind heterogen (Abb. 1). Die natürlichen Verwandtschaftsgrade wurden hauptsächlich auf der Grundlage der vergleichenden Morphologie festgelegt. Nach WERMUTH & MERTENS (1961) blieben bis heute drei Familien mit acht Gattungen erhalten: die Alligatoridae mit den Gattungen *Alligator, Caiman, Melanosuchus, Paleosuchus;* die Crocodylidae mit den Gattungen *Crocodylus, Osteolaemus* und *Tomistoma* und die Gavialidae

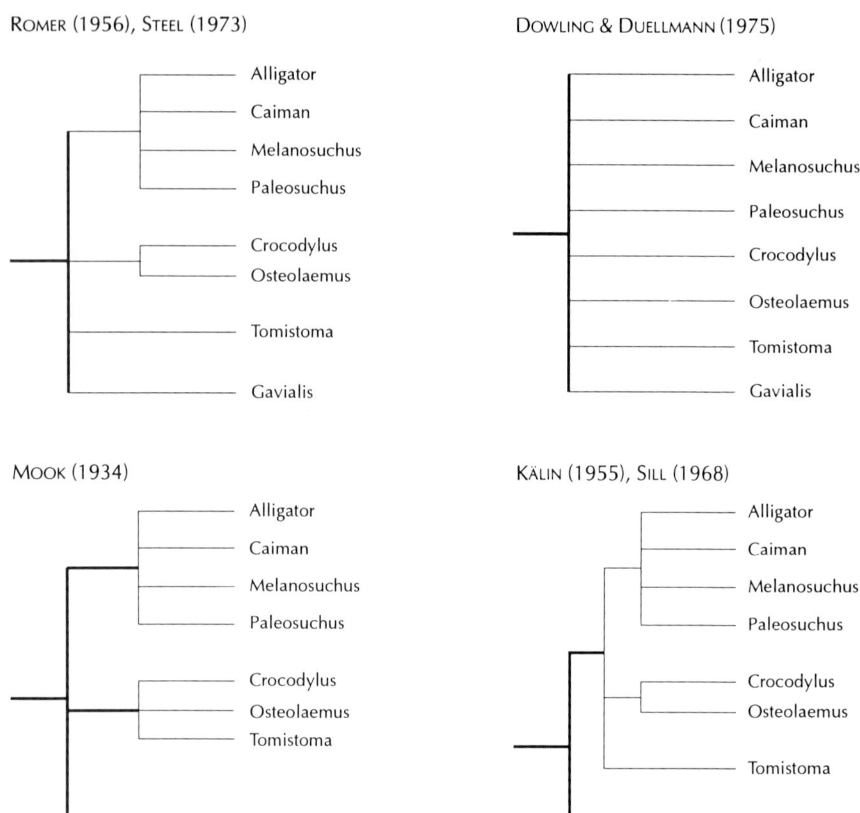

Abb. 1: Verschiedene Interpretationen der Krokodil–Systematik. Die dicken Linien kennzeichnen die systematische Ebene der Familien, die anderen Linien entweder Unterfamilien oder Gattungen. Nach MOOK (1934) und WERMUTH (1953) werden die Krokodile in drei Familien, nach KÄLIN (1955) und SILL (1968) in zwei und nach ROMER (1956), STEEL (1973) sowie DOWLING & DUELLMAN (1974 - 1978) in einer Familie zusammengefaßt. Aus DENSMORE III & OWEN (1989).

mit der Gattung *Gavialis*. Die Vorstellungen von drei Familien in der Ordnung der Crocodylia finden sich in gleicher Weise auch bei MOOK (1934) wieder. KÄLIN (1955) und SILL (1968) teilen die Ordnung der Crocodylia in die Familie der Gavialidae mit der Gattung *Gavialis* und die Familie der Crocodylidae mit 3 Unterfamilien ein. Danach sind die Gattungen *Alligator, Caiman, Melanosuchus* und *Paleosuchus* in die Unterfamilie der Alligatorinae, die Gattungen *Crocodylus* und *Osteolaemus* in die Unterfamilie der Crocodylinae und die Gattung *Tomistoma* in die Unterfamilie der Tomistominae einzureihen. Die taxonomischen Vorstellungen von ROMER (1956) und STEEL (1973), die heute weitgehend anerkannt sind, entsprechen denen von KÄLIN (1955) und SILL (1968) in wesentlichen Punkten. Die beiden Autoren erkennen die Familie der Crocodylidae mit den Unterfamilien der Alligatorinae (Gattungen *Alligator, Caiman, Melanosuchus, Paleosuchus*), der Crocodylinae (Gattungen *Crocodylus, Osteolaemus*), der Tomistominae (Gattung *Tomistoma*) und der Gavialinae (Gattung *Gavialis*) an (siehe Abb. 1).

DOWLING & DUELLMANN (1974 – 1978) sehen in den rezenten Krokodilen nur die Familie der Crocodylidae mit den gleichwertigen Gattungen *Alligator, Caiman, Melanosuchus, Paleosuchus, Crocodylus, Osteolaemus, Tomistoma* und *Gavialis*. In dieser Hinsicht sei auf die Untersuchungen von DENSMORE III & OWEN (1989) hin-gewiesen. Danach legen Protein–, Lipid– und Nukleinsäureanalysen nahe, daß *Tomistoma schlegelii* und *Gavialis gangeticus* näher miteinander verwandt sind als mit den anderen Krokodilen (Abb. 2). Die Echten Krokodile, die nach Auffassung der gerade genannten Autoren ein nahes Verwandtschaftsverhältnis miteinander teilen, haben sich erst in jüngster Zeit voneinander getrennt.

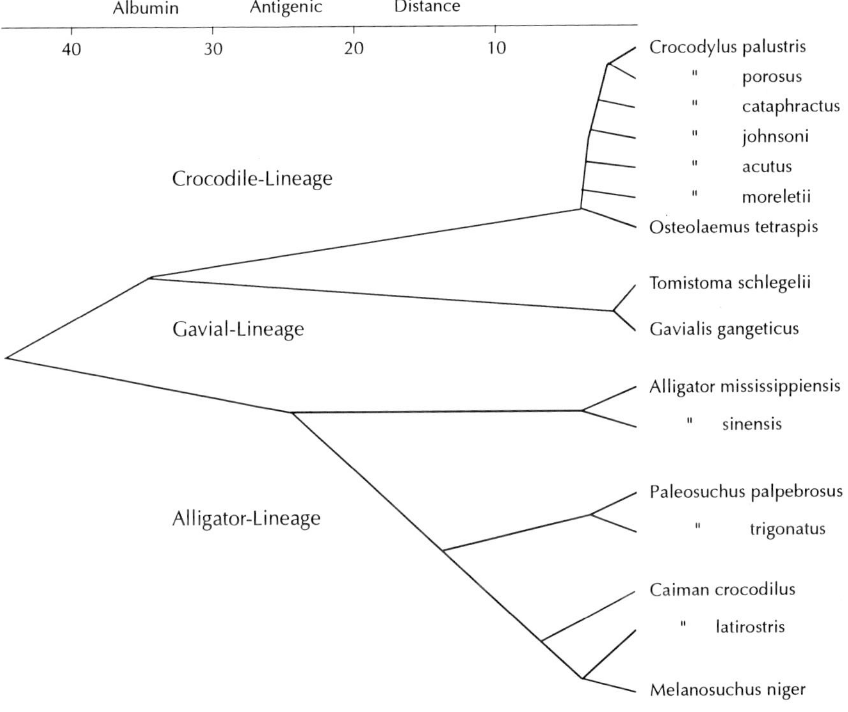

Abb. 2: Krokodil–Systematik nach einem UPGMA–Phenogramm auf der Basis von Albumin–Immunodiffusionsdaten. Aus DENSMORE III & OWEN (1989).

In der vorliegenden Arbeit wird der systematischen Auffassung von vier Unterfamilien mit acht Gattungen gefolgt: Alligatorinae mit den Gattungen *Alligator, Caiman, Melanosuchus, Paleosuchus*, Crocodylinae mit den Gattungen *Crocodylus, Osteolaemus*, Tomistominae mit der Gattung *Tomistoma* und Gavialinae mit der Gattung *Gavialis*.

3 Stellung der Krokodile innerhalb der Wirbeltiere

Die Krokodile gehören zum Stamm der Chordatiere (Chordata), die in den Wirbeltieren ihre höchste Ausbildungsstufe erreichen. Das typische Merkmal der Chordatiere ist das Achsenskelett, dem ein über dem Darm gelegener elastischer Stab, die Chorda dorsalis, zugrunde liegt. Weiterhin kennzeichnend ist das dorsal gelegene röhrenförmige Zentralnervensystem, das Neuralrohr wie das geschlossene Blutgefäßsystem. Der Stamm der Chordatiere gliedert sich in drei Unterstämme auf: 1. Acrania (Schädellose), 2. Tunicata (Manteltiere), 3. Vertebrata (Wirbeltiere).

Die Wirbeltiere besitzen eine aus der Chorda dorsalis hervorgegangene Wirbelsäule wie einen knorpeligen oder knöchernen Schädel. Dem Grundbauplan nach gliedert sich der Körper der Wirbeltiere in einen Kopf–, in eine Rumpf– und in eine Schwanzregion auf. Die meisten Wirbeltiere haben zwei Gliedmaßenpaare, die bei einigen, wie z. B. den Schlangen, wieder rückgebildet wurden. Das Zentralnervensystem, aus Gehirn und Rückenmark bestehend, ist hoch entwickelt. Das hämoglobinhaltige Blut wird vom Herzen durch das geschlossene Blutgefäßsystem gepumpt. Die Atmung erfolgt durch Kiemen und durch Lungen. Zusätzliche Atmungsorgane können die Haut, die Mundhöhle, der After, der Darm, umgewandelte Schwimmblasen und bei den Labyrinthfischen das sogenannte Labyrinth sein. Das Verdauungssystem besteht aus einem oder mehreren Mägen, verschiedenen Darmabschnitten, einer Leber und einer Bauchspeicheldrüse. Die Ausscheidungs– und Geschlechtsorgane bilden das sogenannte Urogenitalsystem. Die Haut besteht aus zwei Schichten, der ektodermalen Oberhaut und der mesenchymalen Unterhaut. Der Körper kann von schleimzellenreichen Schuppen (Fische), von einer drüsenreichen und schlüpfrigen Haut (Amphibien), von Hornschuppen, Hornschilden oder einem festen Panzer (Reptilien), von Federn (Vögel) oder Haaren (Säugetiere) bedeckt sein. Mit Ausnahme der Fische werden die anderen vier Klassen von Wirbeltieren mit ihrer meist fünffingrigen Hand als Pentadactyla bezeichnet. Den Fisch– und den Amphibienembryonen fehlt die Embryonalhülle. Sie werden daher Anamnia genannt. Die Reptilien, Vögel und Säugetiere sind Amnioten, da sie im Embryonalzustand ein Amnion, eine Embryonalhülle aufweisen. Es gibt fünf Klassen von Wirbeltieren, die taxonomisch folgende Gliederung aufweisen:

Wie unterscheiden sich die Krokodile nun von den drei anderen in Kapitel zwei erwähnten Reptilienordnungen? VON WETTSTEIN (1937) charakterisiert die Krokodile auf Grund anatomischer Merkmale folgendermaßen: Krokodile sind mittelgroße oder große Reptilien mit zwei Gliedmaßenpaaren und einem langen, kräftigen Schwanz, der zur Schwanzspitze hin in zunehmendem Maße flacher wird (Abb. 3). Die Hintergliedmaßen sind länger als die Vordergliedmaßen. Die Finger

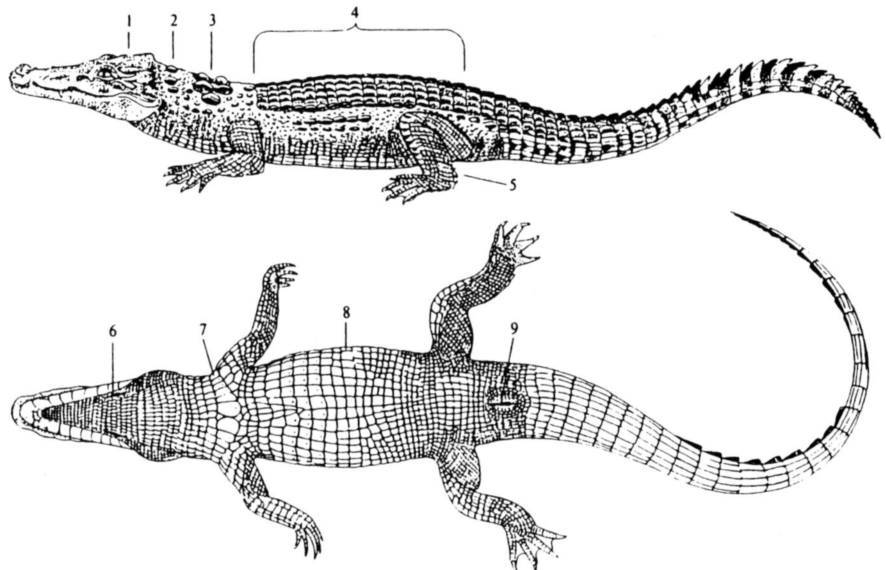

Abb. 3: Gesamtmorphologie eines Krokodils von der Seite und von unten. 1 Schädelplatte, 2 Hinterhaupthöcker (Postoccipitalia), 3 Nackenhöcker (Nuchalia), 4 Rückenschuppen (Dorsalia), 5 Schuppenkamm an den Gliedmaßen, 6 Unterkiefermoschusdrüsen, 7 Halsschuppen (Collare), 8 Bauchschuppenquerreihe (Ventraliareihe), 9 Afterspalt. Aus Obst et al. (1984), nach Wermuth (1953).

weisen Reduktionserscheinungen auf. Die Elle und die Speiche sind röhrenknochenförmig. Der Schultergürtel und die Vordergliedmaßen sind mehr oder weniger reduziert. Es ist nur ein korakoidales Knochenelement vorhanden. Das Cleithrum fehlt. Die Rippen sind zweiköpfig. Es sind sieben bis neun Halswirbel vorhanden. Zwischen den procölen Wirbelkörpern — diese sind nach oben hin eingebuchtet — befinden sich Zwischenwirbelscheiben. Die Wirbelkörper der primitiven Formen (Protosuchia, Archaeosuchia) sind von zwei Seiten her eingebuchtet und somit amphicoel. Bei den Mesosuchia und den Sebecosuchia sind sie beidseitig flach und somit platycoel. Die fortschrittlicheren Eusuchia haben nur in Richtung auf den Rücken hin eingebuchtete Wirbelkörper. Die Ferse und der Fersenfortsatz sind beweglich. Die Zehen der Hintergliedmaßen sind durch Schwimmhäute miteinander verbunden (Abb. 4). Die Kloakenöffnung liegt als längs verlaufender Spalt hinter den Hinterextremitäten. Das zapfenförmige, unpaare Begattungsorgan der Männchen kann aus der Kloake ausgestülpt werden. In Anpassung an das Leben im Wasser ist der Schädel flach. Er weist ein sekundäres Gaumendach auf und weit nach hinten vereinigte Choanen. Der Schädel weist zwei Temporalöffnungen auf

Abb. 4: Hinterbein eines Mississippi-Alligators (*Alligator mississippiensis*). Die Schwimmhäute zwischen den 4 Zehen sind deutlich erkennbar. Foto: TRUTNAU.

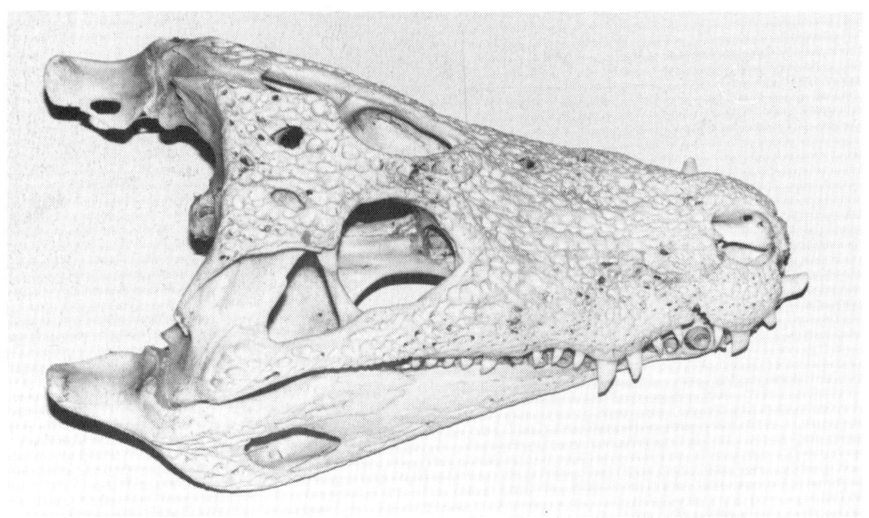

Abb. 5: Schädel eines *Caiman crocodilus yacare*. Die oberen Temporalfenster liegen horizontal ganz auf der Schädeloberfläche und sind somit deutlich sichtbar. Ebenso gut sichtbar sind die unteren Temporalfenster, die hinten nicht von einer Knochenspange begrenzt und somit offen sind. Foto: TRUTNAU.

(Abb. 5). Die knöchernen Schläfenbrücken vom diapsiden Typ sind nicht reduziert. Das Jacobsonsche Organ ist rudimentär vorhanden. Der Hyoid– und der Zungenbeinapparat haben eine besondere Ausbildung erfahren. die Nasenöffnungen liegen auf der Schnauzenspitze. Die Zähne sind konisch. Sie stecken in Zahnhöhlungen und werden von Zeit zu Zeit ausgewechselt. Das thekodonte Gebiß beschränkt sich auf die Kieferränder. Unter den Rückenschilden liegen Drüsen. Am Unterkiefer und im Kloakenbereich sind Moschusdrüsen vorhanden. Das Ohr besteht aus einem äußeren Gehörgang, einer Schnecke im Ohrlabyrinth und großen pneumatischen Räumen, die mit dem Mittelohr in Verbindung stehen. Der Ziliarkörper des Auges ist hoch entwickelt. Im hellen Licht ist die Pupille zu einem senkrechten Schlitz verengt (Abb. 6). Die Ohren und Nasenöffnungen können durch Muskelklappen verschlossen werden. Die nicht vorstreckbare, muskulöse Zunge ist am Mundboden festgewachsen. Der deutlich gesonderte Magen weist zwei Reibplatten auf. Der Blinddarm und die Harnblase fehlen. Die Thymusdrüse erstreckt sich längs des ganzen Halses. Der seröse Überzug der Lunge kleidet in seiner Fortsetzung die Pleurahöhle aus. Das Herz ist in zwei Abteilungen geteilt. Das Ventrikelseptum ist vollständig. Eine Lücke an der Basis des Conus arteriosus heißt Foramen panizzae. Das Vorder- und das Kleinhirn zeigen unter allen Reptilien die höchste Entwicklung. Gegenüber den anderen rezenten Reptilien weisen die Krokodile die höchste Entwicklungsstufe auf. Die nahe Verwandtschaft zu den Dinosauriern und den Vögeln ist unverkennbar.

Abb. 6: *Crocodilus cataphractus*, dessen Pupille im hellen Licht zu einem senkrechten Schlitz verengt ist. Die äußere Gehöröffnung hinter dem Auge ist deutlich sichtbar. Foto: TRUTNAU.

LINNÉ (1766) und GMELIN (1789) reihten die Krokodile noch unter die Gattung *Lacerta* ein. Erst BLAINVILLE (1816) stellte die für die Krokodile eigene Ordnung der Emydosauria auf. Die heute für Krokodile gebräuchliche Bezeichnung Crocodylia wurde erst 1830 von WAGLER eingeführt. Die Alligatorinae und die Crocodylinae sind erst in der Kreidezeit, die Gavialinae erst im Oligozän entstanden.

4 Körpermerkmale

4.1 Haut

Die Haut der Wirbeltiere bildet keine strukturelle Einheit, sondern besteht aus zwei deutlich voneinander abgegrenzten Schichten: der mehrschichtigen Oberhaut, auch Epidermis genannt und der bindegewebigen Lederhaut, dem Corium oder der Dermis. Die Epidermis gliedert sich in eine basale Keimschicht — diese bildet ständig neue Zellen nach — und in eine äußere Hornschicht auf, die in Form kleiner Schuppen oder als Ganzes ständig abgestoßen wird. Epidermis und Corium bilden zusammen die Cutis. Unterhalb der Cutis befindet sich die Subcutis, in der als Unterhautbindegewebe auch Fett gespeichert werden kann, das dem Körper als Wärmeschutz und Nahrungsmitteldepot dient.

Da die Krokodile sowohl land– als auch wasserbewohnend sind, ist ihre Haut in besonderem Maße den Einwirkungen der beiden genannten Medien ausgesetzt. Um den Einflüssen aus der Umwelt wirkungsvoll entgegentreten zu können, sind bei diesen Großreptilien die äußeren Schichten der Epidermis stark verhornt, was vor Verletzungen und vor dem Austrocknen tiefer gelegener Gewebe schützt, da die Verdunstung stark eingeschränkt wird. Die Haut eines Krokodils besteht aus der Epidermis, die nach FUCHS (1974) mit 12 – 14 % am Gesamtaufbau der Haut beteiligt ist. Die Epidermis läßt ein Stratum malpighii, ein körniges Stratum intermedium und ein Stratum corneum erkennen. Nach den Angaben von FUCHS (1974) liegen in der Epidermis auch 82 – 98 % der Pigmente und nicht im Corium wie oft fälschlich angegeben wird. Da die kleinen, dunkelbraunen bis schwarzen Farbstoffteilchen granuliert oder diffus in der Epidermis und zum geringeren Anteil im kollagenen Bindegewebe liegen, entsteht die ornamentartige Zeichnung der Krokodilhaut. Die dunklen Farbstoffe, auch Melanine genannt, werden unter Lichteinfluß in der untersten Zellschicht der Epidermis gebildet. Im Zuge der Zellteilung können die Pigmentgranula auch in Tochterzellen hineingelangen. Im Zuge fortschreitender Verhornung ist die Hornschicht meist durch Pigmentauflösung pigmentfrei. Da die Krokodile kein Oberhäutchen aufweisen, sind sie auch nicht zu einer Häutung befähigt. Die Hautschicht erneuert sich stetig im Maß der allmählichen und dauernden Abnutzung. Bei fehlerhafter Haltung und Ernährung können sich bei unter Obhut des Menschen gehaltenen Exemplaren die obersten Hautschichten auf den Hornplatten in einem Stück ablösen. Eine ausgesprochene Häutung findet jedoch kurz nach dem Ausschlüpfen aus dem Ei statt. Hierbei wird die embryonale Epitrichialschicht abgestreift. Die Kopfhaut ist fest mit dem Schädel verwachsen und läßt sich nicht ablösen. Das derbe Corium ist aus zahlreichen Lagen abwechselnd gekreuzter Bindegewebsfasern aufgebaut. Mit zunehmendem Alter nimmt die Anzahl der Bindegewebslagen zu. Nach den Angaben von VON WETTSTEIN (1937) sollen Embryonen von *A. mississippiensis* zwei bis drei und Erwachsene 24 solcher Lagen aufweisen. Unter den Hautknochen, den Osteodermata, sind die Faserschichten dünn und zusammengedrückt. Zum Rande der Hautelemente hin werden die Faserschichten jedoch dicker, steigen aufwärts und senken sich anschließend in einer Biegung nach unten.

4.1.1 Hautknochen

Alle Krokodile besitzen einen Hautknochenpanzer. Unter den Hornschilden befinden sich die als Osteodermata bezeichneten Hautknochen (Abb. 7), die aus Calciumphosphat und Calciumcarbonat bestehen. Nach FUCHS (1974) sind sie am ausgeprägtesten in den dorsalen Schilden zu finden. Bei den Gattungen *Caiman, Paleosuchus* und *Osteolaemus,* bei *Cr. cataphractus,* bei *Cr. johnsoni* und bei *Cr. niloticus* trifft man sie auch in den lateralen Schilden an. In den ventralen Hornschilden finden sie sich bei den Gattungen *Caiman, Melanosuchus, Paleosuchus, Osteolaemus* und *Tomistoma* wie auch bei *Crocodylus cataphractus, Crocodylus johnsoni* und bei *Crocodylus niloticus.* Die Schilde der oberen Augenlider können gleichfalls Verknöcherungen aufweisen. In den gerade genannten Körperregionen liegt unter jedem Hornschild ein Hautknochen, der in Richtung auf die Ränder des Hautschildes wächst, aber auch Dickenwachstum zeigt. In den meisten Fällen bleiben die benachbarten Hautknochen getrennt oder berühren sich ohne Naht. Zwischen den beiden longitudinalen Medianreihen des Rückens findet man bei sämtlichen Krokodilen eine Nahtverbindung dieser Knochen. Bei der Gattung *Caiman* sind die Seitenkanten aller Hautknochen des Rückens und des Bauches durch zackige Häute verbunden. Darüber hinaus überdecken sich gerade bei der genannten Gattung die hintereinander liegenden Hautknochen jeder Längsreihe ein wenig. Die Osteodermata weisen einen meist länglichovalen Umriß auf und sind vorn und hinten zugespitzt. Die in der Bauchseite befindlichen Hautknochen der Gattung *Caiman* sind flach mit grubenartigen Vertiefungen. Die Hautknochen des Rückens weisen bei allen Krokodilen eine mediane firstähnliche Kante auf. Auch hier finden sich wieder die grubenartigen Vertiefungen — diese sind mit Bindegewebe ausgefüllt — in den Hautknochen. Alle Hautknochen haben in ihrem Inneren einen Hohlraum, der durch die grubenartigen Vertiefungen mit der Umgebung in Verbindung steht. Der Hautknochen ist mit Bindegewebe, Blutgefäßen, Nerven und zuweilen auch mit Pigmentzellen ausgefüllt.

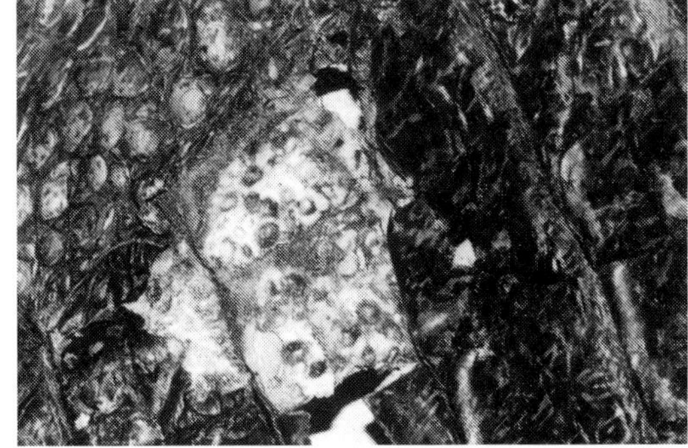

Abb. 7: Zwei Hautknochen aus der Rückenhaut eines *C. crocodilus yacare.* Die hell gefärbten Hautknochen heben sich von den dunklen Hornschilden deutlich ab. Die grubenartigen Vertiefungen in den Hautknochen sind gut erkennbar. Foto: TRUTNAU.

Nach SEIDEL (1979) haben die Hautknochen unterschiedliche Funktionen. Sie dienen möglicherweise als Schutz gegen Feinde. Sie schützen bei intraspezifischen Kämpfen während der Paarungszeit. Sie dienen vielleicht auch als Depot für lebensnotwendige Mineralstoffe. Die wahrscheinlichste Aufgabe ist jedoch die Aufnahme von Sonnenwärme von außen, die mit Hilfe der im Rücken liegenden Osteodermata eines sowohl auf dem Lande als auch im Wasser liegenden Krokodils aufgenommen werden kann. Da die Vertiefungen in den Osteodermata mit zahlreichen kleinen Blutgefäßen in Verbindung stehen, kann die absorbierte Wärme ins Körperinnere weitergeleitet werden. Somit dienen die Osteodermata als Mechanismus für einen Wärmetransfer wie auch als Isolator gegen Wärmeabgabe.

4.1.2 Hautdrüsen

Alle Krokodile weisen drei Arten von Hautdrüsen auf, die man als Derivate der Epidermis ansehen kann: die Rücken–, die Unterkiefer– und die Kloakendrüsen. Die Rücken– oder Dorsaldrüsen, die sich als modifizierte Talgdrüsen deuten lassen, münden als winzige Öffnungen auf der Haut zwischen zwei Rückenschilden. Erstmals wurden sie von VOELTZKOW (1899) für *Crocodylus niloticus* beschrieben. Eine detaillierte Beschreibung der Rückendrüsen von *A. mississippiensis* vermittelt REESE (1921). Danach liegen die bezeichneten Drüsen unter den vorderen medianen Ecken der Schilde der zweiten Rückenschildreihe, wenn man von der Mittellinie des Rückens an rechnet. Mit einer kurzen Unterbrechung liegen sie in der Skapularregion wie sie auch unter allen Schilden dieser Reihe bis zum Schwanzansatz zu finden sind. Sie sind von eiähnlicher Gestalt. Bei einem 1 m langen *A. mississippiensis* sind sie nur drei Millimeter lang. Bei älteren Individuen verklebt der kurze Ausführgang derart, daß die Öffnung von außen nicht mehr sichtbar ist. Die bezeichneten Drüsen sind einfache Einstülpungen der Epidermis und entstehen während des mittleren Embryonalstadiums. Die Drüsenwand baut sich aus einem einschichtigen Basilarzellenepithel auf, dessen Zellen sich in ständiger Teilung befinden. Der ölig–fettige Drüseninhalt fettet die Haut ein und macht sie glänzend. Das Drüsensekret dient wohl auch zum Geschmeidigmachen der Schildzwischenhäute und der gesamten Haut.

Abb. 8: Kopfunterseite eines Neuguinea–Krokodils (*Cr. novaeguineae*). Die spaltenförmige Ausmündung, unter der sich eine Unterkieferdrüse befindet, ist nur bei genauem Hinsehen erkennbar (der Pfeil deutet darauf hin). Foto: TRUTNAU.

Abb. 9: Halb ausgestülpte Unterkieferdrüse eines erwachsenen Nilkrokodils (*Cr. niloticus*).
A Ausführgang der Drüse, **p** Hautsinnesorgane (Tastflecken). Nach VOELTZKOW (1902).

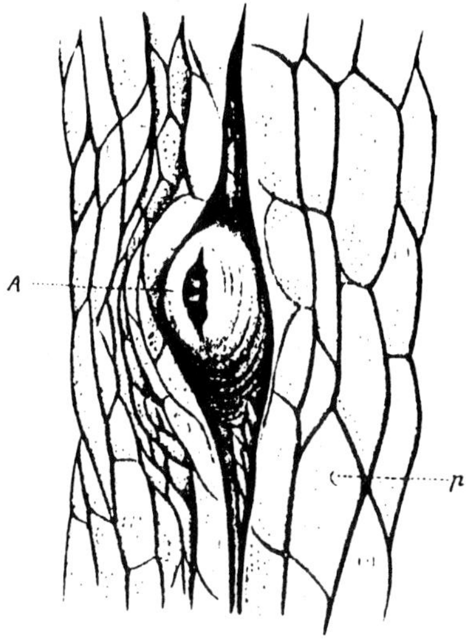

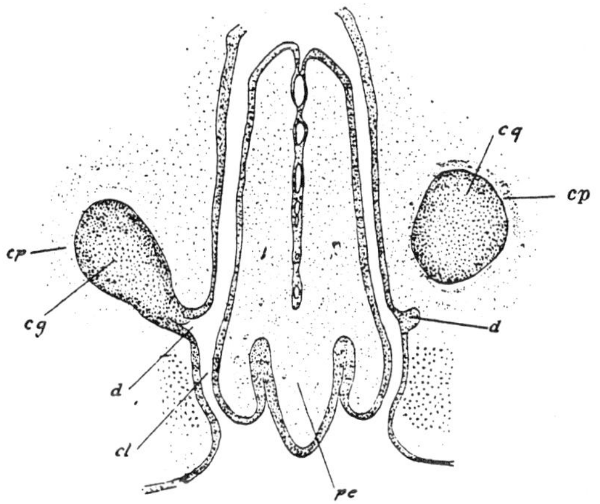

Abb. 10: Querschnitt durch die Kloakenregion eines 15 cm langen Embryos von *A. mississippiensis*, der die beiden Kloakendrüsen zeigt.
cg Kloakendrüsen, **cp** bindegewebige Kapsel derselben, **d** Ausführungsgang der Drüsen in die Kloake, **pe** Penis, **cl** Kloakenraum. Nach REESE (1921).

Das walnußgroße Paar Unterkiefer– oder Mandibulardrüsen liegt dem inneren, hinteren Rand des Unterkiefers dicht an (Abb. 8, 9). Es befindet sich in einer Grube unter einem von Schilden besetzten Spalt. Dieser ist meist geschlossen und daher von außen nicht sichtbar. Die Öffnung der Unterkieferdrüsen kann handschuhfingerförmig unter die Öffnung des Spaltes ausgestülpt werden. Die kegelförmige, innen schwarz pigmentierte Ausstülpung weist zahlreiche Falten und Papillen auf. Die Ausstülpung wird durch eine kräftige, bis zur Epidermis ziehende Ringmuskelschicht und durch einen von der Drüsenbasis abgehenden langen, dünnen Muskel, der zur Zungenbeinspitze verläuft, verursacht. Das schmierig–fettige, moschusähnlich riechende Sekret der Mandibulardrüsen ist von bräunlicher Färbung. Die beiden Kloakendrüsen liegen in der vorderen Hälfte der beiden Kloakenseitenwände (Abb. 10). Ihre schlitzförmigen Ausführungsöffnungen befinden sich in der Mitte der Seitenwände unter der länglichen Kloakenspalte Abb. 11) . Die Drüsen, die dem Bau der Unterkieferdrüsen sehr ähneln, sind von eiförmiger Gestalt. Sie produzieren das gleiche nach Moschus riechende Sekret wie die Mandibulardrüsen. Das Sekret der beiden Drüsen dient dem Auffinden der Geschlechter, da der Moschusduft während der Paarungszeit am intensivsten ist.

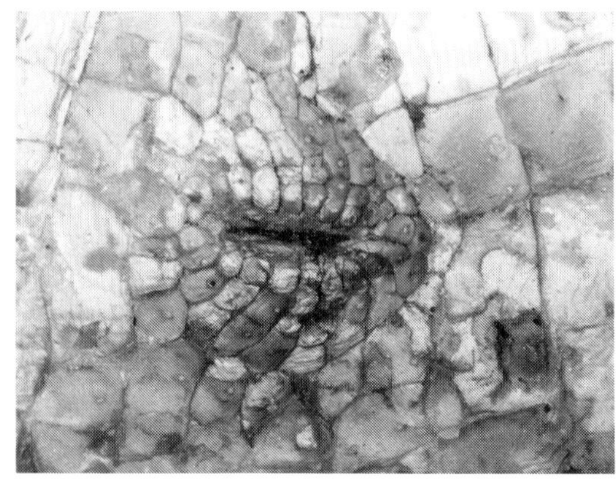

Abb. 11: Längs verlaufende Kloakenspalte eines Krokodils. Foto: TRUTNAU.

In diesem Zusammenhang dürfen auch die Salzdrüsen und die Vorgänge der Osmoregulation nicht unerwähnt bleiben. Die rezenten Krokodile leben hauptsächlich in Süßwasserbiotopen. Nur zwei Arten, das Leistenkrokodil (*Cr. porosus*) und das Spitzkrokodil (*Cr. acutus*), sind Brackwasserspezialisten, die gelegentlich auch in das offene Meer hinausschwimmen. Neben den beiden erwähnten Arten haben sich auch das süßwasserbewohnende Nilkrokodil und das Australien–Krokodil (*Cr. niloticus* und *Cr. johnsoni*) in einigen Populationen an Brackwassersümpfe angepaßt. Nach MAZZOTTI & DUNN (1989) regulieren die rezenten Krokodile die Salzkonzentration in ihrem Körper ähnlich wie andere aquatil lebende Reptilien, wobei sie in ihren Körperflüssigkeiten eine Salzkonzentration aufrecht erhalten, wie man sie allgemein bei Wirbeltieren antrifft. Die Aufnahme und Abgabe von Salz zur Aufrechterhaltung eines physiologisch erträglichen Salz–Wasser–Gleichgewichtes in den Körperflüssigkeiten geschieht nach unterschiedlichen Strategien. Salze können aus dem umgebenden Milieu mit dem Wasser durch Trinken, durch Trinken bei gleichzeitigem Fressen, durch Fressen allein wie auch über die Haut und die Mundoberfläche aufgenommen werden. Das Leistenkrokodil besitzt 40 komplexe, tubulär aufgebaute Salzdrüsen auf der Zunge, die Kochsalz (Natriumchlorid) abscheiden, wenn sich das Tier im Salzwassermilieu aufhält. Das gleiche gilt für das Spitzkrokodil. Nach den Untersuchungen von TAPLIN et al. (1985) besitzen auch die süßwasserbewohnenden Vertreter der Crocodylinae Salzdrüsen. Diese Tatsache führt zu dem Schluß, daß die Vertreter der Unterfamilie der Crocodylinae ursprünglich meerbewohnende Arten waren, die erst sekundär Süßgewässer und das Land eroberten oder, daß alle Unterfamilienverteter aus der Ordnung der Crocodylia ursprünglich das Süßwasser bewohnten, aber sekundär nur die Unterfamilie der Crocodylinae sich an Salzwasser anpaßte. Alligatoren und Kaimane besitzen winzige Poren auf ihrer Zunge und in den Epithelien ihres Gaumens und Rachens. Diese Poren stellten jedoch in erster Linie Speicheldrüsen und keine Salzdrüsen dar, obwohl auch durch sie Natrium– und Kaliumsalze in sehr begrenzter Menge ausgeschieden werden. Daß Alligatoren längere Zeit schadlos im Salzwasser überdauern können, hängt wohl mit der Tatsache zusammen, daß sie nur in ganz geringen Mengen Wasser verlieren und noch geringere Mengen an Natriumchlorid aufnehmen.

4.1.3 Krallen

Von den vorderen fünf Fingern und den hinteren vier Zehen sind nur die ersten drei Finger und die ersten drei Zehen mit leicht gebogenen, dunklen und stumpf kegelförmigen, mehr oder weniger abgenutzten Krallen überzogen, die vom Aussehen und vom Typ her in etwa denjenigen der Schildkröten und Vögel entsprechen. Die gleichmäßig gebogene Krallenplatte geht an beiden Seiten in die flache oder wenig konvexe Krallensohle über. Zur Krallenspitze hin nehmen die Krallenplatte und die Krallensohle an Dicke zu. Die Krallenspitze weist eine röhrenförmige Öffnung auf, die mit Hornsubstanz ausgefüllt ist. Die Kralle ist allseitig von einem Krallenwall umgeben, der ventral besonders dick ist. Die Krokodilkrallen eignen sich nicht zum Klettern oder zum Zerreißen von Beutetieren, wohl aber zum Graben und Scharren.

Im Embryonalstadium werden die Kallenanlagen viel eher als die Elemente der Haut gebildet. Eine embryonale Krallenanlage, die aber wieder rückgebildet wird, tritt auch an jenen Fingern und Zehen auf, die beim fertigen Krokodil krallenlos bleiben. Wenn im Embryonalzustand an den Extremitäten die Bildung der Schilde beginnt, wird eine hufeisenförmige Verdickung und Verbreiterung an der Krallensohle rückgebildet. Die Reste dieser Verdickung und Verbreiterung, die man auch als Krallenpolster bezeichnet, umgeben distal und lateral die embryonale Kralle. Kurz vor oder nach dem Schlupf werden die Reste als sogenanntes Krallenepitrichium abgestoßen. Das Krallenpolster stellt eine Schutzhülle gegen Verletzungen im Embryonalzustand durch die frühzeitig verhornenden Krallen dar.

4.1.4 Sonstige Hautbildungen

Während die Vorderextremitäten der Krokodile frei von Schwimmhäuten sind, zeigen die Hinterextremitäten solche in unterschiedlich starker Ausbildung. Auch der knollenförmige Schnauzenaufsatz männlicher Ganges–Gaviale, der den Tieren möglicherweise als Resonanzorgan dient und der den Weibchen fehlt, ist eine Hautbildung.

4.1.5 Hautfärbung

Die Körperoberseite der Krokodile wie auch deren Flanken sind von schwarzen, braunen und gelben Farbpigmenten durchsetzt. Die Bauchseite ist ungefleckt oder weißlich bis gelblich. Jungtiere aller Arten zeigen auf gelblichem bis hellgrauem Grunde ein schwarzes oder braunes Zeichnungsmuster, das aus Flecken und Binden besteht. Adulte Exemplare durchlaufen alle Farbabstufungen von olivgrün über olivgrau bis olivbraun. *Osteolaemus tetraspis, Alligator mississippiensis, Alligator sinensis* und *Melanosuchus niger* sind im adulten Zustand schwarzbraun bis schwarz gefärbt.

Über die biologische Bedeutung der Krokodilfärbung berichten BROCK & TRUTNAU (1992). Die Farben und Farbmuster von Krokodilen haben danach vornehmlich tarnende Wirkung. Die Tarnung bietet Jungkrokodilen einen gewissen Schutz vor Feinden und ermöglicht erwachsenen Exemplaren eine erfolgreiche Jagd auf ihre Beute. Krokodile besitzen auch die Fähigkeit ihre Körperfärbung auf bestimmte Reize hin zu verändern.

4.1.6 Äußere Erkennungsmerkmale bei Krokodilen anhand der Körperteile und der Häute

Da die verschiedenen Krokodile in ihrem äußeren Erscheinungsbild oftmals einander überaus ähnlich sind, fällt es gelegentlich selbst Spezialisten schwer, das eine oder andere Krokodil sofort richtig auf seinen Art– beziehungsweise seinen Unterartstatus anzusprechen. Geeignete Schlüsselmerkmale zur korrekten Identifizierung eines Krokodils bietet die Körperbedeckung in ihrer Gesamtheit. Es sei jedoch darauf hingewiesen, daß eine richtige Bestimmung eines Krokodils nur bei wenigstens halbwüchsigen, besser noch bei adulten Exemplaren möglich ist, da bei Jungtieren die Unterscheidungsmerkmale noch nicht vollständig ausgebildet sind und somit zu Fehlbestimmungen führen können.

Der Körper eines Krokodils gliedert sich in Kopf, Nacken, Rumpf und Schwanz auf. Der Kopf beginnt an der Schnauzenspitze und endet am Hinterrand der Schädelplatte. Hinter dem Hinterrand der Schädelplatte beginnt der Nacken, der im Bereich der Vorderextremitäten endet. Der sich anschließende Rumpf reicht bis zum Hinterrand des Oberschenkelansatzes. Anschließend folgt der Schwanz. Der Kopf, der sich in die Schnauze und den Haupt– oder Hirnteil aufgliedert, ist bei den 22, vielleicht auch 23 Krokodilarten (wenn man *Osteolaemus tetraspis osborni* als eigene Art ansieht) recht unterschiedlich ausgebildet. Es gibt Krokodile mit kurzen, breiten Köpfen (Abb. 12), solche mit mittellangen Köpfen (Abb. 13, 14) und solche, die schmale, lange Köpfe aufweisen (Abb. 15). Kopf– und Schwanzlänge stehen in allometrischer Korrelation zur Rumpflänge; hieraus errechnen sich logarithmisch von den jeweiligen Größenklassen unabhängige, miteinander vergleichbare Indices für die relative Kopf– und Schwanzlänge (Abb. 16). Die hierbei auftretenden Unterschiede lassen sich zum Teil aus der Lebensweise der Tiere erklären (WERMUTH 1964).

Abb. 12: Kopf eines männlichen Breitschnauzenkaimans (*C. latirostris*) aus dem Tierpark Berlin–Friedrichsfelde. Foto: TRUTNAU.

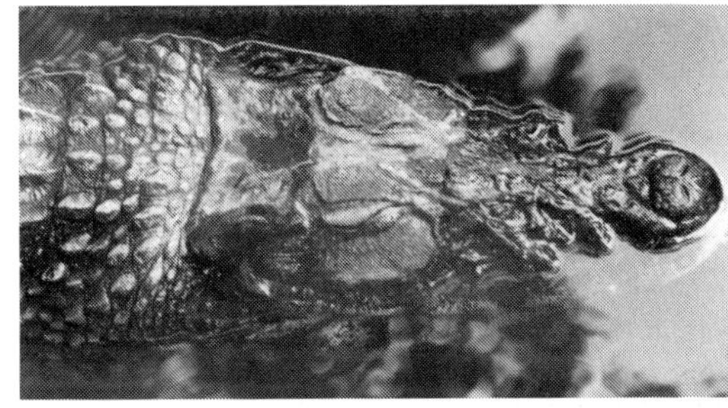

Abb. 13: Kopf eines Mohrenkaimans (*M. niger*) von oben, aus dem Zoo von Rio de Janeiro. Foto. TRUTNAU.

Abb. 14: Zwei Kuba–Krokodile (*Cr. rhombifer*) mit kräftigen mittellangen Köpfen. Foto: TRUTNAU.

Abb. 15: Sunda–Gavial (*T. schlegelii*) mit langer Schnauze als Anpassung an die fischfressende Lebensweise. Foto: TRUTNAU.

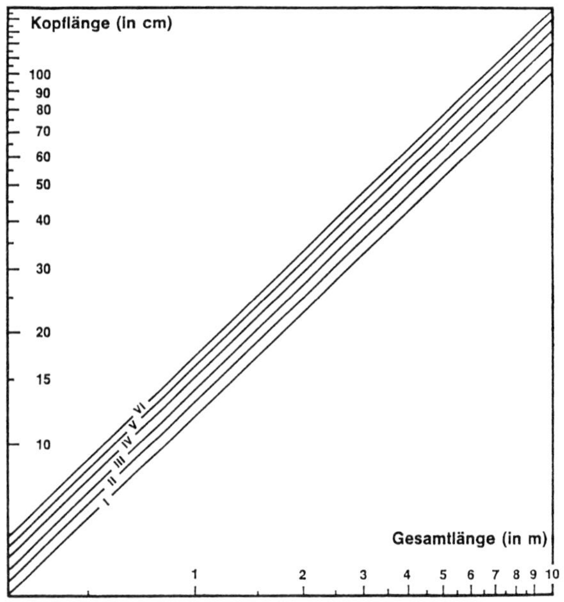

Abb. 16: Ideale Funktionsgraden für die Korrelation zwischen Kopf– und Gesamtlänge, aufgestellt für 6 Artengruppen von Krokodilen. Ist die Schädellänge eines Tieres bekannt, so läßt sich an Hand der Funktionsgraden auf der Abszisse leicht die Gesamtlänge ablesen, die das Exemplar im Leben gehabt haben dürfte. I *C. latirostris*. II *A. sinensis, C. crocodilus, M. niger*. III *A. mississippiensis, Cr. rhombifer, Cr. porosus, Cr. palustris. Cr. niloticus, P. palpebrosus*. IV *O. tetraspis, Cr. acutus, Cr. moreletii, Cr. cataphractus, Cr. siamensis, Cr. novaeguineae, Cr. mindorensis*. V *P. trigonatus, Cr. intermedius*. VI *Cr. johnsoni, T. schlegelii, G. gangeticus*. Nach WERMUTH (1964).

Abb. 17: Kopf eines Ganges–Gavials (*G. gangeticus*) mit Fisch im Maul. Foto: WHITAKER.

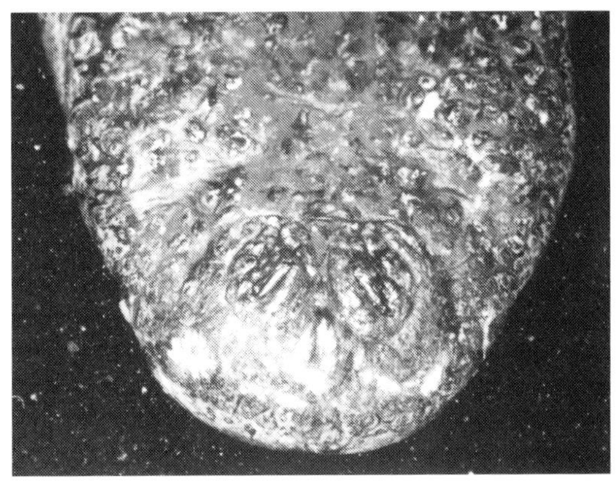

Abb. 18: Schnauze eines Mississippi–Alligators (*A. mississippiensis*) mit verschlossenen Nasenöffnungen. Foto: TRUTNAU.

Die Schnauze endet im Bereich der Vorderränder der Augen. Von hier aus zieht sich der Hirnteil des Kopfes bis zum Hinterrand der Schädelplatte. Der Quotient, gebildet aus der Schnauzenlänge zur basalen Schnauzenbreite, ist bereits ein Anhaltspunkt zur Identifikation eines Krokodils. Bei sehr langschnauzigen Krokodilarten, wie es beispielsweise der Ganges–Gavial (*G. gangeticus*) (Abb. 17) und der Sunda–Gavial (*T. schlegelii*) sind, paßt die Schnauzenbreite, gemessen an der Schnauzenspitze, mindestens fünf mal in die Schauzenlänge hinein. Die hinter den Augen etwas erhöht liegende Fläche wird Schädelplatte genannt.

Auf der Schnauzenspitze liegt der Nasenhöcker, in dessen Mitte sich die beiden verschließbaren Nasenöffnungen befinden (Abb. 18). Die Nasenöffnungen können, wie zum Beispiel beim Mississippi–Alligator (*A. mississippiensis*), beim China–Alligator (*A. sinensis*) und beim Stumpfkrokodil (*O. tetraspis*) durch eine längliche Vertiefung voneinander getrennt sein. Bei den drei genannten Arten ist die darunter befindliche Nasenhöhle der Länge nach von einer medianen Trennwand durchzogen. Alle weiteren Krokodile weisen keine knöcherne Trennwand in der Nasenhöhle auf. Bei ihnen sind die Nasenöffnungen durch einen sehr schmalen Spalt voneinander getrennt. Bei der Unterfamilie der Alligatorinae, also bei den Alligatoren und bei Kaimanen, befindet sich im Vorderteil des Oberkiefers in etwa der Höhe des Nasenhöckers je ein Loch, in welches der verlängerte vierte Unterkieferzahn hineinpaßt, derart, daß er bei geschlossenem Maul von außen nicht mehr sichtbar ist (Abb. 19). Bei den echten Krokodilen der Gattungen *Crocodylus, Osteolaemus* und *Tomistoma* wie auch beim Ganges–Gavial (*G. gangeticus*) befindet sich an der gleichen Stelle eine deutliche Einfurchung (Abb. 20). In diese Einfurchung ragt der vierte Unterkieferzahn – dieser ist gegenüber den anderen Zähnen deutlich verlängert — derart seitlich hinein, daß er bei geschlossenem Maul von außen deutlich sichtbar ist. Die Schnauzenoberseite ist bei manchen Arten glatt und wird nur im Alter ein wenig runzlig. Zahlreiche Krokodile weisen auf der Schnauzenoberseite allerlei Aufwölbungen auf (Abb. 21). So haben die Brillenkaimane *Caiman crocodilus, Caiman latirostris* und *Melanosuchus niger* eine überaus deutliche, brillenstegähnliche Querleiste zwischen ihren Augen, die den beiden Glattstirnkaimanen der Gattung *Paleosuchus* fehlt (Abb. 22). Die gerade bezeichnete Querlei-

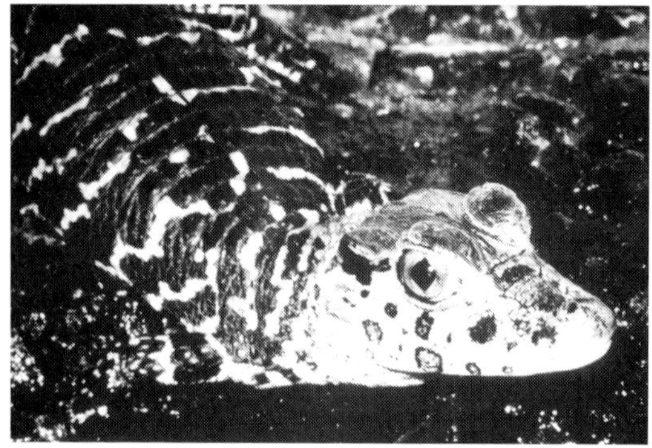

Abb. 19: Kopfprofil eines *M. niger*. Der verlängerte 4. Unterkieferzahn paßt in eine ringsum geschlossene Vertiefung des Oberkiefers. Bei geschlossenem Maul ist er von außen nicht sichtbar. Foto: TRUTNAU.

Abb. 20: Kopfprofil eines *Cr. porosus biporcatus*. Der verlängerte 4. Unterkieferzahn ragt selbst bei geschlossenem Maul aus einer Einfurchung des Oberkiefers seitlich hervor und ist somit deutlich sichtbar. Foto: TRUTNAU.

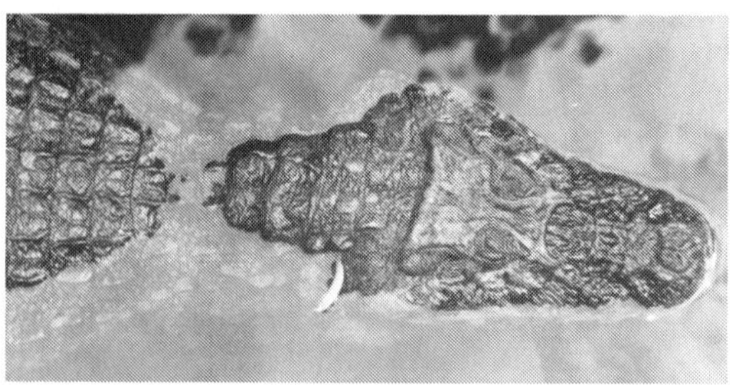

Abb. 21: Kopf eines Breitschnauzenkaimans (*C. latirostris*) von oben. Die brillenstegähnliche Leiste zwischen den Augen und die zahlreichen Runzeln auf der Schnauzenoberseite sind deutlich sichtbar. Foto: TRUTNAU.

ste ist beim China–Alligator (*A. sinensis*) weniger deutlich ausgebildet und in der Mitte unterbrochen.

Ein artcharakteristisches Merkmal des Leistenkrokodils (*Cr. porosus*) ist das Paar langer, nach vorne hin konvergierender, höckriger Längsleisten auf der Oberseite der Schnauze, die — von den vorderen Augenwinkeln ausgehend — sich bis oder fast bis zu den Nasenhöckern hin erstrecken. Ähnliche leistenartige, jedoch kürzere und in der Schnauzenrichtung konvergierende Aufwölbungen befinden sich vor den Augen des Neuguinea– (*Cr. novaeguineae*, Abb. 23) und des Philippinen–Krokodils (*Cr. mindorensis*). Eine Längsleiste zwischen den Augen ist ein Artcharakteristikum des Siamkrokodils. Vier Arten Echter Krokodile haben auf der Schnauze vor den Augen eine unpaare, flächenförmige Erhöhung. Beim Spitzkrokodil (*Cr.*

Abb. 22: *P. trigonatus.* Beachte das Fehlen der brillenstegähnlichen Leiste zwischen den Augen dieser Art. Foto: TRUTNAU.

Abb. 23: *Cr. novaeguineae.* Bei dieser Art sind die Leisten vor den Augen kürzer und nicht so deutlich ausgebildet wie bei *Cr. porosus.* Foto: TRUTNAU.

Abb. 24: Altes Siam–Krokodil (*Cr. siamensis*) mit dreieckiger Erhöhung auf der Schnauze vor den Augen. Foto: TRUTNAU.

acutus) und beim Beulenkrokodil (*Cr. moreletii*) haben diese Erhöhungen die Form einer ellipsenförmigen, langgestreckten Beule. Beim Siam–Krokodil (*Cr. siamensis*) und beim Kuba–Krokodil (*Cr. rhombifer*) ist die genannte Erhöhung dreieckig und zeigt mit der Spitze nach vorne (Abb. 24). Mit Ausnahme des Leistenkrokodils (*Cr. porosus,* Abb. 25) haben alle Krokodile hinter der Schädelplatte auf dem Nacken Hinterhaupthöcker. Diese Hinterhaupthöcker können aber beim Leistenkrokodil gelegentlich schwach oder nur einseitig ausgebildet sein. In der Regel ist nur eine Reihe von Hinterhaupthöckern vorhanden, jedoch weisen *Paleosuchus palpebrosus, Caiman latirostris* und *Alligator sinensis* je zwei, *Alligator mississippiensis* und *Caiman crocodilus* je zwei bis drei, *Melanosuchus niger* sogar vier bis fünf Querreihen von

Abb. 25: Nackenregion von *Cr. porosus* mit fehlenden Hinterhaupthöckern. Foto: TRUTNAU.

Abb. 26: *Cr. niloticus africanus*. Die Trennung der Hinterhaupthöcker von den Nackenhöckern ist hier deutlich zu erkennen. Foto: TRUTNAU.

Abb. 27: Unscharfe Trennung zwischen den Hinterhaupthöckern und den Nackenhöckern bei einem 2 m langen *C. crocodilus*. Foto: TRUTNAU.

Hinterhaupthöckern auf. Hinter den Hinterhaupthöckern befinden sich die Nackenhöcker. Die Hinterhaupt– und Nackenhöcker sind bei den echten Krokodilen deutlich voneinander getrennt (Abb. 26). Bei den Brillenkaimanen der Gattung *Caiman* und *Melanosuchus* wie auch bei den Glattstirnkaimanen der Gattung *Paleosuchus* ist die Trennung zwischen den Hinterhaupt– und Nackenhöckern nicht immer deutlich ausgeprägt (Abb. 27). Bei den meisten Krokodilen finden wir zwei Paare von Nackenhöckern, die in ihrer Anordnung ein Quadrat bilden, an dessen beiden Außenseiten noch ein kleinerer Höcker hinzutritt. Die bezeichneten beiden kleineren Höcker fehlen jedoch dem Stumpfkrokodil (*O. tetraspis*, Abb. 28). Bei dem Australien–Krokodil (*Cr. johnsoni*) und bei dem Panzerkrokodil (*Cr. cataphractus*) wie auch beim Sunda–Gavial (*T. schlegelii*) gehen die Nackenhöcker fast unmittelbar in die Rückenbeschilderung über. Beim Ganges–Gavial (*G. gangeticus*) ist kein Unterschied zwischen Nackenhöckern und Rückenschilden mehr feststellbar. Die beiden echten Alligatorarten besitzen drei, die Gattungen *Caiman*, *Melanosuchus* und *Paleosuchus* vier oder vier bis fünf Nackenschilde.

Abb. 28: Nackenhöcker eines Stumpfkrokodils (*O. tetraspis osborni*) aus Zaire. Ein kleines Paar Nakkenhöcker hinter den 2 Paar großen Nackenhöckern, wie es hier zu sehen ist, dürfte eine Ausnahme sein. Die neben den Nackenhökkern fehlenden Seitenhöcker sind charakteristisch für diese Art. Foto: TRUTNAU.

Auf dem Rücken bilden die rechteckigen, meist in der Mitte gekielten Rückenschilde mehr oder weniger regelmäßige Längs– und Querreihen aus. Unter den einzelnen hornigen Rückenschilden befinden sich in der Regel große Knochenplatten mit rundlichen Vertiefungen. Eine Ausnahme machen die Rückenschilde des Leistenkrokodils (*Cr. porosus*).

Die Schwanzwurzel folgt unmittelbar dem Rumpf. Auf seiner Oberseite weist der Schwanz beidseitig einen hohen Kamm auf, der aus kleinen, nebeneinander und aufrecht stehenden Kielen besteht. Die beiden konvergierenden Schwanzkiele vereinigen sich ungefähr in der Schwanzmitte und verlaufen von hier aus als unpaarer Kamm bis zur Schwanzspitze. Anhand der Anordnung der Schwanzkiele lassen sich gleichfalls Schlüsse auf die Artzugehörigkeit eines Krokodils ziehen (Abb. 29). So ist das Stumpfkrokodil (*O. tetraspis*) im Bereich der Schwanzwurzel ungekielt. Die Kiele des mittleren Längsreihenpaares der Rückenschilde verlaufen beim Mississippi–Alligator (*A. mississippiensis*), bei den echten Krokodilen der Gattung *Crocodylus* und bei *Tomistoma schlegelii* wie auch beim Ganges–Gavial (*G. gangeticus*) über die Schwanzmitte parallel nebeneinander fast bis zum Schwanzende. Die parallel verlaufenden Längskiele auf den beiden mittleren Rücken– und Schwanzschilden vereinigen sich bei den Brillenkaimanen (*M. niger*, *C. crocodilus*, *C. latirostris*) kurz vor der Vereinigung der beiden hohen Schwanzkämme zu einem einzigen in der Mitte stehenden Längskiel. Beim China–Alligator (*A. sinensis*) und bei den beiden Glattstirnkaimanen der Gattung *Paleosuchus* biegen die Längskiele auf dem mittleren Längsreihenpaar der Rückenschilde hinter der Schwanzwurzel nach außen. Beim China–Alligator (*A. sinensis*) und beim Brauen–Glattstirnkaiman (*P. palpebrosus*) verlaufen sie beidseitig in den hohen Schwanzkamm. Beim Keilkopf–Glattstirnkaiman (*P. trigonatus*) enden die Längskiele nach dem seitlichen Ausbiegen blind. Zwischen den ersten Längskielen entsteht ein neues Paar von Längskielen, das gleichfalls nach außen ausbiegt und nun beiderseits den Anfang des hohen Schuppenkammes bildet.

Die besonderen Merkmale der Bauchhaut sind bei einem Krokodil weniger ausgeprägt als die der Körperoberseite. Um ein Krokodil anhand der Bauchhaut richtig auf seine Art– bzw. Unterartzugehörigkeit ansprechen zu können, muß die Bauchhaut in ihrer Gesamtheit einschließlich der Kehlregion, der Körperseiten bis zum Ansatz der Rückenhaut wie auch Teilen des Schwanzes vorliegen. Die Kehlschilde liegen oberhalb des Halsbandes. Das Halsband, das die Querreihe an großen Schilden zwischen den Kehlschilden und den Hautschilden umfaßt, liegt im Bereich der Vorderextremitäten.

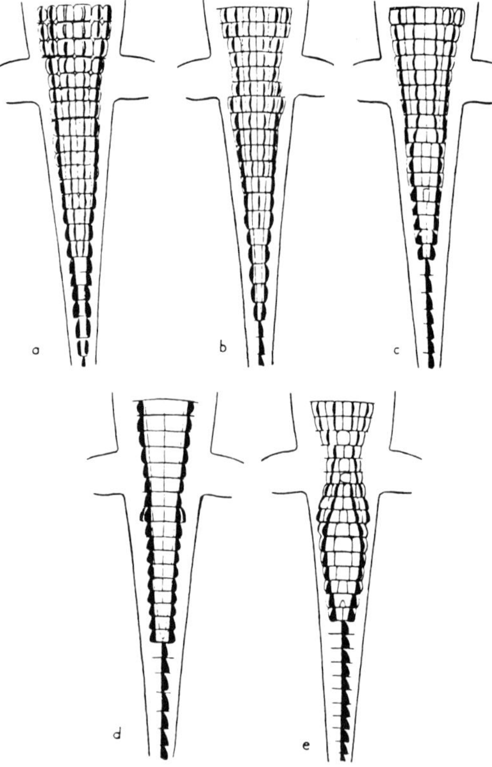

Abb. 29: Verlauf der Kiele auf den beiden mittleren Längsreihen der Rückenschilde im Bereich der Schwanzwurzel bei den Krokodilen.

a Bei *A. mississippiensis*, allen Arten der Gattungen *Crocodylus, Tomistoma* und *Gavialis* verlaufen die Kiele auf den beiden mittleren Längsreihen der Rückenschilde bis zu ihrer hinteren Grenze parallel zueinander.

b Bei *Melanosuchus niger* und den beiden Arten der Gattung *Caiman* vereinigen sich die Kiele der Rückenschilde auf den beiden mittleren Längsreihen hinten zu einem einzigen unpaaren Kiel.

c Bei *A. sinensis* und *P. palpebrosus* biegen die Kiele der Rückenschilde auf den beiden mittleren Längsreihen hinter der Schwanzwurzel beiderseits nach außen aus und gehen dann in den Schwanzkamm über.

d Bei *O. tetraspis* befinden sich auf der Oberseite der Schwanzwurzel keine Längskiele.

e Bei *P. trigonatus* biegen die Längskiele der Rückenschilde auf den beiden mittleren Längsreihen auf der Schwanzwurzel beiderseits nach außen aus und enden hier. Dahinter tritt ein neues Paar Längskiele auf und biegt ebenfalls zu beiden Seiten nach außen aus und endet jeweils im Schwanzkamm. Nach WERMUTH & FUCHS (1978a).

Mit Ausnahme des Ganges–Gavials *(G. gangeticus)*, bei dem die Kehl– und die Bauchschilde ohne Unterschied ineinander übergehen, besitzen alle Krokodile ein Halsband. Die hinter dem Halsband liegenden rechteckigen oder sogar quadratischen Bauchschilde sind in nicht immer regelmäßigen Längs– und Querreihen angeordnet. Bei der Bauchbeschilderung sind nicht selten Unregelmäßigkeiten zu erkennen, so daß die Querreihen nicht immer vom Rand der einen Seite des Bauches bis zum Rand der anderen Seite des Bauches verlaufen. Nicht selten enden sie im Bereich vor oder hinter der Bauchmitte in der Nabelregion blind wie das vor allem beim Beulenkrokodil (*Cr. moreletii*), beim Neuguinea–Krokodil (*Cr. novaeguineae*)und beim Sumpfkrokodil (*Cr. palustris*) der Fall ist. Um ein Krokodil systematisch richtig einordnen zu können, ist die Anzahl der Querreihen der Bauschilde zwischen dem Hinterrand des Halsbandes und dem Vorderrand des Afterfeldes

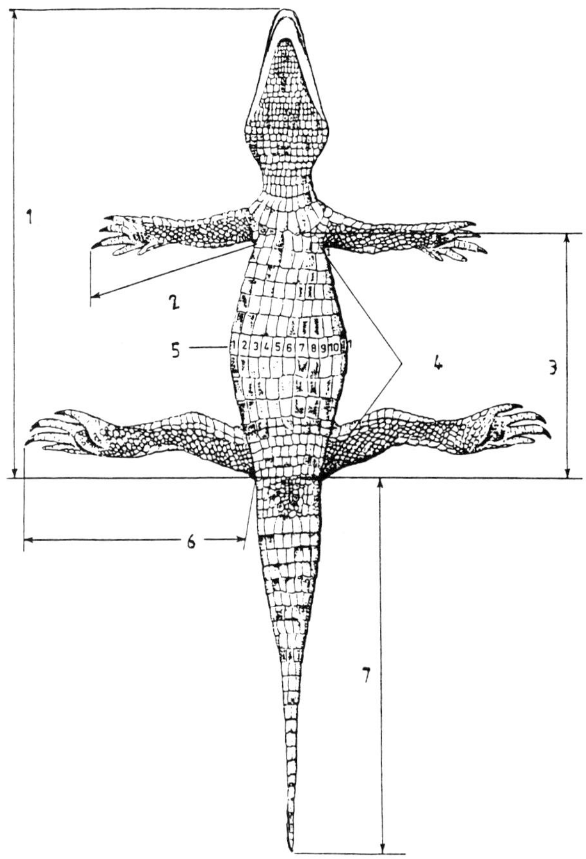

Abb. 30: Bauchseite von *Paleosuchus trigonatus*.

1 Kopf–Rumpf–Länge. 2 Länge der Vorderextremitäten. 3 Rumpflänge und Bauchschilde. 4 Längsreihen der Bauchschilde (18 Schilde in einer Längsreihe). 5 Querreihen der Bauchschilde (11 Schilde in einer Querreihe). 6 Länge der Hinterextremitäten. 7 Schwanzlänge.

Nach MEDEM (1981).

von Bedeutung (Abb. 30). Hinter dem Afterfeld beginnt die Beschilderung der Schwanzunterseite. Die Längsreihen der Bauchschilde werden in der Bauchmitte vom Hinterrand des Halsbandes bis zum Vorderrand des Afterfeldes gezählt. Wegen der unregelmäßigen Anordnung der großen Flankenschuppen ist es oft schwierig, deren genaue Anzahl anzugeben. Auch die Kenntnis der Größenverhältnisse der bauchrandnahen Flankenschuppen zu den Bauchschilden wie die Flankenbreite zur halben Breite der Fläche der Bauchschilde in der Rumpfmitte kann bei der Identifizierung einer Krokodilart von Nutzen sein. Es ist auch von Bedeutung, ob und an welchen Stellen der Bauchschilde Verknöcherungen auftreten. Darüber hinaus weisen bei den gerade genannten Kaimangattungen die vorderen Schilde der Bauchhaut noch die Eigentümlichkeit auf, daß die Verknöcherungen aus einem schmalen Vorderteil und aus einem breiten Hinterteil bestehen. Alle anderen Krokodile haben keine oder nur kleine Verknöcherungen an ihren Bauchschilden. Auf der Unterseite eines Krokodils können die Kehlschilde, die Halsbandschilde, die Bauchschilde, die Flankenschuppen und die Schilde auf der Unterseite des Schwanzes mehr oder weniger verknöchert sein. Auf der Innenseite des

Bauches heben sich die zuweilen schwer erkennbaren Verknöcherungen von der dunkleren Umgebung als helle Flecken ab.

Beim Ganges–Gavial (*G. gangeticus*) wie bei den Echten Krokodilen der Unterfamilie Crocodylinae treten zuweilen feine, helle Punkte auf dem hinteren Teil der Bauchseite auf. Derartige Sinnesorgane in Form von Poren, die man bei der Unterfamilie Alligatorinae nicht antrifft, dienen scheinbar der Aufnahme von Tastreizen.

Auf eine besondere Eigentümlichkeit bei *Crocodylus siamensis* sei noch hingewiesen. Bei dieser Art erblickt man an den Schwanzseiten zwischen den ungefähr gleich großen und den in unregelmäßigen Längs– und Querreihen angeordneten Schwanzschilden an einigen Stellen große, ovale Schilde (Abb. 31). Das Beulenkrokodil (*Cr. moreletii*) hat auf der Unterseite eine unregelmäßige Anordnung von Schilden.

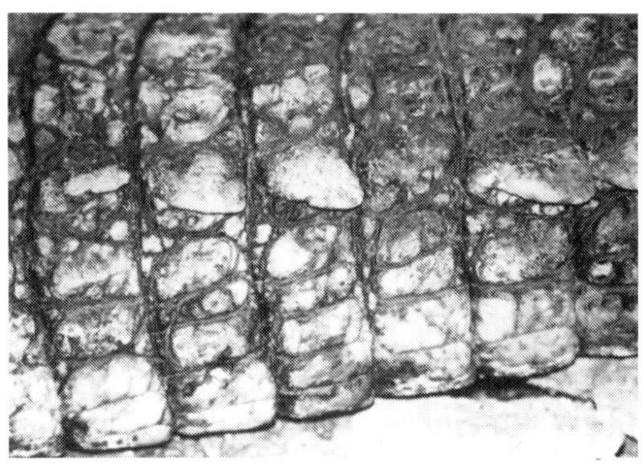

Abb. 31: Schwanz eines Siam–Krokodils (*Cr. siamensis*). Foto: TRUTNAU.

4.2 Skelettsystem

Die Wirbelsäule der Krokodile besteht aus 61 bis 63 Wirbeln. An der präkaudalen Wirbelsäule unterscheidet man neun Zervikal–, acht Thorakal–, sieben Lumbal– und zwei Sacralwirbel. 35 bis 37 Schwanzwirbel sind vorhanden.

Mit Ausnahme des Atlas', des Drehers, der Kreuzbeinwirbel und des ersten Schwanzwirbels zeigen alle anderen Wirbel einen prozölen Bau mit konkavem Vorder– und konvexem Hinterende. Die Kreuzbeinwirbel sind konkav–plan und plan–konkav, während der erste Schwanzwirbel bikonvex ist. Vom zweiten Wirbel an finden sich über die gesamte Wirbelsäule Zwischenwirbel in Form von knorpeligen Zwischenwirbelscheiben, durch welche letztere sich die Krokodile mit Ausnahme der Brückenechse *Sphenodon punctatus* von allen anderen Reptilien unterscheiden.

Im Gegensatz zu allen anderen Reptilien setzen bei den Krokodilen auch am Atlas Rippen an. Während die langen Atlasrippen einköpfig sind, sind alle übrigen kufenförmigen Halsrippen zweiköpfig. Jede vorhergehende Rippe berührt mit ihrem kaudal gerichteten Fortsatz den kranial gerichteten Fortsatz der darauffolgenden. Die Halsrippen wie die vorderen Brustrippen, insgesamt acht an der Zahl, sind weit gegabelt und stellen dreiteilige Spangen dar. Alle acht Brustrippen gehen gelenkartig auf das Brustbein über, wobei die siebte und achte Rippe bereits vorher miteinander verschmelzen.

Der Oberarmknochen ist schlank und an den Enden nicht auffallend verbreitert. Elle und Speiche haben am Ellbogen– und am Handgelenk selbständige, voneinander unabhängige Gelenke. Nach GEGENBAUR (1864) erlauben diese beiden Knochenelemente ein Verschieben zueinander. Die Elle reicht weiter distalwärts als die Speiche. Dies ist eine Eigenschaft, die allen übrigen rezenten Reptilien fehlt. Das Knochengefüge der Handwurzel weist einen sehr spezialisierten Bauplan auf (Abb. 32). Der proximale Teil besteht aus dem großen, kräftigen Radiale, das aus dem Centrale radiale proximale und dem eigentlichen Radiale besteht, weiterhin aus dem säulenförmigen Ulnare und dem Pisiforme. Der distale Teil der Handwurzel besteht ebenfalls aus drei Knochenelementen: dem Centrobasale, dem mittleren Carpale zwei und dem Basale Commune, das aus drei verschmolzenen Carpalia (3, 4 und 5) besteht. Nach VON WETTSTEIN (1937) beträgt die Anzahl der Fingerknochen für die Unterfamilie der Alligatorinae 2, 3, 4, 5, 4 und für die Unterfamilie der Crocodylinae 2, 3, 4, 4, 4.

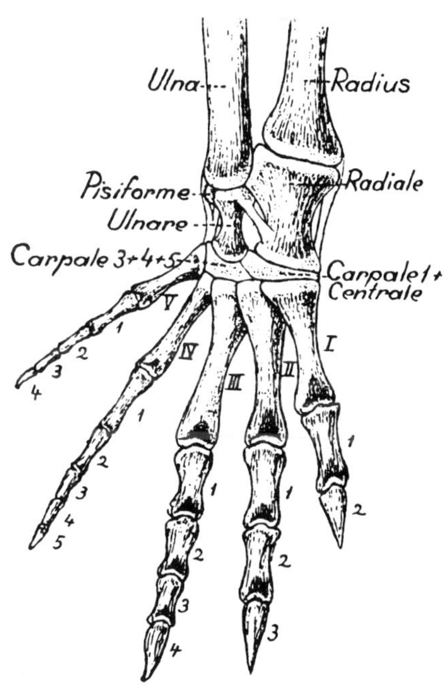

Abb. 32: Rechte Hand eines *A. mississippiensis* von der Dorsalseite gesehen. I bis V Metacarpalia des ersten bis fünften Fingers, 1 bis 5 Phalangen, das Carpale 2 ist bei den Alligatorinae von der Dorsalseite nicht sichtbar. Nach GEGENBAUR (1864).

Der Oberschenkelknochen ist kräftig und von mäßiger Länge. Im Kniegelenk decken sich die beiden Gelenkfortsätze des Schienbeins nicht mit denen des Oberschenkelknochens. Das Schienbein ist ungefähr dreimal so stark wie das Waden-

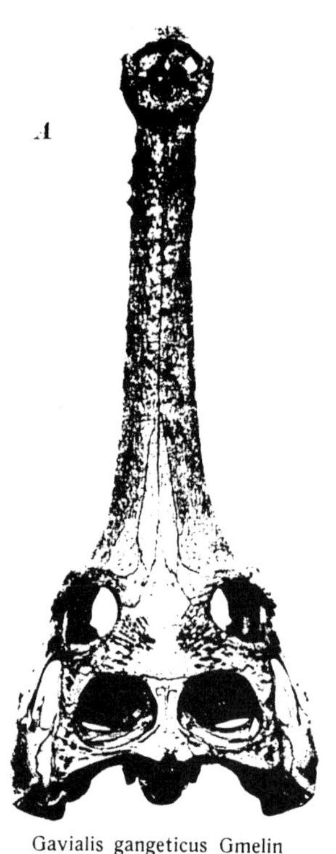

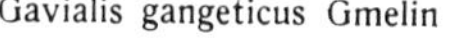

Gavialis gangeticus Gmelin

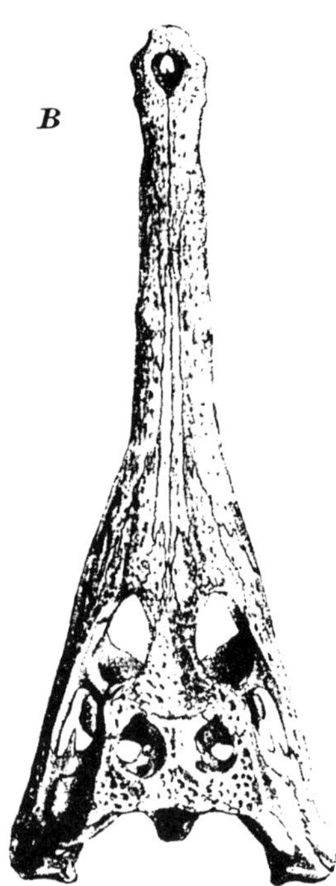

Tomistoma schlegelii Müller

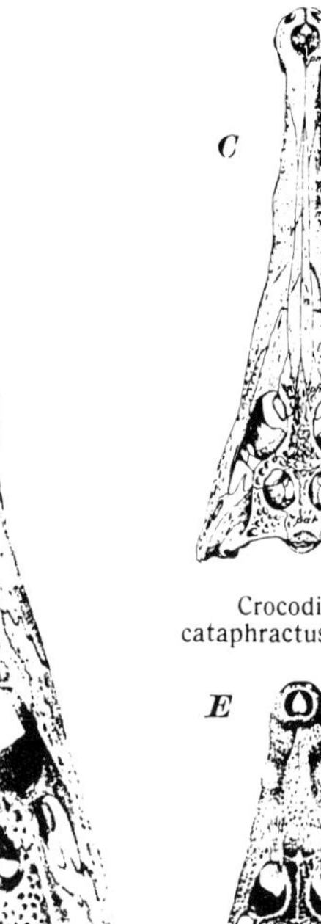

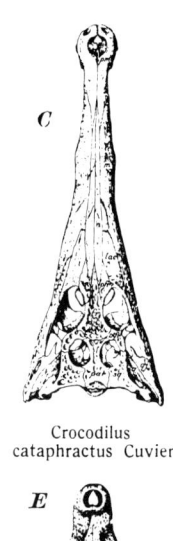

Crocodilus cataphractus Cuvier

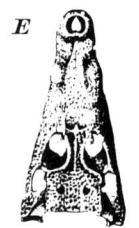

Caiman sclerops Schneider

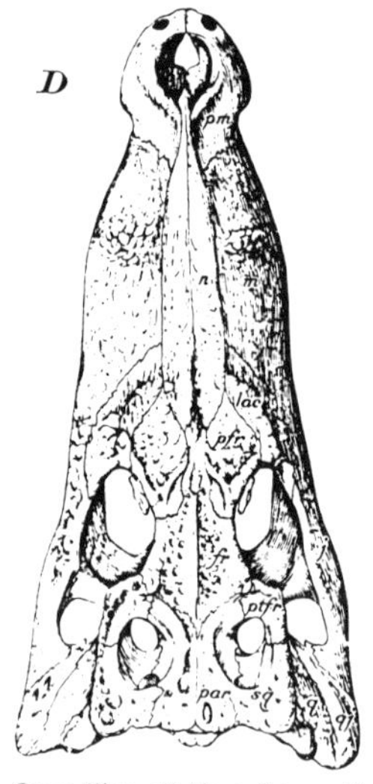

Crocodilus niloticus Laurenti

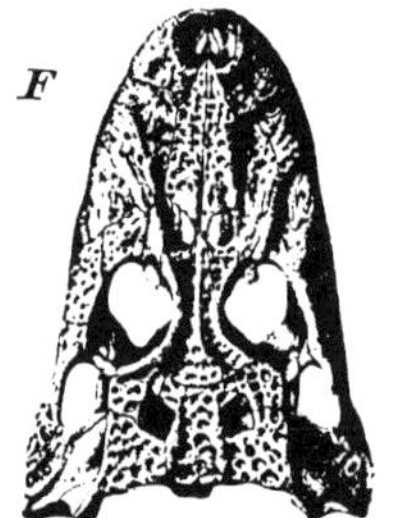

Caiman latirostris Daudin

bein. Die Fußwurzelknochen bestehen in der proximalen Tarsalreihe aus zwei getrennten Stücken: dem Sprungbein oder Astralagus, das unter dem Schienbein liegt, und dem Fibulare, das große Ähnlichkeit mit dem Fersenbein der Säugetiere hat. Die distale Reihe besteht aus den Tarsalia distalia 2, 3 und 4. Das Tarsale 2 ist klein und stets knorpelig. Die Tarsalia 3 und 4 sind verknöchert. Die Tarsalia 1 und 5 sind mit den entsprechenden Metatarsalia veschmolzen. Die fünfte Zehe ist bis auf einen Rest rückgebildet. Von den vier funktionstüchtigen Zehen ist die erste am stärksten und die vierte am schwächsten ausgebildet. Die Anzahl der Zehenknochen beträgt 2, 3, 4, 5.

Die Krokodile haben einen hochspezialisierten Schädel. Die einzelnen Schädelteile sind durch Nähte miteinander verbunden und daher gegeneinander unbeweglich (Abb. 33). Der diapsid gebaute Krokodilschädel hat zwei Jochbögen. Die oberen Temporalfenster liegen auf der Schädeloberfläche. Bei den Glattstirnkaimanen *P. palpebrosus* und *P. trigonatus* sind sie sekundär geschlossen. Die oberen, schlitzförmig gestalteten Posttemporalfenster sind nur von geringer Größe. Das Postfrontale, das Jugale und das Transversum bilden bei den hochentwickelten, rezenten Krokodilen die vordere Begrenzung der unteren Temporalfenster, die nach hinten geöffnet sind. Der langgestreckte Schnauzenteil der Krokodile wird weitgehend durch die verlängerten Maxillaria gebildet.

Die Krokodile haben ein sekundäres Gaumendach. Die Choanen sind weit nach hinten verlagert. Der Gehirnschädel ist verhältnismäßig klein. Die gesamte Schädeloberfläche zeigt ein runzliges Aussehen. Die Haut ist mit dem Schädelknochen verwachsen. Im Bereich der Okzipitalregion zeigt der Condylus occipitalis einen monokotylen Bau. Die Hinterhauptregion wird zum größten Teil von den Exoccipitalia und dem Opithoticum gebildet, die beide zusammen mit dem Squamosum den Processus paroticus bilden. Die Pterygoidea sind stark entwickelt. Hierdurch ist das Basioccipitale aufgebogen und steht vertikal. Zwischen dem Basisphenoid und dem Basioccipitale liegt die trichterförmige Öffnung der Eustachischen Röhre. Die Pterygoidflügel, die in der Mittellinie miteinander verwachsen sind, verdecken die Basis der Schädelkapsel vollständig. Erstere bilden den Hinterrand des Schädels und umschließen die große sekundäre Choanenöffnung. Die Palatina und Pterygoidea bilden das sekundäre, knöcherne Gaumendach. Im Gaumendach liegt beidseitig eine Suborbitalöffnung, die vom Palatinum, Transversum, Maxillare und Pterygoid umgeben ist. Die vorderen Pflugscharbeine bilden den Boden des Nasen-

---

Abb. 33 (links): Schädel von 6 rezenten Krokodilarten. Die Nähte, die die einzelnen Schädelteile voneinander abgrenzen, sind deutlich zu erkennen. Man beachte die unterschiedliche Form des Rostrums, der Nasalia, des Supraoccipitale, des Parietale und die Auskerbungen für die Zähne des Unterkiefers, sowie die verschiedene Größe und das Verhältnis der Länge zur Breite, das durch die Verlängerung des Rostrums bei A, B und C einerseits, durch die Verkürzung und Verbreiterung bei F andererseits, stark beeinflußt wird. D und E können als »Normalform« eines Krokodilschädels gelten. In D sind die einzelnen Schädelteile mit Buchstaben versehen: fr Frontale, j Jugale, lac Lacrimale, m Maxillare, n Nasale, par Parietale, ptfr Postfrontale, pfr Praefrontale, pm Praemaxillare, q Quadratum, qj Quadratojugale, sq Squamosum. A nach VON WETTSTEIN (1937), B nach MÜLLER & SCHLEGEL (1844), C und D nach SCHMIDT (1919), E und F nach SIEBENROCK (1904).

rachenganges. Nach hinten zu sind die Pflugscharbeine, auch Prävomera genannt, mit den rostralen Fortsätzen der Pterygoidea über eine Naht verbunden.

Mit Ausnahme von *M. niger* haben die Prävomera bei den rezenten Krokodilen keinen Kontakt zur Gaumenfläche. Die Prävomera treten hier geringfügig zwischen die Maxillaria und Prämaxillaria in das Gaumendach ein. Bei *T. schlegelii* findet sich ein kleiner Rest der Prävomera zwischen Maxillaria und Palatina.

Das Schädeldach der Krokodile wird von einem verschmolzenen Frontale und Parietale gebildet. Im unterschiedlichen Ausmaße bilden das Parietale und das Supraoccipitale den Hinterrand des Schädels. Das Postfrontale bildet den Hinterrand der Augenhöhle. Die vorderen Grenzen der Augenhöhle sind ein Präfrontale und seitlich davon ein Lacrimale, wobei letzteres die Foramina lacrimalia und den Tränennasengang umschließt.

Bei den heute lebenden Krokodilen sind die mittleren Fortsätze der Prämaxillaria immer und die Nasalia fast immer rückgebildet. So bilden die beiden Nasenöffnungen eine einzige median gelegene runde Öffnung. Bei der Gattung *Alligator* bilden die Endfortsätze der Nasalia die beiden Nasenöffnungen. Jedes Prämaxillare hat bei den Vertretern der Gattungen *Crocodylus* und *Caiman* an seinem Vorderrand eine rundliche Öffnung oder gar ein Loch, in die der vierte Unterkieferzahn hineinragt oder an der Seite hervorschaut. Die Schädelseiten werden vor allem vom Laterosphenoid, vom Quadratum und von einem Teil des Basissphenoids bedeckt. Squamosum und Postfrontale bilden den oberen Jochbogen. Der untere Jochbogen setzt sich aus dem unteren Quadratojugale und dem Jugale zusammen. Das zwischen Squamosum und dem Quadratojugale liegende Quadratum ist mit den beiden zuerst genannten Knochen durch eine Naht verbunden. Das Quadratum ist auch zum größten Teil an der knöchernen Wand des äußeren Gehörganges beteiligt.

Der Unterkiefer besteht aus dem Dentale, dem Spleniale, dem Articulare, dem Angulare und dem Coronoid (Abb. 34). Nach den Untersuchungen von FÜRBRINGER (1922), MÜLLER (1924) und SÖLLER (1931) besteht das recht einfach gebaute Zungenbein aus dem Körper (Copula, Corpus) und den Cornua branchialia I. Der Kehlkopf liegt auf der Oberseite der hinteren Copulahälfte. Der vordere Abschnitt des Körpers ist breit, der hintere schmal. Der Vorderrand des Körpers weist bei der Unterfamilie der Crocodylinae vier und bei der Unterfamilie der Alligatorinae zwei Einschnitte auf. Das Cornu branchiale I ist durch einen Gelenkkopf mit dem Seitenrand des Körpers verbunden. Der im Winkel abgebogene proximale Teil des Cornu branchiale hat eine knorpelige, distale Epiphyse, welch letztere bei den echten Krokodilen klein und zapfenförmig ist, bei den Alligatoren und Kaimanen jedoch eine breite Platte darstellt. Die beiden Cornua branchialia umhüllen die Luftröhre und berühren sich fast hinter derselben. Das Zungenbein ragt nach vorne hin über den Kehlkopf hinaus. Der Vorderrand des Kehlkopfes liegt an der Zungenbasis, wo man ihn unter einer dicken, schwammigen Schleimhaut als bogenförmigen Wulst erkennen kann. Wenn ein unter Wasser liegendes Krokodil sein Maul öffnet, wird der Vorderrand des Zungenbeinkörpers durch Muskeln gegen die untere Pterygoidregion gedrückt, wodurch ein Eintreten des Wassers in den Kehlkopf wie in die Choanen unmöglich gemacht wird.

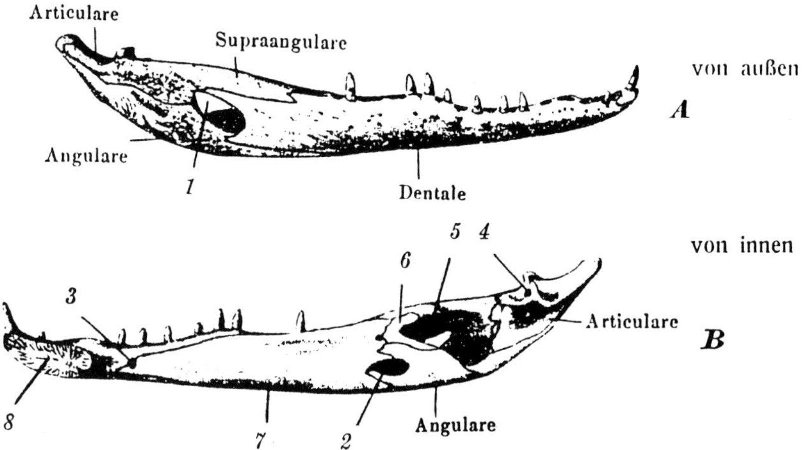

Abb. 34: Unterkiefer eines *Cr. niloticus.* A von der Außenseite, B von der Innenseite (einige Zähne fehlen). 1 Foramen mandibulare. 2 Foramen mandibulare internum, 3 vordere Endöffnung des Canalis primordialis, 4 Foramen aerum, 5 Eingang in den Canalis primordialis, 6 Coronoid, 7 Spleniale, 8 Symphyse. Nach GAUPP (1911).

Abb. 35: Unter- und Oberkiefer eines *C. crocodilus yacare.* Die Alveolen im Unterkiefer, in denen die Zähne stecken, sind in der Mitte des Bildes gut zu erkennen. Foto: TRUTNAU.

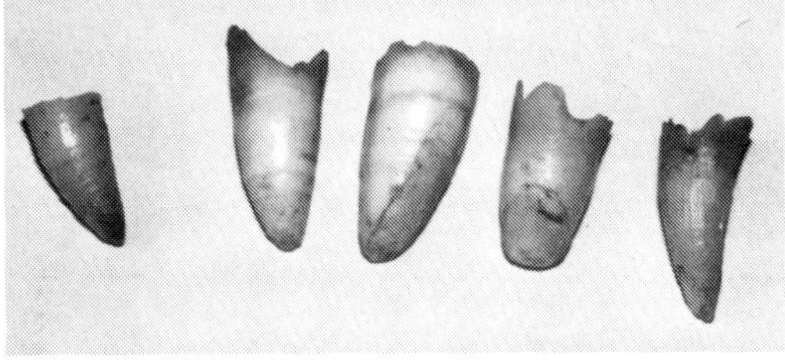

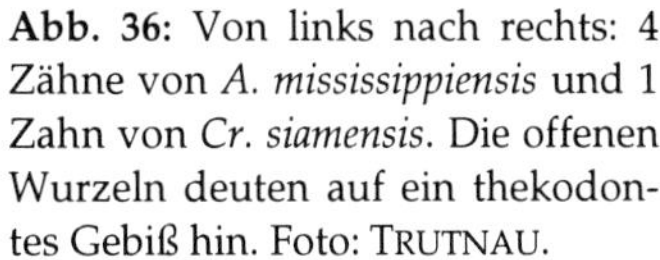

Abb. 36: Von links nach rechts: 4 Zähne von *A. mississippiensis* und 1 Zahn von *Cr. siamensis.* Die offenen Wurzeln deuten auf ein thekodontes Gebiß hin. Foto: TRUTNAU.

Die Columella auris, deren embryonaler Entwicklungsvorgang von zahlreichen Autoren beschrieben wurde, wurde im ausdifferenzierten Zustand von GOLDBY

(1925) erläutert. Ein Blastemstrang, der in den Meckelschen Knorpel zieht und später verknorpelt, ist der dorsale Teil des Zungenbeinbodens.

Die kegelförmigen und nur eine Spitze aufweisenden Zähne der Krokodile liegen in Alveolen (Abb. 35) auf den Kieferrändern und sind in ihrer Anzahl charakteristisch für jede Art. Zähne, die mit einer langen, offenen Wurzel nach unten in Alveolen stecken, wie das bei den Krokodilen der Fall ist, werden als thekodont bezeichnet (Abb. 36). Die Zähne sind fest von Bindegewebe umschlossen und daher nur wenig beweglich. Manche Zähne, die eine besondere Größe aufweisen, dienen vor allem dem Fang und dem Festhalten der Beute. Sie werden als Fangzähne bezeichnet. Bei manchen Arten sind die Kronen der hinteren Maxillar- und Mandibularzähne ein wenig abgeflacht wie z. B. beim Stumpfkrokodil (*O. tetraspis*). Die alten Zähne werden von Zeit zu Zeit durch neue ersetzt, wobei erstere ausfallen. Dies geschieht durch seitliches Nachwachsen neuer Zahnanlagen von unten her. Bei den Gavialen sind die Zähne der beiden Kiefer etwas nach außen gerichtet, während sie bei den Alligatoren und Krokodilen senkrecht gegeneinander beißen. Wie bereits erwähnt paßt bei Alligatoren der vierte Unterkieferzahn in eine ringsum geschlossene Grube des Oberkiefers und ist bei geschlossenem Maul nicht sichtbar. Bei den Krokodilen ragt der vierte Unterkieferzahn selbst bei geschlossenem Maul aus einem seitlich offenen Ausschnitt des Oberkiefers hervor.

Ein weiteres charakteristisches Merkmal der einzelnen Unterfamilien betrifft die Länge der Maxillarzähne. Bei den Alligatorinae ist der vierte Maxillarzahn der längste, während es bei den Crocodylinae der fünfte ist. Bei den echten Gavialen sind alle Maxillarzähne gleich lang.

Die Anzahl der Zähne der Krokodile wird durch eine Zahnformel zum Ausdruck gebracht. Die horizontale Linie in dieser Zahnformel trennt die Zähne des Oberkiefers von denen des Unterkiefers. Da die Anzahl der Zähne bei den Alligatorinen und bei den Crocodylinen gleich oder fast gleich ist, gilt nach WERMUTH (1953) folgende Zahnformel:

$$\frac{5 - 4 \cdot 12 - 17}{14 - 22}$$

Diese Zahnformel besagt, daß in jeder Oberkieferhälfte vier bis fünf Prämaxillar- und zwölf bis siebzehn Maxillar- und in jeder Unterkieferhälfte vierzehn bis zweiundzwanzig Mandibularzähne sind. Mit Ausnahme des sehr langschnauzigen *G. gangeticus* und des *T. schlegelii* — bei diesen Krokodilen ist die Anzahl der Zähne vermehrt — scheint die Schnauzenlänge nicht von einer vermehrten oder verminderten — Anzahl der Zähne abzuhängen. Es sei noch erwähnt, daß alle Gattungen der Crocodylinae und die Gattung *Paleosuchus* vier Prämaxillarzähne aufweisen. Mit Ausnahme von *Paleosuchus* haben alle anderen Gattungsvertreter der Alligatorinae fünf Prämaxillarzähne.

4.3 Muskulatur und Fortbewegung

Eine ausführliche Beschreibung der gesamten Krokodilmuskulatur vermittelt VON WETTSTEIN (1937). Er charakterisiert den Körper der Krokodile als ein ziemlich starres System vom Torpedotyp. Diese Starrheit ist durch den Hautpanzer, die Gastralspangen und die hypaxonische Muskulatur bedingt. Der wenig bewegliche Kopf und Nacken werden durch den Proatlas, durch die kräftigen Nackenmuskeln und durch die kufenförmigen Halsrippen in ihrer Lage gehalten. Eine besondere Steifheit weist der Hals bei *A. sinensis* und bei *M. niger* durch Muskelverbindungen des Rückenpanzers mit den Dornfortsätzen der Wirbel auf.

Eine genaue Beschreibung des Bauplanes und der Funktion des sehr beweglichen Schwanzes stammt von TROXELL (1925). Im Gegensatz zu allen anderen Reptilien ist bei den Krokodilen der erste Schwanzwirbel bikonvex und erfüllt die Funktion eines Kugelgelenkes. Alle anderen Schwanzwirbel sind procöl. Der Schwanz, der nach allen Seiten hin gebogen werden kann, besonders aber nach links und nach rechts, wirkt als Ruder und Steuer. Da der Schwanz im Wasser in der Ruhelage schräg abwärts hängt, bewirkt er beim schwimmenden Krokodil einen Auftrieb von Körper und Vorderkörper. Krokodile schwimmen mit angelegten Vorderbeinen und schlaff nach hinten herabhängenden Hinterbeinen, wobei der Schwanz ruderförmige Bewegungen ausführt. Der torpedoartige Körper eines Krokodils und dessen äußerst kräftige Schwanzbewegungen lassen das Tier blitzartig im Wasser wie aus dem Wasser hervorschießen, um Beutetiere zu packen.

Auf dem Lande bewegen sich Krokodile nicht kriechend fort, wie es bei den meisten Echsen der Fall ist, sondern auf ihren vier Gliedmaßen mit vom Boden abgehobenen Körper, wobei der Schwanz funktionslos über den Boden streift. Bei einem auf dem Land sich fortbewegenden Krokodil tragen das Becken und seine Muskeln die Hauptlast. Das Becken ist durch zwei Kreuzbeinwirbel mit der Wirbelsäule fest verbunden. Die Gastralspangen und Bauchplatten verhindern ein Durchhängen des Bauches. Die Oberschenkel und die Füße sind nach vorne gerichtet. In Verbindung mit dieser Fußstellung steht der mächtig entwickelte Fersenhökker. Von den Fußwurzelknochen bildet nur der Astralagus mit dem Unterschenkel eine funktionelle Einheit. Die muskulösen Hinterbeine tragen die Hauptlast des Körpers und dienen zur Fortbewegung. Die schwächeren Vorderbeine dienen eher als Stütze. Ruhende Krokodile haben in der Regel ihren Kopf vom Erdboden abgehoben, wobei das Maul oft geöffnet ist.

4.4 Nervensystem

Besonders hoch entwickelt sind das Nervensystem und die Sinnesorgane, die gegenüber den anderen Reptiliengruppen bedeutende Abweichungen erkennen lassen. Bei den Krokodilen ist besonders das Gehirn höher differenziert. Die Differenzierungen betreffen das Vorderhirn und das Kleinhirn. Wie bei anderen Wirbeltieren ist das Gehirn der Crocodylia aufgegliedert in die fünf definitiven Gehirnabschnitte: Telencephalon (Vorderhirn), Diencephalon (Zwischenhirn), Mesencephalon (Mittelhirn), Metencephalon (Hinterhirn, Kleinhirn), und Myelencephalon oder Medulla oblongata (Nachhirn). Anschließend folgt das Rückenmark (Abb. 37).

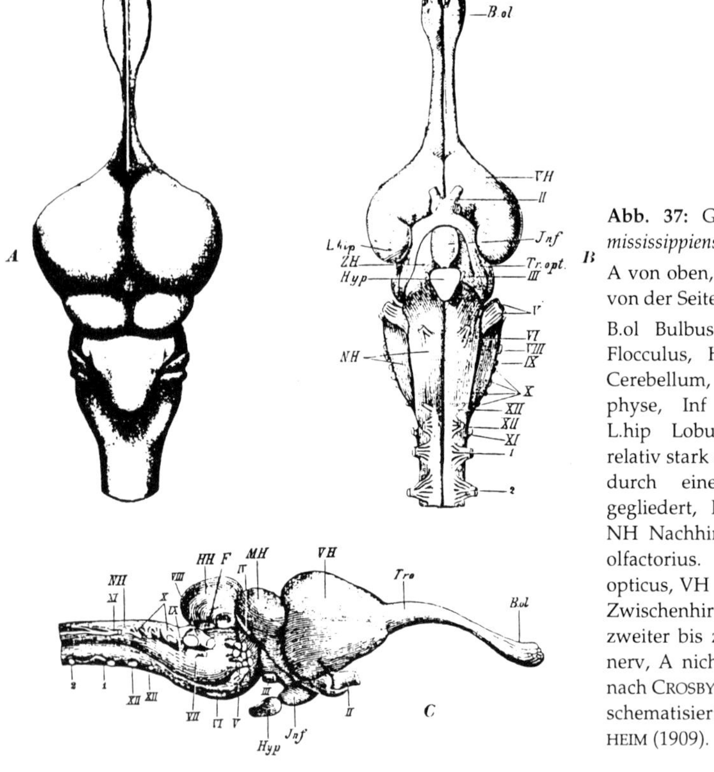

Abb. 37: Gehirn eines *A. mississippiensis*.

A von oben, B von unten, C von der Seite.

B.ol Bulbus olfactorius, F Flocculus, HH Hinterhirn, Cerebellum, Hyp Hypophyse, Inf Infundibulum, L.hip Lobus hippocampi, relativ stark ausgebildet und durch eine Furche abgegliedert, MH Mittelhirn, NH Nachhirn, Tro Tractus olfactorius. Tr.opt Tractus opticus, VH Vorderhirn, ZH Zwischenhirn, II bis XII zweiter bis zwölfter Spinalnerv, A nicht schematisiert, nach CROSBY (1917), B und C schematisiert, aus WIEDERSHEIM (1909).

Bei entsprechend langgestrecktem Schnauzenteil des Schädels gehen die beiden Hirnhemisphären des Vorderhirns in schlanke Riechfortsätze über, die sich am Ende zu kolbenförmigen Bulbi olfactorii verdicken. Die beiden Hirnhemisphären sind besonders groß entwickelt. Das kräftig entwickelte Corpus striatum bildet den größten Teil des Vorderhirns.

Als einzige Wirbeltiergruppe besitzen die Krokodile weder eine Epiphyse noch ein Parietalorgan. Auch embryonal wird nicht die geringste Spur einer Anlage dieser beiden Organe gefunden. Im Dorsalteil des Zwischenhirns findet man im Längsschnitt neben dem Saccus dorsalis lediglich eine Paraphyse, die bei den Alligatoren weniger, bei den Crocodylinen jedoch besonders gefaltet und von Lakunen durchsetzt ist.

Das Mittelhirn, das der niedrigste Abschnitt des Gehirns ist, liegt dem Vorderhirn dicht an. Der vogelähnlichste Gehirnabschnitt der Krokodile ist das Hinterhirn. Die ventrale Innenfläche dieses Abschnittes ist besonders mächtig entwickelt und kann somit als Vorstadium der Markmasse der Vögel und Säugetiere angesehen werden.

Der Hohlkörper des Kleinhirns ragt dorsal über das Mittelhirn hinweg und — einzigartig unter den Reptilien — wird durch zwei Querfurchen in drei Segmente aufgegliedert. Ein derartiger Bau kann als phylogenetische Vorstufe des stark gefalteten Hinterhirns der Vögel und der Säugetiere aufgefaßt werden.

Das Nachhirn entspricht dem der anderen Reptilien und weist somit keine Besonderheiten auf. Der Zentralkanal des Rückenmarks zeigt einen hypozentrischen Bau. Wie bei anderen Wirbeltieren ist die nervöse Verbindung des Gehirns mit nahezu sämtlichen Teilen des Körpers über das Rückenmark und die davon ausgehenden Spinalnerven wie durch die zwölf Gehirnnerven gegeben.

4.5 Sinnesorgane

Bei allen rezenten Krokodilen fehlt ein knöcherner Skleralring. Die kleinen Augen liegen oberhalb der Basis der Schnauzenspalte. Mit Ausnahme des Kuba–Krokodils (*Cr. rhombifer*) sind die Augen bei den Krokodilen der Gattung *Crocodylus* grünlich, bei *Osteolaemus tetraspis* braun, bei *Tomistoma schlegelii* gelbbraun bis braun und bei den beiden Glattstirnkaimanarten *P. palpebrosus* und *P. trigonatus* braun. Im hellen Licht verengt sich die Pupille zu einem engen, senkrechtstehenden Schlitz. Das obere Augenlid ist stärker als das untere entwickelt. Eine Nickhaut kann vom inneren Augenwinkel über die Vorderseite des Augapfels gezogen werden. Die drei bezeichneten Augenlider enthalten keinerlei Knorpel. Nach VON WETTSTEIN (1937) enthält das obere Augenlid von *T. schlegelii*, bei allen Kaimanarten und bei *A. mississippiensis* eine kleine und bei *O. tetraspis* eine große Knochenplatte. Bei *A. sinensis* ist das obere Augenlid vollständig verknöchert. Mit Ausnahme von *M. niger* ist das obere Augenlid bei den Kaimanarten runzlig und in ein kleines Horn ausgezogen. Ober– und Unterlid enthalten zahlreiche glatte Muskelfasern. TRETJAKOFF (1930) erwähnt ein dem »Randpolster« der Schildkröten ähnliches Gebilde im Unterlid. In Anpassung an die nächtliche Lebensweise überwiegt in der Retina die Anzahl der Stäbchen wie eine das Licht reflektierende Einrichtung, die man als Tapetum lucidum bezeichnet. Dieses Tapetum lucidum ruft das eigenartige Leuchten der Augen eines nächtlich an der Wasseroberfläche dahintreibenden Krokodils hervor, das von einem hellen Scheinwerfer angeleuchtet wird.

Nach den Angaben von SARDEMANN (1887) und REESE (1925) soll *A. mississippiensis* keine Tränendrüsen besitzen. Alle Krokodile verfügen jedoch über die Hardersche Drüse, die mit mehreren Ausführgängen zwischen Nickhaut und Augapfel mündet. Nach meinen eigenen zahlreichen Beobachtungen an von mir jahrelang gepflegten *A. mississippiensis*, *C. crocodilus*, *P. palpebrosus*, *P. trigonatus*, *Cr. cataphractus*, *Cr. niloticus*, *Cr. novaeguinae* und *Cr. siamensis* tritt beim Hinunterwürgen eines allzu großen Nahrungsbrockens aus diesen Drüsen ein Sekret aus, das mit Luft gefüllt, Seifenblasen nicht unähnlich ist und an die im Volksmund hin und wieder erwähnten »Krokodilstränen« erinnert.

Weitere kleinere Drüsen im Ober– wie im Unterlid werden von REESE (1925) beschrieben.

Unter den Reptilien ist das Gehörorgan der Krokodile am höchsten entwickelt, was besonders durch das Vorhandensein eines spaltförmigem äußeren Gehörganges und des Ductus cochlearis deutlich wird (Abb. 38). Der äußere Gehörgang kann beim Tauchen geschlossen werden. Das sehr geräumige Mittelohr steht durch mehrere Nebenhöhlen mit dem Mittelohr der anderen Seite und dem Rachen in Verbindung. Das große, ovale Trommelfell ist an der vom Quadratum gebildeten Knochenumrahmung durch einen Wulst von Fasern befestigt. Die Paukenhöhle steht über einen Gang mit den Hohlräumen im Quadratum und im Articulare in Verbindung. Diese Hohlräume sind möglicherweise für den Druckausgleich beim Tauchen von Bedeutung.

Abb. 38: Spaltenförmiger äußerer Gehörgang (Pfeil) eines *A. mississippiensis*. Foto: TRUTNAU.

Über das Innenohr hat RETZIUS (1884) besonders ausführlich berichtet. Nach dem genannten Autor findet sich in der Wirbeltierreihe eine wohlausgebildete Cochlea, die bei den Krokodilen genau so wie bei den Vögeln zu einem langen Ductus cochlearis ausgewachsen ist und dessen blindes, kolbenförmig erweitertes und etwas abgeplattetes Ende die Lagena bildet. Eine weitere Sinnesendstelle der Schnecke, die sogenannte Macula lagenae, ist auf den Endkolben beschränkt. Im Ductus cochlearis liegt das Cortische Organ.

Entsprechend der verlängerten Schnauze ist auch das kompliziert aufgebaute Geruchsorgan der Krokodile langgestreckt. An der Auskleidung der Geruchsorgane sind drei unterschiedliche Arten von Epithelien beteiligt. Es handelt sich um ein verhorntes Epithel im oberen Vorhof, ein respiratorisches Epithel am Grunde der Vorhöhle im Choanengang im ventralen Teil der Muschelregion und teilweise in den Nebenhöhlen. Der dorsale Teil der vorderen und hinteren Nasenregion wird vom olfaktorischen Epithel, in dem auch die sogenannten Bowmanschen Drüsen liegen, ausgekleidet. Das Jacobsonsche Organ tritt nur kurzzeitig im Embryonalzustand auf, wenn die erste Anlage des Nasenkanals gebildet wird. Im Embryonalstadium findet man die Anlage des Jacobsonschen Organs als kleine Ausstülpung des Riechepithels. Wenn diese Riechepithelanlage im Zuge der nächsten Embryonalstadien verschwindet, verschwindet auch das Jacobsonsche Organ. Nach SCHMIDT (1932) und MERTENS (1943) kommen ähnliche knollenartige Erhebungen, wie man sie bei den Männchen von *Gavialis gangeticus* antrifft, als weniger entwikkelte Bildungen auch bei *O. tetraspis, Cr. cataphractus, Cr. niloticus, Cr. palustris, Cr. porosus, T. schlegelii* und *A. sinensis* vor.

Die Geschmacksinnesorgane der Krokodile wurden erst 1906 von BATH entdeckt. Der Sitz der spindel– bis birnenförmigen Geschmacksknospen befindet sich seitlich auf dem Schleimhautwall der Fläche der Pterygoidea. Vereinzelte Geschmacksknospen liegen auch an der ventralen Schlundwand.

Die Tastsinnesorgane liegen bei den Krokodilen in der Subepidermis. Gegenüber den anderen Reptilien sind sie am höchsten entwickelt. Bei gerade geschlüpften Jungtieren befinden sie sich auf allen Teilen des Körpers mit Ausnahme der distalen Schwanzhälfte, der Palmar– und der Plantarflächen in Form weißer Pünktchen. Mit Ausnahme des Ober– und des Unterkiefers, wo sich auf jedem Schild bis zu 20 solcher Tastflecken befinden, ist es bei den übrigen Schilden nur ein einziger Tastfleck. Dieser liegt in der Mittellinie jedes Schildes im Bereich des Hinterrandes.

Nach VON WETTSTEIN (1937) sollen sich die Tastsinnesorgane bei der Gattung *A.* nur im Bereich des Ober– und des Unterkiefers befinden. Die Tastflecken stellen rundliche Vertiefungen in der Epidermis dar, mit einem kleinen flachen Hügel in der Mitte (Abb. 39). Am Ende der Vertiefung endet das Stratum corneum. Die Epidermiszellen in der Vertiefung haben gut sichtbare Zellkerne und sind durch Zellmembranen deutlich gegeneinander abgegrenzt. Unter den Epidermiszellen befindet sich gallertartiges, subepidermales Bindegewebe, in welches sechs bis acht längliche Tastkörperchen eingelagert sind. Die Tastkörperchen sind mit markhaltigen Nervenfasern verbunden.

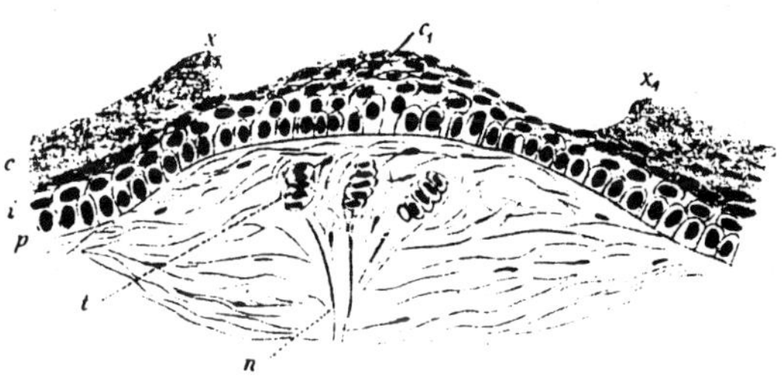

Abb. 39: Querschnitt durch den Tastfleck in der Haut eines Krokodils.

p Stratum malpighii, **i** Stratum intermedium, **c** Stratum corneum der Epidermis, die zwischen x und x_1 unterbrochen ist, **c_1** Kuppe des Epidermiskegels des Tastfleckes, der aus wenigen verhornten Zellen besteht, **t** Gruppe von Tastkörperchen unter dem Tastfleck, **n** Nerven, die zu diesen Tastkörperchen ziehen. Zeichnung nach MAURER (1895).

4.6 Verdauungsorgane

Ein muskelstarkes Diaphragma, das nicht dem Zwerchfell der Säugetiere entspricht, trennt die Brust– von der Bauchhöhle. Dieses Diaphragma kommt durch bindegewebige und muskulöse Verwachsungen zwischen Magen, Leber und Rippenfell zustande.

Die flache, fleischige Zunge, die in der Tiefe des Rachens liegt, ist mit ihrer ganzen Unterseite mit dem Mundboden verwachsen. Nur die Zungenränder liegen frei. In der Zungenoberfläche befinden sich sowohl Papillen wie Drüsen, wobei letztere zu beiden Seiten der Zungenspitze und auf der hinteren Hälfte des Zungenrückens in der Medianen liegen.

Der Ösophagus verläuft gerade. In seiner Gestalt ähnelt der rundlich zweigeteilte, sehr muskelkräftige und nach rechts abgeknickte Magen der Krokodile, dem der Vögel (Abb. 40). Der Hauptmagen besitzt zu beiden Seiten je eine Sehnenplatte, von der aus Muskelstränge radiär nach außen und zwar zur anderen Sehnenplatte verlaufen. In der Schleimhaut des Magens sind regelmäßige, wellenartig verlaufende Falten. Das Magenepithel weist hohe, prismatische Schleimzellen auf, zwischen denen die Magensaftdrüsen münden. Im Magen befindet sich oft eine große Anzahl von Steinen, aber auch von Molluskenschalen, gelegentlich sogar Eisenstücke und ähnliche unverdauliche Dinge, die zusammen mit zwei körpereigenen Reibplatten die Nahrung zerreiben und somit für eine rasche Verdauung sorgen.

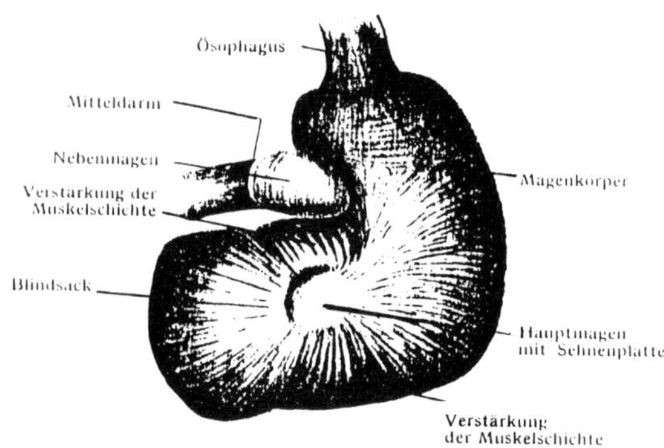

Abb. 40: Ventralansicht des Magens von *A. mississippiensis*. Nach PERNKOPF (1937).

Der Darm — dieser ist in Dünn–, Mittel– und Enddarm aufgegliedert — ist ungefähr eineinhalb bis knapp zweimal so lang wie der gesamte Körper des Krokodils. Ein Blinddarm, der jedoch nur andeutungsweise rudimentär ausgebildet ist, befindet sich als schwache, nach links gewandte Ausbuchtung am Beginn des Enddarms. Zusammen mit den beiden Harnleitern und Ausführungsgängen der Geschlechtsprodukte mündet der Enddarm in die ausgedehnte Kloakenhöhle.

Die Leber, die kranialwärts vom Diaphragma liegt, ist zweilappig. An der Unterseite des rechten Lungenlappens erblickt man die große Gallenblase. Von hier zieht sich der Ductus hepaticus, die Milz und die Darmwand durchbohrend, über die erste Dünndarmschlinge hinweg und mündet schließlich in den Darm.

Der Pankreas scheint in Größe und Form bei erwachsenen Exemplaren sehr zu variieren. Er liegt als länglicher Körper der ersten Dünndarmschlinge an. Nach TAGUCHI (1920) endet sein Ausführgang in der Nähe der Gallengänge.

4.7 Blutgefäßsystem und Atmungsorgane

Der wesentliche Unterschied zwischen dem Herz der Krokodile und dem der anderen Reptilien besteht in der Bildung der Kammerscheidewand. Eine Vermischung von sauerstoffreichem und kohlendioxidreichem Blut geschieht nur durch das Foramen panizzae, einem kleinen Durchlaß an der Basis der beiden Aortenstämme. Nach von Wettstein (1937) fehlt der Ductus botalli. Da die bei anderen Reptilien weite, dorsale Anastomose der beiden Aortenstämme sehr eng ist, so ist das Foramen panizzae der einzige Weg, auf dem bei den Crocodylia dem linken Aortenbogen etwas sauerstoffhaltiges Blut zugeführt werden kann. Phylogenetisch müssen wir in den Scheidewandbildungen einen ersten mißglückten Versuch sehen, einen Organisationszustand zu erreichen, wie er bei Vögeln und Säugetieren auf zwei verschiedenen Wegen tatsächlich erreicht wurde (von Wettstein 1937).

Nach den Angaben von Greil (1903) hat das Foramen panizzae auch eine wichtige physiologische Funktion als »Überdruckventil« bei Kreislaufstauungen. Diese treten dann ein, wenn ein Krokodil mit luftgefüllten Lungen für längere Zeit taucht, was ja meist der Fall ist. Es entsteht dann ein Überdruck in den Lungen, der das Blut in der Aorta pulmonaris staut. Der Überdruck wird in dem sehr erweiterungsfähigen, großen Truncus aufgefangen, wobei gleichzeitig in der Lungenvene Unterdruck entsteht, der sich in den linken Ventrikel und in die rechte Aorta fortsetzt. Der Lungenkreislauf ist also bis zu einem gewissen Grad stillgelegt. Die Venae cavae führen aber nach wie vor ihr Blut dem rechten Ventrikel zu, der nun, trotz seiner schwächeren Muskulatur stärker zu arbeiten hat als der linke und das ganze Blut in die linke Aorta pumpt, da die Aorta pulmonaris infolge ihres Rückstaudruckes wohl nur wenig aufnehmen kann. In dieser findet dann ein Druckausgleich durch das Foramen panizzae in die rechte Aorta statt. Es strömt also normalerweise durch das Foramen panizzae sauerstoffhaltiges Blut von links nach rechts, im Tauchzustand des Tieres aber reduziertes Blut von rechts nach links.

Die normale Herzfrequenz eines ungestörten und in Ruhe befindlichen *A. mississippiensis* beträgt bei einer Temperatur von 30 °C 25 bis 35 Herzschläge pro Minute. Alligatoren, die unter dem Einfluß von Erregungen ins Wasser abtauchen, entwikkeln zunächst eine Tachykardie (Steigerung der Herzfrequenz durch Sympathikusreizung) und anschließend eine Bradykardie (Verlangsamung der Herzfrequenz durch Vagusreizung), wobei die Frequenz des Herzens von 31 Herzschlägen pro Minute auf zwei Herzschläge pro Minute absinken kann (Smith et al. 1974). Nach den Angaben von Gaunt & Gans (1969) verhält sich *C. crocodilus* unter gleichen Bedingungen ähnlich und entwickelt eine Bradykardie. Die gleichen Herzfrequenzänderungen treten auch bei anderen Krokodilen auf, wenn sie den beschriebenen Bedingungen ausgesetzt sind (Gordon 1972).

Nach Belkin (1968) ist die Bradykardie eine Alternative zur Flucht. Eine Gefahr kann ein Tier mit Kampf oder Flucht beantworten oder indem es sich passiv verhält und bewegungslos oder tot stellt. Die letztere Verhaltensweise, die Bradykardie hervorruft, wurde bei Reptilien, Vögeln und Säugetieren beobachtet. White (1969) stellte fest, daß tauchende Alligatoren parallel zur Bradykardie einen Blutdruckanstieg zwischen dem rechten Ventrikel und der Arteria pulmonaris entwickeln.

Das Lymphgefäßsystem, das nach OWEN (1866) höher als bei den anderen Reptilien entwickelt ist, weist einen gefäßartigen Bau mit Klappen auf. Lymphgefäßnetze finden sich am Mesenterialansatz, an der Schwanzbasis, in den Achseln wie im Nacken. Zu beiden Seiten der Schwanzwurzel liegt je ein Lymphherz. Nach Angaben von HUNTER (1861) hat die Lymphe ein milchiges Aussehen.

Eine detaillierte Beschreibung der Blutgefäße der Krokodile gibt VON WETTSTEIN (1937). Bemerkenswert ist der vom Herzen ausgehende, mächtig entwickelte und sehr erweiterungsfähige Truncus arteriosus. Im Truncus arteriosus drehen sich die beiden Aortenbögen schraubig umeinander. Der rechte Aortenbogen verläuft nach rechts, der linke entsprechend nach links. Zwischen den beiden Aortenbögen entstehen ventral die beiden Karotiden, während dorsal davon die beiden Arteriae pulmonales liegen. Eine Beschreibung des Venenverlaufs wie der Venen des Brust- und Bauchraumes und der Venen der Vorder- und Hinterextremitäten vermittelt HOCHSTÄTTER (1906).

Das Blut der Krokodile stimmt im Aufbau weitgehend mit dem der übrigen Reptilien überein. Nach SLONIMSKI (1935) sind die roten Blutkörperchen arm an Hämoglobin. Der Hämoglobingehalt des Lungenblutes beträgt 6,9 bis 9,0 Grammprozent (LÜDICKE 1939). An weißen Blutkörperchen finden sich ungranulierte, typische Lymphozyten, kleine und große Monozyten sowie basophile, eosinophile und neutrophile, granulierte Leukozyten. Nach AROCHA-PINANGO & GORZULA (1975) befindet sich im Blut von *C. crocodilus* eine Substanz, die die Blutgerinnung unterbindet. HAWKEY (1970) nimmt an, daß diese Substanz das bei *C. crocodilus* und wohl auch bei den anderen Krokodilen fehlende fibrinolytische System ersetzt.

Der Kehlkopf der Krokodile liegt auf dem breiten, schildförmigen Zungenbeinkörper, mit dem er durch ein Ligament verbunden ist. Die knorpelspangige Luftröhre verläuft gerade. Sie teilt sich in zwei recht lange, ebenfalls knorpelspangige Bronchien. Jede Bronchie tritt auf der Unterseite ungefähr in der Mitte in die Lunge ein. Die hochentwickelte Lunge zeigt einen komplizierten Aufbau. Sie ist ein kompaktes Organ mit einer Anzahl von röhrenförmigen Kammern, Nebenkammern und Alveolen (Abb. 41).

4.8 Urogenitalsystem und innersekretorische Drüsen

Die beiden Nieren der Krokodile sind voneinander getrennt. Die Oberfläche jeder länglich bis bohnenförmigen Niere ist rotbräunlich gefärbt und von lappigem bis wulstartigem Aussehen. Der Ureter ist gegabelt. In jeden Ureterast münden Harnsammelgänge und in die letzteren wieder Harnkanälchen. Ein Ureter verläuft ventral, der andere dorsal auf der Niere. Beide vereinigen sich zum kurzen Harnleiter, der in die Kloake mündet. Eine Harnblase fehlt.

Der Krokodilharn ist eine klare Flüssigkeit und reagiert neutral bis basisch. Er enthält Calciumcarbonat und dreibasisches Phosphat. Weitere Inhaltsstoffe sind Harnstoff, Harnsäure und Ammoniak. Nach HOPPING (1923) besteht der Urin von *A. mississippiensis* aus 50 bis 85 % Ammoniak, 0 bis 17 % Harnstoff und 7 bis 20 % Harnsäure.

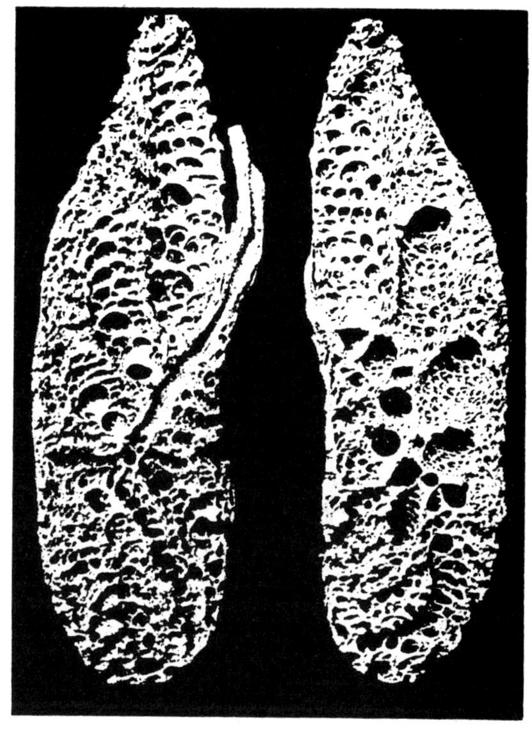

Abb. 41: Schnitt durch die linke Lunge eines *Cr. acutus*. A laterale Hälfte, B mediale Hälfte. Der Eintritt und Verlauf des Hauptbronchus und die Kammern sind deutlich zu erkennen. Nach MILANI (1897).

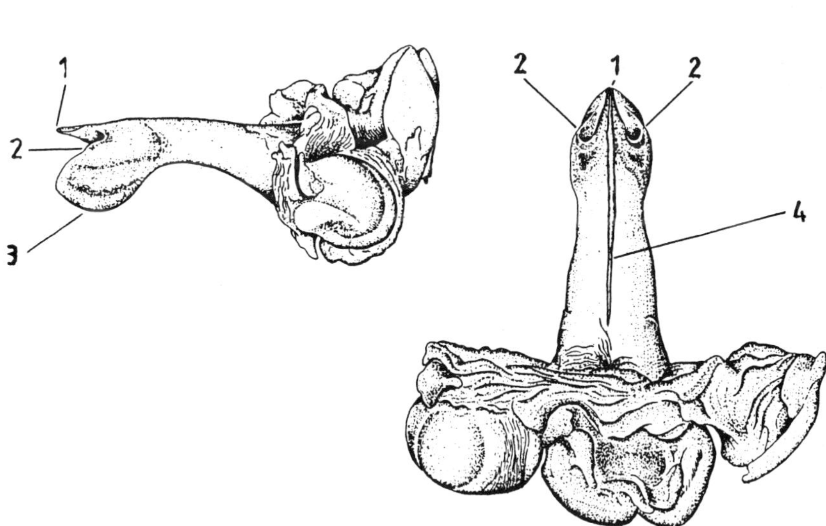

Abb. 42: Penis von *C. crocodilus apaporiensis*. Links von der Seite, rechts von unten. 1 Penisfortsatz, 2 Samenleiterausgänge, 3 Eichel, 4 Samenleiter. Nach MEDEM (1981).

Der zapfenförmige, unpaare, mit einer gewundenen Längsfurche versehene Penis der Männchen, der sich in der Kloake befindet, ist ausstülpbar (Abb. 42). Bei der Erektion tritt der Penis aus der Kloakenöffnung hervor. Die Kloakenöffnung liegt als längsverlaufender Spalt hinter den Hinterextremitäten. Die Penislänge scheint von der Größe des Individuums abzuhängen. Bei einem 150 cm langen Kaiman war der Penis 7 cm lang, bei einem ausgewachsenen Nilkrokodil (*Cr. niloticus*) betrug seine Länge 20 cm.

Im Gegensatz zu allen anderen Wirbeltieren fehlen den Krokodilen die Epiphyse und das Parientalorgan. Die Schilddrüse, die aus zwei miteinander verbundenen Lappen besteht, liegt ein wenig über dem Herzen in der Gabelung der beiden Karotiden unterhalb der Trachea. Nur ein Paar Epithelkörperchen ist vorhanden, deren Lage sehr verschieden sein kann. Bei *A. mississippiensis* liegen sie der Schilddrüse an (REESE 1931). Die langgestreckte Thymusdrüse, die der der Vögel sehr ähnlich ist, erstreckt sich vom Hinterrand des Schädels durch den Hals bis in den Brustraum zur Lunge und zum Herzen. Der Pankreas, der in einen Dorsal– und in einen Ventralpankreas aufgegliedert ist, zeigt eine längliche Gestalt und liegt der ersten Dünndarmschlinge an. Die gelblich–weißen Nebennieren sind langgestreckt. Sie liegen oberhalb der Nieren. Die Ovarien und die Hoden unterscheiden sich nicht von denen anderer Reptilien. Sie liegen im Bereich der Nieren und der Nebennieren.

5 Verbreitung der rezenten Krokodile

Mit Ausnahme von Europa beschränken sich die heute lebenden Krokodile in ihrer Verbreitung auf die Subtropen und Tropen der Neuen und der alten Welt (Abb. 43). Ihre Verbreitungsgrenzen erreichen sie in Asien am 32., in Afrika am 32. und in Nordamerika am 35. Grad nördlicher Breite.

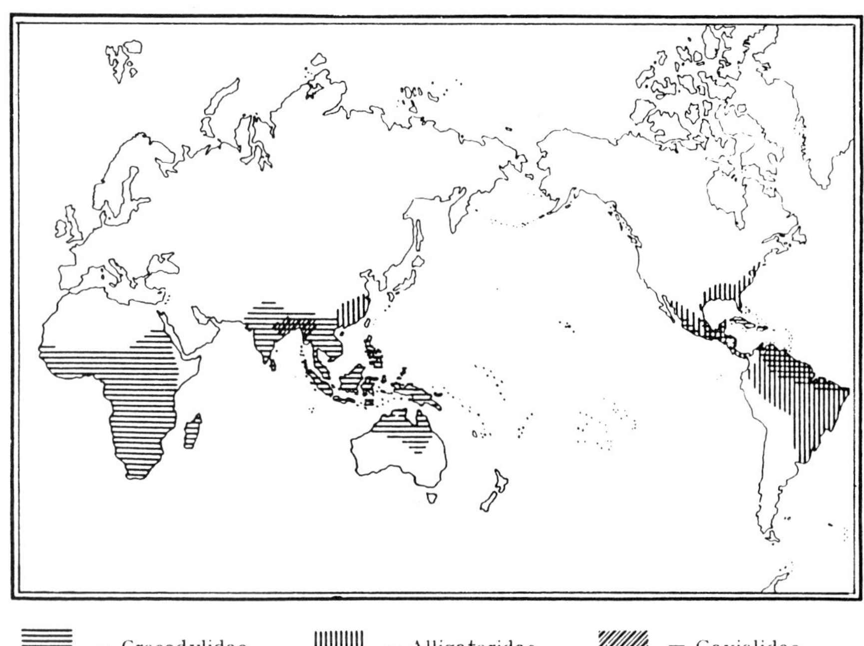

Abb. 43: Verbreitung der rezenten Krokodile. Nach WERMUTH (1953).

Am weitesten dringen die beiden Alligatorarten und das Nilkrokodil, das noch 1877 in Palästina im Zerkafluß bei Cäsarea angetroffen wurde, nach Norden vor. In einigen Oasengewässern der Sahara lebt das Nilkrokodil auch heute noch, wo es wohl eine Reliktform aus vergangenen Zeiten darstellt. In Südafrika findet das Nilkrokodil am 30. Grad südlicher Breite die definitiven Grenzen seiner Verbreitung.

Eine geographische Rasse des Krokodilkaimans (*C. crocodilus yacare*) dringt auf dem südamerikanischen Festland in Argentinien bis zum 34. Grad südlicher Breite vor.

Auf dem amerikanischen Kontinent sind fünf Krokodilgattungen heimisch: *Alligator* (eine Art), *Caiman* (zwei Arten), *Melanosuchus* (eine Art), *Paleosuchus* (zwei Arten), *Crocodylus* (vier Arten).

Auf dem afrikanischen Kontinent sind es zwei Gattungen: *Crocodylus* (zwei Arten), *Osteolaemus* (eine, nach der Auffassung von NEILL (1971) zwei Arten).

Der asiatische Kontinent beherbergt vier Krokodilgattungen: *Alligator* (eine Art), *Crocodylus* (vier Arten), *Tomistoma* (eine Art), *Gavialis* (eine Art). Drei der eigentlichen Krokodile (*Cr. novaeguinae, Cr. porosus, Cr. johnsoni*) dringen bis in den notogäischen Faunenbereich nach Neuguinea und bis nach Nordaustralien vor.

6 Lebensräume

Alle Krokodile leben amphibisch und sind meist an oder in der Nähe von Gewässern zu finden. *Cr. porosus* ist fast ausschließlich und *Cr. acutus* häufig im Brackwasser anzutreffen (Abb. 44, 45). Gelegentlich schwimmen beide Arten auch ins offene Meer hinaus und erreichen weit vom Festland entfernte Inseln. Die ceylonesischen Leistenkrokodile bevorzugen, ganz im Gegensatz zu allen anderen Leistenkrokodilen, eigenartigerweise das Süßwasser und sollen nicht freiwillig ins Meer gehen. Gelegentliche Brackwasserbesucher sind *Cr. niloticus, Cr. cataphractus, Cr. mindorensis,* und *Cr. rhombifer.* In seltenen Fällen dringt auch *A. mississippiensis* ins Brackwasser vor (HIRSCHHORN 1986), wie nach NEILL (1971) das Orinoko–Krokodil (*Cr. intermedius*) im Jahre 1910 in einem Exemplar auf der kleinen Insel Grenada, 150 Meilen nördlich der venezuelanischen Küste angetroffen wurde. Das Tier dürfte wohl auf den schwimmenden Pflanzenansammlungen, die von den Wassermassen des Orinoko in das Meer getrieben werden, die genannte Insel erreicht haben.

Abb. 44: Biotop von *Cr. porosus* im Unterlauf des Mae Nam La–Un (Provinz Ranong/Südthailand). Foto: TRUTNAU.

Die weitaus meisten Krokodilarten sind jedoch lebenslang an das Süßwasser gebunden. Hier bewohnen sie mehr oder weniger verkrautete Sümpfe in der Savanne oder im Regenwald, Waldsümpfe, Teiche, Gräben, Bayous, Billabongs, Seen, Lagunen, große Quellgewässer, tote Seitenarme von Flüssen, labyrinthartig verschlun-

Abb. 45: Biotop von *Cr. acutus* und *C. crocodilus fuscus* in Kolumbien. Foto: LIEBERMAN.

Abb. 46: Biotop von *C. crocodilus apaporiensis* am Rio Tunia/Apaporis in Kolumbien. Foto: LAMAR.

gene Wasserwege in Überschwemmungsgebieten, langsam fließende Bäche, stille Buchten und Flüsse. Krokodile sind seltener in schnell dahinfließenden und turbulenten Bächen und Flüssen anzutreffen, wie dies zuweilen bei *P. palpebrosus* und in ganz besonderem Maße bei *P. trigonatus* der Fall ist. Ausgesprochene Steppenbewohner unter den Krokodilen sind das in Nordaustralien beheimatete *Cr. johnsoni* und das afrikanische *Cr. niloticus*. Letzteres ist so sehr an die Steppe gebunden, daß es in westafrikanischen Urwaldgewässern nur äußerst selten auftritt. Dagegen sind die beiden Glattstirnkaimane der Gattung *Paleosuchus* und das Stumpfkrokodil (*O. tetraspis*) typische Vertreter des tropischen Regenwaldes.

Sowohl den tropischen Regenwald wie das offene Gelände bewohnen *C. crocodilus*, *M. niger*, *Cr. intermedius*, *Cr. cataphractus*, *Cr. palustris*, *Cr. novaeguineae*, *Cr. siamensis*, und *T. schlegelii* (Abb. 46, 47, 48, 49, 50). Das in Mittelamerika beheimatete Beulenkrokodil (*Cr. moreletii*) bewohnt sowohl die offene Savanne wie Sümpfe im Regenwald. Die beiden Arten der Gattungen *Alligator* und *Caiman* bevorzugen

Abb. 47: Biotop von *M. niger* und *P. palpebrosus* im Marais du Kaw in Französisch–Guyana. Foto: VANDERHAEGE.

Abb. 48: Biotop von *Cr. palustris kimbula* im südlichen Sri Lanka. Foto: TRUTNAU.

offenes und besonntes Gelände. Der Ganges–Gavial (*G. gangeticus*) ist auf tiefes und strömendes Wasser angewiesen.

Wo zwei, drei oder mehrere Krokodilarten sympatrisch vorkommen, leben sie gewöhnlich in verschiedenen ökologischen Nischen. So sind das Leistenkrokodil (*Cr. porosus*) wie auch das Australien–Krokodil (*Cr. johnsoni*) über Nordaustralien verbreitet. Während *Cr. porosus* ein typischer Brackwasserbewohner ist, lebt *Cr. johnsoni* nur in den inländischen Süßgewässern.

Auf Neuguinea kommen das Leistenkrokodil (*Cr. porosus*) und das Neuguinea–Krokodil (*Cr. novaeguineae*) vor. Während ersteres in den küstennahen Brackwasserzonen anzutreffen ist, kommt letzteres in den Süßgewässern des Inlandes vor.

Abb. 49: Biotop von *Cr. siamensis* am Mae Nam Khwae Noi (Provinz Kanchanaburi/ Westthailand). Die Art ist heute hier ausgerottet. Foto: TRUTNAU.

Abb. 50: Biotop von *A. mississippiensis* in den Everglades (Südflorida). Foto: TRUTNAU.

In West– und Zentralafrika sind auch das Panzerkrokodil (*Cr. cataphractus*), das Nilkrokodil (*Cr. niloticus*) und das Stumpfkrokodil (*O. tetraspis*) durch ihre unterschiedlichen ökologischen Ansprüche voneinander getrennt: *Cr. cataphractus* bewohnt die großen Flüsse und Seen der äquatorialen Regenwälder, *Cr. niloticus* das offene Gelände der Savanne, während *O. tetraspis* in kleinen Bächen, kleinen Flüssen und Teichen im dichten Regenwald anzutreffen ist (GUGGISBERG 1972).

Während der Mississippi–Alligator (*A. mississippiensis*) in nahezu allen Süßgewässern Floridas beheimatet ist, kommt das Spitzkrokodil (*Cr. acutus*) ausschließlich im Küstenbereich von Südflorida vor. Manchmal treten unterschiedliche Krokodilarten auch syntopisch auf. So kommen der Ganges–Gavial (*G. gangeticus* und das Sumpfkrokodil (*Cr. palustris*) in Indien im gleichen Lebensraum vor (BASU 1979). Das amazonische Flußsystem umfaßt ein Fünftel allen fließenden Süßwassers der Erde mit einer großen Anzahl unterschiedlicher Lebensräume. Aus diesem Grunde können in diesem riesigen Areal vier verschiedene Kaimanarten (*C. crocodilus, M. niger, P. palpebrosus, P. trigonatus*) in gleichen oder unterschiedlichen Lebensräumen nebeneinander existieren (NEILL 1971). Nach Beobachtungen meines Freundes M. VANDERHAEGE leben im Marais du Kaw, einem großen Sumpf– und Überschwemmungsgebiet, im nördlichen Französisch–Guyana *C. crocodilus, M. niger,* und *P. palpebrosus* im gleichen Biotop, während *P. trigonatus* ausschließlich an das Vorhandensein von Fließgewässern gebunden ist.

In seltenen Fällen kommt es auch zu Faunafälschungen, d. h. Krokodile werden in Gebiete eingebürgert, die für ihr Gedeihen günstig sind, aber außerhalb ihres natürlichen Verbreitungsareals liegen. Als der Handel mit lebenden Alligatoren aus Schutzgründen in den fünfziger Jahren in Florida gesetzlich eingeschränkt wurde, importierte man nahezu zu gleicher Zeit Brillenkaimane als Ersatz in großen Stückzahlen aus Südamerika. Nach den Angaben des kolumbianischen »Instituto des Desarollo de los Recursos Naturales Renovables« exportierte Kolumbien im Jahre 1970 998.930 Brillenkaimane in Form von Häuten und lebenden Exemplaren. Letztere waren hauptsächlich für den Tierhandel bestimmt. 112.402 Kaimane trafen über den Flughafen von Miami ein. Somit ist es nicht erstaunlich, daß recht bald entwichene oder ausgesetzte *C. crocodilus* an mehreren Stellen in Florida gefunden wurden. 1960 bemerkte man die ersten Brillenkaimane in und in der Umgebung von Miami (ELLIS 1980). KING & KRAKAUER (1966) wiesen die genannte Art noch bei Palm Beach nach. 1974 entdeckte man eine sich fortpflanzende Population in der Umgebung von Homestead, Dade County, Südflorida, in einem erwärmten Gewässer, das in das Kanalsystem mündete. Man fand nicht nur Kaimannester aus Pflanzenmaterial wie Ästen, Zweigen und Blättern, sondern fing auch jeden September frisch geschlüpfte Jungtiere. Durch behördliche Anordnung des Staates Florida begann 1977 ein Ausmerzungsprogramm der Brillenkaimane in der Umgebung von Homestead in Südflorida (Tab. 1). Da an zahlreichen anderen Orten in der Folgezeit Brillenkaimane beobachtet wurden, dürfte sich die genannte Art in fortpflanzungsfähigen Populationen fest etabliert haben. Bei meinem letzten

Tab. 1: Längen– und Geschlechtsverhältnis von im Bereich des Luftwaffenstützpunktes bei Homestead (Dade County, Südflorida) gefangenen *C. crocodilus*. Nach ELLIS (1980).

Körperlänge (cm)	Anzahl der Exemplare	Geschlechtsverhältnis Männchen : Weibchen
120 – 158	7	4 : 3
90 – 119	9	3 : 6
60 – 89	12	6 : 6
30 – 59	12	6 : 6
frisch geschlüpfte Jungtiere	4	–

Besuch in den Everglades im Oktober 1992 berichtete mir ein Ranger, daß nach wie vor Brillenkaimane anzutreffen sind, so daß man davon ausgehen kann, daß eine völlige Ausmerzung der Tiere kaum noch möglich ist.

Fast sämtliche Krokodile sind ortstreu. In ihren Wohngewässern halten sie sich stets in einem bestimmten Territorium auf, in dem sie Beute und Nahrung, geeignete Plätze zum Sonnen und zur Eiablage finden. Wenn ihre Gewässer versiegen, scheuen sie sich nicht über Land zu anderen Gewässern zu wandern. Oftmals kommt es zu Massenansammlungen von vielen Hunderten von Krokodilen, die im nassen Schlamm und in Restpfützen neben– und übereinander liegen. Bei fortschreitendem Eintrocknen des Schlammes graben sich die Tiere in letzteren ein und warten die Regenzeit ab. Während der Trockenstarre im Schlamm nehmen die Tiere kaum oder keine Nahrung zu sich und zehren von ihren Fettreserven. Während der kalten Jahreszeit überdauern die beiden Alligatorarten im Schlamm oder in selbstgegrabenen Wohnröhren. Die Nordamerikaner bezeichnen eine derartige Wohnröhre als »gator hole«. Ähnliche Wohnröhren, die bis zu 10 m Länge erreichen können und mit der Öffnung unter Wasser liegen, werden auch von anderen Krokodilen, namentlich von *Cr. niloticus* gegraben.

7 Bestandsentwicklungen und aktuelle Verbreitung

Wo Krokodile vorkommen, treten sie regelmäßig in Menge auf, und alte und junge leben in erträglichem Frieden miteinander (BREHM 1878). Wie häufig Mohrenkaimane (*M. niger*) in Brasilien waren, beschreibt 1864 der Südamerikareisende HENRY WALTER BATES: »Es ist schwerlich übertrieben, wenn man sagt, daß die Gewässer um den oberen Amazonasstrom in der trockenen Jahreszeit ebenso von Kaimanen wimmeln wie die Teiche Englands von Kaulquappen. Während einer Reise von fünf Tagen, die ich im November mit dem Dampfschiff machte, sahen wir diese Raubtiere fast überall zu beiden Seiten des Weges, und die Reisenden vergnügten sich von morgens bis abends damit, ihnen Kugeln durch die Panzer zu jagen. Ganz besonders häufig waren sie in stillen Buchten; hier bildeten sie verworrene Haufen, die sich unter lautem Gerassel lösten, wenn das Dampfschiff vorüberfuhr.«

Ähnlich äußerte sich im 19. Jahrhundert auch AUDUBON (BREHM 1912) über die einstige Häufigkeit des Mississippi–Alligators: »In Louisiana sind alle Sümpfe, Buchten, Flüsse, Teiche und Seen voll von diesen Tieren; man bemerkt sie überall, wo sie genug Wasser haben, um darin Nahrung zu finden und sich darin zu verbergen. Auf dem Red River waren sie, bevor Dampfschiffe ihn befuhren, so überaus häufig, daß man sie zu Hunderten längs der Ufer oder auf den ungeheuren Flößen von Treibholz bemerkte. Die kleinen lagen oder saßen auf den Rücken der großen, und zuweilen hörte man von ihnen ein Gebrüll wie von tausend wütenden Stieren, die einen Kampf beginnen wollen. Sie waren, wie viele Tiere in Nordamerika, so wenig menschenscheu, daß sie sich kaum um das Getriebe auf dem Fluß oder am Ufer bekümmerten und daß sie, wenn man nicht nach ihnen feuerte oder sie absichtlich verscheuchte, Boote in einer Entfernung von wenigen Metern an sich vorüberfahren ließen, ohne sie im geringsten zu beachten.«

Zu der Zeit, als die ersten europäischen Siedler in den Südosten der heutigen Vereinigten Staaten vordrangen, war der Mississippi–Alligator nicht nur über ein weites Gebiet verbreitet, sondern er war auch das häufigste und größte Raubtier dort; seine Anzahl betrug Millionen. In kaum einem Teich oder Sumpf fehlte er (RICCIUTI 1972). Unglaubliche Anzahlen von Alligatoren erwähnt auch WILLIAM BARTRAM (1791), ein amerikanischer Botaniker. Nach dem genannten Autor waren diese »Großechsen« im Saint Johns River in Florida so ungemein häufig, daß man mit Leichtigkeit über ihre Köpfe hätte hinweg gehen können.

In größerer Zahl gibt es Krokodile heute nur noch an wenigen Stellen auf unserer Erde. Recht häufig sind Kaimane (*C. crocodilus yacare*) noch im Pantanal im brasilianischen Staate Mato Grosso do Sul, wie man einer in Brasilien käuflichen Postkarte entnehmen kann (Abb. 51). So zählte ich am 17. August 1987 bei der kleinen, aus wenigen Häusern und Eisenbahnwaggons bestehenden Ortschaft Porto Esperança am Rio Paraguay im Verlauf von ungefähr zwei Stunden zwölf Südliche Brillenkaimane (*C. crocodilus yacare*) auf wenigen hundert Quadratmetern Fläche.

Abb. 51: *C. crocodilus yacare* in Mato Grosso do Sul. Nach einer käuflichen Postkarte.

Was den Status der heute noch existierende Bestände der einzelnen Arten und Unterarten anbetrifft, so sind die Angaben hierüber unsicher, da in den Heimatländern keine genauen Zählungen oder keine Zählungen durchgeführt werden und die Informationen daher nur spärlich und unkorrekt sind.

Wohl am besten dokumentiert ist der Niedergang des Mississippi–Alligators (*A. mississippiensis*). Einen recht genauen Überblick hierzu vermittelt TOOPS (1979). Die ersten Siedler betrachteten diese großen Krokodile als Schädlinge und töteten sie, um ihr Hausvieh zu schützen oder einfach aus Vergnügen. Im Jahre 1855 entdeckte man, daß sich Alligatorhäute zu hervorragendem Leder verarbeiten lassen. Schon kurz danach begann der Export von Häuten ins Ausland. Das Fettgewebe der Alligatorkadaver wandelte man zu Öl um, mit dem man die für die Baumwollindustrie arbeitenden Maschinen schmierte. Das Fleisch, das im Geschmack an Fisch erinnert, war eine geschätzte Delikatesse. Das Geschäft mit den Alligatorhäuten lief einige Jahre nicht sehr lukrativ und stagnierte sogar. Mehrere Gerbereien in den Vereinigten Staaten begannen von 1870 an mit der Verarbeitung von Alligatorhäuten in größerem Ausmaß. Das war der Anfang vom Ende der großen, in der Natur lebenden Alligatorpopulationen.

Genaue Angaben über die nun folgenden Massenschlächtereien gibt es nicht. Die von der Gerbereiindustrie erzielten Rekorde, deuten darauf hin, daß zwischen 1870 und 1965 mindestens 10 Millionen Alligatorhäute verarbeitet wurden. Die wirkliche Anzahl getöteter Alligatoren liegt ohne Zweifel höher. Der Höhepunkt dieses Massentötens fällt in die Jahre zwischen 1881 und 1891 als die Bestände noch sehr stark waren. Um 1930 wurden jährlich noch 300.000 Tiere getötet. Danach nahm die Zahl der freilebenden Mississippi–Alligatoren deutlich ab.

Um 1960 wurde offenbar, was die Zerstörung der Lebensräume, die Überjagung und den Massenverkauf von Jungtieren an Touristen angerichtet hatten. Zu Beginn der sechziger Jahre konnte man Alligatoren in ihrem natürlichen Lebensraum nur noch in einigen Nationalparks sehen (TOOPS 1979).

Zum Schutz von *Alligator mississippiensis* verabschiedeten die einzelnen US–Staaten Gesetze. Die Alligatorjagd war während der Paarungszeit von 1944 ab in Florida gesetzlich verboten. Exemplare von 120 cm Körperlänge genossen völligen Schutz.

Seit 1961 ist jegliche Jagd auf den Mississippi–Alligator untersagt. Der Gesetzgeber ahndete den Verkauf, den Besitz oder die Beförderung von Alligatoren und deren Häuten mit Geldstrafe bis zu 1.000 Dollar oder Gefängnis bis zu einem Jahr (EICHLER 1969). Ab 1962 war es in Louisiana per Gesetz verboten, Alligatoren unter 60 cm Körperlänge zu fangen. 1966 wurde die Jagd gänzlich untersagt. Die Schutzgesetze machten die illegale Jagd immer schwieriger. Die Preise für Alligatorhäute stiegen in der Folgezeit, was zu weitreichenden Wilddiebereien führte. Die Wilddiebe und Jäger wurden bei ihrer gesetzwidrigen Tätigkeit nur in den seltensten Fällen gefaßt. Die Richter verhängten in der Regel keine Höchststrafen, und so kamen die Übeltäter mit geringen Geldbußen davon. Es wird vermutet, daß die 1968 aus Alligatorhäuten hergestellten Lederwaren zu 97 % aus illegalen Quellen stammten. Nach Angaben des »Miami Herald« von 1969 lebten zu dieser Zeit ungefähr 250 professionelle und weitere 2.000 bis 3.000 gelegentliche Wilddiebe von ihrer illegalen Tätigkeit im Everglades National Park und in den umliegenden Sümpfen. Nach den Schätzungen der floridanischen »Wildlife Rangers« fielen den Wilderern damals jährlich zwischen 20.000 und 50.000 Alligatoren zum Opfer. Obwohl *Alligator mississippiensis* in 95 % seines Verbreitungsgebietes gesetzlich geschützt war, erwies es sich als notwendig, ihn 1967 in die Schutzliste der »Endangered Species« aufzunehmen.

Die nun immer strenger werdenden Schutzgesetze erwiesen sich als wirkungsvoll. Tatsächlich erholte sich der Mississippi–Alligator erstaunlich rasch und dürfte als einzige Krokodilart wohl nicht mehr von der direkten Ausrottung bedroht sein. Nach GARRICK & LANG (1978) konnte der Bundesstaat Louisiana bekannt geben, die Alligatoren hätten sich in drei Landesteilen so stark vermehrt, daß mehrere Tausend im Frühherbst des selben Jahres erlegt werden durften. Im Februar 1977 konnten die Naturschutzbehörden *A. mississippiensis* sogar von einer stark bedrohten Wildtierart in eine gefährdete zurückstufen. Nach MCINTYRE (1983) umfaßte die *A. mississippiensis*–Population ungefähr 600.000 Exemplare; die jährliche Vermehrungsrate betrug 55,5 %.

In einem gut dokumentierten Aufsatz berichtet MCCLINTOCK (1983) von der Bestandszunahme des Mississippi–Alligators in Florida dank sinnvoller Schutzgesetze. Einen genauen Überblick über den Status des Mississippi–Alligators in dem von ihm bewohnten Bundesstaaten der USA vermitteln JOANEN & NEESE (1984). Danach ist *A. missisippiensis* in 20,3 % seines Verbreitungsgebietes bedroht und in 48,9 % gefährdet. In 30,8 % seines Verbreitungsgebietes haben sich die Bestände wieder erholt. Nach den Angaben der beiden Autoren sind die Alligatorbestände in Georgia ansteigend. Die texanischen Bestände sind stabil oder im Ansteigen begriffen und umfassen über 100.000 Exemplare. Für Südkarolina werden gleichfalls steigende Tendenzen vermerkt. In dem begrenzten Verbreitungsareal in Arkansas sind die Populationen in leichtem Anstieg begriffen. Seit 1972 hat dieser Bundesstaat in 40 von 45 Landkreisen des historischen Verbreitungsgebietes 2.700 Mississippi–Alligatoren aus Louisiana ausgesetzt. Die ausgesetzten Alligatoren haben sich in fünf Landkreisen vermehrt. Für den Bundesstaat Mississippi existieren keine zuverlässigen Daten. 1984 sollen hier im Durchschnitt ein Alligator pro Meile und 1983 5,38 Alligatoren pro Meile gezählt worden sein. In Oklahoma existiert nur eine kleine Population im McCurtain Country, die jedoch im Anstieg begriffen ist. Die Bestände in Alabama lassen sich mit denen von Mississippi und Arkansas vergleichen. Die Alligator–Populationen in Nordkarolina weisen eine geringe Dichte auf. Nach den Angaben der beiden genannten Autoren betragen sie nicht mehr als 1.772 Exemplare. Diese Angaben machen deutlich, daß keine andere Krokodilart eine derart günstige Überlebenschance wie *A. mississippiensis* hat.

Geradezu verheerend sind die Aussichten für den China–Alligator (*A. sinensis*), der neben *C. crocodilus apaporiensis*, *Cr. intermedius* und *Cr. moreletii* wohl die von der Ausrottung am meisten bedrohte Krokodilart ist. Eine der Hauptursachen für den Niedergang des China–Alligators liegt in der Zerstörung der natürlichen Lebensräume. Daher gibt es heutzutage in freier Wildbahn nur noch wenige Exemplare. Diese leben in einigen Provinzen in der unteren Yang–tse–Kiang–Region. 1981 führte Dr. WATANABE, Mitglied der »IUCN Crocodile specialist Group« Studien zum Vorkommen von *A. sinensis* in sieben chinesischen Gemeinden durch. Die Alligatoren lebten hier auf kultiviertem Gelände in Reisfeldern und Bewässerungsteichen. Weitere Untersuchungen von Alligatorbiotopen erstreckten sich auf das niedere Hügelland, das nicht so dicht wie die Ebenen von Menschen besiedelt war. Hier wurden die Alligatoren in isolierten Wasserreservoirs von Baumfarmen angetroffen. In sechs der sieben untersuchten Gemeinden existierten 63 Exemplare, von denen 18 adult und 24 subadult waren. Die übrigen 21 China–Alligatoren konnten nicht konkret katalogisiert werden, da ihre Existenz auf Informationen von Bauern sowie Fußabdrücken und Spuren beruhte. Zahlreiche Tiere waren aus ihren Wohnröhren hervorgeholt, ohne ersichtlichen Grund getötet oder illegal an Zoos oder Krokodilfarmen verkauft worden.

Das drastische Verschwinden des China–Alligators blieb nicht unbemerkt. Daher werden seit einiger Zeit auch in China Anstrengungen unternommen, um *A. sinensis* vor der definitiven Ausrottung zu bewahren. Die einzig realistische Erhaltungsmöglichkeit scheint die Nachzucht auf Farmen zu sein. So haben nationale und lokale Institutionen Kapital zur Verfügung gestellt und die Pflege und Nachzucht von *A. sinensis* auf Farmen möglich gemacht (LUXMOORE et al. 1985). Nach HUANG–CHU–CHIEN (1983, in litt.) existierten bis dahin fünf Einrichtungen, auf denen China–Alligatoren gehalten und teilweise auch zur Nachzucht gebracht wurden. Das Ziel dieser Institutionen besteht nicht nur in der Erhaltung der Art, sondern es wird auch daran gedacht, in Zukunft lebende Exemplare und Alligatorprodukte ins Ausland zu verkaufen.

Die Anhui Xuancheng–Farm ist die größte dieser Unternehmungen. Sie wird von der Forstbehörde der chinesischen Provinz Anhui überwacht und geleitet. Im Jahre 1983 verfügte die Farm über etwas mehr als 100 adulte und 380 juvenile *A. sinensis*. Die Häute und das Fleisch der dortigen China–Alligatoren werden nicht verwertet, nach unbestätigten Gerüchten jedoch lebende Exemplare verkauft. Die Tiere der Anhui Xuancheng–Farm sind freilebenden Populationen entnommen. Eine echte Nachzucht ist hier bisher noch nicht gelungen. Im Jahre 1981 wurden über 200 Eier in der Natur eingesammelt. Aus diesen schlüpften mehr als 40 Jungtiere, von denen 24 bis zur Überwinterung lebten und 18 den Winter überdauerten. Diese starben dann noch vor Sommeranfang 1982.

Als Touristenattraktion ist eine weitere Alligatorfarm bei Yeehing in Planung. Die Chekiang Changsing–Farm verfügt über 10 China–Alligatoren. Über gelungene Nachzuchten ist hier bisher nichts bekannt geworden. Die Chekiang Anchi–Farm pflegt ebenfalls mehr als 10 *A. sinensis*. Auch hier wurden bisher noch keine Nachzuchten erzielt. Erfolgreich in der Vermehrung von *A. sinensis* ist hingegen der Zoologische Garten von Shanghai. Hier schlüpften im Jahre 1980 zwölf und 1981 sieben Jungtiere nach einer Inkubationsdauer von 67 bis 83 Tagen.

Abgesehen von spärlichen Restpopulationen in freier Wildbahn — in der Provinz Anhwei sollen es über 300 Exemplare sein — liegt der heutige Lebensraum von *A. sinensis* auf Farmen und in Zoos.

Tab. 2: Exporte von *C. crocodilus*–Häuten aus Kolumbien von 1951 – 1980. Nach MEDEM (1980).

Jahr	Häute (n)	Ort	Gewährsleute
1959 – 1952	650.000	Magdalena, Sinú	RICARDO TINOCO, Zoológico de Barranquilla
1953 – 1954	800.000	Magdalena, Sinú	s. o.
1955 – 1956	470.000	Magdalena, Sinú	s. o.
1985 – 1961	365.000	Magdalena, Sinú	s. o.
1966 – 1970	1.842.000	Arauca	MEDEM (1977)
1967 – 1968	30.000	Bajo Caquetá, Miritî–Paraná	MEDEM (1977)
1969	70.000	Cravo Norte	MEDEM (1977)
1969 – 1970	1.461.870	Kolumbien	FAO, zit. b. MEDEM (19171)
1970	998.930	Kolumbien	FAO, zit. b. MEDEM (19171)
1970 – 1973	1.047.719	Kolumbien	INDERENA (1973)
1972	388.098	Bogotá, Cali	INCOMEX (1972)
1972	57.379	Leticia	SCHEUERMANN & FOOTE (1972)
1973	524.402	Barranquilla	INDERENA (1973)
1974	556.402	Kolumbien	ALBERTO DONADIO (1975)
1974	61.899	Leticia	FOOTE & SCHEUERMANN (1974)
1974	114.150	Barranquilla	INCOMEX
1975	26.323	Leticia	SCHEUERMANN (1975)
1975	666.908	Kolumbien	INCOMEX
1976	484.673	Kolumbien	INCOMEX
1976	39.936	Leticia	SCHEUERMANN (1976)
1977	512.324	Bogotá, Barranquilla	INCOMEX
1978	411.777	Bogotá, Barranquilla	INCOMEX
1978	1.500	Puerto Inîrida	MEDEM
1979	64.326	Bogotá, Barranquilla	INCOMEX
1980	5.000	Bogotá	INCOMEX
Summe:	11.649.655		

Recht genaue Angaben über den Rückgang von *C. crocodilus* in Kolumbien vermittelt MEDEM (1981). Nach dem genannten Autor wurden zwischen 1951 und 1980 11.649.655 Häute von *C. crocodilus* aus Kolumbien exportiert (Tab. 2). Die Dunkelziffer getöteter Kaimane dürfte jedoch noch bedeutend höher liegen. Nach MEDEM (1981) stammen diese Häute sicher nicht alle aus Kolumbien, sondern wurden zum

Teil aus Brasilien und Venezuela nach Kolumbien geschmuggelt. Ähnlich liegen die Verhältnisse auch in den anderen lateinamerikanischen Staaten, in denen *C. crocodilus* in mehreren Unterarten verbreitet ist (HEMLEY & CALDWELL 1986). Aus Tabelle 3 ist ersichtlich, daß die dort erwähnten Staaten zwischen 1979 und 1982 2.389.753 Kaimanhäute exportiert haben. Die Hauptexporteure waren Paraguay, Kolumbien, Panama und Bolivien. Obwohl die kommerzielle Jagd und der Export in Paraguay seit 1975 durch das Gesetz (Decreto Nº 18796) verboten sind, stammt ein Drittel aller Häute aus dem genannten Land. Das Handelsverbot wurde 1981 offiziell erneut bekräftigt. Der Staat Paraguay erlaubt keinen Import und auch keinen Export wildlebender Tiere (FULLER & SWIFT 1984). Trotzdem geht der illegale Handel mit Kaimanhäuten aus Paraguay auch heute noch weiter. Die meisten Häute haben ihren Ursprung höchstwahrscheinlich aus in Südwest–Brasilien gewilderten Beständen (MENGHI & KING, mündl. Mitt.) Gleiches gilt für Bolivien. Auch hier ist der Handel mit Häuten, die von wildlebenden Krokodilen stammen, verboten. Die meisten von Bolivien aus exportierten Häute stammen ebenfalls aus gewilderten brasilianischen Populationen. Die kommerzielle Kaimanjagd ist in Panama seit 1980 verboten. Ungeachtet dieses Verbotes verließen während drei Jahren im Durchschnitt jährlich 160.220 Kaimanhäute dieses Land.

Tab. 3: Exportzahlen von *C. crocodilus*–Häuten aus verschiedenen mittel– und südamerikanischen Staaten zwischen 1979 und 1982. Nach HEMLEY & CALDWELL (1986).

Land	Jahr				
	1979	1980	1981	1982	1979 – 82
Argentinien	140	15.944	632	547	17.263
Bolivien	36.509	160.183	177.119	72.836	446.647
Brasilien	–	–	4	–	–
Cayman–Inseln	–	2.800	–	–	2.800
Kolumbien	268.211	171.766	105.554	26.765	572.296
Französisch Guyana	13.127	8.250	8.079	7.810	37.266
Guyana	–	–	–	2.136	2.136
Honduras	2.931	–	–	–	2.931
Nicaragua	228	–	–	4.000	4.228
Panama	30.155	224.307	128.400	127.954	510.816
Paraguay	19.752	228.979	293.870	266.937	809.538
Peru	–	–	3.000	6.351	9.351
Venezuela	30.155	44.322	–	–	74.477
Summe:	401.208	856.551	716.658	513.336	2.389.753

Trotz der Schutzgesetze wird die illegale Jagd in Paraguay, Südwest–Brasilien und Ostbolivien weiter betrieben. Die Annahmen gehen dahin, daß die drei genannten Länder den Weltmarkt mit wenigstens 1.000.000 Häuten pro Jahr versorgen. Die Hauptimporteure sind Deutschland, Frankreich, Italien, Japan, die Schweiz, Österreich, Hongkong, Singapur und die USA. Nach NIEKISCH (1988) sprechen in diesem Sinne auch die Statistiken zum WA eine deutliche Sprache (Tab. 4).

Im größten Feuchtgebiet der Erde, im brasilianischen Pantanal, werden jährlich schätzungsweise 1.000.000 Kaimane gewildert. Ein Grundproblem des WA bestätigt sich auch hier: legaler Markt schafft viele Möglichkeiten illegale Ware in den Handel zu schleusen. Freiwillige Selbstbeschränkungen und zusätzliche Kontrollen, wie sie einige deutsche Kürschner und Reptillederhändler auf sich genommen haben, sind zwar positive Ansätze in Richtung Artenschutz, aber noch weit davon entfernt, den Weltmarkt zu beeinflussen oder gar zu bestimmen (NIEKISCH 1988). Eine der wirkungsvollsten Maßnahmen, diesen Ausrottungsvorgang von Europa und Nordamerika aus zu unterbinden, würde in einem totalen Importverbot von Krokodillederhäuten und deren Verarbeitung durch die Industrie bestehen.

Tab. 4: Importe von Krokodilhäuten in die Europäische Gemeinschaft (Stückzahlen gemäß WA–Statistik der EG).

Art	1984	1985
Mississippi–Alligator (*A. mississippiensis*)	9.957	8.902
Brillenkaiman (*C. crocodilus*)	518.729	654.203
Nilkrokodil (*Cr. niloticus*)	2.051	7.581
Neuguinea–Krokodil (*Cr. novaeguineae*)	12.062	14.401
Leistenkrokodil (*Cr. porosus*)	2.294	3.217
Summe	545.093	688.304

Insgesamt gesehen müssen, trotz bestehender Schutzgesetze, alle Populationen von *C. crocodilus* als mehr oder weniger stark gefährdet angesehen werden.

Vom Breitschnauzenkaiman (*C. latirostris latirostris*) und der Unterart *C. latirostris chacoensis* existieren nur noch Restpopulationen im ehemals weitaus größeren Verbreitungsgebiet. Einen Überblick über die Ursachen dieser katastrophalen Verminderung gibt ACHAVAL (1980). Wenn nicht umgehend wirkungsvolle Maßnahmen ergriffen werden, ist der Fortbestand dieser Art nicht zu sichern. Nach dem genannten Autor sind die rücksichtslose Jagd wegen Häuten, Fleisch und Trophäen wie die Biotopveränderungen die Ursachen für den Rückgang.

Für die brasilianischen Bestände existieren keine Daten, jedoch ist die Art hier von der Ausrottung bedroht und bedarf des vollständigen Schutzes (VANZOLINI & GOMES 1972). Nach MEDEM (1983) wurden 1981 noch 20.000 Häute in die ehemalige BRD exportiert.

In Bolivien war *C. latirostris latirostris* nirgendwo häufig. Es gibt keine Daten über die noch vorhandenen Bestände in diesem Land.

In Paraguay war *C. latirostris latirostris* ehemals nicht selten. Da die Haut des Breitschnauzenkaimans jedoch nur kleine Hautknochen aufweist und ein feines Leder abgibt, wurde er bevorzugt gejagt. Obwohl *C. latirostris latirostris* in Paraguay heute selten geworden ist, geht die Jagd unvermindert weiter. Italien importierte noch 1981 9.836 Häute von dieser Art aus Paraguay und 1.000 Häute aus Kolumbien sowie im Jahr darauf weitere 3.218 Häute von dieser Art aus Paraguay (HEMLEY & CALDWELL 1986).

In Argentinien steht die Unterart *C. latirostris chacoensis* kurz vor der vollständigen Ausrottung. Der wesentliche Faktor für diese drastische Verminderung ist die Jagd. Jungtiere werden anscheinend auch heute noch als Souvenirs an einheimische und ausländische Touristen verkauft. Aus Europa eingebürgerte Wildschweine (*Sus scrofa*) wühlen die Eier aus und erbeuten die Jungtiere. Ein weiterer negativer Faktor besteht in der Verseuchung der Reisfelder mit Pestiziden. Die jungen Kaimane fressen die mit Pestiziden angereicherten Schnecken, Fische und Krebse und gehen daran zugrunde.

In Uruguay steht *C. latirostris latirostris* unter vollständigem Schutz. Nach einem Gesetz vom 24. April 1974 ist die Jagd auf den Breitschnauzenkaiman verboten. Ebenso ist es untersagt, diese Tiere lebend zu fangen (TORRES DE LA LLOSA 1975). Die Hauptursache für die Regression des Breitschnauzenkaimans stellt dort die Überbevölkerung dar. Nur noch voneinander isolierte Populationen von *C. latirostris latirostris* bevölkern in Uruguay einen Lebensraum, der durch menschliche Aktivität verändert wurde.

Der Mohrenkaiman (*M. niger*) war vor 1950 eine häufige Erscheinung in den Flüssen Putumayo, dem unteren Caqueta, dem Caucaya und der Lagune von Apaya (MEDEM 1981). Ende der fünfziger Jahre war *M. niger* bis auf wenige Exemplare aus den kolumbianischen Flüssen verschwunden. Kolumbien exportierte zwischen 1970 und 1972 61.385 Mohrenkaimane in Form von Häuten und lebenden Exemplaren. Nach FITTKAU (1973) kamen auf jede legal exportierte Haut ein oder zwei illegal exportierte. Auch wenn in der Folgezeit vereinzelt juvenile Exemplare des Mohrenkaimans gesehen wurden, so darf man die kolumbianische Population von *M. niger* wohl als ausgelöscht betrachten.

Nach den mündlichen Angaben von SNEDIGER war der Mohrenkaiman in Britisch Guyana in den Flüssen Rupununi und Essequibo noch 1937 und 1938 sehr zahlreich. Heute sind nur kleine gefährdete Restbestände vorhanden. In den Jahren zwischen 1955 und 1965 nahm die Jagd das Ausmaß eines wahren Massakers an, und nahezu die gesamte Population wurde ausgelöscht. Die abgehäuteten und verwesenden Kadaver trieben im Rio Apoteri und verpesteten mit ihrem Gestank die Luft, soweit sie nicht von den Piranhas (*Serrasalmus*) aufgefressen worden waren. Trotz fehlender Schutzgesetze stieg die Anzahl der Mohrenkaimane in den siebziger Jahren leicht an. Auch heute ist *M. niger* in Britisch Guyana selten und bedarf zur vollständigen Wiederherstellung des strengsten Schutzes.

In Französisch Guyana ist die Jagd auf *M. niger* gesetzlich untersagt. Trotzdem erhielten die Jäger zwischen 1972 und 1973 Jagdlizenzen mit dem Resultat, daß bald danach 7.514 Häute nach Europa exportiert wurden. Dieser Massenexodus führte zu einem ökologischen Ungleichgewicht in der Fischwelt (FITTKAU 1970, 1973). *M. niger* ist heute aus dem Oyapock, Mahury, Oyac und Orapu verschwunden. Noch verhältnismäßig häufig tritt der Mohrenkaiman in isolierten Populationen in den Marais du Kaw und in den anliegenden Sümpfen im Nordosten des Landes auf (VANDERHAEGE, pers. Mitt.).

M. niger erfreut sich im Osten Ecuadors einer weiten Verbreitung und bewohnt hier den Rio Napo, den Rio Aguarico, den Rio Curaray und den Rio Tigre wie zahlreiche Nebenflüsse und anliegende Sümpfe. Wohl wegen der kriegerischen Konflikte zwischen Peru und Ecuador wurde der Mohrenkaiman hier kaum oder gar nicht bejagt. Daher ist er auch heute noch in beachtlich starken Beständen vertreten.

Ecuador ist somit das einzige Land in Südamerika, in dem *M. niger* noch nicht am Rande der Ausrottung steht.

Die peruanischen Bestände des Mohrenkaimans sind vornehmlich im Gebiet des Marañon, des Ucayali, des Huallaga, des Rio Madre de Dios und im Manu–Nationalpark beheimatet, durch die Jagd jedoch sehr geschwächt worden. Nach den Angaben des peruanischen Fischereiministeriums wurden zwischen 1968 und 1972 27.079 Häute legal exportiert. Trotz des erschreckenden Rückgangs der Restpopulation wird die illegale Jagd weiter betrieben.

In Bolivien wird *M. niger* wegen seiner Haut seit 1942 rücksichtslos verfolgt. Aus seinem ehemals ausgedehnten Areal ist die Art mittlerweile verschwunden. Die aus Bolivien exportierten Häute des Mohrenkaiman entstammen der illegalen Jagd aus den Nachbarstaaten.

In Brasilien war *M. niger* einstmals weit verbreitet und ungemein häufig. Zwischen 1950 und 1960 wurden allein im Amazonasbecken 12.000.000 Exemplare erlegt. Heute existieren nur noch zahlenmäßig nicht erfaßte Restbestände, die sich nach MEDEM (1983) nicht oder kaum erholen, da die Art illegal gejagt wird und die Häute außer Landes geschmuggelt werden.

Für Paraguay liegen, was den Mohrenkaiman angeht, keine Informationen vor. Die hier verarbeiteten Häute sind samt und sonders Schmuggelware aus den Nachbarstaaten.

Es ist erfreulich, daß den beiden Glattstirnkaiman–Arten *P. palpebrosus* und *P. trigonatus* ein Schicksal wie *C. crocodilus*, *C. latirostris* und *M. niger* bisher erspart geblieben ist. Für Modeartikel eignet sich die Haut nicht oder kaum, da die Schilde der Rücken und Bauchseite in zu hohem Maße von Osteodermata durchsetzt sind. Allenfalls lassen sich die Flanken verwerten. Nach den Angaben von JORGE HERNANDEZ CAMACHO wurden jedoch in den Jahren 1973 und 1974 an die 2.000 Glattstirnkaimane getötet, weil man sie mit *C. crocodilus* verwechselt hatte oder die Flankenhäute verwerten wollte.

Die beiden Vertreter der Gattung *Paleosuchus* waren in Kolumbien stets seltener als die drei Unterarten der Gattung *Caiman*. Noch ist keiner der beiden Glattstirnkaimane in Kolumbien und in den anderen Ländern von der direkten Ausrottung bedroht. Trotzdem stellen die Häute einen kommerziellen Wert dar. Von den Farbwerken Hoechst AG wurden Chemikalien erprobt, die die Osteodermata aufweichen sollen. Sollten diese kleinen Krokodile jedoch in Zukunft wegen ihrer Haut gejagt werden, so wird ihre Ausrottung auch schnell vor sich gehen, da sie in ihrem natürlichen Lebensraum in kleinen Flüssen und Bächen leicht zu jagen sind. Über annähernde Bestandszahlen der beiden Glattstirnkaiman–Arten in den anderen südamerikanischen Ländern ihres Vorkommens liegen keine Angaben vor.

Unmittelbar vom Artentod bedroht ist das Orinoko–Krokodil (*Cr. intermedius*), über dessen ausschließlich vom Menschen verursachtes Verschwinden in Kolumbien MEDEM (1976) in Einzelheiten berichtet. »Das Orinoko–Krokodil war bis in die Mitte der dreißiger Jahre dieses Jahrhunderts noch sehr häufig (Abb. 52). Die Bejagung der Krokodile zur Gewinnung der Häute begann Ende der zwanziger Jahre, nahm 1933 bis 1934 beträchtlich zu und dauerte etwa bis 1948, als sie aufge-

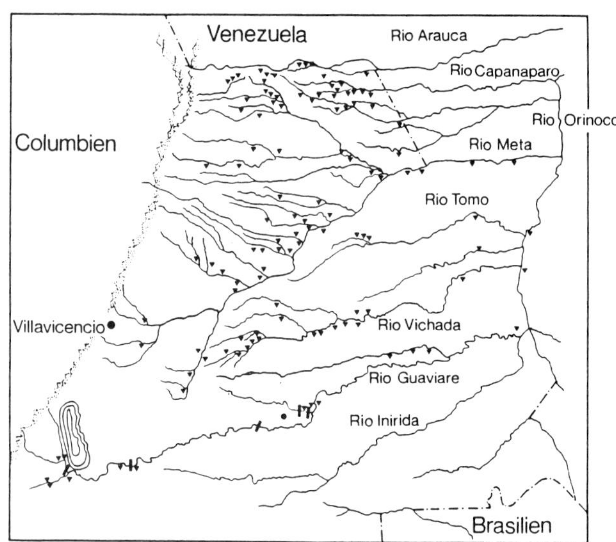

Abb. 52: Vorkommen (▾) des Orinoko–Krokodils (*Cr. intermedius*) in den Llanos Orientales, Kolumbien. Nach MEDEM (1976).

geben wurde, weil die Krokodile nicht mehr in lohnender Anzahl zur Häutegewinnung erlegt werden konnten. Ausländische Unternehmer, vor allem Franzosen, waren im Meta–Casanare–Becken tätig; Aufkäufer aus Venezuela wirkten am Arauca, und die Häute vom Vichada und Guayabero–Guaviare wurden in Villavicencio auf den Markt gebracht. Die Rohhäute gingen nach Frankreich, Deutschland, den Vereinigten Staaten und England. Nachdem die ausländischen Unternehmer das Gebiet verlassen hatten, führten eingeborene Jäger den Abschuß bis in die späten fünfziger Jahre weiter. 1950 erlegten drei Jäger in der Regenzeit 80 Krokodile und weitere 77 in der Trockenzeit im Gebiete des Metapalma–Flüßchens (Arauca), insgesamt also 157 Tiere zwischen 150 und 470 cm Länge. Die gleichen Jäger brachten in den Jahren 1945 bis 1950 am Casanare 400 Häute zusammen und im November 1945 wurden am Guajare und Ariari (Meta) 25 Alttiere, deren größtes 5 m maß, erbeutet. 1959 verbot das Landwirtschaftsministerium den Abschuß zum Zwecke der Ledergewinnung, aber es war schon zu spät. 1968 erließ ebenfalls das Landwirtschaftsministerium ein zweites Gesetz. 1969 wurde das Instituto Nacional de Recursos Naturales (INDERENA) gegründet und beauftragt, den Schutz der natürlichen Rohstoffe zu gewährleisten. Daraufhin wurde erneut ein völliges Verbot der Krokodiljagd veröffentlicht (INDERENA, Beschluß № 573 vom 24. Juli 1969). Staatliche Statistiken über die Ausfuhr von Häuten von den dreißiger Jahren bis 1948 liegen nicht vor, doch erhielt ich annähernde Angaben von früheren Aufkäufern und gewerblichen Krokodiljägern, aus denen man etwa auf folgende Zahlen schließen kann (Tab. 5). Diese Schätzung kann allerdings nicht als verbindlich betrachtet werden, vielmehr kann sie als Mindestzahl dienen, da die tatsächliche Abschußzahl von Krokodilen zwischen 1948 und 1960 unbekannt ist. Schon immer waren z. B. in der Vichada und dem Guayabero–Guaviare die Krokodile nicht so häufig wie im Arauca und im Meta, was wohl auf die ausgedehnten Wasserfälle und Stromschnellen von Matures im Orinoko zurückzuführen ist.

Tab. 5: Ausfuhr von Häuten von *Cr. intermedius* aus Kolumbien von den dreißiger Jahren bis 1948 nach Angaben von Aufkäufern und professionellen Krokodiljägern. Nach MEDEM (1976).

Region	Zahl der Häute
Arauca, Capanaparo, Cinaruco	45.000 – 50.000
Meta–Casanare	150.000 – 154.000
Vichada	200
Guayabero–Guaviare	40.000 – 50.000
Summe:	254.200

Heutzutage werden zu gewerblichen Zwecken keine Krokodile mehr gejagt, wohl aber aus Gründen der Tradition und der Sicherheit. Denn schließlich ist und war ein großes Krokodil ein mächtiger und gefährlicher Feind des Menschen und seiner Haustiere. Von einer gewissen Größe an wird daher jedes Tier erlegt, um erst gar keine Gefahr aufkommen zu lassen. Während meiner Studien in den Jahren 1973 bis 1975 konnten nur sehr wenige Tiere beobachtet werden, doch wurden viele Angaben von alten Krokodiljägern und Ansiedlern gesammelt, die die erwachsenen Tiere sozusagen mit »Namen« kannten. Um weiträumige und unzugängliche Gebiete schnell zu erfassen, überflog ich die Casanare–Provinz. Obgleich zahllose Nebenflüsse des Casanare und Meta gut einzusehen waren, konnte ich kein einziges Krokodil beim Sonnenbad auf den Sandbänken der Flachwasserzonen entdekken (26. Mai 1975). Als Grundlage der Schätzung konnten in den verschiedenen Provinzen Tiere in folgender Anzahl beobachtet werden (Tab. 6), die Alttiere waren hierbei in der Überzahl. Die genannten Zahlen sind wohl die zuverlässigsten, die vorliegen, und man muß ihnen entnehmen, daß das Orinoko–Krokodil dem Aussterben nahe ist.« Soweit die Ausführungen von F. MEDEM über *Cr. intermedius* in Kolumbien.

Tab. 6: Geschätzte Anzahl von *Cr. intermedius* in vier kolumbianischen Provinzen in den Jahren 1973 bis 1975. Nach MEDEM (1976).

Provinz	Flächenausdehnung (km^2)	geschätzte Anzahl von Krokodilen
Arauca	23.490	180
Casanare	44.300	49
Meta	85.770	14
Vichada	98.970	37
Summe:	252.530	280

Ähnlich geschwächt wie in Kolumbien sind auch die Bestände dieser Art in Venezuela. Die Anzahl der Orinoko–Krokodile in Venezuela beträgt nur wenige Hundert Exemplare. GODSHALK (1978) zählte von November 1977 bis August 1978 273 adulte und semiadulte Exemplare in folgenden Flüssen: Rio Guanare 2, Rio Portuguesa 12, Rio Cojedas 76, Rio Tinaco 2, Rio San Carlos 4, Rio Capanaparo 78, Rio Riecito 3, Rio Cinaruco 19, Rio Meta 67 und Rio Orinoko 5. Ein neues, noch nicht bekanntes Vorkommen des Orinoko–Krokodils im Rio Tucupido beschreiben RAMO & BUSTO (1986). Die genannten Autoren beobachteten auf fünf Flügen mit einem kleinen Flugzeug, ausgeführt zu unterschiedlichen Tageszeiten, insgesamt 66 *Cr.*

intermedius, von denen 32 kleiner als 2 m, 26 zwischen 1 und 3 m und eines länger als 3 m waren.

Kritisch und zum Teil katastrophal zu beurteilen ist auch der Status der heute noch existierenden Restbestände des Spitzkrokodils (*Cr. acutus*) über den gesamten Bereich seiner Verbreitung, der sich vom Süden der Halbinsel Florida entlang der beiden Küstenstreifen Mexikos und aller mittelamerikanischen Staaten einschließlich der Antilleninseln Kuba, Jamaika, Hispaniola bis in den Norden Südamerikas (nördliches, westliches und mittleres Kolumbien, nördliches Venezuela, westliches Ecuador, nordwestliches Peru) erstreckt.

In den Sümpfen des Everglades–Nationalparks und auf den Florida Keys gibt es nur noch einige hundert Exemplare (LA BASTILLE 1973). Zu Beginn des frühen zwanzigsten Jahrhunderts lebten in Florida 1.000 oder gar 2.000 Spitzkrokodile. Diese Zahl wurde zunehmend geringer. Anhand von ungefähr zwanzig fortpflanzungsfähigen Weibchen wird die gesamte floridanische Population auf 400 bis 500 Exemplare geschätzt. Die wesentlichen Verluste werden durch die Jagd auf Häute und Trophäen, durch den Autoverkehr sowie durch Biotopzerstörungen verursacht. Zwei weitere Faktoren, die ein Anwachsen der Bestände verhindern, sind die niedrige Schlupfrate, bedingt durch zu niedrige Temperaturen an der nördlichen Grenze des Verbreitungsgebietes, wie auch das gelegentliche Auftreten von Hurrikanen (OGDEN 1978).

Über die gegenwärtigen Bestände von *Cr. acutus* auf den karibischen Inseln von Hispaniola berichtet THORBJARNARSON (1986). Auf Hispaniola leben die Krokodile in den beiden großen Seen, dem Lago Enriquillo und dem Etang Saumatre. Obwohl demographische Daten fehlen, wird die gesamte Krokodilpopulation des Lago Enriquillo in der Dominikanischen Republik auf 2.452 bis 3.344 Individuen geschätzt. Pro Kilometer Uferzone wird eine Besiedlungsdichte von 18,9 bis 25,7 Krokodilen angegeben. Die Dichte von *Cr. acutus* entspricht hier der einer ungefähr ungestörten *Cr. niloticus*–Population wie sie von COTT & POOLEY (1972) untersucht wurde. Obwohl die Spitzkrokodile hier geschützt sind, fallen sie hin und wieder Wilderern zum Opfer. Hauptsächlich große Männchen werden wegen ihres Penis' getötet, der als Aphrodisiakum sehr begehrt ist. Der ungefähr 10 km entfernte Etang Saumatre ist Haitis größter See, in dem schätzungsweise 70 adulte Spitzkrokodile leben. Die Krokodile werden hier getötet, weil sie sich hin und wieder an Haustieren vergreifen, wegen ihres Fleisches, das gegessen wird und weil Sportjagden auf sie veranstaltet werden. Im Küstenbereich sind die Krokodile aus 70 % ihres ursprünglichen Verbreitungsgebietes vertrieben worden. Die vier übriggebliebenen Küstenpopulationen sind sehr klein. In der Dominikanischen Republik gibt es nur noch eine einzige Population im Küstenbereich. Auf Kuba steht *Cr. acutus* kurz vor der Ausrottung, Exemplare von vier Metern sind selten (VARONA 1987).

Die Lage von *Cr. acutus* ist in allen mittelamerikanischen Staaten hoffnungslos. Wenn auch zuverlässige Bestandszahlen fehlen, so kann man bereits absehen, daß *Cr. acutus* — wie im übrigen auch das Beulenkrokodil *Cr. moreletii* — aufgrund der jahrzehntelangen Verfolgungen den für das Überleben erforderlichen Mindestbestand nicht mehr aufweist (LA BASTILLE 1973). Wenn *Cr. acutus* auch in den mittelamerikanischen Staaten geschützt ist, so ist die Einhaltung dieser Schutzbestimmungen, in dem zum Teil unwegsamen Verbreitungsgebiet, schwer zu überprüfen. Nach MEDEM (1981) war *Cr. acutus* in Kolumbien in den Flußniederungen des Rio Magdalena einstmals ungemein häufig, weniger häufig im Rio Atrato und den Flüssen, die in den Golf von Urabá münden. Das Spitzkrokodil lebte weiterhin in allen Flüssen der pazifischen Küste. Nach den brieflichen Angaben des Zoodirektors RICARDO A. TINOCO wurden von 1928 bis 1958 700.000 – 800.000 Spitzkrokodile ihrer Häute wegen gejagt. Vor allen Dingen von französischen und deutschen Handelsgesellschaften organisiert, die zahlreichen Gruppen von heimischen Fischern und Landarbeitern mit Jagdmaterial ausrüsteten und sie so zu professionellen Kaimanjägern machten. Die hemmungslose Jagd hatte die Bestände zusammenbrechen lassen, und somit ist *Cr. acutus* in Kolumbien trotz bestehender Schutzgesetze fast gänzlich ausgerottet oder steht unmittelbar davor.

Der aktuelle Status in Venezuela ist der in Kolumbien vergleichbar. Im Gegensatz zu *Cr. intermedius* existieren hier keine offiziellen Statistiken und auch keine verwertbaren Angaben über die Anzahl der exportierten Häute des Spitzkrokodils. Obwohl durch das Gesetz geschützt, geht der illegale Handel mit Häuten von *Cr. acutus* auch heute noch weiter (MEDEM 1983). Nach neueren Untersuchungen von SEIJAS (1986) ist die Überlebensaussicht von *Cr. acutus* in Venezuela gering, die Dezimierung irreversibel. Der genannte Autor überprüfte die Dichte der noch existierenden Bestände entlang der venezuelanischen Küste. Lediglich an vierzehn der zahlreichen untersuchten Lokalitäten konnte ein Vorkommen dieser Art nachgewiesen werden; insgesamt wurden nur noch 293 Exemplare registriert.

In Ecuador begann die kommerzielle Jagd auf *Cr. acutus* im Jahre 1935. Vor und während des zweiten Weltkrieges wurden große Mengen an Häuten exportiert, von denen die meisten durch die Vermittlertätigkeit syrisch–libanesischer Händler über Kolumbien in die USA gelangten. Da keinerlei Statistiken geführt wurden, ist die Zahl der exportierten Häute unbekannt. Seit 1970 ist die Jagd auf *Cr. acutus* in Ecuador offiziell untersagt. Die küstennahen Bestände sind ausgerottet. Einige schwache, aber reproduktionsfähige Populationen existieren noch am oberen Rio Quevedo und im Rio Guayas. Heute noch werden von den Einheimischen Krokodile getötet und Nester zerstört. Auch kann der Tourist in der Hauptstadt Gayaquil zahlreiche Artikel aus der Haut von *Cr. acutus* und sogar deren Schädel kaufen (MEDEM 1983).

Praktisch ausgerottet sind auch die Populationen des Spitzkrokodils in Peru. Einige wenige Exemplare leben noch im Rio Chira und im Unterlauf des Rio Tumbes in der Mangrovenzone. Obwohl die Jagd auf *Cr. acutus* seit dem 10. Oktober 1950 verboten ist, wird von den einheimischen Siedlern jedes erreichbare Krokodil getötet. Aus Mangel an Inspektoren und einer wirksamen Überwachung existiert kein Schutz der Art in Peru (MEDEM 1983), so daß die einzige Möglichkeit der Erhaltung des Spitzkrokodils im Fang der restlichen Exemplare besteht, um sie in Zuchtstationen zur Fortpflanzung zu bringen. Seit 1979 hat sich nach den Angaben von BRACK–EGG, des zweiten Direktors der Naturschutzbehörde, die Situation für *Cr. acutus* noch verschlechtert, denn die Restbestände in den letzten Refugien sind wegen der weitergehenden Biotopzerstörungen und des blindwütigen Tötens von Krokodilen noch weiter geschrumpft.

In seiner Arbeit »Crocodile Hunting in Central America« berichtet SCHMIDT (1952) von der damaligen Häufigkeit des Beulenkrokodils (*Cr. moreletii*) in Britisch Honduras. Noch 1923 war das Beulenkrokodil dort in großen Beständen anzutreffen. Obwohl wegen der Unzulänglichkeit des Geländes dort auch heute noch fortpflanzungsfähige Populationen leben, sind die Restbestände in ständiger Gefahr, ausgerottet zu werden. Über die unterschiedlichen Methoden der Krokodiljagd in Britisch Honduras berichten HOPE & ABERCROMBIE (1986). Die einheimischen Jäger haben so gut wie keine Ahnung vom Wert einer Krokodilhaut. So kommt es, daß nach Angaben von HOPE & ABERCROMBIE (1986) das Geld für eine Krokodilhaut zu 98 % in den Händen von Leuten kursiert, die aus den großen Industrienationen stammen.

Zahlenangaben über aktuelle Bestandsgrößen von *Cr. moreletii* in seinem gesamtem Verbreitungsgebiet gibt es nicht. Aufschlußreich über den ungeheuren Raubbau sind die Angaben von LA BASTILLE (1973): »Sehr hoch ist der Anteil der Tiere, die heute noch wegen ihrer wertvollen Häute gejagt werden. Bis vor kurzem wurden täglich annähernd 1.000 Häute von Beulenkrokodilen in das mittelamerikanische Rio Lagartos, einem zentralen Umschlagplatz, gebracht. Von hier aus wurden die Häute nach Mérida, Yukatán und Mexiko verteilt, den Handelszentren für Häute und Felle. Eine kleine Krokodilhaut erzielt einen Preis von ungefähr 8 US$, ein kleines Vermögen für einen »Campesino« dessen jährliches Einkommen sich auf nur 200 US$ beläuft.« In Mexiko ist *Cr. moreletii* praktisch ausgerottet (H. HUNT, pers. Mitt.), obwohl es hier gesetzlich geschützt ist. Einigermaßen intakte Bestände gibt es nur noch in den undurchdringlichen Sumpfdschungeln von Quintana Ro, Britisch Honduras und im Peten–Urwald von Guatemala sowie in ähnlichen Gebieten.

Das Kuba–Krokodil (*Cr. rhombifer*) hat ein sehr begrenztes Verbreitungsgebiet. Ursprünglich lebte die Art auf der Isle of Pines und in den Brackwasserlagunen entlang der nördlichen Küste von Kuba. Heute beschränkt sich das natürliche Vorkommen von *Cr. rhombifer* auf die Zapatasümpfe, wo dieses Krokodil von der direkten Ausrottung bedroht ist. Aus diesem Grunde wird es in einer staatlichen Krokodilfarm in den Zapatasümpfen in großer Anzahl nachgezüchtet.

Über den Status und die exakten Verbreitungsgrenzen des Panzerkrokodils (*Cr. cataphractus*), das über weite Teile des tropischen West– und Zentralafrikas verbreitet ist, ist kaum etwas bekannt. Seine Bestände sind wegen Überbejagung, Biotopzerstörungen und Verwendung als Nahrungsmittel überall rückläufig (HEMLEY & CALDWELL 1986). Die gleichen Autoren geben den Kongo, Gabun, Mali, Togo und Zaire als Hauptexporteure für Häute dieser Krokodilart an. Der Welthandel mit *Cr. cataphractus* – Häuten und die Anzahl der exportierten Häute der einzelnen Länder gehen aus den Tabellen 7 und 8 hervor.

Obwohl nicht unmittelbar von der direkten Ausrottung bedroht, ist das über weite Teile Afrikas südlich der Sahara verbreitete Nilkrokodil (*Cr. niloticus*) in vielen Gebieten, in denen es vormals häufig war, sehr selten geworden (GUGGISBERG 1972). Noch vor dem 2. Weltkrieg waren Nilkrokodile in allen Größen in zahlreichen Gebieten Afrikas ungemein häufig. In einer Kurznotiz unter dem Titel »Der Nyassa–See wird von Krokodilen gesäubert« beschreibt KLEINE (1950) den Ausrottungsfeldzug des »Department für Wild, Fische und Tsetsefliegen Kontrolle« aus

Tab. 7: Minium–Welthandel von *Cr. cataphractus* – Häuten. Quelle: Jährliche Berichte, hrsg. von den Cites–Staaten. Nach HEMLEY & CALDWELL (1986).

Jahr	Brutto	Netto
1979	3.736	3.736
1980	11.246	11.196
1981	8.420	8.192
1982	9.105	9.027

Tab. 8: Anzahl exportierter *Cr. cataphractus*–Häute durch verschiedene Länder von 1979 bis 1982. Quelle: Jährl. Berichte, hrsg. von den Cites–Staaten. Nach HEMLEY & CALDWELL (1986).

Staat	1979	1980	1981	1982	Summe
Kongo	3.165	9.209	6.509	6.663	25.546
Gabun	–	811	1.612	585	3.008
Mali	–	–	–	980	980
Togo	571	779	4	–	1.354
Zaire	–	–	289	616	905
Summe:	3.736	10.799	8.414	8.841	31.793

Südrhodesien gegen *Cr. niloticus* durch Auslegen von Giftködern und durch Einsammeln der Eier. Danach wurden in acht Monaten 318 Krokodile tot aufgefunden; wahrscheinlich kann man die Zahl der eingegangenen Tiere verdoppeln, da nicht alle Kadaver gefunden wurden. An Eiern sammelte man einige Tausend ein; allein während zehn Tagen wurden 3.751 gefunden. Man glaubte, daß es möglich sein müßte, alle Krokodile aus dem See, sowie in den einmündenden Strömen auszurotten. Ein Korrespondent des »Daily Telegraph« aus Salisbury bemerkte damals, daß es zu hoffen sei, daß nach der Ausrottungskampagne der See für die Touristen anziehender sei.

Nach einem Aufsatz von MYERS (1979) hat sich die Zahl der Nilkrokodile seit Kriegsende drastisch verringert. Das liegt einmal an der Reduzierung ihres Lebensraumes, der in immer stärkerem Maße vom Menschen beansprucht wird. Zum anderen an der hemmungslosen Bejagung, weil sich das Tier so vorzüglich zur kommerziellen Ausbeutung eignet. Schon 1971 stellten COTT & POOLEY einen Bericht zusammen, in dem sie statistisches Material aus 27 Ländern südlich der Sahara auswerteten, darunter aus allen Ländern, in denen noch 1950 eine große Anzahl von Krokodilen lebten. Sie kamen zu dem Schluß, daß bedrohliche Dezimierungen zu verzeichnen sind und, daß der Krokodilbestand zwischen 1950 und 1971 enorm zurückgegangen ist. Dieser Schrift zufolge waren Nilkrokodile noch 1950 in Uganda so häufig, daß eine Halbtagesjagd in jedem der mehreren Dutzend Habitate 30 Häute erbrachte. Im Jahr 1971 waren infolge der intensiven Bejagung weniger als 1.000 Krokodile übrig geblieben. Um 1945 lebten im Tschad–See mehrere Hunderttausend, vielleicht sogar eine Million Krokodile. Als man 1970 Bilanz zog, entdeckte man, daß die Bestände bis auf einen Bruchteil ausgerottet waren. Noch 1950 wurden in Tansania 12.509 Krokodile erbeutet, die meisten im Ruwka– und Viktoria–See und im Ruvu–Fluß. Ein weißer Jäger verdiente in den letzten

Jahren in den Okavango–Sümpfen (Botswana) jährlich eine Viertelmillion Mark durch Krokodiljagd; für die Jagderlaubnis hatte er dem Batawan–Stamm 35.000 Mark und der Regierung 12.000 Mark bezahlt (GRZIMEK 1971). Zwischen 1980 und 1982 lieferten nach HEMLEY & CALDWELL (1986) die angegebenen Länder, die aus Tabelle 9 zu entnehmende Anzahl an Häuten.

Tab. 9: Ursprung von *Cr. niloticus*–Häuten aus verschiedenen Ländern zwischen 1980 und 1982. Nach HEMLEY & CALDWELL (1986). Quelle: Jährliche Berichte, hrsg. von den Cites–Staaten.

Staat	1980	1981	1982	Summe
Botswana	6	3	2	11
Kamerun	174	1.781	1.717	3.673
Kongo	834	442	65	1.341
Ägypten	–	–	2	2
Gabun	476	620	–	1.096
Liberia	–	230	143	373
Madagaskar	–	4	20	24
Mali	1.785	2.781	3.137	7.703
Nigeria	5.868	10.304	3.547	19.719
Somalia	1.266	8.47	–	2.113
Sudan	7.520	5.015	2.788	15.323
Togo	1.806	818	2.817	5.441
Zaire	–	–	603	603
Zimbabwe	15	689	1.667	2.371
Summe:	19.750	23.471	16.509	59.793

Bedingt durch Schutzmaßnahmen stiegen die Bestände in einigen afrikanischen Ländern wieder an. Ein Beispiel hierfür ist Simbabwe, das einen Aufwärtstrend zu verzeichnen hat. Im Jahre 1982 hatte das Land wieder eine Gesamtzahl von 40.000 bis 50.000 Nilkrokodilen (BLAKE & LOVERIDGE 1986).Diese Zahlen wurden vom Flugzeug aus gewonnen (TAYLOR et al. 1982). Nach den Schätzungen von MYERS (1979) sind in ganz Afrika vermutlich 100.000 Nilkrokodile übriggeblieben.

Über die aktuellen Bestände der beiden Unterarten der Gattung *Osteolaemus*, die in West– und Zentralafrika beheimatet sind, fehlen Angaben.

Das Sumpfkrokodil (*Cr. palustris*) ist von Westpakistan aus über ganz Indien bis nach Bangladesh und Assam verbreitet. In Indien — hier muß diese Art sehr häufig gewesen sein — wurde es ehemals in den meisten Süßgewässern, in Flüssen, in Sümpfen und Teichen gefunden (BREHM 1912). Auf Sri Lanka belagerten Ansammlungen von über hundert Individuen die Ufer zahlreicher Gewässer (DERANIYAGALA 1953). Dieses Bild hat sich heute völlig verändert. In Westpakistan ist das Sumpfkrokodil (und auch der Ganges–Gavial) nur noch selten anzutreffen (MERTENS 1969). *Cr. palustris* ist in Indien in den meisten Gebieten seiner ursprünglichen Verbreitung ausgerottet (DANIEL 1970) oder extrem selten (SESHADIRI 1969). Ursache dieser erschreckenden Entwicklung ist die kommerzielle Jagd auf Häute. 1984 wurde die Gesamtpopulation der Sumpfkrokodile auf ungefähr 1.000 Exemplare geschätzt (SINGH et al. 1986).

Das Leistenkrokodil (*Cr. porosus*), mit seinem riesigen Verbreitungsgebiet von der ostindischen Küste über Sri Lanka durch Südostasien einschließlich seiner Inselwelt sowie Neuguinea und Nordaustralien, hat in allen seinen Populationen verheerende Einbußen erlitten. In vielen Lebensräumen seines ehemaligen Verbreitungsgebietes ist es ausgerottet. Der geschätzte Welthandel mit Häuten von *Cr. porosus* umfaßte von 1979 bis 1982 mindestens 20.000 Häute, von denen ungefähr 65 % aus Papua–Neuguinea stammten (HEMLEY & CALDWELL 1986). Aktuelle Bestandsgrößen liegen nicht vor.

Das Siam–Krokodil (*Cr. siamensis*) war auf dem südostasiatischen Subkontinent, in Thailand, Kampuchea, Südvietnam und auf der Malayischen Halbinsel bis zum Patani–Fluß beheimatet. Nach ROSS (1986) kommt auf Sumatra, Bangka, Java, Borneo und Celebes ein Siam–Krokodil »incertae sedis« vor, das sich von den Festlandtieren durch eine etwas veränderte Kehlbeschuppung auszeichnet. Um 1948 war *Cr. siamensis* in Thailand noch sehr häufig (W. NUTAPHAND, pers. Mitt.). Fast überall konnte man diese Krokodile am Mae Nam Chao Phya sehen. Jungtiere fand man zu der genannten Zeit sogar in den Reisfeldern des heutigen Stadtteils Patunam (Wassertor), der jetzt eine einzige Steinwüste von Hochhäusern und Asphaltstraßen ist. Das Hauptverbreitungsgebiet des Siam–Krokodils war in dem im Zentrum Thailands gelegenen Flüssen Mae Nam Ping, Mae Nam Wang, Mae Nam Yom und Mae Nam Nan zu finden. Die vier großen Flüsse münden in Zentralthailand in das große Sumpf– und Seengebiet des Bung Borapet und von hier aus in den Mae Nam Chao Phya. Weiterhin kam *Cr. siamensis* in Westthailand am Mae Nam Khwae Noi und im Osten des Landes am Mae Nam Mae Kong vor wie in zahlreichen kleineren Gewässern. In freier Natur ist das Siam–Krokodil in Thailand heute praktisch ausgerottet. Vor etwas mehr als 30 Jahren wurden viele *Cr. siamensis* getötet und über 2.000.000 Häute ins westliche Ausland exportiert (NABHITABHATA 1987). Ein weiterer Grund für den Niedergang des Siam–Krokodils in Thailand war die rasche Bevölkerungszunahme nach dem 2. Weltkrieg und die damit verbundene Landnahme und Zerstörung der Biotope. Nach den Schätzungen von BOONSONG LEKAGUL (mündl. Mitt.) beträgt die Anzahl der heute noch in Thailand lebenden Siam– und Leistenkrokodile keine 100 Exemplare mehr. NABHITABHATA (1987) gibt in einem Aufsatz »Mögliche Restbestände von Krokodilen in der Natur in Thailand« (verfaßt in Thai) heutige Fundplätze von *Cr. siamensis* und *Cr. porosus* an, an denen 1986 noch Krokodile gesehen wurden (Abb. 53).

Heutige Fundplätze von *Cr. siamensis* in Thailand:

- Mae Nam Chao Phya (zwei bis fünf Exemplare),
- Mae Nam Pachi im Kheng Krachon Reservoir, einem Nationalpark (acht bis zehn Exemplare),
- Provinz Chachoen Sao (ein bis zwei Exemplare),
- Nationalpark »Yod Dom« in der Provinz Ratchathani (sieben bis zehn Exemplare).

Heutige Fundplätze von *Cr. porosus* in Thailand:

- Provinz Chantaburi entlang der Küste (ohne Angabe der Anzahl der Exemplare),
- Provinz Chachoen Sao im Mae Nam Pak Pakong (ohne Anzahl der Exemplare),

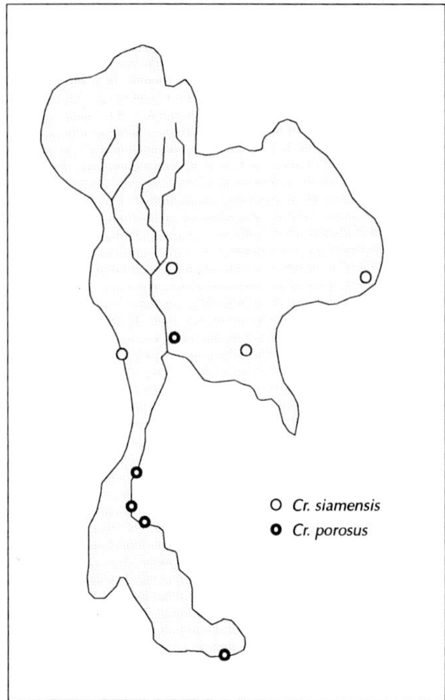

Abb. 53: Mögliche Fundplätze con *Cr. siamensis* und *Cr. porosus* in Thailand aus dem Jahre 1986. Nach NABHITABATHA (1987).

- Provinz Chumphon, Amphoe Kanom (zwei bis drei Exemplare und ein 2 m langes Weibchen mit einem Nest und sechs Eiern),
- Lum Mae Nam Tapi in der Prov. Nakorn Sri Thammarat (zwei bis drei Exemplare),
- Provinz Satun, Ko Tarutao (fünf bis acht Exemplare),
- Provinz Narathiwat im Pa Phra, einem Sumpfwald (ein bis zwei Exemplare).

Verhältnismäßig häufig soll das Siam–Krokodil auch heute noch in Kampuchea in den Sümpfen bei Tonle Sap sein und auf dem Luang Bian Plateau bis zu einer Höhe von 1.000 m vorkommen. Vietnamesische Soldaten verkaufen an der kambodschanisch–thailändischen Grenze junge Siam–Krokodile an Thais, die sie ihrerseits wieder verkaufen (KHUN DAENG, Tierfarmbesitzer aus Prachin Buri, mündl. Mitt.). Somit wird das Schicksal dieser Krokodilart in Kampuchea wohl auch in absehbarer Zeit besiegelt sein.

Die heutigen vietamesischen Bestände von *Cr. siamensis* sind unbekannt. In Vietnam erstreckte sich das ursprüngliche Vorkommen des Siam–Krokodils auf das Flußsystem und Delta des Mae Kong. Nach den Angaben von THANG (GEISSLER & JUNGNICKEL 1989) »soll die Art im Mae Kong–Gebiet auf kambodschanischer Seite noch recht häufig sein«. Das Vorkommen im vietnamesischen Naturreservat Cat Tien zwischen Ho–Chi–Minh–City und Da Lat ist vermutlich erloschen. Wahrscheinlich ist das Siam–Krokodil in Vietnam ausgerottet, da von der einheimischen Bevölkerung fast jedes Tier, das genießbar ist, gegessen wird.

Das mögliche Vorkommen von *Cr. siamensis* in Laos kann als verschollen gelten. Von den heute noch existierenden indonesischen Restbeständen von *Cr. siamensis* gibt es keine Zahlenangaben.

Zu den am stärksten von der direkten Ausrottung bedrohten Krokodile gehört auch das etwa 3 m lange Philippinen–Krokodil (*Cr. mindorensis*), das ursprünglich auf den Inseln Luzon, Mindoro, Busuanga, Masbate, Samar, Negros, Mindanao, Jolo und Culion vorkam. Von den erwähnten Fundorten konnten nach 1980 nur noch die auf Mindanao, eine auf Negros Oriental und eine auf Mindoro Oriental bestätigt werden. Die Gründe für den starken Rückgang sind in der Habitatvernichtung sowie in der direkten Verfolgung durch den Menschen zu finden. Die Gesamtpopulation beträgt wahrscheinlich nur noch 500 bis 1.000 Tiere (GAULKE 1986).

In seiner Verbreitung ausschließlich auf Neuguinea beschränkt ist das Neuguinea–Krokodil (*Cr. novaeguinae*), das fast über die gesamte Insel verbreitet ist und in allen Gebieten mit günstigen Biotopbedingungen vorkommt. Die Bestandszahlen für diese Art sind nicht ungünstig, nach ROSS (1986) ist sie auf Neuguinea noch relativ häufig. Der Welthandel mit Häuten von *Cr. novaeguinae* betrug von 1979 bis 1982 mindestens 114.000 (HEMLEY & CALDWELL 1986). Nach JELDEN (1981b) verlassen jedes Jahr annähernd 40.000 Häute im Gesamtwert von ungefähr 4,8 Millionen DM das Land. In Tabelle 10 sind die Exportzahlen aufgeführt, die vom »Department of Primary Industry« in Papua–Neuguinea angegeben werden.

Tab. 10: Exportzahlen von *Cr. novaeguineae*–Häuten aus Papua–Neuguinea von 1979 bis 1983 nach den Angaben des »Department of Primary Industry in Papua New Guinea«. Aus: HEMLEY & CALDWELL (1986).

Herkunft	Jahr				
	1979	1980	1981	1982	1983
Wildkrokodile	34.836	27.249	14.290	23.259	13.807
Farmkrokodile	646	460	731	1.476	1.304
Summe:	35.482	27.709	15.021	24.733	15.111

Ungefähr 1 % der Gesamtsumme ist wohl illegal exportiert worden. Ein geringer Anteil von Häuten (9.041 zwischen 1979 und 1982) stammt aus Indonesien.

Im Februar 1981 waren in Papua–Neuguinea ungefähr 25.000 Krokodile in den verschiedensten Farmtypen in Gefangenschaft, davon etwa 20.000 in kommerziellen Betrieben. Durch die Farmnachzuchten soll gewährleistet werden, daß mehr nachgezogene Krokodile das Land verlassen als aus der freien Wildbahn. Der Handel mit Häuten von Tieren aus der Natur soll eingedämmt werden und schließlich ganz zum Erliegen kommen. Papua–Neuguinea steht mit seinen Maßnahmen zur Erhaltung unter gleichzeitiger Nutzung der Krokodile beispielhaft und allein in der Welt (JELDEN 1981b).

Zahlenangaben über freilebende Bestände des Australien–Krokodils (*Cr. johnsoni*) fehlen. Die Zahl der in Australien auf Krokodilfarmen gehaltenen Exemplare beträgt nach den Angaben von LUXMOORE et al. (1986) ungefähr 6.612. Wegen der geringen Größe ist *Cr. johnsoni* ein für den Menschen ungefährliches Krokodil.

Auch die Haut eignet sich nicht sonderlich für die Verarbeitung zu Lederwaren. Aus diesem Grunde wird es auch nicht so intensiv verfolgt wie andere Krokodile.

Über den Status wildlebender Sunda–Gaviale (*T. schlegelii*) liegen keine Angaben vor. In Thailand kann die Art als ausgerottet gelten, obwohl ich 1985 in Bangkok im Pata–Zoo im Kaufhaus Pata–Pinklao ein junges adultes Exemplar sah, das nach Angaben von W. NUTAPHAND in einem Sumpfwald in der südthailändischen Provinz Narathiwat gefangen worden sein soll.

Der Ganges–Gavial (*G. gangeticus*) war ehemals in Westpakistan, Indien, Bangladesh und Burma weit verbreitet. MISHRA & MASKEY (1982) führen ihn auch für Nepal an. Noch nach dem 2. Weltkrieg war *G. gangeticus* häufig. Durch die schonungslose Jagd wegen der wertvollen Häute und die Veränderung der Lebensräume durch den Bau von Staudämmen und die Kanalisierung der Flüsse war der Ganges–Gavial 1968 jedoch von nahezu allen bekannten Stellen seines ursprünglichen Verbreitungsgebietes verschwunden (BASU 1979). SESHADIRI (1969) nennt den Ganges–Gavial »extremely rare«.

Nach DANIEL (1983) ist *G. gangeticus* selten und bedroht. Durch die »Wildlife Protection Act« vom Jahre 1972 genießt die Art in Indien totalen Schutz. Durch ein Gavialzuchtprogramm, das von der indischen Regierung und mehreren internationalen Organisationen unterstützt wird, sind die Bestände durch Aussetzen von nachgezüchteten Exemplaren wieder im Ansteigen begriffen. Trotzdem bleibt der Gesamtstatus der Art unverändert »von der Ausrottung bedroht«. Nach SINGH et al. (1986) betrug die Gesamtzahl von *G. gangeticus* in den Flüssen Brahmaputra, Chambal, Girwa, Ken Mahanadi, Ramganga und Son 230 Exemplare vor Aussetzen der Nachzuchten. Nach dem Aussetzen der gezüchteten Tiere stieg die Zahl auf 1.518 Exemplare an.

MASKEY & SCHLEICH (1992) beschreiben die aktuelle Situation des Ganges–Gavials in Südnepal. Auch hier wurden durch kontrollierte Wiedereinbürgerungen die Bestände gestützt. So wurden im Königlichen Chitwan–Nationalpark im Bereich des Narayani zwischen 1981 und 1987 insgesamt 218 juvenile Gaviale ausgesetzt. Durch diese Maßnahmen erhöhte sich die Populationsdichte von 0,48 Tiere/km im Jahr 1980 auf 0,93 Tiere/km im Jahr 1987.

8 Lebensweise

8.1 Beutespektrum und Beutefang

Alle Krokodile sind Fleischfresser. Sie verzehren alle Tiere, derer sie habhaft werden können, wobei sie aus großen Beutetieren oder aus Aas mundgerechte Stücke herausreißen oder sie — im Falle geringerer Größe — im Ganzen verschlingen. Größere Arten wagen sich auch an den Menschen heran. Die Zusammensetzung der Nahrung hängt von dem örtlich bedingten Angebot, von der Größe der Beutetiere und der Größe des jagenden Krokodils ab, was durch die Angaben in Tabelle 11 deutlich zum Ausdruck kommt. Die hier angegebenen Prozentzahlen an gefressenen wirbellosen Tieren und Wirbeltieren beruhen auf den von COTT (1961) durchgeführten Magenuntersuchungen am Nilkrokodil (*Cr. niloticus*). Danach besteht die Nahrung der größeren bis großen Krokodile aus Säugetieren, Vögeln, Wasserschildkröten, Schlangen, Echsen, kleinen Vertretern der eigenen Art und vor allen Dingen Fischen, die in den unterschiedlichsten Größen immer vorhanden sind, während Wirbellose und Amphibien in zunehmendem Maße unbeachtet bleiben.

Tab. 11: Beutespektrum unterschiedlicher Größenklassen von Nilkrokodilen (*Cr. niloticus*) in Prozent. Nach COTT (1961).

Länge des Krokodils (m)	Kerbtiere	Krebse	Spinnen	Weichtiere	Fische	Lurche	Kriechtiere	Vögel	Säugetiere
4 – 5	–	–	–	2,5	37,5	–	32,5	2,5	25,0
3 – 4	3,1	–	–	9,4	50,0	–	15,6	12,5	9,4
2 – 3	–	15,2	–	15,2	45,6	–	6,5	8,7	8,7
1 – 2	26,9	26,9	–	11,5	13,5	7,7	3,9	6,8	3,9
bis 1	66,7	2,9	5,8	5,8	1,4	14,5	1,4	–	1,4

Junge Krokodile verzehren wirbellose Tiere wie Schnecken, Muscheln, Krebse, Insekten und Würmer. Fischbrut und Amphibienlarven werden ebenfalls gefressen und gelegentlich werden sogar Früchte nicht verschmäht. Letzteres ist bei dem afrikanischen Stumpfkrokodil (*O. tetraspis*) der Fall. Es scheint die Regel zu sein, daß die Krokodile mit zunehmendem Wachstum ihre Nahrungsgewohnheiten ändern, wobei der Anteil an Wirbellosen zugunsten größerer Wirbeltiere zurücktritt. Weichtiere, Krebse oder Fische sind im allgemeinen häufig und werden daher von erwachsenen Krokodilen regelmäßig verzehrt. Das Fressen von großen Vögeln und Säugetieren wie von Aas kann man als Ergänzung zur Grundnahrung ansehen. Es scheint auch eine Korrelation zwischen Schnauzenlänge und der Bevorzugung von Fischen als Nahrung zu bestehen, denn die langschnauzigen Arten wie der Ganges–Gavial (*G. gangeticus*), der Sunda–Gavial (*T. schlegelii*), das Australien–Krokodil (*Cr. johnsoni*), das Orinoko–Krokodil (*Cr. intermedius*) und das Panzerkrokodil (*Cr. cataphractus*) ernähren sich fast ausschließlich von Fischen, wobei sie nur gelegentlich Säugetiere, Vögel und Reptilien in ihr Nahrungsspektrum mit einbeziehen.

Alle Krokodile sind sehr gefräßig und verschlingen nicht selten große Nahrungsmengen. Es soll auch schon vorgekommen sein, daß Krokodile einen Nahrungsvorrat anlegten. So berichtet NEILL (1971) von einem Neuguinea–Krokodil (*Cr. novaeguinae*), das die Überbleibsel eines in Verwesung übergegangenen Wildschweines in einem Blätterhaufen versteckte.

Alle Krokodile sind Räuber, die ihre Beutetiere in Sekundenschnelle angreifen. Der Angriff kann im Wasser, unter Wasser, vom Wasser aufs Land und umgekehrt und sogar durch plötzliches Hochschnellen in die Luft erfolgen. Zuweilen verharrt ein Krokodil ruhig an der Wasseroberfläche und wartet, bis sich das Beutetier genähert hat, um es dann mit einem plötzlichen Seitwärtsschlagen der Schnauze zu packen. Mit Hilfe der gut entwickelten Augen und eines ausgeprägten Gehörsinns wird das Beutetier geortet. Der Verfasser, der verschiedene Arten von Krokodilen seit vielen Jahren in einem Gewächshaus pflegt und mit dem Verhalten dieser Großreptilien vertraut ist, hat derartige Angriffe auf lebende Beutetiere in Südamerika und Südostasien häufig beobachtet. Ein Krokodil schwimmt langsam und lautlos an sein Opfer heran. Nur die Nasenöffnungen und die Augen berühren die Wasseroberfläche oder reichen über sie hinaus. Der Überfall erfolgt plötzlich und mit solcher Vehemenz, daß dem Opfer keine Zeit zur Gegenwehr bleibt und es oft nicht einmal einen Laut von sich geben kann. Es wird mit den Zähnen gepackt, unter Wasser gezogen und ertränkt. Wenn ein hungriges Krokodil, das unter Gefangenschaftsbedingungen herangewachsen ist und sein Umfeld gut kennt, ein Beutetier beim ersten Angriff verfehlt, so verfolgt es dieses auch auf dem Land. So konnte ich in den Tropen auf Krokodilfarmen häufiger sehen, wie die Beute in eine Raumecke gejagt, gepackt und ins Wasser gezerrt wurde.

Nach COTT (1961) und NEILL (1971) gibt es adulte Krokodile, die sich besonders auf große Säugetiere spezialisiert haben und diesen aus dem Hinterhalt auflauern. Unter der Wasseroberfläche und zwischen Wasserpflanzen nähert sich das Krokodil langsam und geräuschlos dem Ufer und überfällt die zur Tränke gekommenen Huftiere, in dem es unter wuchtigen Schwanzbewegungen blitzartig aus dem Wasser hervorschießt, sich in sein Opfer verbeißt, es ins Wasser zerrt und dort ertränkt. Oftmals reißt das Krokodil beim Angriff Fleischstücke aus dem Körper seines Opfers heraus. So passiert es, daß einer Antilope ein Bein abgerissen wird, Kühe können auf die geschilderte Weise ihre Euter und Menschen ihre Arme und Beine verlieren. Große, im Wasser liegende und in Verwesung übergehende Säugetiere werden mit dem Geruchssinn wahrgenommen, oft von mehreren Krokodilen mit den vorderen, spitzen Fangzähnen gepackt und durch rasches Drehen um die eigene Längsachse in mundgerechte Bissen zerrissen. Mit Hilfe der größeren hinteren Zähne zerquetschen die Krokodile den Nahrungsbrocken, zerbrechen sogar starke Knochen und schlucken das Futterstück im ganzen hinunter. Auf dem Land zerren sie an dem Beutetier, schlagen es gegen den Boden und reißen so Stücke heraus.

Krokodile können unter Wasser ihren Rachen öffnen, ohne daß Wasser in den Kehlkopf und in die hinteren, inneren Nasenhöhlen eindringt. Die Nahrung wird jedoch nie unter Wasser hinuntergewürgt. Stets reckt das Krokodil seinen Kopf über die Wasseroberfläche hinaus und schüttelt ihn mit dem Bissen hin und her. Schließlich wird der Nahrungsbrocken, wenn er die zum Schlingen passende Form erreicht hat, hinuntergeschluckt.

8.1.1 Verdauung

Krokodile können gewaltige Stücke hinunterschlingen. Bei überfülltem Magen verbleibt daher oft Nahrung in der Speiseröhre. Sie rutscht erst in dem Maße nach, wie sich der Magen wieder leert. Die Verdauung ist bei optimalen Temperaturen von etwas über 30 °C nach wenigen Tagen fast vollständig beendet. Nicht verdaut werden Zähne, Haare, Federn, Finger- und Zehennägel. Manche Krokodile fressen gelegentlich sogar Obst, so der Mississippi–Alligator, der China–Alligator und das Stumpfkrokodil.

Wie bei allen Reptilien ist der Verdauungsvorgang bei den Krokodilen temperaturabhängig. Die Magenkontraktionen wie auch die proteolytische Aktivität der Verdauungssäfte nehmen mit steigender Temperatur zu. So verdaut das Spitzkrokodil (*Cr. acutus*) bei 30 °C dreimal schneller als bei 15 °C (LANG 1979). In dieser Weise beeinflußt die Temperatur auch den Appetit der Krokodile. Wenn junge Mississippi–Alligatoren unter Obhut des Menschen bei 28 – 30 °C gepflegt werden, fressen sie täglich und verzehren wöchentlich Nahrungsmengen, die 20 % ihres eigenen Körpergewichtes betragen (COULSON et al. 1973, JOANEN & MCNEASE 1976). Unter Gefangenschaftsbedingungen stellen Alligatoren, Kaimane und das Nilkrokodil (wie wohl auch die anderen Krokodile) die Nahrungsaufnahme ein, wenn die Temperaturen niedrig sind und zwischen 10 und 20 °C liegen. Auch in freier Wildbahn ist dieses Verhalten bei niedrigen Temperaturen zu beobachten (MCILHENNY 1935, JOANEN & MCNEASE 1973, POOLEY & GANS 1976). Ein Abfallen des Barometers, das oft den Beginn kühlerer Witterung einleitet, bewirkt beim Krokodil eine Nahrungsverweigerung. In kühlen Nächten nehmen Mississippi–Alligatoren durchaus Nahrung auf, wenn sie am Tage Wärme zu geregelten Verdauungsabläufen speichern können. Dabei fressen kleine Krokodile innerhalb eines weiter gesteckten Temperaturbereiches im Vergleich zu großen Exemplaren (JOANEN & MCNEASE 1972, DIEFENBACH 1975, POOLEY & GANS 1976). Kleine Krokodile können schneller Wärme aufnehmen und speichern als große. Dabei kommen Jungtiere schneller in Temperaturbereiche, die die Verdauungsvorgänge begünstigen.

Bei der Nahrungsaufnahme schlucken Krokodile Steine, Glas, Porzellan, Metallstücke und andere harte Gegenstände oft in großer Menge mit hinunter. In manchen Gewässern sind Steine wegen des schlammigen Untergrundes selten. Die Krokodile suchen dann Steine und nehmen sie aktiv auf. Ein aktives Suchen und Aufnehmen von Kieselsteinen auf dem Lande konnte der Verfasser selbst bei seinem Siam–Krokodil am 24. Mai 1991 beobachten. Das Tier hielt den Kopf unter Suchbewegungen seitlich auf dem Boden, öffnete das Maul, schob die Kieselsteine von der Seite her hinein und schluckte sie hinunter. Die Mägen säugetierfressender

Krokodile enthalten auch Haarkugeln (VAN DER MEER MOHR 1933). Derartige »Gastrolithen«, die man auch in den Muskelmägen von Vögeln und Zahnwalen findet, dienen zur Zerkleinerung der Nahrung und unterstützen somit eine rasche und vollständige Verdauung. Möglicherweise unterdrücken sie auch zu Zeiten des Nahrungsmangels den Hunger. Solcher Ballast, der wohl auch das Schweben eines Krokodilkörpers im Wasser unterstützt, kann sich nach VON WETTSTEIN (1954) 15 – 20 Jahre im Magen halten.

8.2 Atmung

Nach VON WETTSTEIN (1954) verläuft die Atmung in gleichmäßig periodischen Rhythmen. Auf zwei bis drei pausenlose Atemzüge folgen in gleichem Intervall entsprechend lange Atempausen von 30 bis 300 Sekunden Dauer. Während der Atempausen bewegt sich der Kehlkopf. Atemnot wird nicht durch kohlendioxidreiche Luft verursacht, sondern allein durch Sauerstoffmangel, wie Versuche von DILL & EDWARDS (1931) zeigten. Nach GATTEN (1980) laufen die Stoffwechselvorgänge verdauender Kaimane (*C. crocodilus*) um 62 % intensiver ab, und auch der Sauerstoffverbrauch ist entsprechend höher als bei fastenden Tieren. In Anpassung an das Leben am und im Wasser können Krokodile ihre Nasenöffnungen wasserdicht verschließen. Kaimane (*C. crocodilus*) von 27 bis 86 cm Körperlänge ertranken, wenn sie 34 bis 72 min unter Wasser gehalten wurden, junge Mississippi–Alligatoren jedoch erst nach 5 h 20 min bis 6 h 5 min (PARKER 1925).

8.3 Schlaf

Die Krokodile sind weitgehend nachtaktive Tiere. Während des Tages liegen sie in den ersten zwei oder drei Vormittagsstunden und am Nachmittag mit aufgesperrten Rachen und halbgeschlossenen bis geschlossenen Augen dösend auf Sandbänken im Fluß, auf flachen Uferstreifen oder im seichten Wasser. Nach SCHALLER et al. (1982) befinden sich die meisten Tiere von *C. crocodilus yacare* am Morgen zwischen neun und zehn Uhr und am Nachmittag zwischen fünfzehn und siebzehn Uhr an Land. Derartige Beobachtungen machte ich an der gleichen Unterart des Brillenkaimans in den zahlreichen Sümpfen des brasilianischen Pantanals und am Rio Paraguay, an *A. mississippiensis* in Florida, Louisiana, Südkarolina und Texas, an *Cr. palustris kimbula* auf Sri Lanka und an zahlreichen anderen Krokodilen auf Krokodilfarmen und in Zoologischen Gärten. So fiel mir über zwei Wochen, die ich im März/April 1973 in Oketee in Südkarolina verbrachte, ein ca. eineinhalb Meter langer Mississippi–Alligator auf, der am Vormittag stets pünktlich zur gleichen Zeit sonnend auf einem dicken Polster von Wasserpflanzen lag.

Der Schlaf der Krokodile ist nicht sonderlich fest. Sobald sie sich bedroht fühlen, erheben sie sich hoch auf die kurzen, kräftigen Beine und stürzen sich mit einer Vehemenz, die man ihnen nicht zutraut, ins Wasser.

8.4 Überwinterung und Ruheperioden

Während der kalten Jahreszeit ziehen sich sowohl *A. mississippiensis* (mit Ausnahme der Tiere aus Südflorida) wie auch *A. sinensis* in den Schlamm ihrer Wohngewässer oder in selbstgegrabene Wohnröhren zurück, die die Nordamerikaner als »gator–holes« bezeichnen. Während der kalten Zeit von Oktober bis Februar sind alle Lebensaktivitäten eingeschränkt und die Tiere nehmen keine Nahrung zu sich. In die Wohnröhren ziehen sich die Tiere auch dann zurück, wenn sie zu oft gestört werden. Derartige mehrere Meter lange Röhren oder tunnelartige Gänge — nach VOELTZKOW (1902) bis zu einer Länge von zehn Metern bei *Cr. niloticus* —,die Luftlöcher zur Oberfläche haben und deren Zugänge in der Regel unter Wasser liegen, werden auch vom Sumpfkrokodil (*Cr. palustris*) unter die Uferböschung gegraben. In diesen Gängen halten sich nicht selten mehrere Exemplare gleichzeitig auf, um in einer Trockenperiode der zu großen Hitze oder auch einer zu kühlen Witterung zu entgehen. An ihrem Ende ist die Wohnröhre oft verbreitert, so daß sich das Krokodil drehen kann.

Ursprünglich nahm man an, daß die Krokodile ihre Höhlen mit den Krallen graben. Schließlich stellte sich heraus, daß sie in Wirklichkeit unmittelbar oberhalb des Wasserspiegels dort in das Steilufer beißen, wo der Boden weich ist. Mit der Erde zwischen ihren Kiefern drehen sie sich um, tauchen unter und schütteln ihre Köpfe hin und her, vermutlich mit offenem Maul. Man konnte bis zu drei Krokodile am selben Loch arbeiten sehen (GRZIMEK 1971).

Die südamerikanischen Kaimane graben sich während der heißen Jahreszeit beim Eintrocknen der Gewässer 40 bis 60 cm tief in den nassen Schlamm ein und verbringen hier eine Ruheperiode in einem starreähnlichen Zustand, falls sie nicht vorzeitig über Land wandern und ein anderes Gewässer aufsuchen. Wenn die Sümpfe zu Pfützen austrocknen, können sich an den noch nassen Stellen mehrere hundert Tiere ansammeln, die über– und nebeneinander liegen. Eine derartige Massenanhäufung von Mohrenkaimanen (*M. niger*) auf der Insel Mexiana im Delta des Amazonas ist in Brehms Tierleben (1912, Seite 568) auf einer gelungenen Schwarzweißaufnahme abgebildet.

8.5 Wärmehaushalt und Sonnenbaden

Wie die Schildkröten, die Echsen, die Brückenechsen und die Schlangen, so sind auch die Krokodile poikilotherme Tiere, die ihre Körpertemperatur an die Umgebung anpassen. Da Krokodile keine Temperaturen unter 0 °C vertragen, beschränken sie sich in ihrer Verbreitung auf die warmen Zonen der Erde. Nach WEIGMANN (1929) starben Mississippi–Alligatoren schon bei Temperaturen zwischen 1,72 und 4,24 °C. Somit wird die nördliche Verbreitungsgrenze der Krokodile im wesentlichen durch das Klima festgelegt. Nach den Angaben von COLBERT et al. (1946) verlassen Mississippi–Alligatoren das Wasser erst bei einer Temperatur von über 38 °C, wobei die kleineren Exemplare den Anfang machen. Bei tieferen Temperaturen zwischen 10 und 12 °C verlassen die juvenilen Tiere das Wasser, während die großen Alligatoren starr und unbeweglich zurück bleiben. Der Lebensbereich mit den Letalpunkten liegt zwischen 38 °C und 4 °C. Die Optimaltemperatur ist in einem Temperaturbereich zwischen 32 und 35 °C zu suchen.

Nilkrokodile verlagern, dem Tagesrhythmus und dem Temperaturverlauf folgend, ihren Aufenthalt in die Sonne, den Schatten oder ins Wasser und gewährleisten dadurch eine Körpertemperatur von durchschnittlich 25,5 °C mit einer Schwankungsbreite von 3 °C. Am Morgen liegen sie in den ersten Stunden mit geöffnetem Maul in der warmen Vormittagssonne und gleichen so den Wärmeverlust der kühleren Nacht aus. In Südafrika verweigern junge Nilkrokodile unter Gefangenschaftsbedingungen die Nahrungsaufnahme, wenn die Luft– oder Wassertemperaturen unter 15,6 °C sinken. Bei Temperaturen unter 7,2 °C sind sie nicht mehr zu einem natürlichen Gehen befähigt und können auch im Wasser kein Gleichgewicht mehr halten. In diesem Zustand können sie ertrinken (POOLEY 1971).

Wie bereits ausgeführt, dienen vor allem die Hautknochen als Mechanismus für einen Wärmetransfer von außen nach innen, wie auch als Isolator gegen Wärmeabgabe nach außen. Bei aufgerissenem Maul verdunsten die Mundschleimhäute viel Wasser und tragen so durch Entstehen von Verdunstungskälte zu einer optimalen Temperaturregulierung bei.

Nach KREEL & SOETBEER (1899) verdunstet auch über die Haut viel Wasser, wodurch besonders beim Sonnenbaden eine Überhitzung vermieden wird. Die von der Sonne in den Körper aufgenommene Wärmeenergie trägt nicht nur zur besseren Verdauung bei, sondern macht ein Krokodil auch zum Beutefang beweglicher. Bei direkter Besonnung steht die Wärmeaufnahme in umgekehrt proportionalem Verhältnis zur Körpermasse des Krokodils: Je kleiner ein Tier ist, desto schneller steigt die Körpertemperatur bei der Erwärmung und umgekehrt.

Beim Sonnenbaden zeigen Krokodile ganz besondere Verhaltensweisen und einen festgelegten Tagesrhythmus. Am Morgen liegen, wie erwähnt, die ortstreuen Tiere meist an denselben Stellen in der Sonne. Zur heißen Mittagszeit ziehen sie sich in den Schatten der Bäume oder in das Wasser zurück. Vor der Dämmerung setzen sie sich wieder den Sonnenstrahlen aus. Die großen Exemplare liegen oft allein am Ufer, aber auch zu Gruppen vereint, wie dies bei mittelgroßen Tieren zu beobachten ist. Kleinere Krokodile krallen sich nicht selten an Steilufern fest, klettern auf Äste, im Wasser liegende Baumstämme oder bleiben ganz im Wasser.

8.6 Fortpflanzung und Entwicklung

8.6.1 Geschlechtsunterschiede, Geschlechtsverhältnis, Geschlechtsreife

Die Geschlechtsbestimmung ist bei den Krokodilen schwierig. Es scheint eine durchgehende Regel zu sein, daß die Männchen sich gegenüber den gleichaltrigen Weibchen durch eine Verdickung der Schwanzwurzel und durch größere Körperausmaße auszeichnen. So sind Nilkrokodile von mehr als dreieinhalb Meter Länge meist Männchen. Nach BELLAIRS (1971) erreichen weibliche Mississippi–Alligatoren eine Körperlänge, die kaum 2,28 m überschreitet, während die Männchen 3,66 m und länger werden können. Die Männchen des Ganges–Gavials haben ebenfalls größere Körperlängen als die Weibchen. Sie zeichnen sich weiterhin durch eine knollenartige Verdickung auf der Schnauzenspitze aus, die den Weibchen fehlt. Die Männchen von *Cr. novaeguinae* und *Cr. porosus* haben nach Angaben von JELDEN (1984), die durch umfangreiches Zahlenmaterial belegt sind, stärker verbreiterte Schnauzen. Dieses Merkmal weisen auch andere Krokodilarten auf. Bei *Cr. porosus* sind die Schwänze der Weibchen ein wenig kürzer als die der Männchen. Ein untrügliches Geschlechtsmerkmal ist der erektile Penis in der Kloake der Männchen, der an das männliche Begattungsorgan der Säugetiere erinnert. Bei einem 185 cm langen *C. crocodilus apaporiensis* maß der Penis 6,8 cm (MEDEM 1981). Der Penis endet mit einer rundlichen Anschwellung unter der eine kleine Protuberanz sichtbar wird. Auf der Ventralseite des Penis verläuft ein Kanal bis zur Spitze dieser Protuberanz zu deren beiden Seiten je ein Receptaculum zu erkennen ist. Während der Kopulation schwillt die Protuberanz an, indem die Spermatozoiden seitlich in die Receptacula eindringen.

Bei einiger Übung kann man das Geschlecht eines mittelgroßen oder großen Krokodils auf einfache Weise feststellen. Den ausgestreckten Zeigefinger steckt man in die Kloake eines vorher immobil gemachten Krokodils. So kann man den Penis als steifes, zapfenförmiges Begattungsorgan oder die Klitoris erfühlen und ist dann über das Geschlecht informiert. Beim Ertasten ist es jedoch wichtig, daß man den Größenunterschied von Penis und Klitoris kennt. Über die Geschlechtsbestimmung bei jüngeren Krokodilen berichtet JES (1993) aus dem Aquarien–Terrarienhaus des Kölner Zoos. Hierzu verwendet man ein Vaginal–Spekulum wie es in der Veterinärmedizin für Vaginaluntersuchungen bei der Katze verwendet wird. Je nach Größe des zu untersuchenden Tieres wird der Schaft des Spekulums unterschiedlich weit in die Kloake eingeführt und gespreizt. Geradezu panoramaartig stellt sich dann das Geschlecht in der Kloake dar. Entscheidend für ein richtiges Ansprechen dessen, was zu sehen ist, ist die Notwendigkeit, Penis und Klitoris einmal in Größe und Form gesehen zu haben, weil insbesondere bei kleinen Exemplaren Zweifel möglich sind.

Über das Zahlenverhältnis der Geschlechter zueinander weiß man nur wenig. Bei den verschiedenen Arten scheint es unterschiedlich zu sein. Nach den Angaben von VON WETTSTEIN (1954) kamen bei *A. sinensis* auf drei Männchen zwanzig Weibchen. Bei *C. crocodilus* war das Zahlenverhältnis noch deutlicher zugunsten der Weibchen verschoben und betrug 1 : 20, während bei madagassischen Nilkrokodilen (*Cr. niloticus madagascariensis*) die Männchen gegenüber den Weibchen im Verhältnis von 2 : 1 in der Mehrzahl waren. Dagegen gibt VOGEL (1958) für *Cr. cataphractus* sieben bis zehn Weibchen pro Männchen an. In diesem Zusammenhang sei auf eine interessante Feststellung der Geschlechtsbestimmung bei der künstlichen Erbrütung von Krokodileiern hingewiesen. Das zukünftige Geschlecht von Krokodilembryos richtet sich nach der Temperatur, der die inkubierten Eier ausgesetzt sind (FERGUSON & JOANEN 1882,1983, FERGUSON 1985, WEBB et al. 1985). Aus Alligatoreiern, die Temperaturen von 30 °C oder unter 30 °C ausgesetzt worden waren, schlüpften zu 100 % Weibchen. Aus Eiern, die bei 34 °C oder ein wenig darüber inkubiert worden waren, schlüpften zu 100 % Männchen. Während der

Inkubation gibt es zu Anfang eine bestimmte Zeit, innerhalb der die Embryos hinsichtlich der Geschlechterfestlegung sensitiv auf die Temperaturhöhe reagieren. Bei Eiern, die bei 30 °C inkubiert wurden und dann auf eine Temperaturhöhe von 34 °C eingestellt wurden, liegt die sensitive Periode für die Geschlechtsfestlegung vierzehn bis einundzwanzig Tage nach beginnender Inkubation. Nur innerhalb dieser ersten vierzehn bis einundzwanzig Tage nimmt die Temperatur Einfluß auf das zukünftige Geschlecht. Werden die Eier während der gesamten Inkubationsdauer Temperaturen von 32 °C ausgesetzt, entsteht ein Geschlechtsverhältnis von 80 % Weibchen zu 20 % Männchen. Bei *Cr. niloticus* und *Cr. porosus* entstehen bei hohen und niedrigen Temperaturen gleichzeitig Männchen und Weibchen. Bei *Cr. johnsoni* entstehen bei hohen und niedrigen Temperaturen Weibchen, und Männchen bei Temperaturen, die dazwischen liegen.

Nach Angaben von LANG et al. (1989) entstehen bei *Cr. palustris* bei Temperaturen zwischen 28 und 31 °C ausschließlich Weibchen. Bei 32,5 °C entstehen nur Männchen. Zwischen 31,5 und 33 °C werden sowohl Männchen als auch Weibchen in unterschiedlichen Prozentzahlen hervorgebracht. Die temperaturabhängige Geschlechterdetermination (TGD) hat man bisher bei fünf Arten der *Crocodylinae* und drei Arten *Alligatorinae* nachgewiesen. Da bisher bei keiner Krokodilart Geschlechtschromosomen gefunden wurden, existiert die temperaturabhängige Geschlechterdetermination wahrscheinlich bei allen Arten.

Angaben über die eintretende Geschlechtsreife sind bruchstückhaft. Krokodile sind nach zehn bis fünfzehn Jahren ausgewachsen. Geschlechtsreif können sie jedoch schon einige Jahre früher werden (SMITH 1937). Bei Mississippi–Alligatoren tritt die Geschlechtsreife bei einer Körperlänge von 180 cm nach sechs Jahren ein (OLIVER 1955). Nach COTT (1961) werden Nilkrokodile im Alter von neunzehn Jahren geschlechtsreif, wenn sie eine Länge von zweieinhalb bis drei Metern erreicht haben. Siam–Krokodile (*Cr. siamensis*) werden mit zehn bis zwölf, Leistenkrokodile (*Cr. porosus*) mit zwölf bis fünfzehn Jahren geschlechtsreif (TRUTNAU 1985). Ganges–Gaviale erreichen im elften Lebensjahr die Geschlechtsreife (BASU 1979). Die anderen Krokodilarten sind in der Regel nach zehn Jahren geschlechtsreif.

8.6.2 Paarungsverhalten und Kopula

Die Angaben über den eigentlichen Paarungsakt sind spärlich. Zur Paarungszeit zeigen sich männliche Krokodile unruhig bis äußerst erregt und lassen häufig ihre Stimme erschallen. Wahrscheinlich trägt die laute, grunzend bis heiser bellende Stimme der Männchen und der Weibchen mit dazu bei, daß sich die Geschlechter zur Paarungszeit finden. Die Unterkieferdrüsen, wie auch die Kloakendrüsen, produzieren besonders in der Fortpflanzungsperiode vermehrt eine bräunliche, salbenähnliche Absonderung, die stark nach Moschus riecht und wohl, wie die Stimme, dem gegenseitigen Auffinden der Geschlechter dient. Die stärksten Männ-

---

Abb. 54 (rechte Seite außen): Territorialkampf mit festgelegtem, ritualisiertem Verhaltensmuster zwischen 2 Krokodilen. Aus »Fauna«, Heft 2 (1971).

chen besetzen ein gut abgegrenztes Revier, aus welchem sie sofort jeden schwächeren Nebenbuhler vertreiben. Durch lautes Brüllen grenzen sie ihre Territorien akustisch ab. Zuweilen kommt es aber auch zu Kämpfen mit schwerwiegenden Verletzungen, in seltenen Fällen mit tödlichem Ausgang.

Diese Territorialkämpfe verlaufen bei den Krokodilen nach festgelegten ritualisierten Verhaltensmustern. Ein Kampf beginnt bei *Cr. niloticus* damit, daß sich die beiden, ungefähr gleich starken Männchen erregt gegenüberstehen. Die Köpfe der Tiere ragen ein wenig über die Wasseroberfläche empor. Mit der ausgestoßenen Luft schießen zwei Wasserstrahlen aus den Nasenöffnungen, und ein erregtes Brüllen leitet den Kampf ein. Die Tiere stürzen sich mit geöffnetem Rachen aufeinander. Die Kampfhandlungen dauern eine Weile an, und der Stärkere treibt den unterlegenen Rivalen rasch aus dem Revier (Abb. 54). Derartige, gut abgegrenzte Reviere wurden häufig bei den beiden bekanntesten und am meisten beschriebenen Krokodilen, dem Mississippi–Alligator und dem Nilkrokodil, beobachtet. Eine ähnliche Revierbildung ist auch von anderen Krokodilarten bekannt. Die verschiedenen Krokodile haben oft ein ausgedehntes Verbreitungsgebiet mit merklichen Klima– und Temperaturunterschieden. Daher sind die Paarungszeiten, wie auch die Zeiten der Eiablage und der Brutpflege, in den einzelnen Gebieten unter Umständen auch ein wenig gegeneinander verschoben.

Über den Paarungs– und den eigentlichen Kopulationsvorgang ist nur wenig bekannt und geschrieben worden, daher seien hier meine eigenen Beobachtungen an fünf *Alligator mississippi-*

ensis erwähnt, die ich seit vielen Jahren im Gewächshaus halte: Die Tiere, die sich gegenseitig gut kennen, haben einen insgesamt 23 m^2 großen Wasserteil und einen ungefähr 20 m^2 großen Landteil zur Verfügung. Im März, April und auch im Mai — besonders am Morgen bei einfallendem Sonnenlicht — erschallen die Rufe der vier über zweieinhalb Meter messenden Männchen. Die im flachen Wasser liegenden Männchen drücken den Vorderkörper mit den Vorderbeinen empor, heben den Schwanz an und brüllen, daß die Wasseroberfläche leicht vibriert. Anschließend schlagen sie ebenfalls mit dem angehobenem Schwanz sowie mit dem Kopf heftig und laut schallend auf die Wasseroberfläche. Das Brüllen ist so laut, daß man es auf der gegenüberliegenden Straßenseite durch das Gewächshaus hindurch deutlich hören kann. Dieser Vorgang wiederholt sich jedes Frühjahr wochenlang. Vor der eigentlichen Paarung kriecht das Männchen auf den Rücken des Weibchens. Das Weibchen hebt den Schwanz ein wenig an und krümmt die Kloakenregion in Richtung auf das Männchen. Das Männchen liegt oft seitlich vom Weibchen und drückt sich mit einem Vorderbein auf den Rücken des Weibchens (Abb. 55). Im Wasser reibt das Männchen mit seiner Schnauze gegen die Kehle des Weibchens. Das Männchen führt seinem zapfenförmigen Penis in die Kloake des Weibchens ein. Die Kopulation dauert in der Regel zwei bis drei Minuten. Das Männchen kopuliert in der Paarungszeit meist nur mit einem Weibchen. Meine Tiere paarten sich immer im Wasser, Territorialkämpfe habe ich nie beobachtet. Im Gegensatz zu dem mehr oder weniger monogamen Mississippi–Alligator ist der Ganges–Gavial Herr über mehrere Weibchen, meist vier bis fünf an der Zahl.

Abb. 55: Kopulation bei *A. mississippiensis*. Foto: TRUTNAU.

Die Fortpflanzungszeit der thailändischen Leisten– und Siam–Krokodile erstreckt sich von Dezember bis März. Wie bei *A. mississippiensis* stoßen auch hier die männlichen Tiere dumpfe Brunstschreie zur Anlockung der Weibchen aus. Die Kopulation findet zumeist im flachen Wasser, in seltenen Fällen auch an Land statt. Vor der Kopulation steigt das Männchen auf den Rücken des Weibchens. Der Schwanz wird nach unten gehalten und die hinteren Rumpfteile der Partner werden zur Kopulation gegeneinander gedrückt. Nach einem weitgehend ähnlichen Verhaltensmuster verläuft auch die Paarung des Sunda–Gavials (*T. schlegelii*), die ich am 23. Oktober 1985 in der Krokodilfarm in Samutprakan bei Bangkok beobachten konnte.

8.6.3 Nestbau und Eiablage

Alle 22 Krokodilarten pflanzen sich durch Eier fort, die sie entweder in Nestern, hergestellt aus zusammengescharrtem und abgerissenem Pflanzenmaterial, oder in mit den Hinter– und/oder Vorderbeinen ausgehobenen Erdgruben ablegen (Abb. 56 und Tab. 12). Daneben gibt es aber auch einige Krokodile, die in Anpassung an unterschiedliche Lokalbiotope in ihrem Verbreitungsareal eine Zwischenstellung einnehmen. So heben *Cr. acutus* und *Cr. intermedius* entweder eine Grube aus oder sie bauen Nesthügel aus Erde oder Sand, die von Pflanzenteilen mehr oder weniger durchsetzt sind. Die meisten Nester aus feuchtem Pflanzenmaterial haben kegelähnliche Gestalt (Abb. 57). Ihre Höhe kann 50 bis 100 cm betragen und ihr Durchmesser 200 cm und mehr. Typische Pflanzennestbauer unter den Krokodilen sind alle Alligatoren und Kaimane, weiterhin *Cr. cataphractus, Cr. moreletii, Cr. mindorensis, Cr. novaeguinae, , Cr. porosus, O. tetraspis* und *T. schlegelii.* Nach SUVANAKORN & YOUNGPRAPAKORN (o. J.) und SUVANAKORN & YOUNGPRAPAKORN (1987) baut *Cr. siamensis* im Verlauf von ein bis sieben Tagen ein Nest aus Pflanzenmaterial, während es nach Angaben von SMITH (1931) seine Eier im Sandufer eingraben soll. Unter den Alligatorinae nimmt *A. sinensis* insofern eine Sonderstellung ein, als er sowohl ein Nest aus Pflanzenmaterial und nach HSIAO (1935) unter anderem seine Eier im Sinne einer Brutfürsorge auch an geeigneten Stellen zwischen Gräser ablegt, sie dann aufgibt und das Gelege von der Sonne ausbrüten läßt. Dieses Verhalten von *A. sinensis* deutet nach MERTENS (1972) gegenüber seinen neuweltlichen Verwandten altertümliche Züge an. *Cr. johnsoni, Cr. niloticus, Cr. palustris* und *G. gangeticus* heben in Ufernähe kolbenglasförmige Bruthöhlen aus, die sie anschließend wieder mit trockenem Sand, der mehr oder weniger mit Pflanzenmaterial durchsetzt ist, zuscharren. *Cr. rhombifer* bringt seine Eier im Uferkies und Ufersand unter (VON WETTSTEIN 1954). Zur Verfestigung kriechen die Weibchen mehrfach über die Nesthaufen und setzen auch ihren Urin über ihnen ab, was zu schnellerer Zersetzung und damit zu gesteigerter Temperatur beiträgt. Die Weibchen öffnen die Nester von oben und legen ihre Eier in die von ihnen verfertigte, kraterförmige Vertiefung, die sie anschließend wieder zudecken. Durch bakterielle Zersetzung des faulenden Pflanzenmaterials entsteht im Inneren des Nestes eine gleichmäßige, feuchte Wärme, die der Außentemperatur und dem Temperaturrhythmus während des Tages und der Nacht entsprechend zwischen 25 und 39 °C variiert. Meist liegt die Innentemperatur zwischen 32 und 34 °C. Nach MAGNUSSON (1979) hängt die Innentemperatur nicht so sehr von den unterschiedlichen Materialien ab, aus denen es gebaut wurde, sondern vor allem von der wärmeerzeugenden, bakteriellen Zersetzung und in ganz besonderem Maße von der Außentemperatur. Ein Absinken der Außentemperatur um 3 °C verursacht im Durchschnitt ein Absinken der Temperatur im Nestinneren um 1 °C.

Tab. 12: Unterschiedliche Nesttypen von Krokodilen.

Krokodilform	Erd- oder Sandloch	Hügel aus Erde oder Sand oder mit wenig Pflanzenmaterial durchsetzt	Hügel aus Pflanzen mit mehr oder weniger Erde durchsetzt
A. mississippiensis	+		+
A. sinensis			+
C. crocodilus			+
C. latirostris			+
M. niger			+
P. palpebrosus			+
P. trigonatus			+
Cr. acutus	+	+	
Cr. cataphractus			+
Cr. intermedius	+		
Cr. johnsoni	+		
Cr. mindorensis			+
Cr. moreletii			+
Cr. niloticus	+		
Cr. novaeguineae			+
Cr. palustris	+		
Cr. porosus			+
Cr. rhombifer	+	+	
Cr. siamensis			+
Cr. tetraspis			+
T. schlegelii			+
G. gangeticus	+		

Je nach Art setzen die Krokodilweibchen 10 bis 100 stark poröse, längliche, 40 bis 130 g schwere Eier in verschiedenen Monaten ab. In ihrer Größe und in ihrem Aussehen stimmen die kalkschaligen Eier mit denen von Hühnern und Gänsen überein (Abb. 58). Die eigentliche Eiablage dauert nur wenige Minuten. Über die durchschnittliche Größe bei neunzehn Krokodilarten berichtet GREER (1975). Danach legen große Arten im Durchschnitt mehr Eier als kleine. Das größte Krokodil, das Leistenkrokodil (*Cr. porosus*), legt bis zu 85 Eier, meist sind es 30 bis 50.

8.6.4 Brutpflege und Schlupf

Alle Krokodile üben nach weitgehend gleichem Verhaltensmuster Brutpflege aus. Das sich in Nestnähe aufhaltende Weibchen garantiert allerdings keine vollständige Sicherheit für die Eier, obwohl das Nest meist entschlossen verteidigt wird. Verschiedene Räuber wie Warane, Vögel oder Bären graben die Eier aus und plündern die Nester, gelegentlich sogar in Gegenwart des Weibchens. Krokodile, die häufig gestört oder stark verfolgt werden, verlassen erfahrungsgemäß das Nest und flüchten ins Wasser, wenn der Mensch erscheint (COTT 1968, 1969, JELDEN 1981a, WEBB et al. 1977). Im Gegensatz dazu zeigen sich brutpflegende Farmkrokodile, die sich an die Gegenwart des Menschen gewöhnt haben, äußerst angriffslustig, wobei sie ihre Nester auch pausenlos überwachen.

Abb. 56: Weibchen eines Ganges-Gavials (*G. gangeticus*), das seine Eier in eine Nestgrube aus feinem Sand ablegt. Foto: WHITAKER.

Abb. 57: *Caiman crocodilus fuscus* vor seinem Nesthügel aus Pflanzenmaterial. Foto: LAMAR.

Zu ihrer Entwicklung benötigen die Eier, die in der Regel in Schichten übereinander liegen, eine Temperatur zwischen 30 und 34 °C, die durch Zersetzungsprozesse des Nistmaterials, durch Oxidationsprozesse im lebenden Ei und vor allem durch Wärmeaufnahme aus der Umgebung zustande kommt (CHABREK 1973, DERANIYAGALA 1936b, JELDEN 1981a, WAITKUWAIT 1982). Die Inkubationsdauer beträgt

Abb. 58: Beschädigte und unbefruchtete Eier von *Cr. rhombifer* und *Cr. acutus* auf der Zapata-Krokodilfarm, Kuba. Foto: LANKA.

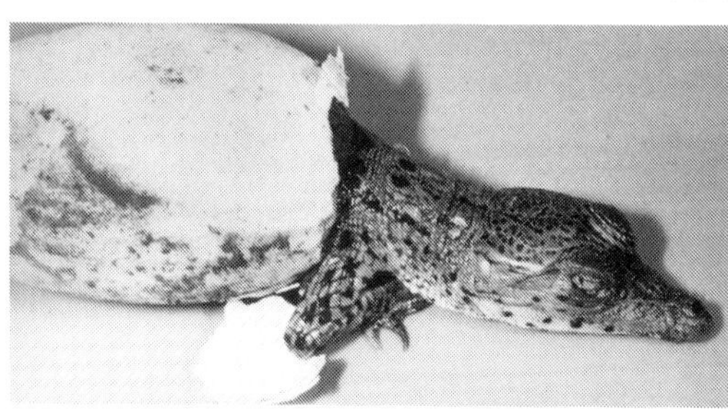

Abb. 59: Schlupfvorgang bei *Cr. rhombifer*. Fotos: LANKA.

Abb. 60: Weiblicher Mississippi-Alligator mit Jungtier auf der Schnauze. Foto: HUNT.

zwei bis drei Monate. Kurz vor dem Schlüpfen machen die sich im Ei befindlichen Krokodile durch quäkende Laute bemerkbar. Jetzt scharrt das Weibchen die Eier frei. Die 25 bis 30 cm langen Jungkrokodile ritzen die Kalkschale mit Hilfe des Eizahnes von innen her auf (Abb. 59). Das Weibchen nimmt die Jungkrokodile zwischen die Zähne und trägt die Jungen zum Wasser. »Zur Entdeckerpriorität des Maultransportes bei Krokodilen« berichtet BÖHME (1977). Danach hat bereits schon 200 Jahre vor POOLEY (1974, 1977) ein nicht namentlich bekannter Autor (ANONYMUS 1774) diese bemerkenswerte Verhaltensweise der Krokodile beschrieben. Nach dem Schlupf zeigen sich die Jungen äußerst unruhig, lassen ihre quäkenden bis grunzenden Stimmen erschallen und kriechen umher. Sie bleiben noch eine begrenzte Zeit in der Nähe ihrer Mutter, die sie in einem gewissen Maße vor Freßfeinden schützt. Sie schwimmen hinter dem Weibchen her und klettern auf Kopf und Rumpf (Abb. 60). Von hundert geschlüpften Jungkrokodilen überleben nur wenige. Die meisten werden ein Opfer von Raubsäugern, Greifvögeln, größeren Vertretern der eigenen Art, Waranen, Schlangen, Fischen, Parasiten, Krankheiten und vor allem des Menschen.

Interessant ist der Vergleich des Brutpflegeverhaltens zwischen Krokodilen und dem Talegallahuhn (*Alectura lathami*), das stammesgeschichtlich zu den ursprünglichen Vögeln gehört. Wie viele Krokodilarten türmt es schon vor der Brutzeit abgestorbene Pflanzenteile zu kegelförmigen Bruthügeln von gut eineinhalb Metern Höhe auf und überläßt sie der Fäulnis. Wie bei den Krokodilen die Weibchen, so helfen die Männchen bei den Talegallahühnern den geschlüpften Jungen aus dem Nestinneren ans Tageslicht. Diese Parallelen sind ein weiteres Indiz für die nahe stammesgeschichtliche Verwandtschaft zwischen den Krokodilen und Vögeln.

8.6.5 Krokodilbastarde

Manche Krokodilarten, die stammesgeschichtlich nahe miteinander verwandt sind, können trotz einiger morphologischer Unterschiede miteinander verbastardieren. So berichtet MEDEM (1981) von einem in der Natur entstandenen Mischling. Am 4. Juli 1968 wurde ein interspezifischer Bastard (*P. palpebrosus* x *P. trigomatus*) im Rio Ocoa, fünf Kilometer südlich von Villavicencio (Kolumbien) gefangen. Das 69,2 cm große Weibchen wies im äußeren Erscheinungsbild mehr charakteristisch–morphologische Merkmale von *P. palpebrosus* als von *P. trigonatus* auf.

Die Möglichkeit einer Hybridisierung ist in ganz besonderem Maße in Krokodilfarmen gegeben, wo nahe verwandte Arten mit weitgehend ähnlicher Chromosomenausstattung gemeinsam untergebracht werden. Besonders bekannt für ihre zahlreichen Krokodilbastarde ist die Krokodilfarm in den Zapatasümpfen westlich von Cienfuegas an der karibischen Küste auf Kuba (DATHE 1974) und die größte Krokodilfarm der Erde in Samutprakan bei Bangkok in Thailand. In der 1965 errichteten kubanischen Krokodilfarm lebten im Jahre 1981 tausend adulte Krokodile, von denen 5 % *Cr. acutus* und 80 % *Cr. rhombifer* angehörten. Die restlichen 15 % waren Hybriden zwischen den beiden Arten (LUXMOORE et al. 1986). Derartige Hybriden zwischen *Cr. acutus* und *Cr. rhombifer* wie sie auf der »Criadero de Cocodrilos« in den Zapata–Sümpfen entstanden sind wie auch die beiden reinrassigen auf Kuba vorkommenden Krokodile, das Spitzkrokodil (*Cr. acutus*) und das Kuba–Krokodil (*Cr. rhombifer*), hat VARONA (1966) vorgestellt und photographisch dokumentiert. Nach WERMUTH (1978b) zeigen die Mischlinge hinsichtlich ihrer Färbung, ihrer Schilde und Schuppen sowie der Länge und Form des Kopfes nach, deutliche intermediäre Eigenschaften.

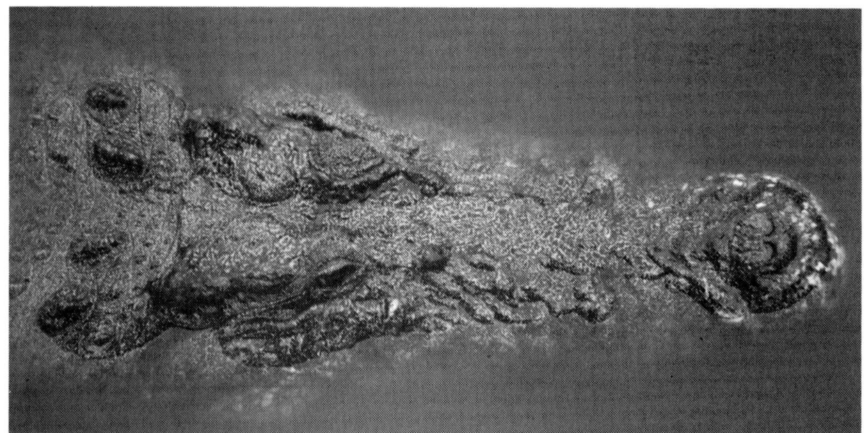

Abb. 61: Krokodilbastard (*Cr. porosus* x *Cr. siamensis*) auf der Krokodilfarm in Samutprakan, Thailand. Der Bastard ist kenntlich an den leicht ausgebildeten Hinterhaupthöckern, die bei *Cr. siamensis* stets vorhanden sind, aber bei *Cr. porosus* fehlen. Dafür sind die Leisten vor den Augen, wie es für *Cr. porosus* typisch ist, entwickelt, allerdings nicht so ausgeprägt wie bei reinrassigen Exemplaren, wo sie fast immer bis zu den Nasenöffnungen reichen. Bei *Cr. siamensis* fehlen diese Leisten. Foto: TRUTNAU.

Noch höher ist die Anzahl an Krokodilbastarden auf der »Samutprakan Crocodile Farm and Zoo« bei Bangkok, über die WERMUTH (1978) und TRUTNAU (1985) berichteten. Hier werden ungefähr 20.000 bis 30.000 Krokodile gepflegt, unter denen sich nach LUXMOORE et al. (1986) 4.100 Hybriden zwischen *Cr. siamensis* und *Cr. porosus* befinden (Abb. 61). Aber auch Kreuzungen zwischen Siam–Krokodil (*Cr. siamensis*) und dem Neuguinea–Krokodil (*Cr. novaeguinae*) kommen vor (FUCHS 1977). Die Bastarde zwischen *Cr. siamensis* und *Cr. porosus* werden in der für den Besucher an der Kasse erhältlichen Schrift »Crocodile Farm«, allen Regeln einer herkömmlichen Systematik zum Trotz, unter der Bezeichnung »*Cr. siamenrosus*« aufgeführt. Es versteht sich von selbst, daß eine derartige Bezeichnung für den gerade erwähnten Bastard nomenklatorisch ungültig ist. Diese Hybriden liegen in ihren erblichen

Merkmalen intermediär zwischen *Cr. porosus* und *Cr. siamensis*. Sie besitzen die weiche, aber doch zähe Haut des Leistenkrokodils, die hochaufragenden, spitzen Rückenschilde des Siam–Krokodils sowie die Fähigkeit im Süß– und im Meerwasser zu überleben. Wie mir der »Managing Director« CHAROON YOUNGPRAPAKORN, Sohn des Mr. UTAI YOUNGPRAPAKORN, beide Besitzer der Krokodilfarm, erzählte, ist die Sterberate der Bastardkrokodile erstaunlich niedrig und im Wachstum sollen die Tiere bei gleicher Ernährung und innerhalb der gleichen Zeit ihren Eltern um etwa 30 % voraus sein. Es soll jedoch deutlich darauf hin gewiesen werden, daß solche Bastarde für den sachkundigen und in der Reptiliensystematik arbeitenden Zoologen nur von sekundärem Interesse sind. Auch darf man erwarten, daß es, wie bei Bastarden üblich ist, früher oder später bei diesem Mischling zwischen *Cr. porosus* und *Cr. siamensis* zu Fortpflanzungsschwierigkeiten kommen wird.

WERMUTH & FUCHS (1978a) bemerken zu der Verbastardierung von *Cr. porosus* und *Cr. siamensis* einerseits und *Cr. siamensis* und *Cr. novaeguinae* andererseits in einem Aufsatz über »Bastarde zwischen südostasiatischen Krokodilen« folgendes: »Aufgrund dieser Betrachtungen möchten wir dringend auf eine Gefahr für den Fortbestand der Arten aufmerksam machen, die sich insbesondere für das Siam–Krokodil ergibt. In einer durchaus gutgemeinten Absicht hatte Mr. YOUNGPRAPAKORN fast den gesamten Bestand an bisher noch frei lebenden Siam–Krokodilen eingefangen und in seine Farm überführt. Die Tiere waren ja in ihrem Fortbestand in der Natur bedroht, da es an Gesetzen zu ihrem Schutz ebenso fehlte wie an einem Verständnis der einheimischen Bevölkerung für die Notwendigkeit, die Krokodile zu schützen; schließlich fehlte es auch an Möglichkeiten, etwaigen entsprechenden Gesetzen zu einer praktischen Wirksamkeit zu verhelfen. Mr. YOUNGPRAPAKORN hoffte daher, den Bestand an Siam–Krokodilen in seiner Farm nicht nur zu erhalten, sondern auch durch Nachzucht immer stärker zu vermehren; er wollte die Tiere dann wieder in ihren einstigen Vorkommensgebieten in der Natur ansiedeln, wenn ihre dortigen Lebensbedingungen dank geeigneter und wirksamer Schutzmaßnahmen gesichert sein werden. In Anbetracht der gegenwärtigen Verhältnisse, unter denen die Nachzucht stattfindet, erheben sich jedoch gewichtige Bedenken gegen diese Methode. Wenn die Bastarde, die durch Kreuzungen entweder mit dem Leisten– oder mit dem Neuguinea–Krokodil entstehen, unfruchtbar sind und dadurch für die Fortpflanzung ausfallen, verringert jede dieser Fehlpaarungen die Aussicht, den Artbestand zu wahren oder gar zu vergrößern, bis es schließlich überhaupt keine fortpflanzungsfähigen Elterntiere mehr gibt. Vermögen sich die Artbastarde aber tatsächlich fortzupflanzen, wird sich im Laufe der Zeit der gesamte Bestand der Siam–Krokodile zu einer Mischform verwandeln, während die reinerbige Art des Siam–Krokodils nicht mehr existiert. Die Mischform könnte vielleicht noch für die Reptillederindustrie von Nutzen sein, doch müßte der Zoologe wieder das Verschwinden einer Art beklagen. Um das zu vermeiden, gibt es keinen anderen Weg, als die Krokodile in der Farm von Mr. YOUNGPRAPAKORN nach Arten zu trennen und sie reinerbig zu züchten.«

»*Cr. siamenrosus*« ist sogar in der Lage sich fortzupflanzen. Vielleicht liegt das daran, daß sich die Chromosomenbilder der beiden reinrassigen Arten nur durch eine einzige genetische Veränderung in Form einer Inversion unterscheiden.

Im Zoologischen Garten von Ho–Chi–Minh–Stadt (Südvietnam) kam es nach den Angaben von GEISSLER & JUNGNICKEL (1989) unbeabsichtigt zu einer Verbastardierung zwischen dem Kuba–Krokodil (*Cr. rhombifer*) und dem Siam–Krokodil (*Cr. siamensis*).

Über einen recht fragwürdigen Krokodilbastard zwischen einem männlichen *Cr. acutus* und einem weiblichen *Cr. niloticus* berichtet RICHTER (1973) aus dem Troparium des Tierparkes Hagenbeck, in dem zwei *A. mississippiensis*, zwei *Cr. niloticus* (von denen das Männchen starb und das Weibchen übrig blieb), zwei *Cr. rhombifer* und ein Männchen von *Cr. acutus* gepflegt wurden. Das Nilkrokodil legte Eier ab, aus denen ein Jungtier schlüpfte. Daß aus der beobachteten interspezifischen Paarung zwischen dem Spitzkrokodil und dem Nilkrokodil ein echter Bastard hervorgegangen ist, ist unbewiesen. Theoretisch besteht durchaus die Möglichkeit, daß das weibliche Nilkrokodil vorher von dem verstorbenen Männchen der gleichen Art begattet worden sein könnte und das Sperma gespeichert hatte. ALISTAIR (1973) erwähnt eine Paarung zwischen einem männlichen *A. mississippiensis* und einem weiblichen *Cr. porosus*. In meinem Gewächshaus konnte ich im Frühjahr mehrfach Paarungen zwischen meinem großen *Cr. siamensis*–Männchen und meinem adulten *A. mississippiensis*–Weibchen beobachten.

8.6.6 Lautäußerungen

Alle Krokodile verfügen über eine mehr oder weniger laute und zuweilen weithin hörbare artspezifische Stimme. Zur Paarungszeit lassen die Krokodilweibchen ihre grunzenden bis bellenden Töne erklingen, die von den Männchen mit laut–röhrendem Gebrüll mehrfach beantwortet werden und der Anlockung der Geschlechter wie der akustischen Revierabgrenzung gegenüber anderen Männchen dienen. Nach WERMUTH (1989) besteht der Zweck der Lautäußerungen der Krokodile in einer akustischen Markierung des Territoriums, ähnlich dem der Vögel.

GARRICK (1975) analysierte die Struktur und das Muster der Rufe des China–Alligators (*A. sinensis*) mit Hilfe von Sonogrammen. Wenn ein Weibchen von *A. sinensis* brüllte, antwortete das Männchen und umgekehrt das Weibchen. Das Brüllen der China–Alligatoren gibt auch eine Antwort auf den unterschiedlichen Fortpflanzungszustand der Tiere, da sich die Rufe unterschiedlich geschlechtsreifer Tiere in ihrer Struktur voneinander unterscheiden. Auf ein in der Nähe brüllendes Männchen von *A. mississippiensis* reagieren China–Alligatoren nicht. Die Auswertung der Versuche führte zu dem Ergebnis, daß das Brüllen der akustischen Kommunikation unter den Geschlechtern dient.

Nach LANG (1989) sind Mississippi–Alligatoren und Kaimane die lautesten unter allen Krokodilen. Wenn ich meinen Mississippi–Alligatoren zu nahe komme oder sie in irgendeiner Weise störe, fauchen sie laut. Besonders im Frühjahr brüllen sie. Die Rufe sind so intensiv, daß dabei die Wasseroberfläche in heftige Wellenbewegungen gerät. Vor und während des Brüllens heben die Tiere den Kopf und Schwanz empor. Wie im Liegestütz drücken sie mit den Vorderbeinen den vorderen Körperbereich empor. Die Rufe werden von den Stimmbändern in der Kehle und den Kontraktionen der Brustmuskeln verursacht. Die durchdringenden Laute meiner Alligatoren, die durch das Haus hindurch auf der anderen Straßenseite und in einer Entfernung von 150 m deutlich zu vernehmen sind, erinnern mich an einen Traktor, der beim Start in ungefähr gleichen Zeitabständen von zehn Sekunden laut pumpende Geräusche erzeugt. Nach meinen Zeitmessungen dauert jeder einzelne der fünf– bis siebenmal wiederholten Rufe ein bis zwei Sekunden. Wenn ein Männchen bellende Laute ausstößt, antworten die anderen drei Männchen und das Weibchen und zuweilen auch das gut zweieinhalb Meter lange Siam–Krokodil in der gleichen Anlage in gleicher Weise im Chor. Nach meinen Feststellungen können Türknallen, Hämmern, Trompetenspiel, Radiomusik, Vibrationen des Bodens und des Wassers die Tiere zu Lautäußerungen veranlassen.

In einer Entfernung von 5 m entspricht die Intensität der Rufe noch 84 bis 92 Dezibel (LANG 1989). Die Lautäußerungen von Kaimanen der Gattungen *Caiman*, sowie die von *Cr. siamensis, Cr. cataphractus* und *Cr. niloticus* sind nicht so geräuschvoll wie die von *A. mississippiensis*. Adulte Weibchen von *Cr. siamensis, Cr. porosus, Cr. novaeguinae* und *G. gangeticus* stoßen wiederholt brummende bis knurrende Laute aus, wenn sie aufeinandertreffen.

Über Laute, die kleine Krokodile unter Gefangenschaftsbedingungen im Erregungszustand ausstoßen berichtet BROCK (1960). Nach dem genannten Autor fauchen und krächzen Kaimane. Spitzkrokodile (*Cr. acutus*) und Panzerkrokodile (*Cr. cataphractus*) krächzen und zischen im Erregungszustand. Das Stumpfkrokodil (*O. tetraspis*) läßt ein lautes »o–a«, »o–a« ertönen, wenn man es in die Hand nimmt. Kleine Mississippi–Alligatoren quaken froschähnlich, wenn sie aufgenommen werden. Nach Beobachtungen von WERMUTH (1963) an seinem über 110 cm langen *C. crocodilus crocodilus* wird das gleiche Geräusch beim Anblick der Nahrung vor dem Fressen ausgestoßen und scheint hier ein Ausdruck lustbetonter Empfindungen zu sein.

Die Kommunikation durch Laute beginnt bei den Krokodilen bereits schon im Ei. In einem Experiment unter kontrollierten Laborbedingungen wurde bei *A. mississippiensis* und *Cr. acutus* festgestellt, daß Jungkrokodile vierzehn Tage vor dem Schlupf auf die quäkenden Geräusche aus den Nachbareiern mit ähnlichen Lautäußerungen reagierten. Da Jungkrokodile in einer einzigen Nacht aus dem Nest schlüpfen, ist es denkbar, daß die gegenseitige Lautkommunikation der Jungkrokodile in den Eiern die Synchronisation des Schlupfvorgangs unterstützt. Die lauten hellen Quäktöne vor dem Schlüpfen veranlassen die Mutter auch zum Aufbrechen des Nestes und einzelner Eier, worauf in Kapitel 8.6.4 bereits hingewiesen wurde. Jungkrokodile behalten das Quäken noch in den ersten Jahren ihres Lebens bei.

Aus dem Ei geschlüpft, reagiert das Jungkrokodil spontan durch Lautäußerungen auf jegliche Störung oder ein unbekanntes Stimulans. So rufen junge Mississippi–Alligatoren, wenn sie in einen anderen Behälter gesetzt, ihre neue Umgebung auskundschaften oder gefüttert werden. Durch ihre Rufe halten junge Krokodile den Zusammenhalt ihrer Gruppe und den Kontakt zur Mutter aufrecht.

Nach neueren Untersuchungen (LANG 1989) an Gruppen junger Mississippi–Alligatoren in einem Sumpfgebiet in Florida wurde deutlich, daß sich die einzelnen

Individuen gegen Abend zur Futtersuche verteilten und während des Tages zum lockeren Verband, der sich gemeinsam sonnte, wieder vereinigte. Besonders häufig und intensiv waren Lautäußerungen der jungen Alligatoren am Abend, wenn sie sich über das Gelände verteilten und am nächsten Morgen, wenn sie sich zum gemeinsamen Sonnenbad oder auf dem Körper der Mutter wiederfanden. Die sich in unmittelbarer Nähe aufhaltenden Weibchen signalisierten den Jungtieren durch Laute die Annäherung eines Feindes, wie auch das Vorhandensein von Beutetieren. Wenn ein Jungkrokodil von einem Feind bedroht oder angegriffen wird, läßt es sofort einen Hilferuf hören, worauf das Weibchen ohne zu zögern herbeieilt.

8.6.7 Wachstum und Gewicht

Je nach Nahrungsangebot ist das Wachstum junger Krokodile recht unterschiedlich. Unter günstigen Bedingungen können Jungkrokodile innerhalb von einem Jahr ein Längenwachstum von 30 cm und mehr erreichen. Die aufgenommene Nahrung beeinflußt nicht nur das Wachstum. Ungefähr 60 % der Energie wird nach GARNETT (1989) im Schwanz, im Rücken und in den inneren Organen in Form von Fett gespeichert. Selbst einige Energie, die in Eiweißstoffen enthalten ist, wird bei Krokodilen zu Fett umgewandelt. Unter günstigen Bedingungen können Jungkrokodile innerhalb von einem Jahr ein Längenwachstum von 30 cm und mehr aufweisen. In diesem Zusammenhang möchte ich auf das überaus rasche Wachstum eines Mississippi–Alligators hinweisen. Das Tier befindet sich im Besitz meines Freundes Dr. H. SCHILDBACH in Berlin. Der junge Mississippi–Alligator wuchs bei bester Pflege im Verlauf eines Jahres von 30 auf 90 cm heran.

Genaue Studien über das Wachstum und die gleichzeitige Gewichtszunahme bei *A. mississippiensis* liegen von MCILHENNY (1935) und OLIVER (1955) vor. Die Ergebnisse dieser Untersuchungen verdeutlicht die Abbildung 62. Das Wachstum der Krokodile wird von unterschiedlichen Faktoren beeinflußt, von denen die Nahrungsmenge, die Art der Nahrung, die Umgebungstemperaturen und die genetische Ausstattung am wesentlichsten sind. CHABREK & JOANEN (1979) stellten fest, daß wildlebende männliche *A. mississippiensis* aus Louisiana in einem Alter von drei Jahren um 20 % schneller wuchsen als gleichaltrige Weibchen. Im Alter von zehn Jahren wuchsen die Männchen sogar um 62 % schneller als die Weibchen. Im Alter von 20 Jahren betrug der Wachstumsunterschied sogar 200 %. 49 *A. mississippiensis,* die in der Gefangenschaft unter gleichen Bedingungen aufgezogen worden waren, zeigten ein unterschiedliches Wachstum. Nach sieben Jahren hatten die Männchen eine durchschnittliche Länge von 2,37 m und die Weibchen von 2,06 m erreicht (BOLTON 1989).

Abbildung 63 zeigt die durchschnittliche Wachstumsrate und Gewichtszunahme von 600 *Cr. porosus* im Verlauf von vier Jahren auf der Moitaka Krokodilfarm in Port Moresby, Papua Neuguinea. Die Leistenkrokodile wurden fünf mal pro Woche mit zerschnittenen Meeresfischen gefüttert.

Auch VOGEL (1958) weist auf die bemerkenswerte Tatsache hin, daß junge Krokodile unter gleichen optimalen Bedingungen unter Obhut des Menschen eine unter-

Abb. 62: Wachstum von *A. mississippiensis* (1 foot = 30,48 cm). Nach MC-ILHENNY (1935).

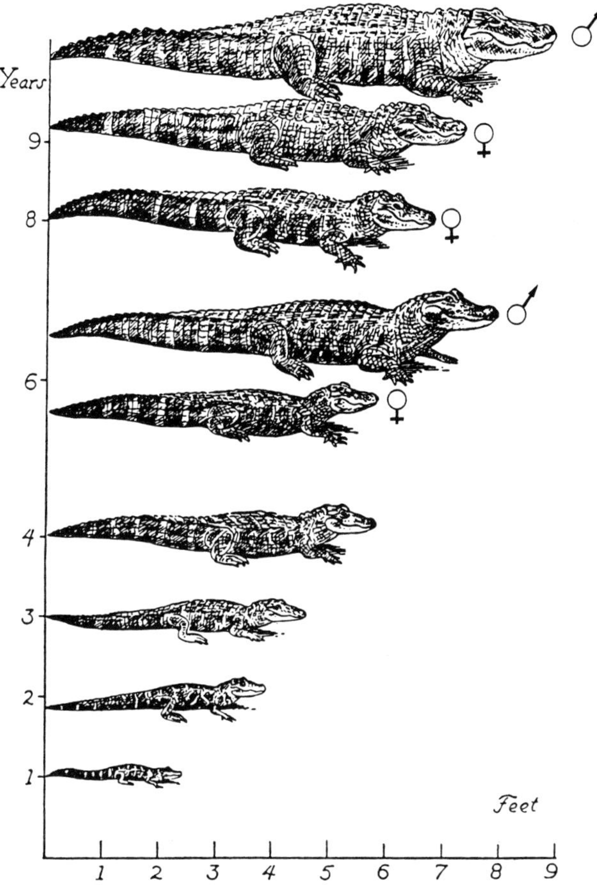

schiedliche Wachstumsgeschwindigkeit aufweisen. Er studierte das Wachstum und die Gewichtszunahme an vier jungen Breitschnauzenkaimanen (*C. latirostris*) mit einer Anfangslänge von 22 bis 23 cm. Die jungen Kaimane stammten aus dem Bermejo–Fluß in Argentinien. Die Ergebnisse sind in Tabelle 13 zusammengefaßt und spiegeln ähnliche Verhältnisse wider, wie sie unter ähnlichen Bedingungen auch bei anderen Jungkrokodilen zu verzeichnen sind.

Tab. 13: Wachstums- und Gewichtszunahme von vier *C. latirostris*. Nach VOGEL (1958).

Nr.	16. 06. 1952		21. 11. 1952		25. 04. 1953		7. 12. 1953		15. 12. 1954	
	cm	kg	cm	kg	cm	kg	cm	kg	cm	kg
I	61	0,96	67	1,41	72	1,91	86	3,51	99,5	4,92
II	54	0,81	59	0,91	61	1,07	73	1,82	84	2,81
III	49	0,95	52	0,61	52	0,66	61	1,04	68	1,46
IV	46,5	0,46	53	0,54	54	0,60	66	1,05	71,5	1,34

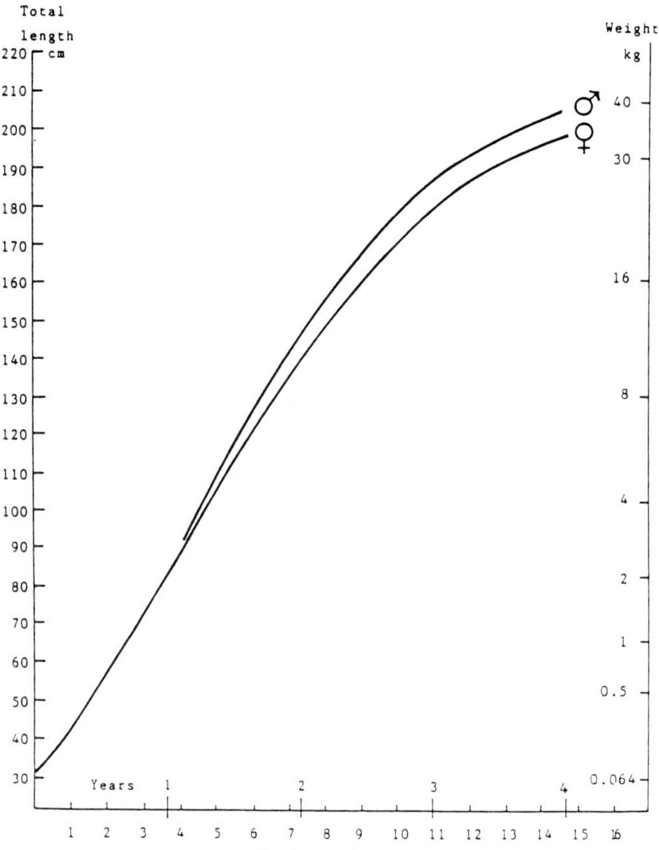

Abb. 63: Die durchschnittlichen Wachstumsraten und Gewichtszunahmen von 600 Leistenkrokodilen (*Cr. porosus*) auf einer Krokodilfarm in Papua-Neuguinea. Nach BOLTON (1989).

Mit dem Wachstum ist gleichzeitig eine Veränderung der Körperproportionen verbunden. Die kurze juvenile Kopfform streckt sich mit zunehmendem Alter. Die großen Augen werden ebenfalls kleiner, die Stirn wird niedriger, aber die Postoccipital– und Nuchalschilde nehmen an Größe zu.

Nach drei Jahren können Krokodile eine Länge von 100 bis 150 cm erreichen. Später nimmt die Wachstumsgeschwindigkeit erheblich ab, bis sie im Alter fast vollständig eingeschränkt wird. Kleine Krokodilarten erreichen Körperlängen zwischen 1,5 und 3 m, mittelgroße Arten kommen auf 3 – 4 m, während die beiden größten Arten, das Leistenkrokodil und das Nilkrokodil auf sieben, vielleicht auf acht und in unbestätigten Ausnahmefällen auf 10 m heranwachsen können (DERANIYAGALA 1953, WERMUTH 1978). Allerdings dürften derartig große Exemplare heute in freier Wildbahn kaum noch anzutreffen sein. Tabelle 14 gibt für 23 Krokodilarten bzw. -unterarten mittlere Körperlängen und belegte Maximallängen an (SCHMIDT & INGER (1957). Krokodile von 5 m Länge und ein wenig darüber erreichen das stattliche Gewicht von einer Tonne.

Tab. 14: Durchschnittslängen und belegte maximale Längen von 23 Krokodilformen. Nach SCHMIDT & INGER (1957).

Krokodilform	mittlere Körperlänge (m)	belegte maximale Körperlänge (m)
A. mississippiensis	2,50 – 3,15	6,05
A. sinensis	1,25 – 1,40	1,55
C. crocodilus crocodilus	1,60 – 1,90	1,55
C. crocodilus fuscus	1,25 – 1,55	1,90
C. crocodilus yacare	1,90 – 2,20	2,50
C. latirostris	1,90	2,15
M. niger	3,15 – 3,80	4,70
P. palpebrosus	1,25 – 1,40	1,45
P. trigonatus	1,10	1,25
Cr. acutus	3,15 – 3,80	7,20
Cr. cataphractus	190	2,50
Cr. intermedius	3,15 – 3,75	7,20
Cr. mindorensis	1,55 – 1,90	2,50
Cr. moreletii	1,90 – 2,20	2,50
Cr. niloticus	3,80	5,00
Cr. novaeguineae	2,50	2,90
Cr. palustris	3,15	4,10
Cr. porosus	3,80 – 4,40	6,30
Cr. rhombifer	1,90 – 2,50	3,80
Cr. siamensis	3,15	3,80
C. tetraspis	1,55	1,90
T. schlegelii	2,80 – 3,10	5,00
G. gangeticus	3,80 – 4,70	6,75

8.6.8 Lebensdauer

Es ist keineswegs ausgeschlossen, daß manche Krokodile ein Alter von 100 Jahren oder mehr erreichen können (EDWARDS 1989, WERMUTH 1953). Aus Zoologischen Gärten und pakistanischen Tempeln kennt man Exemplare von über 50 Jahren. Nach GRAHAN (1971) können Nilkrokodile menschliche Alterswerte erreichen, wobei sie mit 70 Jahren noch fortpflanzungsfähig sind. PELLEGRIN (1937) erwähnt einen Mississippi–Alligator, der in der Gefangenschaft ein Alter von 85 Jahren erreichte. Aus nordamerikanischen Reptiliensammlungen sind folgende Mindestalter bekannt: Mississippi–Alligator 47 Jahre, Panzerkrokodil 42 Jahre, Stumpfkrokodil 42 Jahre und Leistenkrokodil 41 Jahre (BOWLER 1977).

9 Feinde, Parasiten, Krankheiten, Todesursachen

Der Hauptfeind aller Krokodile ist der Mensch. Hinter seiner Zerstörungswut verblassen alle Ausfälle durch Naturkatastrophen, natürliche Feinde und naturbedingte Sterblichkeit. Der Mensch verändert die Lebensräume der Krokodile. Er tötet mehr Krokodile als die Gesamtheit aller natürlichen Feinde. Nicht selten zerstört der Mensch die Nester der Krokodile, wo immer er sie findet. Seine Motive sind Furcht, Mordlust, mangelnde Achtung vor der Natur und in ganz besonderem Maße kommerzielle Gründe.

Während mittelgroße Krokodile von 2 m Länge und erwachsene Exemplare durch natürliche Feinde in freier Wildbahn kaum verletzlich sind, sind die Eier und Jungkrokodile einer starken Auslese ausgesetzt, so daß nach STEVENSON–HAMILTON (1912) die Überlebensrate ungefähr 1 % beträgt. Nach POOLEY & ROSS (1989) schätzen einige Wildlife–Experten die Todesrate junger Krokodile im ersten Lebensjahr auf 90 %, während erwachsene Exemplare nur ihre Altersgenossen und den Menschen zu fürchten haben.

Die natürliche Auslese setzt bereits bei den Eiern im Nest ein. Periodisch treten Überschwemmungen auf, die ganze Serien von Eigelegen vernichten. Aus den Eiern, die bis zu zwölf Stunden im Wasser gelegen haben, schlüpfen Jungkrokodile, wenn die Überflutungen noch rechtzeitig zurückgehen. Liegen die Eier nach den ersten 30 Inkubationstagen mehr als zwölf Stunden im Wasser, beträgt die Mortalitätsrate 100 % (JOANEN et al. 1977). Die Krokodilembryonen gehen an Sauerstoffmangel zugrunde. Eine zu hohe Feuchtigkeit im Nest ruft auf den Eischalen Pilzwachstum hervor. Giftige Gase wie Schwefelwasserstoff und Ammoniak, die von verfaulenden Eiern ausgehen, können den Tod gesunder Eier im gleichen Nest verursachen. Zu hohe Außentemperaturen und eine gleichzeitig zu hohe Trockenheit führen zu einer Überhitzung im Nest und zum Austrocknen der Eier. Bei wochenlang bedecktem Himmel kann die Außentemperatur unter eine gewisse Grenze sinken, die ein Überleben der Krokodilembryonen nicht mehr zuläßt. Die Nester, die häufig in unmittelbarer Nähe von Gewässerufern und auf schwimmenden Pflanzenansammlungen in wenig geschützter Lage angelegt werden, fallen zuweilen tropischen Stürmen zum Opfer. Mehrere Weibchen legen ihre Nester mitunter in Form von Kolonien an. Es gibt Weibchen, die die Nester von Artgenossen zerstören. Vereinzelte Weibchen zerstören einen hohen Prozentsatz ihrer abgelegten Eier mit den scharfen Krallen ihrer Hinterfüße, oder sie zerbeulen oder zerdrücken die Eier. Wasserschildkröten verwenden die Nester von Krokodilen zeitweilig als Eiablageplatz und beschädigen oder zerstören dabei Krokodileier. Dünnschalige Eier zerbrechen leicht. Von zu jungen oder von zu alten Krokodilweibchen werden zuweilen schalenlose Eier gelegt, die für die Nachkommenschaft ausfallen. Zuweilen können die Jungen nicht aus dem Nest schlüpfen, weil das Weibchen nicht zum Nest zurückgekehrt und dieses von oben her öffnet. Sie gehen dann unter einer Schicht von Erde, Ton, Sand, oder Pflanzenmaterial, aus dem sie sich nicht selbst herausarbeiten können, zugrunde.

Die Anzahl natürlicher Eiräuber ist groß. Der Verlust an Krokodileiern ist selbst dann noch hoch, wenn die Weibchen oder große Krokodile in der Nähe der Nester liegen. In Nordamerika sind Schwarzbären, Waschbären, Opossums, Skunks, Schweine und möglicherweise auch Fischotter potentielle Eiräuber von Mississippi–Alligatoren und Spitzkrokodilen. In Mittelamerika rauben eingeführte Mangusten, Coyoten, Füchse und Hunde die Krokodilnester aus. Nach POOLEY & ROSS (1989) existiert ein Bericht, wonach sogar eine Skorpions–Krustenechse (*Heloderma horridum*) im Nest eines Spitzkrokodils (*Cr. acutus*) wühlte. Die Eier südamerikanischer Kaimane und Krokodile werden nicht selten Opfer von Nasenbären, Füchsen, Tejus und Kapuzineraffen. In Südasien rauben vor allen Dingen Warane (*Varanus bengalensis, Varanus salvator*) Zibetkatzen, Mangusten, Schakale, Hunde, Wildschweine, Ratten und andere Kleinsäuger Krokodilnester aus. In Afrika sind es Mangusten, Honigdachse, Hyänen, Fischotter, Warzenschweine, Paviane, Buschschweine und Marabus. Der Haupträuber ist hier der Nilwaran (*Varanus niloticus*), der von allen abgelegten Eiern 50 % und mehr stiehlt.

An den Ufern des Santa Lucia–Sees in Zululand zerstören Ameisen der Gattung *Crematogaster* sowohl Krokodileier wie auch die Schlüpflinge. Indem sie der Geruchsspur eines verfaulten Eies folgen, bohren die Ameisen Gänge unter der Nestoberfläche und zerstören das gesamte Gelege, während das ahnungslose Weibchen das Nest bewacht und von den winzigen Räubern nichts bemerkt.

In Botswana werden Schilfrohr– und Papyrusbestände oft in Brand gesetzt um neues Weideland zu schaffen. Da dies meist zur Brutzeit der Krokodile geschieht, geht der Inhalt zahlreicher Sandnester von Nilkrokodilen zugrunde. Nach JELDEN (1984) fielen von 1982 bis 1983 am Sepikfluß auf Neuguinea 4,7 % der Nistplätze des Neuguinea–Krokodils (*Cr. novaeguinae*) regelmäßigen Buschfeuern zum Opfer.

Der Mensch verwendet die Eier als Medizin und Nahrungsmittel. In den Jahren 1982 und 1983 waren am Sepikfluß auf Neuguinea aus 25,6 % der Nester die Gelege zum Verzehr gesammelt worden und ein Nest hatte das Weibchen wegen menschlicher Störung aufgegeben (JELDEN 1984). Auf der Cape York–Halbinsel in Nordaustralien werden die Eier des Leistenkrokodils (*Cr. porosus*) einem lokalen Gesetz der Aborigines zufolge nur von ganz bestimmten alten Männern gegessen, was viele Nester vor weiterer menschlicher Verfolgung schützt.

Zahlreiche Räuber, die Krokodileier fressen, fressen auch junge Krokodile. Junge Mississippi–Alligatoren fallen gelegentlich Reihern, Karakaras, Schwarzbären, Waschbären, Ochsenfröschen, Schlangen und auch Wasserschildkröten der Gattungen *Chelydra, Macroclemys* und *Trionyx* zum Opfer.

Die natürlichen Feinde junger Krokodile sind in Mittel– und Südamerika Katzen, Waschbären, Fische und in erster Linie Reiher, Kormorane und Greifvögel. BATES (1864) berichtet von einem Jaguar, der ein erwachsenes Brillenkaimanweibchen an seinem Nest getötet hatte.

Die natürlichen Hauptfeinde afrikanischer Jungkrokodile sind nachtaktive Katzen, Mangusten, Leoparden, Reiher, Ibisse, Marabus, Sattelstörche, Raben, Fischeulen,

Geier, allerlei Greifvögel, Weichschildkröten und vor allem Warane. Hin und wieder zertrampeln Elefanten und Nilpferde die Nester und Eier von Krokodilen und die gerade geschlüpften Jungkrokodile.

Im Süßwasser machen sich Welse über Jungkrokodile her, im Meer erbeuten Seefische die ins Meer abgeschwemmten Jungkrokodile. Die Große Anakonda (*Eunectes murinus*) ist ebenfalls für den Tod junger Krokodile verantwortlich, wie Kannibalismus unter Krokodilen eine häufige Erscheinung ist. Hierüber berichten für *C. crocodilus* STATON & DIXON (1975), MEDEM (1981), für *A. mississippiensis* GILES & CHILDS (1949), VALENTINE et. al. (1972), für *Cr. niloticus* COTT (1961), POOLEY (1969), für *Cr. porosus* WORRELL (1964), WEBB & MESSEL (1977), für *Cr. acutus* SCHMIDT (1924) und für *P. palpebrosus* und *P. trigonatus* MEDEM (1981).

Die Mortalität bei Krokodilen von über 1 m Körperlänge ist verhältnismäßig gering. Die Haupttodesursache semiadulter und adulter Krokodile ist zweifelsohne die Bejagung durch den Menschen. An zweiter Stelle stehen Biotopzerstörungen und Gewässerverseuchung, vor allem mit Schwermetallsalzen. STONEBURGER & KUSHLAN (1984) fanden Aluminium, Cadmium, Kobalt, Chrom, Kupfer, Blei, Quecksilber, Molybdän, Nickel und Strontium in hohen Konzentrationen in den Schalen und im Eidotter von *Cr. acutus*. Die Eier waren 1980 im südlichen Everglades Nationalpark gesammelt worden.

Große Raubtiere wie auch Elefanten und Nilpferde — die beiden letzteren töten Nilkrokodile, um ihre eigene Nachkommenschaft zu retten — sind nur gelegentlich für den Tod eines erwachsenen Krokodils verantwortlich. So wird in einer Notiz von WHATELEY (1983) von einem Löwen berichtet, der ein 2,5 m langes Nilkrokodil getötet hatte. Das Nilkrokodil war von den Resten eines von diesem Löwen getöteten Warzenschweins angelockt worden. Der Löwe verteidigte seine Beute, wobei er das Krokodil tötete. In Uganda sollen Löwen häufig Krokodile erbeuten (GUGGISBERG 1972). Erwachsene Nilkrokodile werden besonders in der Nacht und auf dem Land ein Opfer von Raubkatzen. In einem Artikel von MYERS (1983) wird ein subadultes, totes Nilkrokodil auf einem Baumast dargestellt. Das Krokodil war von einem Leoparden getötet und sein Kadaver auf den Baum geschleppt worden.

In Südamerika sind Jaguare und Anakondas als gelegentliche Kaimanfresser bekannt. In Südasien fressen Leoparden und Tiger vereinzelt subadulte und adulte Krokodile (Abb. 64).

Die Rivalenkämpfe von Krokodilen während der Paarungszeit, die mitunter starke Verstümmelungen verursachen, führen hin und wieder zum Tode vereinzelter Exemplare. Bei Mississippi–Alligatoren aus dem Okefenokee–Sumpf in Südgeorgia ist die Anzahl fehlender Schwänze und Glieder ungewöhnlich hoch (Abb. 65).

Die meisten Parasiten, die Krokodile beherbergen, richten keinen oder keinen großen Schaden an. Bei den Coccidien handelt es sich um einzellige Protozoen, die recht häufig in den Zellen des Verdauungstraktes freilebender Krokodile angetroffen werden. Bei sonst gesunden Krokodilen verursachen Coccidien keine Krankheitssymptome.

Junge Krokodile können in Streßsituationen erkranken. Die Symptome zeigen sich in Form blutiger Durchfälle.

Abb. 64: Ein Tiger greift ein im flachen Wasser liegendes Krokodil an. Nach MAZAK (1983).

Abb. 65: *A. mississippiensis* mit abgebissenem Fuß. Foto: TRUTNAU.

Häufig sind blutsaugende Ektoparasiten wie Fliegen, Mücken und Blutegel. In Zentralafrika schmarotzen Tsetse–Fliegen (*Glossina palpalis*) auf Nilkrokodilen und übertragen auf die letzteren den Flagellaten *Trypanosoma gambiense*, den Überträger der Schlafkrankheit, wie auch zwei für Krokodile typische Blutparasiten, nämlich *Trypanosoma grayi* und *Hepatozoon petiti*. Allem Anschein nach richten diese Schmarotzer bei ihren Wirten keinen sonderlichen Schaden an.

Auf dem Weg über Insekten werden auf Krokodile auch endoparasitische Nematoden, Trematoden und Acanthocephalen übertragen.

Mücken und Fliegen können Krokodile ziemlich belästigen und kleine Exemplare auch schädigen. Erwachsene Krokodile verscheuchen die auf dem Kopf sitzenden Plagegeister durch Kopfschütteln und Kratzbewegungen mit den Vordergliedmaßen. Aus diesem Grunde sind die Aufzuchtbehälter für junge Krokodile auf der thailändischen Krokodilfarm in Samutprakan mit dünnmaschigem Fliegendraht abgedeckt. Selbst Anophelesmücken saugen an Krokodilen. Es ist unbekannt, ob diese Culiciden Malariaparasiten der Gattung *Plasmodium* auf Krokodile übertragen.

Blutegelbefall ist eine häufige Erscheinung bei Mississippi–Alligatoren und Nilkrokodilen. FORESTER & SAWYER (1974) fanden auf drei *A. mississippiensis* den Blutegel *Placobdella multilineata*. Von 35 Mississippi–Alligatoren aus dem »Welder Wildlife Refuge« in Texas waren 40 % mit Blutegeln (*Placobdella papillifera*) befallen. Trotzdem war der Gesundheitszustand der Tiere gut. Bei sieben Exemplaren hielten sich die Blutegel nur auf der Körperoberfläche auf. Bei vier Tieren waren das Maulinnere und bei zweien das Maulinnere und die Körperoberfläche befallen. Zwei Mississippi–Alligatoren hatten mehr als 100 Blutegel im Maul. Manche Blutegel übertragen Hämogregarinen.

Nematodenbefall des Verdauungssystems und der Lungen ist bei Krokodilen eine häufige Erscheinung. An acht von vierzehn Farmkrokodilen (sieben *Cr. porosus* und sieben *Cr. novaeguinae*) zwischen 30 und 70 cm Körperlänge, die auf der Regierungsfarm in Pagwi (Neuguinea) gehalten wurden, stellte JELDEN (1984) Nematoden der Gattung *Dujardinascaris* fest, die über Fische als Zwischenwirt übertragen werden. Der Nematode *Paratrichosoma crocodilus* schmarotzt in der Epidermis der Bauchhaut von *Cr. novaeguineae* und *Cr. porosus*, wo er eng gewundene Fraßspuren hinterläßt. Derartig beschädigte Krokodilhäute werden auf Papua–Neuguinea zu einem niedrigeren Preis gehandelt als die Häute gesunder Tiere. *Paratrichosoma crocodilus* ist selten oder fehlt bei Leistenkrokodilen aus dem Brackwasser oder Meer. Selbst bei Leistenkrokodilen aus dem Süßwasser, weit entfernt von Brackwassersümpfen oder dem Meer, ist dieser Parasit keineswegs häufig. Auf einer Krokodilfarm am Ufer des Sepik–Flusses waren 58 % der 191 *Cr. novaeguineae* und 12 % der 81 *Cr. porosus* von *Paratrichosoma crocodilus* befallen (BOLTON 1981). Wildfänge beherbergten dagegen nur halb so viele Parasiten wie die Farmtiere. Ähnliche Fraßspuren, verursacht durch Nematoden, fanden sich in den Bauchhäuten von *Cr. johnsoni*, *Cr. niloticus*, *Cr. intermedius* und *Cr. moreletii* (KING & BRAZAITIS 1971). Die Nematodenfraßspuren auf den Bauchhäuten südamerikanischer Krokodile unterscheiden sich von den Fraßspuren auf den Bauchhäuten afrikanischer und notogäischer Krokodile.

Neben verschiedenen durch Bakterien verursachten Infektionen des Atemsystems und des Verdauungsapparates tritt bei Krokodilen zuweilen Pilzbefall auf, der sich am Kopf, zwischen den Zehen und zwischen den Rücken– und Bauchschuppen ansiedelt. Die häufigsten Folgen eines Befalls durch niedere Pilze sind Pneumonien und eine Dermatitis.

Virusinfektionen, die pockenartig die Haut befallen, sind selten. JACOBSEN et al. (1979) berichten erstmalig über eine Virusinfektion bei 3 Kaimanen. Die Tiere wiesen auf der Haut der gesamten Körperoberfläche grauweiße, rundliche Wunden auf, die auf den Kiefern, an den Augenlidern und auf den Trommelfellen besonders dicht waren. An einer Virusinfektion starben 1982 über 400 gerade geschlüpfte Jungkrokodile auf Krokodilfarmen in Zimbabwe (FOGGIN 1985).

Epizoisches Algenwachstum auf der Haut von Krokodilen deutet auf einen schlechten Gesundheitszustand hin. Oft handelt es sich hierbei um dahinsiechende Tiere. Krokodile, deren Rückenhäute von grünen Algen bewachsen sind, fressen nicht mehr, magern ab und gehen schließlich ein. Die Ursachen für das Algenwachstum ist wahrscheinlich eine andere unbekannte Krankheit.

9.1 Putzervögel bei Krokodilen

Wie bereits in Kap. 8.5 beschrieben, besteht das lang andauernde Aufsperren des Maules sicher im Dienste der Wärmeregulation. Es ist auch denkbar, daß durch das Maulaufsperren auf den Schleimhäuten parasitierende Blutegel ausgetrocknet werden. Wahrscheinlich ist das Maulaufsperren gleichfalls eine Aufforderung an gewisse Vögel, unerwünschte Schmarotzer wie Blutegel, Wasserschnecken und blutsaugende Insekten herauszupicken. Dieses Verhalten, das in der Antike von HERODOT, PLINIUS, ARISTOTELES und anderen Schriftstellern erwähnt wurde, ist allerdings von Zoologen der Neuzeit angezweifelt worden. Anhand eingehender Forschungen an Nilkrokodilen im Murchison–Nationalpark konnte COTT (1961) die Richtigkeit der Behauptungen HERODOTS bestätigen. Nach diesen Beobachtungen stehen vor allen Dingen zwei kleine Vogelarten, der Sporenkiebitz (*Hoplopterus spinosus*) und der Krokodilwächter (*Pluvianus aegyptius*) (Abb. 66), in enger Beziehung zu Nilkrokodilen, indem sie nicht nur von zahlreichen Parasiten auf der Oberhaut befreien, sondern auch in den geöffneten Rachen eindringen und hier Blutegel, Wasserschnecken und Nahrungsreste zwischen den Zähnen herauspikken. Auch Flußuferläufer (*Actitis hypoleucos*) betätigen sich nach COTT (1961) in gleicher Weise. Ähnliche Beobachtungen an Flußuferläufern, die Leistenkrokodile von Parasiten befreiten, liegen aus Borneo vor (MERTENS 1968). Derartige Putzsymbiosen sind von den neuweltlichen Krokodilen und Kaimanen nicht bekannt geworden.

Abb. 66: Krokodilwächter (*Pluvianus aegyptius*). Foto: TRUTNAU.

Es sei noch auf eine weitere Verhaltensbesonderheit des Sporenkiebitzes hingewiesen, über die der römische Schriftsteller AELIANUS berichtete. Danach sollen bestimmte Vögel die Krokodile auch vor Gefahren warnen, was sich nach COTT (1961) ebenfalls als richtig erwiesen hat. Bei Gefahr läuft der Sporenkiebitz auf dem Kopf seiner Wirtstiere aufgeregt hin und her und stößt schrille, kennzeichnende Warnrufe aus, worauf die Krokodile ins Wasser gleiten.

10 Die Krokodile und der Mensch

10.1 Menschenfressende Krokodile

Von den 22 oder 23 existierenden Krokodilarten kommen nur zwei als echte Menschenfresser in Betracht. Es handelt es sich hier um große Exemplare des Nilkrokodils (*Cr. niloticus*) und des Leistenkrokodils (*Cr. porosus*).

In seinem Buch »Discoveries of a Crocodile Man« erzählt POOLEY (1982) von Angriffen des Nilkrokodils auf Menschen. Gegen die ungeheure Kraft erwachsener Krokodile ist ein einmal gepackter Mensch machtlos und der Tod tritt schnell ein. In seltenen Fällen läßt das Krokodil sein Opfer los, wenn es ihm z. B. gelingt, mit den Fingern in die Augen des Tieres zu drücken. Auch die nicht direkt tödlich verlaufenden Bisse können sehr gefährlich sein. Da Krokodile unter anderem auch Aas fressen, gelangen beim Biß nicht selten Bakterien in den Körper des Menschen, die zu tödlichen Infektionen führen können, wenn sie nicht mit Antibiotika behandelt werden.

In Südafrika ereignen sich die meisten Angriffe von Nilkrokodilen auf den Menschen in den Monaten zwischen November und April. Zu dieser Zeit sind die Luft– und Wassertemperaturen hoch, die Flüsse und Sümpfe treten über die Ufer und das verfärbte Wasser begünstigt die Angriffe von Krokodilen. In diesem Zeitraum findet auch die Paarung der Krokodile statt und die Tiere sind aggressiver als gewöhnlich.

Das Nilkrokodil war zu den Zeiten, als es noch sehr häufig war, für mehr Todesfälle verantwortlich als alle anderen Raubtiere, Giftschlangen, Elefanten, Nashörner, Flußpferde und Büffel zusammen. Die sich in Afrika abspielenden Angriffe von Krokodilen auf Menschen lassen sich nach ALISTAIR & BEARD (1973) in drei Kategorien aufspalten:

(1) Die Gruppe von Eingeborenen, die als Fatalisten das Risiko für unvermeidlich halten.

(2) Diejenigen, die unaufmerksam sind und das Opfer eines derartigen Angriffs werden.

(3) Die Menschen, die von der Gefahr angelockt werden und sich auf diese Weise dem Krokodilangriff aussetzen.

So wurde der Amerikaner WILLIAM K. OLSEN von einem Nilkrokodil angegriffen, ins Wasser gezogen und getötet, als er bis über die Hüfte im trüben Wasser des Baro–Flusses bei Gambela in Äthiopien stand. Am folgenden Tag fand die Polizei das Krokodil, erschoß es und förderte die Überreste OLSENs zu Tage (Abb. 67). Der Vorgang, der sich völlig lautlos abspielte, ist ein Beispiel dafür, wie Krokodile sich ihrem Opfer ohne Warnung nähern und es ebenso unbemerkt ertränken. Die meisten Eingeborenen fallen den Krokodilen zum Opfer, wenn sie bis zur Hüfte im trüben Wasser im Fluß waten. Hin und wieder werden Menschen auch aus Booten ins Wasser gezogen und ertränkt. In manchen Gegenden sollen die Krokodile dem Menschen aus dem Wege gehen und keine Gefahr darstellen, in anderen sollen sie jedoch sehr gefährlich sein.

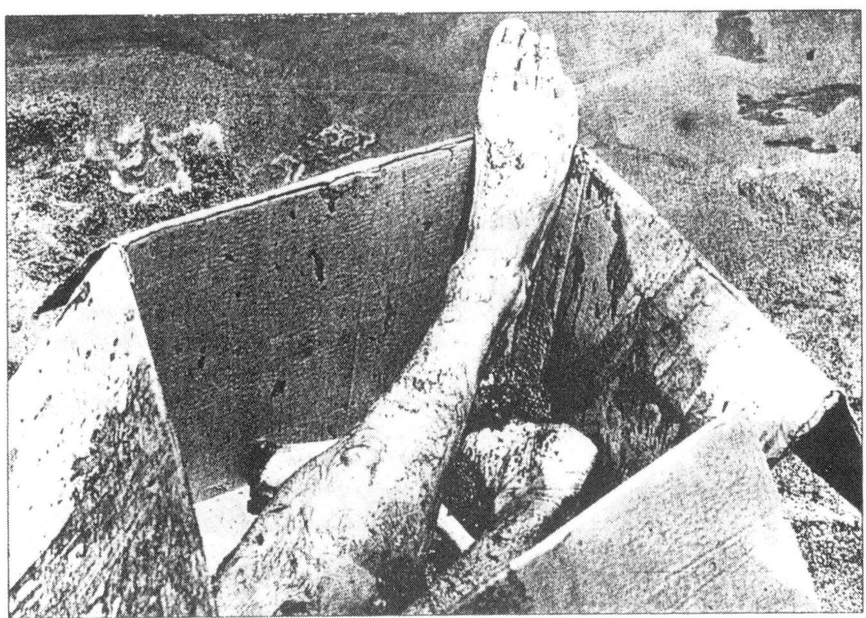

Abb. 67: Die Überreste des Amerikaners WILLIAM K. OLSEN, der im Baro–Fluß bei Gambele (Äthiopien) von einem Nilkrokodil gepackt und verschlungen wurde. Aus »Time«, 22. 04. 1966.

Ebenso häufige Menschenfresser wie Nilkrokodile sind vor allem große Exemplare des Leistenkrokodils (*Cr. porosus*). Das Leistenkrokodil ist für ebenso viele Todesfälle wie das Nilkrokodil verantwortlich. Leistenkrokodile gehören nach SCHLEGEL (aus Brehms Tierleben 1912) »zu den gefährlichsten und fürchterlichsten Raubtieren des indischen Inselmeeres«. Nach dem genannten Autor verloren in den damaligen Zeiten in Indien fast ebenso viele Menschen durch Krokodile wie durch Tiger ihr Leben. Von potentiell enormer Größe, überaus anpassungsfähig und beweglich, ausgestattet mit einem schreckenerregenden Gebiß und über ein riesiges Verbreitungsgebiet in Südostasien, auf Neuguinea und in Nordaustralien sich erstreckend, fürchten adulte Leistenkrokodile nur gleich große Rivalen, und dort, wo sie verfolgt werden, den Menschen. Leistenkrokodile von über 5 m Körperlänge töten ohne Schwierigkeiten große Schweine, Rinder, Wasserbüffel, Pferde und in bestätigten Ausnahmefällen sogar Leoparden und Tiger. Für ein ausgewachsenes Leistenkrokodil stellt auch der Mensch, der in seinen Lebensraum eindringt, nicht mehr als ein Beutetier dar. Obwohl *Cr. porosus* zur Erreichung eines anderen Gewässers weite Entfernungen auf dem Lande zurücklegt, so ist sein eigentlicher Lebensraum doch das Wasser. Im Wasser und vom Wasser aus greift das Leistenkrokodil seine Opfer am Ufer an. Stets nähert es sich unbemerkt und meist unsichtbar unter der Wasseroberfläche, schießt im passenden Augenblick wie eine Rakete auf sein ahnungsloses Opfer zu und packt es mit seinen Kiefern. Wenn der erste Angriff das Beutetier nicht sofort zu Boden wirft und kampfunfähig macht, versucht das Krokodil es ins Wasser zu ziehen. Mit der Beute zwischen den Kiefern dreht sich das Krokodil mehrfach um seine eigene Achse, bricht ihm dabei die Knochen und ertränkt es.

NEILL (1971) gibt eine detaillierte Schilderung vom Angriff eines 3 m langen Leistenkrokodils auf den Zoologen P. J. DARLINGTON auf Neu–Britannien: DARLINGTON trat auf einen unter der Wasseroberfläche liegenden Baumstamm, um vom Gewässerboden eine Probe Sumpfwasser zu entnehmen. Im gleichen Augenblick griff das Leistenkrokodil an, packte ihn am Arm und begann, sich in raschen Windungen um seine Achse zu drehen. DARLINGTON wurde in der sogenannten »Todesrolle« gleichfalls umhergewirbelt und zum Gewässergrund hinuntergezogen. Plötzlich ließ das Krokodil sein Opfer frei. Ein derart glimpflicher Ausgang dürfte nur wenigen Menschen beschieden sein, die im Wasser von großen Krokodilen gepackt werden.

Ein Missionar berichtete über ein herumstreunendes Leistenkrokodil, das in einer Ortschaft im nördlichen Irian Jaya nicht weniger als 62 Dorfbewohner tötete oder verstümmelte. Zwischen 1975 und 1984 verursachten Leistenkrokodile im Lupar–Fluß in Sarawak sechs Todesfälle und zahlreiche nicht tödlich verlaufende Attakken. Auf der philippinischen Insel Tiny Siargao wurden in den letzten Jahren neun Dorfbewohner von Leistenkrokodilen getötet. Möglicherweise waren alle das Opfer eines Krokodils.

Ein grauenhaftes Massaker durch Leistenkrokodile ereignete sich während des 2. Weltkrieges. Ungefähr 1.000 japanische Soldaten gerieten auf der Insel Ramree in einen britischen Hinterhalt. Die Soldaten versuchten, von Ramree Island durch die Mangrovensümpfe zur 30 km entfernten burmesischen Küste zu fliehen. Von den 1.000 Soldaten blieben nur 20 am Leben. In der Morgendämmerung erschienen die Geier und verschlangen das, was die Krokodile von den Soldaten übriggelassen hatten.

In dem eindrucksvollen Buch »Crocodile Attack« von EDWARDS (1989) schildert der Verfasser die genauen Umstände und Abläufe tödlich verlaufender Angriffe von Leistenkrokodilen auf Menschen. So verliefen zwischen 1975 und 1988 in Nordaustralien 12 Überfälle tödlich (Abb. 68).

Vier der 12 tödlich verlaufenden Krokodilattacken seien in diesem Zusammenhang kurz geschildert:

Die 25jährige GINGER FAYE MEADOWS aus Charlotteville in Virginia, USA, wollte das »wirkliche Australien« erleben, wie sie es in dem Film »Crocodile Dundee« gesehen hatte. Mit Freunden machte sie am 29. März 1987 einen Bootsausflug zu den malerischen Kaskaden des Prince Regent Rivers in Nordaustralien. Obwohl von der Zivilisation weit abgelegen, wurden die Wasserfälle häufig von Charterbooten mit Touristen besucht, die hier bis zur Tragödie auch manchmal schwammen. Ohne eine Ahnung von den am Gewässergrund liegenden Leistenkrokodilen zu

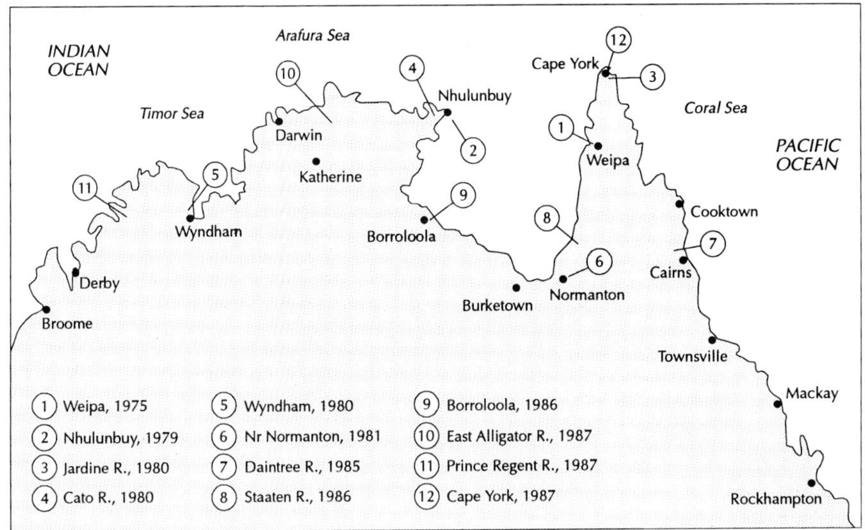

Abb. 68: Tödlich verlaufende Angriffe von Leistenkrokodilen in Nordaustralien zwischen 1975 und 1987. Nach EDWARDS (1989).

haben, gingen G. F. MEADOWS und ihre Freundin JANE BURCHETT ins Wasser und schwammen unterhalb der Wasserfälle. Plötzlich tauchte ein Krokodil von hinten auf, packte G. F. MEADOWS mit blitzartigem Zuschnappen bei den Oberschenkeln und der Hüfte und zog sie unter Wasser, während ihre Freunde hilflos zusahen.

BERRYL WRUCK, eine 43 Jahre alte Ladenbesitzerin, wurde am 21. Dezember 1985 von einem Leistenkrokodil im Barrett Creek, einem Nebenfluß des Daintree Rivers in Queensland, getötet. Trotz Warnungen ging die Frau während einer Vorweihnachtsparty mit Freunden ins Wasser, um sich abzukühlen. Nach den Angaben eines Einheimischen stand BERRYL WRUCK knietief im Wasser. Was sich dann ereignete, lief so blitzartig ab, daß alle verwirrt waren. BERRYL WRUCK flog in die Luft, und ohne ein Geräusch oder einen Schrei von sich zu geben, verschwand sie im tiefen Wasser. Im Magen des später getöteten, ungefähr 5 m langen Leistenkrokodils, fand Dr. WOOD am anatomischen Institut der Universität Queensland Knochen und Überbleibsel von BERRYL WRUCK.

Der 40jährige KERRY MCLOUGHLIN, der als Ladenbesitzer in Jabiru in Arnhem Land arbeitete, lebte hier seit 20 Jahren oder länger. Er kannte die Gegend und den East Alligator River mit seinen Leistenkrokodilen wie seine Westentasche. Häufig ging er zum Fischen. Vor den Krokodilen hatte er keine sonderliche Furcht und fand sie seien »o.k.«. Cahill's Crossing, ein Übergang über den East Alligator River, diente den Fischern als Plattform. Im März 1987 rutschte KERRY MCLOUGHLIN auf dem Übergang, der bei Niedrigwasser begehbar ist, aber bei steigender Flut überschwemmt wird, auf unglückliche Weise ins Wasser. Ein Leistenkrokodil von über 5 m Länge näherte sich ihm, der sich in verzweifelten Anstrengungen vor Erreichung des Ufers auf einen Felsen im Wasser rettete, indem er sich außer Atem an einem Ast hochzog. Aber in dem Moment, als es schien, er sei in Sicherheit, schoß das Krokodil aus dem Wasser und seine riesigen Kiefer schlossen sich über McLoughlins Kopf und Schultern zusammen. Touristen und auch McLOUGHLINS Sohn, die vom Ufer aus den schaurigen Ablauf mit ansahen, berichteten von einem harten Schlag. In einer einzigen Drehung wand sich das Krokodil um seine eigene Achse, dekapitierte McLOUGHLIN und schwamm mit dem zuckenden Körper in dem blutgetränkten Wasser stromaufwärts.

Mit zwei Freunden war PETER REIMER auf einer Jagd– und Angeltour. Nach einer Wildschweinjagd ging er in eine Lagune des Mission River, um sich abzukühlen. Hier wurde er das Opfer eines Krokodils. Seine beiden Freunde, RODNEY KIRBY und DOUGLAS GOELENER, ebenfalls Kraftwerksarbeiter, die nur kurze Zeit abwesend waren, suchten PETER REIMER. Sie fanden seinen Hut, seinen Gürtel, seine Kleidung, seine Uhr, sein Gewehr und die Munition in der Nähe eines Baumes am Ufer der Lagune. Sie sahen die Fußabdrücke Reimers, die zum Ufer der Lagune führten und nahebei auch die Spuren des Krokodils. Das Krokodil wurde kurz danach gesichtet und erschossen. Es hatte eine Körperlänge von 6,3 m. Als man es öffnete, fand man REIMERS Körper.

Nicht alle Angriffe werden durch den Hunger der Krokodile verursacht. Es gibt Fälle, in denen Krokodile Menschen töteten oder verletzten, als sie auf der Flucht waren. In anderen Fällen verfolgte das Krokodil einen Hund oder Fisch und griff dabei den Menschen irrtümlich an. So riß ein Leistenkrokodil einem Fischer einen Fisch, den er gerade am Ufer säuberte, aus der Hand. Auch die Verteidigung ihres Territoriums, besonders zur Paarungszeit, führt gelegentlich zu Angriffen durch Krokodile. So griff ein großes Leistenkrokodil, das unter dem Namen »Sweetheart« in den siebziger Jahren eine seltene Berühmtheit erreichte, zahlreiche Boote im Finniss–River bei Darwin an.

1985 wurde die australische Naturforscherin VAL PLUMWOOD in ihrem Kanu in einem Flüßchen im Kakadu Nationalpark angegriffen. Das Leistenkrokodil brachte das Kanu durch wuchtige Stöße zum kentern. Danach griff es VAL PLUMWOOD an, die schwer verletzt fliehen konnte und monatelang im Krankenhaus lag.

Nach HERMES (1987) nahmen von den 55 in den letzten 100 Jahren in Australien amtlich gemeldeten Krokodilangriffen auf Menschen nur weniger als die Hälfte einen tödlichen Ausgang. Die Zahl der tödlichen Ausgänge, die offiziell in keiner Statistik erschienen, dürfte nach den Schätzungen von Experten um ein beträchtliches höher liegen. Entweder wurde das Opfer am Ufer gepackt und in die trübe Flut gezogen, oder es wurde im Boot angegriffen und ins Wasser gezerrt oder beim Baden überwältigt.. Die meisten Übergriffe von Krokodilen auf Menschen in Australien ereigneten sich in den heißesten Monaten des Jahres und am Nachmittag. In 16 von 27 Fällen tödlich verlaufender Angriffe fraß das Krokodil Teile des Opfers oder das gesamte Opfer. In acht Fällen schleppte das Krokodil das Opfer, das nicht mehr aufgefunden und wahrscheinlich aufgefressen wurde, fort. In drei Fällen blieb der Körper des Opfers unversehrt. Von 37 Krokodilen, die Menschen angriffen, waren 17 länger als 4 m, 15 länger als 3 m und nur zwei Tiere erreichten eine Länge von 2 m (POOLEY et al. 1989). In allen Unfällen durch Krokodile war Leichtsinn die Hauptursache des Unglücks.

Für wenige Todesfälle ist auch das Sumpfkrokodil (*Cr. palustris*) verantwortlich. Nach DERANIYAGALA (1953) sind ceylonesische Sumpfkrokodile gefährlicher als indische. Während Sumpfkrokodile aus dem einen Fluß keine Menschen angreifen sollen, sollen sie aus einem anderen Fluß sehr aggressiv und gefährlich sein. Ich beobachtete im Herbst 1982 im Yala–Nationalpark auf Sri Lanka mehrere Sumpfkrokodile. Auch im Inland schlich ich mich zwecks Fotoaufnahmen mehrfach bis auf wenige Meter an große Exemplare heran, die sich an verkrauteten Wassergräben sonnten. Keines der Tiere zeigte sich angriffslustig oder wurde gefährlich. Alle waren wachsam und scheu. Sobald sie mich erblickten, glitten sie sachte und geräuschlos ins Wasser. Ringe, Ketten und sonstiger Schmuck, der in seltenen Fällen in den Mägen von Sumpfkrokodilen gefunden wurde, stammte von Leichen, die nach ihrem Tode, den indischen Gebräuchen entsprechend, teilweise verbrannt und in den Fluß geworfen wurden.

Das Siam–Krokodil (*Cr. siamensis*) ist nach den Angaben von SMITH (1931) nicht gefährlich. Trotzdem ist ein Fall verbürgt, wo ein Siam–Krokodil eine alte Frau getötet hat. Im Jahre 1949 kam mein thailändischer Freund Dr. WIROT NUTAPHAND aus der in Nordthailand gelegenen Stadt Chiang Mai nach Bangkok. Damals gab es fast noch keine Verkehrsverbindungen auf dem Landweg zum Süden. Die einzige Verkehrsverbindung vom Norden zum Süden war die mit einem Boot auf dem Wasserweg. Nach den Angaben Dr. W. NUTAPHANDS waren Siam–Krokodile zu jener Zeit zahlreich im Mae Nam Ping, im Mae Nam Wang, im Mae Nam Yom und im Mae Nam Nan und an deren Ufern vertreten. Auf der Bootsreise zum Süden sah er eines Tages am Ufer einen Menschenauflauf. Ein Siam–Krokodil hatte eine alte Frau getötet.

In früheren Jahren, als es noch nicht gejagt wurde, stellte das Spitzkrokodil (*Cr. acutus*) auch eine Gefahr für den Menschen dar. In manchen Flüssen Kolumbiens waren diese Raubtiere gefährlicher als in anderen. Am Ufer waschende Frauen wurden mit zunehmender Häufigkeit in den Fluß gezogen (MEDEM 1981). Ein besonders großes Tier der genannten Art aus dem Rio Magdalena in Kolumbien spezialisierte sich darauf, Boote und kleine Schiffe umzustoßen. In der Nacht zog es Fischer und am Tage Passagiere ins Wasser und verschlang sie; darunter auch ein jung verheiratetes Ehepaar in den Flitterwochen. Das besagte 6 m lange Spitzkrokodil erhielt von den Einheimischen den Spitznamen »La Chunca«, was soviel wie »Die Verstümmelte« bedeutet, da ihm das rechte Vorderbein fehlte. Dieses war ihm von einem ortsansässigen Fischer mit einer Machete abgetrennt worden, als es sein Kanu nachts im Fluß angriff. Das riesige Krokodil, das in den dreißiger Jahren sein Unwesen trieb, kontrollierte eine Flußstrecke von ca. 250 km zwischen den Ortschaften Beltrán bis Ambalema und Neiva. Es überfiel und fraß Hunde, Schweine und Dorfbewohner. Eines Tages war »La Chunca« verschwunden. Wahrscheinlich war es den Alterstod gestorben, denn keiner der Dorfbewohner hatte es trotz vieler Versuche töten können. Das Krokodil hatte im Laufe langer Jahre aus Erfahrung gelernt, daß Menschen eine leichtere Beute als die flinken Wildtiere sind.

An zahlreichen Stellen des mittleren und oberen Rio Magdalena konnte man in den zwanziger Jahren ohne Schwierigkeiten 40 bis 80 adulte Spitzkrokodile am Ufer beim Sonnenbad beobachten. Die meisten dieser Krokodile waren völlig harmlos.

Zuweilen wechselten einige Exemplare in weniger tiefes Wasser, wo Frauen ihre Wäsche wuschen. Trotzdem lebten einige große Spitzkrokodile in dieser Gegend, die ständig Haustiere und Menschen überfielen.

Adulte Männchen des Spitzkrokodils zeigen ein ausgeprägtes Territorialverhalten. Aus ihrem Territorium vertreiben sie jeden Feind. Sie attackieren nicht nur artgleiche Rivalen, sondern auch jedes Objekt, wie auch Flöße, Boote und deren Insassen, wobei letztere zuweilen den Tod finden können.

Als das Orinoko–Krokodil (*Cr. intermedius*) in früheren Zeiten noch in großer Anzahl auftrat, stellte es für den Menschen und dessen Haustiere durchaus eine Gefahr dar. Verbürgt sind zahlreiche Angriffe auf Menschen und Tiere. In den dreißiger bis zum Beginn der vierziger Jahre wagte sich z. B. niemand aus dem Dorf Orocué, gelegen am oberen Rio Meta in Kolumbien, zum Baden in den Fluß. Die Krokodile, die in unmittelbarer Nähe der Hütten und Dörfer lebten, gewöhnten sich daran, hier leichte Beute zu machen.. 1955 wurde eine Frau, die am Rio Guaviare ihre Kleider wusch, von einem 3 m langen Orinoko–Krokodil gepackt und ins Wasser gezogen. Ein weiterer Fall ist bekannt, wo ein junger Mann etwa zur gleichen Zeit von einem Orinoko–Krokodil angegriffen wurde. Das Krokodil sprang aus dem Wasser, packte sein Opfer und zerrte es aus dem Boot in den Fluß. Der junge Mann wurde von seinen Freunden gerettet, die mit dem Ruder auf das Krokodil einschlugen, das daraufhin sein Opfer losließ (MEDEM 1981).

Die ersten Siedler in Florida betrachteten den Mississippi–Alligator als eine Bedrohung für ihr Leben und für ihre Haustiere. WILLIAM BARTRAM, ein früher Naturforscher, beschreibt eine Begegnung mit 3 großen Mississippi–Alligatoren, die um das Jahr 1790 sein Boot auf dem St. Johns River in Nordflorida angriffen. Nach NEILL (1971) sind für *A. mississippiensis* eine ganze Reihe von Angriffen auf den Menschen verbürgt. Seit den späten sechziger bis zur Mitte der siebziger Jahre unseres Jahrhunderts ist ein Anwachsen der Übergriffe von Mississippi–Alligatoren in Florida festzustellen. Seit den frühen siebziger Jahren wurden hier bis zu 14 Angriffe pro Jahr gemeldet. Von den 1973 bis 1988 gemeldeten Angriffen nahmen nur sechs einen tödlichen Verlauf (Abb. 69).

Der erste amtlich festgestellte Todesfall durch einen Mississippi–Alligator in Florida stammt aus dem Jahre 1973. Im August tötete ein großer Alligator ein 16 Jahre altes Mädchen beim Schwimmen. Der Unglücksfall ereignete sich in Südflorida. Der Alligator wurde am nächsten Tag erschossen. In seinem Verdauungstrakt fand man Körperteile des Mädchens.

Zwei weitere Angriffe von Mississippi–Alligatoren erwähnen HINES & KEENLYNE (1975). Im ersten Fall handelte es sich um einen 45jährigen Mann in guter körperlicher Verfassung. Im zweiten Fall war ein 34 Jahre alter Mann betroffen. Die beiden Männer, die beim Schwimmen angegriffen wurden, kamen mit Verletzungen und Knochenbrüchen, aber mit dem Leben davon.

Die Ursache für Alligatorangriffe auf Menschen liegt wohl darin begründet, daß sich Mississippi–Alligatoren, wo sie nicht verfolgt werden, an Menschen gewöhnen und sich so durch die Sorglosigkeit der Menschen und Zutraulichkeit der Alligatoren ein gefährliches Konfliktpotential bildet. Obwohl sie sich in freier Natur weit-

Abb. 69: Tödlich verlaufende Angriffe von *A. mississippiensis* in Florida zwischen 1973 und 1978. Nach POOLEY et al. (1989).

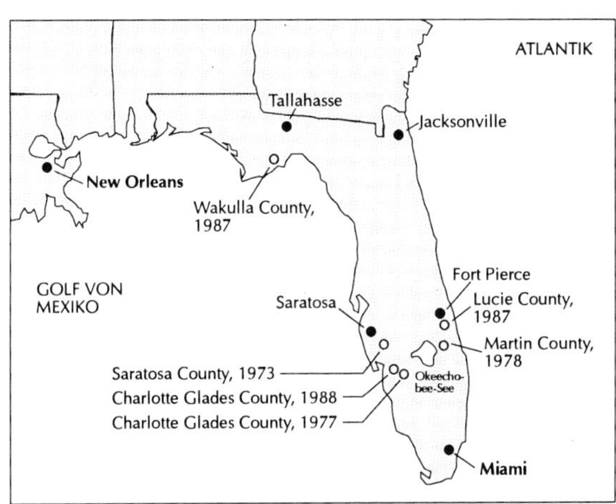

gehend von Fischen ernähren, beinhaltet ihr Beutespektrum auch niedere Tiere, Amphibien, Vögel und Säugetiere wie Hunde, Katzen, Schweine bis zu 54 kg, Ziegen und selbst Kälber. Unter gewissen Umständen sehen sehr große Mississippi–Alligatoren auch im Menschen ein potentielles Beutetier, das in ihr Größenschema paßt.

Mögliche weitere Gründe für die Attacken weiblicher Alligatoren auf Menschen liegen wohl im Territorialverhalten, in der Verteidigung der Nester und der Jungtiere begründet. Mississippi–Alligatoren werden sofort scheu, wenn sie verfolgt werden. Unbelästigt zeigen sie nicht die geringste Furcht vor dem Menschen. Es gibt Fälle, wo Alligatoren, etwa wie Tauben auf dem Marktplatz, regelmäßig gefüttert werden. Im August 1973 erlebte ich in einem Teich an einem Kraftwerk in Monroe/Louisiana einen Mississippi–Alligator, der zum Liebling der Belegschaft geworden war. Das Tier, das auf Anruf herbeikam, wurde regelmäßig von den Arbeitern gefüttert. Ein derartiges Verhalten des Menschen ist möglicherweise ein zu Alligatorangriffen beisteuernder Faktor. Im gleichen Zusammenhang möchte ich bemerken, daß die Gewöhnung des Mississippi–Alligators und auch anderer Krokodile an den Menschen, insbesondere unter Terrarienbedingungen, sehr groß sein kann. Meine fünf Tiere, die ich seit über 20 Jahre pflege, machen einen Unterschied zwischen mir und anderen, ihnen unbekannten Personen. Die Tiere haben sich so vollständig an mich gewöhnt, daß sie auf Zuruf herbeikommen, besonders wenn sie eine Fütterung erwarten. Gleiches gilt für mein Panzerkrokodil, das sich beim Zuruf »Kroki« sofort zu mir umdreht.

Der Mohrenkaiman (*M. niger*) wird für zufällige Angriffe auf Menschen und Haustiere verantwortlich gemacht. »In vergangenen Jahren, als *M. niger* in Kolumbien noch häufig war«, schreibt MEDEM (1981), »stellte er durchaus eine Gefahr für Menschen und Haustiere dar. Hunde waren seine bevorzugten Beutetiere«. Als gefährlich erwiesen sich adulte Exemplare, die die Boote der Fischer angriffen.

Im Februar 1972 fischte ein gewisser RODRIGUEZ während der Tageszeit in einem großen See, dem Taracoa–Cocha am oberen Rio Napo (Ecuador), als ihn ein Mohrenkaiman angriff. Das Tier erschien mit aufgerissenen Maul plötzlich an der Wasseroberfläche neben seinem Boot. Rodriguez feuerte ihm einige Kugeln ins Maul, worauf der Mohrenkaiman schwer verletzt im Wasser verschwand. In einer Entfernung von 800 m wurde er tot aufgefunden. Ihm fehlte die Schnauze und ein Vorderbein, die ihm wahrscheinlich von einem noch größeren Mohrenkaiman abgebissen worden waren. Eine Messung des toten Tieres ergab eine Körperlänge von 450 cm.

Zu der Zeit, als *M. niger* in Ecuador noch nicht regelmäßig gejagt wurde, zeigte er vor dem Menschen keine Furcht. Zur Verteidigung seines Territoriums und zur Paarungszeit griff er häufig die Fischerboote an. Die Weibchen verteidigten ihre Nester und die Jungen (MEDEM 1983).

Insgesamt ist der Schaden, den Krokodile dem Menschen zufügen, kaum erwähnenswert. Genaue Zahlen über die Todesursache im weltweiten Verbreitungsgebiet der Krokodile liegen nicht vor. Es existieren nur unvollständige Teilstatistiken für gewisse Gebiete und unterschiedliche Zeiträume. DERANIYAGALA (1939) erwähnt für die Ostprovinz von Sri Lanka 53 Menschen, die im Laufe von 25 Jahren das Opfer von Krokodilen wurden. Jedoch soll ein einziges Krokodil in 20 Jahren 10 bis 12 Menschen gefressen haben. Im Tanganyika–Gebiet fielen jährlich 0,014 % der Bevölkerung den Krokodilen zum Opfer (DE SOLA 1933).

10.1.1 Verehrung und Verfolgung

Die Einstellung des Menschen den Krokodilen gegenüber war stets ambivalent. Einerseits fürchtete man sich vor ihnen, verunglimpfte und schlachtete sie sogar, andererseits brachte man ihnen göttliche Ehren entgegen und betete sie an. Die Bedeutung der Krokodile im Denken eines auf der Nordhalbkugel der Erde lebenden Stadtbewohners, ist völlig anders geartet als die Vorstellungen die viele Naturvölker von diesen Tieren haben. Der Europäer oder Nordamerikaner denkt bei dem Stichwort »Krokodil« meist an Lederwaren oder Zoologische Gärten. In der Vorstellungswelt naturverbundener Sammler und Jäger aus Südamerika, Zentralafrika, Südostasien und Australien bestimmen gewisse Tiere, die ihm an Kraft und Schnelligkeit überlegen sind und für ihn stets eine latente Gefahr darstellen, ständig seinen Tagesablauf, wie seine Denk– und Handlungsweise. Die Einbildungskräfte, verursacht durch solche Tiere, führen zwangsläufig zu ihrer Vermenschlichung und damit zur Entstehung von Mythen, die sich in Fabeln, Märchen, Sagen, Religionen und in der sichtbaren Kunst widerspiegeln.

Tiere nehmen in der Phantasie von Naturvölkern häufig die Gestalt von Menschen an und können ihnen dann überlegen sein. Sie können aber auch zu Gottheiten, Heilbringern, Zauberern, Hexen, Kulturpflanzenbringern und Feuerbesitzern werden. Dies wurde von ZERRIES (1983) eingehend für die südamerikanischen Indianer geschildert. Als Beispiel diene hier die unter den nordbrasilianischen Yanoama–Gruppen geläufige Fabel, daß der Kaiman der Besitzer des Feuers ist, das er nicht herausgeben wollte.

Von den amazonischen Suara–Indianern gibt BECHER (1974) folgenden Mythos wieder: »Der Urwald mit seinem Reichtum an Pflanzen und Früchten war bereits geschaffen, und auch die Menschen und alle Arten von Tieren lebten schon auf der Welt. Nur das Feuer fehlte noch. Neben ihrer pflanzlichen Kost konnten die menschlichen Bewohner daher lediglich rohes Fleisch zu sich nehmen, und während der Nacht froren sie in ihren Hängematten. Es war ihnen aber bekannt, daß der Kaiman — iwa — (Jacaretinga — *C. sclerops*) Feuer im Maul hatte. Doch trotz Bitten wollte er davon nichts abgeben. Da griffen die Menschen zu einer List. Sie baten den Kolibri, er möchte um den Kaiman herumfliegen und Späße machen. Anfangs blieb der Kaiman unbeweglich und nahm keinerlei Notiz von dem kleinen Vogel. Aber schließlich konnte er das Lachen nicht mehr unterdrücken, wobei aus seinem geöffneten Maul das Feuer herausschoß. Die Menschen waren darüber sehr glücklich und dankten dem Kolibri in überschwenglicher Form«.

Nach ZERRIES (1983) tritt der Kaiman auch als Verführer auf, wie in Jenseitsmythen, als Medizinmann, der übernatürliche Kräfte besitzt und mit Geisterwesen in Verbindung steht. Die religiöse Verehrung drückt sich in Kulthandlungen, Maskenwesen, Kaimantänzen und Speisetabus, die das Tier betreffen, aus. Nach den Vorstellungen der Mayas aus dem zehnten und der Azteken aus dem vierzehnten Jh. lag die Welt auf dem Rücken eines riesigen Krokodils in einem Seerosenteich. Die früheste bekannte Abbildung eines Mississippi–Alligators war ein Kupferstich des französischen Forschungsreisenden LE MOYNE aus dem Jahre 1565. Dieser Kupferstich zeigt Indianer aus Florida, die einen Alligator töten, indem sie ihm einen Pfahl in das Maul und den Schlund stoßen.

Im alten Ägypten galten Nilkrokodile als heilig. Unter der Obhut des Menschen wurden sie in besonderen Teichen verehrt und man brachte ihnen Menschenopfer dar. Nach ihrem Ableben wurden die Krokodile mumifiziert, einbalsamiert und ehrenvoll in unterirdischen Gräbern beigesetzt. In zahlreichen Felsengräbern haben Archäologen mumifizierte Krokodile gefunden. Tiere aus der Stadt Fayum waren für die Ägyptologie von großer Bedeutung, da sie in Papyrus gewickelt, bis heute erhalten geblieben sind. Die Gräber von Maabdeh enthielten Tausende von Krokodilmumien, die 6 bis 9 m hoch aufgestapelt waren. Alle Mumien waren in mit Bitumen getränktes Leinen gewickelt. Man fand nicht nur große, sondern auch viele kleinere Krokodile von 30 bis 50 cm Länge, die in Bündeln zu 15 bis 29 Stück in ein gleiches Leinen gepackt waren.

Als lebende Inkarnation stellten die alten Ägypter den Wassergott Sebek als Krokodil dar. Sebek, von den Griechen als Suchus bezeichnet, dies bedeutet soviel wie Krokodil, war der Beschützer von Fayum. Aber nicht nur in Fayum, sondern auch in Theben blühte der Krokodilkult. In Thebtunis fand man um das Jahr 1900 sogar einen Tempel mit einem 30 m langen Hof, der dem Gott Sebek geweiht war. Die Wände dieses Tempels zeigten zahlreiche eingravierte Szenen, die Anbetungen, milde Gaben und Prozessionen zum Gott Sebek darstellten. Der Mittelpunkt all dieser Kultstätte und Gottesdienste war die Stadt Crocodilopolis, die vom Pharao Menes zu Ehren eines großen Krokodils gegründet wurde, das ihm nach einer Jagd über den See Moeris gebracht wurde.

In Indien war der Ganges–Gavial ein heiliges Tier, das nicht getötet werden durfte. Auf dem indomalayischen Archipel wurden Krokodile als Reinkarantion der Seelen von Verstorbenen verehrt. Die Hindus weihten dem Gott Vishnu, dem

Schöpfer und Beherrscher der Gewässer Krokodile. Krokodilkulte sind in der einen oder anderen Weise aus ganz Indien bekannt. Hier werden diese Tiere zuweilen in großen Teichen gehalten. Ein Krokodilteich in Karatschi (ehemals Indien, heute Westpakistan) ist in dieser Hinsicht besonders bekannt geworden. In diesem Teich wird neben kleinen Exemplaren auch ein riesiges Sumpfkrokodil (*Cr. palustris*) gepflegt, dessen Kopf Fakire anliegender Tempel rot angemalt haben. Das Tier wird von den Fakiren und Heiligen verehrt, die sich verbeugen, wenn es an der Wasseroberfläche erscheint.

In Thailand findet man in buddhistischen Tempeln Skulpturen von Krokodilköpfen, die als »Hua Djörakeh« bezeichnet werden und die Rolle von Göttern spielen. Für die Panay, ein Volk auf den Philippinen, waren Krokodile gottähnliche Wesen, die nicht getötet werden durften. Auf Timor opferten die Prinzen von Kupang den Krokodilen junge, mit Blumen geschmückte Mädchen. Sie glaubten, daß ihre Vorfahren von Krokodilen abstammen würden. Aus diesem Grunde schickten Sie die Mädchen zu achtunggebietenden Verstorbenen, damit sie ihre Ehefrauen würden. Die Kayan, ein Naturvolk auf Borneo behaupteten, daß Krokodile böse Geister vertreiben. Der China–Alligator, das Wappentier der Chinesen, war im alten China unter dem Namen »Yow Lung« und »Tou Lung« bekannt. Dieses Wappentier ziert als Drache zahlreiche Tempel, Häuser und andere Gebäude, wie man es auch als Dekoration in chinesischen Restaurants findet (Abb. 70)

Abb. 70: Chinesisches Drachenfest in Bangkok. Den Masken liegt als Wappentier der China–Alligator zugrunde. Foto: TRUTNAU.

Neuguinea ist das Land zahlreicher Krokodilmythen, und so spielen Krokodile in der Geisterwelt der Papuas eine bedeutende Rolle. Unter den Stämmen, die am Sepik–Fluß leben, identifizieren sich die meisten Personen mit Tieren wie Papageien, Hornvögeln, Schildkröten und Krokodilen. Die Iatmul des mittleren Sepik glauben, daß das Leistenkrokodil der Schöpfer aller Dinge ist. Zu Beginn gab es nur Wasser. Das Krokodil erschuf trockenes Land. Ein Spalt öffnete die Erde und das Krokodil paarte sich mit dem Spalt. Aus dem Spalt erschienen die ersten Tiere,

Pflanzen und Menschen. Der Unterkiefer des Krokodils zerfiel zu Erde und der Oberkiefer wurde zum Himmel. Danach brach die erste Morgendämmerung an. Die Iatmul erzählen auch von Urkrokodilen, die von Ort zu Ort wandern und Dörfer gründen. Leistenkrokodile erscheinen hier häufig in Legenden und Mythen. Somit ist es nicht verwunderlich, daß ihre Schädel an Kultstätten aufbewahrt werden. Zahlreiche Holzschnitzereien wie Masken und Instrumente haben die Form von Krokodilen. Sie werden hier nicht selten in Form von Totenmasken dargestellt.. Der Bug der Kanus und Boote der Iatmul hat häufig die Gestalt von Krokodilköpfen. So wird das Kanu zum Krokodil, das seine Kinder trägt (TROMPF 1989).

Zahlreich sind auch die Krokodilmythen der Aborigines Nordaustraliens. Manche dieser Mythen betreffen den Ursprung des Universums, andere Tabus und Gesetze. Berühmt und bekannt geworden sind die Felsgravierungen von Krokodilen bei Panaramettee in Südaustralien, die ein Alter von über 30.000 Jahren aufweisen. Es stellt sich die Frage, ob Krokodile in Australien einst weiter verbreitet waren als heute oder ob die Künstler durch Kontakt mit dem tropischen Norden von der Existenz der Tiere wußten. Die Rindenschnitzereien des Manggalili–Volkes aus dem nordöstlichen Arnhem–Land, die Krokodile darstellen, sind ebenso bemerkenswert. Diese Schnitzereien zeigen das Krokodil als einen Stammesvorfahren, der Menschen vor dem Tod bewahren will. Andere Schnitzereien stellen einen Menschen dar, der während eines Krokodilangriffes stirbt, während die Ehefrau von dem jüngeren Bruder des Getöteten getröstet wird.

Wo immer Krokodile leben, sind sie ein Teil der lokalen Folklore geworden. In allen Ländern liefen Verehrung und Verfolgung der Tiere parallel.

Krokodile sind auch Motive für Film– und Fernsehdarbietungen. So wurden die Filme »Crocodile Dundee« und »Crocodile Dundee II« Besteller der Filmgeschichte.

Die Krokodile werden aus unterschiedlichsten Gründen verfolgt und getötet, zuweilen aber auch völlig grundlos, scheinbar aus reinem Vergnügen. So fand ich im Frühjahr 1983 im brasiliansichen Pantanal am Rande eines Sumpfes einen jungen Brillenkaiman (*Cr. crocodilus yacare*), den man aus mir unverständlichen Gründen, obwohl der Brillenkaiman hier geschützt ist, umgebracht hatte.

Das Beutespektrum der Krokodile bezieht Fische mit ein. So treten diese Großreptilien mit dem Menschen in Nahrungskonkurrenz, was zahlreichen Exemplaren das Leben kostet.

In vielen Ländern der Erde ist Krokodilfleisch als Nahrungsmittel und Delikatesse sehr begehrt. Auf Neuguinea und in Afrika wird das Fleisch von zahlreichen Stämmen gegessen. Die südamerikanischen Indianer verzehren alle eßbaren Teile eines Krokodils einschließlich der Därme, die gekocht werden. Als es in Vietnam noch Krokodile gab, konnte man auf den Märkten überall Krokodilfleisch kaufen. In Thailand und in den südlichen USA werden Krokodil– und Alligatorfleisch in speziellen Feinschmeckerrestaurants zu hohen Preisen serviert. In früheren Zeiten pflegte man dem König von Thailand bei gewissen Kulthandlungen, junge Krokodile zum Verzehr vorzusetzen. Der China–Alligator stellte schon immer ein Nahrungsmittel der Chinesen dar. Dies war einer der wesentlichen Gründe der rücksichtslosen Verfolgung.

Abb. 71: Brasilianischer Kaimanjäger mit Harpune. Nach GREGÓRIO (1980).

Naturvölker stellen den Krokodilen mit Harpunen, Haken, Fallen und Netzen nach (Abb. 71). In Amazonien erschlug man in großen Anzahl Kaimane mit Knüppeln, wenn die Gewässer austrockneten. Die einfachen Jagdmethoden der Eingeborenen gefährdeten die Krokodilbestände nicht. So lebten die Aborigines in Nordaustralien seit 40.000 Jahren mit Krokodilen und jagten sie. Sie aßen ihre Eier und kleine bis mittelgroße Tiere, wenn sie ihrer habhaft werden konnten. Das war vor allem in austrocknenden Gewässern der Fall. Sie fanden es auf der anderen Seite selbstverständlich, daß stets einige von ihnen, vor allem Frauen und Kinder, Opfer der Krokodile wurden. Krokodile waren ein Teil ihres Lebenszyklus' und eine untrennbare Realität in ihrem Leben. Wechselseitig bestand ein natürliches Gleichgewicht zwischen Jägern und Gejagten.

Ähnlich haben sich auch die einheimischen Völker Amerikas, Afrikas und Südostasiens den Krokodilen gegenüber verhalten. Erst als die Europäer mit ihren modernen Waffen in tropische Länder eindrangen, verminderte sich die Anzahl der Krokodile drastisch. Durch Sportjagden, Zerstörung der Nester und Eier sowie durch Prämien wurden die Krokodile in vielen Gebieten, in denen sie einst häufig waren, selten oder gänzlich ausgerottet. Die gesamte Ordnung der Krokodile wurde in ihrer Existenz bedroht, als ihre Häute als Lederwaren in Riesenmengen geschäftlich verwertet wurden. Man verfolgte die zunehmend scheuer werdenden Tiere nicht nur am Tage, sondern auch in der Nacht mit motorgetriebenen Booten, die bis in die entlegensten Winkel vordrangen, die vorher nicht oder kaum erreichbar waren. Die mit modernsten Waffen ausgerüsteten Jäger leuchteten die Wasseroberfläche der Seen, Sümpfe und Flüsse ab. Im Scheinwerferlicht heller Lampen reflektierten die Augen der Krokodile wegen des Tapetum lucidums, einer Leuchtschicht im Augenhintergrund, noch intensiver als angestrahlte Katzenaugen. Der

Jäger zielte jetzt nur noch zwischen die Augen und das Schicksal eines Krokodils war besiegelt.

10.1.2 Reptillederindustrie und Krokodile

Der ungeheuerliche und unverantwortbare Raubbau an den Krokodilen, der zu den heutigen dramatischen Bestandssituationen fast aller Arten geführt hat, geht fast ausschließlich auf das Konto einer hemmungslos gewinnorientierten Lederindustrie und verantwortungsloser und gleichgültiger Verbraucher dieser nicht notwendigen Modewaren.

WERMUTH (1978) berichtet über eine Reise nach Paris, die er auf Wunsch des Wirtschaftsministeriums in Washington unternahm, um dort riesige Mengen an Krokodilhäuten zu begutachten. Nach den Bestimmungen des amerikanischen Ministeriums durfte sich keine Haut einer amerikanischen Art darunter befinden, was er attestieren sollte. Was WERMUTH in Paris lagern sah, war so unglaublich, daß es nur noch Empörung hervorrufen konnte. Unmengen von Krokodilhäuten waren aufgestapelt, wobei jährlich bis zu 2 Mill. Häute zu Luxusleder verarbeitet wurden. Die tatsächliche Anzahl getöteter Krokodile betrug allerdings das Doppelte, denn ca. 50 % des anfallenden Rohmaterials geht durch mangelhafte Konservierungsmöglichkeiten zugrunde. Nach der damaligen Einschätzung WERMUTHS rechnete er bei der anhaltenden Vernichtung in diesem Maßstab in 10 Jahren mit der Ausrottung der Krokodile.

Dank der Initiative von GRZIMEK entstand der Internationale Reptilleder–Verband mit Sitz in Offenbach, der zwischen Vertretern des Artenschutzes und der Industrie die Frage behandeln sollte, wie man die Krokodile in ihrem Fortbestand erhalten könnte. Die Überlegungen gingen dahin, die Industrie zuerst einmal dazu zu verpflichten, die bestehenden Gesetze in den einzelnen Ländern einzuhalten und freiwillig auf die Verarbeitung solcher Arten zu verzichten, die zwar gesetzlich nicht geschützt, in ihrem Fortbestand aber ernsthaft bedroht sind. Bei allen Arten sollten die Größenklassen, die die Reproduktion sichern, aus der Vermarktung genommen werden.

Dieses ausgearbeitete Papier zwischen den Vertretern des Artenschutzes und der Industrie führte zu einem notariell abgesicherten Vertrag. Die Industrie erklärte sich darüber hinaus bereit, entsprechende Geldsummen pro Jahr zur Verfügung zu stellen, um bereits bestehende Krokodilfarmen, auf denen die Tiere wirklich gezüchtet werden, auszubauen. Nach WERMUTH (mdl. Mitteilung) sei erwähnt, daß die Industrie ihr Versprechen hielt und die entsprechenden Geldsummen auch zur Verfügung stellte. MEIẞNER & WERMUTH (1991) schreiben in einem Aufsatz »Die Krokodile Afrikas — Ein Beispiel für sinnvollen Artenschutz« folgendes: »Dank der Verhandlungen, die mit dem Reptilleder–Verband stattfanden, ist aus dem Saulus ein Paulus geworden. Es gelang, die Industrie von den verheerenden Folgen ihrer bisherigen Praxis zu überzeugen und sie zu bewegen, nicht zuletzt im Interesse ihrer eigenen Zukunft, mehrmals Zehntausende von Mark für Maßnahmen zur Erhaltung der Krokodile zu spenden und ein wirksames Kontrollsystem für die importierten Häute zu entwickeln, das sich aller Wahrscheinlichkeit nach im gesamten Raum der Europäischen Wirtschaftsgemeinschaft als vorbildliches Muster durchsetzen wird«.

Nun ist bekannt, daß sich Krokodilhäute verfälschen lassen, so daß es schwierig oder gar unmöglich ist, den wahren Ursprung zu erkennen. Damit sind jedoch Betrügereien und Schmuggel vorprogrammiert, um so mehr als es nur wenige Fachleute gibt, die in der Lage sind, Krokodile nach den Merkmalen einer unverfälschten Haut auf ihre Art hin zu bestimmen.

Es ist eine Tatsache, daß künstlich erbrütete Krokodilgelege oft zwischen 70 und 90 % an Schlupfquoten aufweisen, während die Ergebnisse in freier Wildbahn auf jeden Fall unter 10 % liegen und durch die natürliche Selektion der juvenilen Tiere eine weitere Einengung erfahren. Bei sorgfältiger Aufzucht in großem Stil und auf lange Sicht ist es nicht nur sicher, durch Aussetzen eines Teiles der Farmaufzucht die natürlichen Bestände wieder zu regenerieren, sondern auch gleichzeitig die Reptillederindustrie mit dem notwendigen Rohmaterial zu versorgen, das sie zur Herstellung ihrer teuren Lederwaren benötigt. Bis genügend neue Krokodilfarmen geschaffen sind, die entsprechend viele Häute produzieren können, wird noch eine gewisse Zeit vergehen. Diese Durststrecke muß die internationale Reptillederindustrie durchstehen, und sie darf keine Tiere aus den weiterhin abnehmenden Beständen der Natur entnehmen.

Wenn sich die heimische Industrie, wie versprochen, auch an die Gesetze hält, so ist das in anderen Ländern durchaus nicht der Fall, wie die Beispiele Paraguay und Bolivien lehren. Es besteht durchaus die Möglichkeit, daß die Wettbewerbsfähigkeit der deutschen Industrie Einbußen erleidet und kein Geld mehr für das Nachzuchtprogramm spendet, während die Industrie anderer Länder weiter wie bisher freilebende Restbestände vollends ausrottet. Damit wäre nicht nur das endgültige »Aus« für alle Krokodilarten gesprochen, sondern die Lederindustrie hätte sich auch ihre eigene Existenzgrundlage vernichtet. Wohl aus Mangel an Rohmaterial (oder auch aus zunehmenden Druck aus der Öffentlichkeit?) arbeitet heute nur noch ein Viertel der deutschen Betriebe, die Krokodillederwaren verarbeiten. Die anderen Betriebe haben sich auf andere Häute umgestellt.

Aus den genannten Gründen gibt es nur eine sinnvolle Lösung, die beiden Seiten gerecht wird und auf die DATHE (1974) und PETZOLD (1979) schon in früheren Arbeiten hingewiesen haben, nämlich die Errichtung ausgedehnter Nachzuchtfarmen für Krokodile in allen Heimatländern dieser Tiere. Unter diesem Gesichtspunkt betriebene Krokodilfarmen können darüber hinaus der Öffentlichkeit zugänglich gemacht werden. Angemessene Eintrittspreise fangen einen Teil der anfallenden Betriebskosten, wie die Löhne für das Personal, die Kosten für Futter usw. auf. Um derartige Vorhaben zu verwirklichen, bedarf es auf beiden Seiten harter Anstrengungen. Kontrollen müssen zu 100 % garantieren, daß aus Krokodilhäuten gefertigte Lederwaren wirklich von Farmnachzuchten stammen und die Häute nicht, wie es heute noch zum größten Teil der Fall ist, aus den natürlichen Restbeständen gewildert worden sind. Um das überprüfen zu können, bedarf es geschulter Fachkräfte, die in der Lage sind, Krokodillederwaren auf ihre Artherkunft zu identifizieren.

In diesem Zusammenhang eröffnen sich allerdings wieder neue Probleme (WERMUTH 1978b, 1985). Einzelne Unternehmen gehen jetzt dazu über, die Art und Rassenzugehörigkeit verarbeiteter Reptillederwaren durch künstliche Veränderungen so unkenntlich zu machen, daß auch der Sachverständige nicht mehr imstande ist, ihre Identität anhand der bisher gebräuchlichen Schlüsselmerkmale zu bestimmen. Darüber hinaus sind manche Reptillederwaren aus Häuten unterschiedlicher Arten hergestellt.

Weiterhin scheint es geboten, den Preis von Krokodillederwaren um ein Vielfaches anzuheben, so daß sie für den Durchschnittsbürger zu teuer sind. Da es immer Menschen geben wird, die für Extravagantes jeden Preis zahlen, dürften auf diese Weise die Gewinne der Krokodillederindustrie auch bei geringerem Absatz erhalten bleiben.

Es gibt auch aus den Häuten junger Kälber hergestellte Imitate von krokodilledernen Gegenständen, die so echt aussehen, daß sie nur der wirkliche Spezialist von echtem »Wildkroko« zu unterscheiden vermag. Solche Lederwaren, die genauso haltbar wie echtes Krokodilleder sind, finden sich zu annehmbaren Preisen im Handel.

10.1.3 Krokodilfarmen

Wie oben aufgezeigt führen in erster Linie ökonomische Gründe zur Errichtung von Krokodilfarmen. Die Produktion von Leder und Fleisch sowie die Öffnung als Freizeiteinrichtung stehen an erster Stelle.

Heute existieren in zahlreichen Ländern eine oder mehrere Krokodilfarmen, die entweder privat oder staatlich betrieben werden. Mit Ausnahme des Panzerkrokodils (*Cr. cataphractus)* werden auf diesen Farmen 21 Krokodilarten gepflegt und teilweise auch zu echter Nachzucht gebracht.

In großer Anzahl wird *Cr. porosus* in Australien, in Indonesien, in Malaysia, auf Papua–Neuguinea, in Singapur und in Thailand gehalten und vermehrt. *Cr. novaeguineae* ist häufig auf Krokodilfarmen in Indonesien und auf Papua–Neuguinea zu sehen. Das Siam–Krokodil (*Cr. siamensis*) wird in Thailand in großer Stückzahl gehalten und regelmäßig zur Fortpflanzung gebracht. Das Gleiche gilt für *A. mississippiensis* in den USA, *C. crocodilus* auf Taiwan und *Cr. niloticus* in Südafrika, Namibia und Zimbabwe. So sind nach MAKLOUF DE CARVALHO (1988) vom »Instituto Brasileiro de Desenvolvimento Florestal« mehr als 10 Farmen zur Nachzucht von *C. crocodilus crocodilus, C. crocodilus yacare, C. latirostris latirostris* und *M. niger* geplant, zum Teil auch schon genehmigt und im Aufbau begriffen. Diese Nachzuchtprojekte von Kaimanen, in die Japan 200 Mill. Cruzados investiert hat, sollen hauptsächlich kommerziellen, aber auch wissenschaftlichen Zwecken dienen. Es ist zu hoffen, daß diese Unternehmen von den erwarteten Nachzuchten existieren können und später keine Kaimane illegal der Natur entnommen und dann als Nachzucht deklariert von der Lederindustrie verarbeitet werden.

Nachstehende Krokodilarten werden in folgenden Staaten in geringerer Zahl gehalten: *A. mississippiensis* (Israel), *C. crocodilus* (Surinam), *Cr. niloticus* (Botswana,

Kenya, Madagaskar, Mali, Mozambique, Tansania), *Cr. porosus* (Burma, Taiwan) und *T. schlegelii* (Indonesien, Singapur, Thailand).

In folgenden Staaten werden zu Forschungs– und Wiederansiedlungszwecken folgenden Krokodilarten gehalten: *A. sinensis* (China, Thailand), *C. crocodilus* (Thailand), *P. palpebrosus* (Kolumbien), *P. trigonatus* (Kolumbien), *Cr. acutus* (Kolumbien), *Cr. intermedius* (Kolumbien), *Cr. mindorensis* (Philippinen), *Cr. moreletii* (Mexiko), *Cr. novaeguineae* (Thailand), *Cr. palustris* (Bangladesh), *Cr. porosus* (Indien), *Cr. rhombifer* (Kuba, Thailand), *O. tetraspis* (Israel), *T. schlegelii* (Malaysia, Taiwan) und *G. gangeticus* (Bangladesh, Indien, Nepal).

Tabelle 15 gibt Auskunft über die Krokodilarten, die auf Krokodilfarmen und in sonstigen Einrichtungen in verschiedenen Ländern gehalten werden. Nach neueren Angaben von LUXMOORE et al. (1986) gibt es in 22 Ländern 134 kommerzielle Krokodilfarmen mit einem Gesamtbestand von 142.175 Exemplaren. Die gegenwärtige Produktion von Häuten, die zahlenmäßig starken Schwankungen unterworfen ist, beträgt 12.990 Stück. 32.093 Eier und erwachsene Exemplare wurden der Natur entnommen. Auf allen Farmen zusammen schlüpften in einem Jahr 13.896 gezüchtete Krokodile (Tab. 16).

Die Krokodilfarm Samutprakan in Thailand

Da mir die Krokodilfarm in Samutprakan bei Bangkok (Thailand), die wohl die größte der Welt ist, von ungefähr 30 Besuchen her bestens bekannt ist, möchte ich die kommerziellen und biologischen Aspekte schildern (Zuchterfolge nach Angaben von P. SUVANAKORN & G. YOUNGPRAPAKORN 1987):

Die »Samutprakan Crocodile Farm and Zoo« wurde 1950 von UTAI YOUNGPRAPAKORN gegründet. Sie entstand auf einem 10 ha großen Gelände und ist wohl die älteste Krokodilfarm der Welt. Der anfängliche Tierbestand rekrutierte sich aus 20 *Cr. siamensis*, die man in Thailand eingefangen hatte. Bis 1952 führte die Farm im ganzen Land weitere Fangaktionen durch. Neben der Lebensraumzerstörung durch Umwandlung von Feuchtgebieten in Reisfelder haben die intensiven Krokodiljagden zum fast gänzlichen Aussterben des Siam–Krokodils in Thailand geführt. Nach mündlichen Angaben von CHAROON YOUNGPRAPAKORN wurden die Fangexpeditionen 1953 ganz eingestellt.

In Samutprakan werden die Krokodile hauptsächlich zu kommerziellen Zwecken gehalten und gezüchtet. Ungefähr drei Jahre nach dem Schlupf schlachtet man sie und verkauft ihre Haut. Die Unterhaltungskosten für ein Krokodil, das älter als drei Jahre ist, übersteigen trotz seines weiteren Wachstums den Wert von Haut und Fleisch. Die unbehandelte Haut eines dreijährigen Leistenkrokodils bringt einen Gewinn von 250 US $, für die gleich große Haut eines Siam–Krokodils werden 10 % weniger gezahlt. Etwa 60 % der Häute werden in Thailand verarbeitet und in Form von Handtaschen, Portemonnais, Gürtel usw. an Touristen verkauft. Das Krokodilfleisch geht meist für 5 US $ pro Kilogramm an Restaurants. Es wird nicht nur wegen seines saftigen Geschmackes von Feinschmeckern geschätzt, sondern es wird ihm auch eine heilende Wirkung bei Asthma zugeschrieben. Ein dreijähriges

Tab. 15: Krokodilarten, die in verschiedenen Ländern in Farmen gehalten werden. 1 *A. mississippiensis*, 2 *A. sinensis*, 3 *C. crocodilus*, 4 *C. latirostris*, 5 *M. niger*, 6 P. *palpebrosus*, 7 *P. trigonatus*, 8 *Cr. acutus*, 9 *Cr. intermedius*, 10 *Cr. johnsoni*, 11 *Cr. mindorensis*, 12 *Cr. moreletii*, 13 *Cr. niloticus*, 14 *Cr. novaeguineae*, 15 *Cr. palustris*, 16 *Cr. porosus*, 17 Cr. *rhombifer*, 18 *Cr. siamensis*, 19 *O. tetraspis*, 20 *T. schlegelii*, 21 *G. gangeticus*. F: Die Art wird in großer Anzahl gehalten; f: die Art wird in geringerer Anzahl gehalten; c: die Art wird hauptsächlich aus Naturschutzgründen gehalten, gelegentlich einige Exemplare verkauft; p: geplante Krokodilprojekte. Nach LUXMOORE et al. (1986).

Land	1	2	3	4	5	6	7	8	9	10	11	12	13	14	15	16	17	18	19	20	21
Australien	–	–	–	–	–	–	–	–	–	F	–	–	–	–	–	F	–	–	–	–	–
Bangladesh	–	–	–	–	–	–	–	–	–	–	–	–	–	–	c	p	–	–	–	–	–
Bolivien	–	–	?	–	?	–	–	–	–	–	–	–	–	–	–	–	–	–	–	–	–
Botswana	–	–	–	–	–	–	–	–	–	–	–	–	f	–	–	–	–	–	–	–	–
Burma	–	–	–	–	–	–	–	–	–	–	–	–	–	–	–	f	–	–	–	–	–
Tschad	–	–	–	–	–	–	–	–	–	–	–	–	p	–	–	–	–	–	–	–	–
China	–	s	–	–	–	–	–	–	–	–	–	–	–	–	–	p	–	?	–	–	–
Kolumbien	–	–	c	–	–	c	c	–	c	c	–	–	–	–	–	–	–	–	–	–	–
Kuba	–	–	–	–	–	–	s	–	–	–	–	–	–	–	–	–	s	–	–	–	–
Indien	–	–	–	–	–	–	–	–	–	–	–	–	–	–	p	c	–	–	–	–	c
Indonesien	–	–	–	–	–	–	–	–	–	–	–	–	–	F	–	F	–	–	–	F	–
Israel	f	–	–	–	–	–	–	–	–	–	–	–	s	–	–	–	–	–	s	–	–
Elfenbeinküste	–	–	–	–	–	–	–	–	–	–	–	–	p	–	–	–	–	–	–	–	–
Japan	–	–	–	–	–	–	–	–	–	–	?	–	–	–	–	–	–	–	–	–	–
Kenya	–	–	–	–	–	–	–	–	–	–	–	–	f	–	–	–	–	–	–	–	–
Madagaskar	–	–	–	–	–	–	–	–	–	–	–	–	f	–	–	–	–	–	–	–	–
Malaysia	–	–	–	–	–	–	–	–	–	–	–	–	–	–	–	F	–	–	–	s	–
Mali	–	–	–	–	–	–	–	–	–	–	–	–	f	–	–	–	–	–	–	–	–
Mexiko	–	–	–	–	–	–	–	p	–	–	–	c	–	–	–	–	–	–	–	–	–
Mozambique	–	–	–	–	–	–	–	–	–	–	–	–	f	–	–	–	–	–	–	–	–
Nepal	–	–	–	–	–	–	–	–	–	–	–	–	–	–	–	–	–	–	–	–	c
Pakistan	–	–	–	–	–	–	–	–	–	–	–	–	–	–	p	–	–	–	–	–	p
Papua–Neuguinea	–	–	–	–	–	–	–	–	–	–	–	–	–	F	–	F	–	–	–	–	–
Philippinen	–	–	–	–	–	–	–	–	–	–	c	–	–	–	–	?	–	–	–	–	–
Samoa	–	–	–	–	–	–	–	–	–	–	–	–	–	–	–	?	–	–	–	–	–
Senegal	–	–	–	–	–	–	–	–	–	–	–	–	p	–	–	–	–	–	–	–	–
Singapur	–	–	?	–	–	–	–	–	–	–	–	–	–	?	–	F	–	–	–	f	–
Spanien	–	–	–	–	–	–	–	–	–	–	–	–	p	–	–	–	–	–	–	–	–
Südafrika	–	–	–	–	–	–	–	–	–	–	–	–	F	–	–	–	–	–	–	–	–
Sri Lanka	–	–	–	–	–	–	–	–	–	–	–	–	–	–	?	–	–	–	–	–	–
Surinam	–	–	f	–	–	–	–	–	–	–	–	–	–	–	–	–	–	–	–	–	–
Taiwan	–	–	F	–	–	–	–	–	–	–	–	–	p	–	–	f	–	–	–	s	?
Tansania	–	–	–	–	–	–	–	–	–	–	–	–	f	–	–	–	–	–	–	–	–
Thailand	–	s	s	s	–	s	–	–	–	–	–	–	–	s	–	F	s	F	–	f	–
Togo	–	–	–	–	–	–	–	–	–	–	–	–	p	–	–	–	–	–	–	–	–
USA	F	–	–	–	–	–	–	–	–	–	–	–	–	–	–	–	–	–	–	–	–
Uruguay	–	–	–	p	–	–	–	–	–	–	–	–	–	–	–	–	–	–	–	–	–
Venezuela	–	–	p	–	–	–	–	–	–	–	–	–	–	–	–	–	–	–	–	–	–
Sambia	–	–	–	–	–	–	–	–	–	–	–	–	F	–	–	–	–	–	–	–	–
Simbabwe	–	–	–	–	–	–	–	–	–	–	–	–	F	–	–	–	–	–	–	–	–

Tab. 16: Angaben über Krokodilfarmen Anfang der 80er Jahre. ? = wahrscheinlich vorhanden, Anzahl unbekannt; – = keine Information, a = geplant für 1983, b = geplant für 1984, c = geplant für 1985, d = geplant für 1986, e = geplant für 1987. Nach Luxmoore et al. (1986).

Land	Anzahl Farmen	Ges. Anz. Krokodile	Häuteprod. pro Jahr	gesammelte Eier	geschlüpfte Jungkrok.
Australien	5	10.963	0 b	3.500	769
Bolivien	1	?	0	–	–
Botswana	1	70	0 e	2.000	0
Burma	1	900	0 b	465	? a
Indonesien	15	5.000	? b	?	0
Israel	1	309	–	0	180
Italien	1	406	–	–	–
Kenya	2	839	0	650	189
Madagaskar	1	454	?	0	100
Malaysia	9	1.600	?	?	0
Mali	1	34	0 d	–	0
Mozambique	1	?	–	–	–
Papua–Neuguinea	11	30.000	7.700	11.400	0
Singapur	3	3.600	?	?	?
Südafrika	10	1.900	0 e	60	51
Surinam	1	?	?	–	–
Taiwan	35	8.000	2.000	–	2.000
Tansania	1	1.200	0 c	1.480	0
Thailand	1	30.000	200	0	4.800
USA	26	20.000	200	1.700	4.000
Sambia	2	2.500	? a	1.417	0
Simbabwe	5	26.000	2.890	9.421	1.807
Summe	134	142.175	12.990	32.093	13.896

Leistenkrokodil bringt im Schnitt 14 kg auf die Waage, wovon 5 bis 7 kg Fleisch sind. Somit beträgt der durchschnittliche Wert eines Krokodils (Fleisch und Knochen) ca. 320 US $.

Die Krokodilfarm wurde vor ungefähr 16 Jahren für den Publikumsverkehr geöffnet. Heute besuchen in jedem Jahr etwa eine Million Besucher die Farm. Sie ist parkähnlich und attraktiv gestaltet. Erhöht liegende und auf Stelzen ruhende, überdachte Gehwege über den Krokodilteichen erlauben dem Besucher eine gute Sicht auf die Tiere (Abb. 72). Auf dem Gelände befinden sich Erfrischungsstände und kleine Restaurants. Zur Unterhaltung der Besuche werden Elefantenritte, Elfeantendressuren, Darbietungen mit Pythonschlangen und Krokodilen Photoaktionen mit zahmen Tigern und Schimpansen und dergleichen mehr angeboten. Gegen ein geringes Entgelt kann der Besucher die Krokodile von eigener Hand mit Fisch und Hühnerteilen füttern (Abb. 73). Die Farm beherbergt neben den Krokodilen weitere 50 exotische Reptil–, Vogel– und Säugetierarten.

Der biologische und kommerzielle Erfolg dieser Farm ist zum großen Teil verschiedenen günstigen Bedingungen zu verdanken. Das tropische Klima erlaubt eine artgerechte Haltung der Krokodile. Die über das ganze Jahr gleichmäßigen

Abb. 72: Blick auf einen Krokodilteich und einen überdachten Gehweg in der Farm von Samutprakan, Thailand. Foto: TRUTNAU.

Abb. 73: Besucher können die Krokodile in Samutprakan mit Fisch oder Hühnerteilen füttern. Foto: TRUTNAU.

hohen Temperaturen und Luftfeuchtigkeitswerte sowie die saisonbedingten hohen Niederschlagsmengen wirken sich für die Krokodile und das Pflanzenwachstum günstig aus. Von Vorteil für das Unternehmen sind auch die geringen Materialkosten und niedrigen Arbeitslöhne. Bei den Fixkosten bilden die Ausgaben für die 4.000 bis 5.000 kg Abfallfisch (0,20 US $ pro Kilogramm) den größten Einzelposten. Ist nicht genügend Fisch vorhanden, werden Hühnerflügel, Hühnerbeine und Hühnerköpfe verfüttert.

Die Krokodilfarm in Samutprakan hat viel zur Kenntnis der Verhaltensweisen der Krokodile beigetragen. Ungefähr 3.700 ausgewachsene Krokodile in separaten Zuchtteichen bilden den Grundbestand für die Nachzucht. 500 Tiere leben in zwei Teichen mit einer Fläche von jeweils 8094 m^2, 400 Tiere in zwei weiteren mit einer Fläche von jeweils 4047 m^2 und 250 Tiere in zwei Teichen mit einer Fläche von jeweils 2024 m^2. Die Teiche und Teichränder bestehen aus Beton. Die Sand– und Grasflächen um die Teiche herum sind mit Bäumen bepflanzt, so daß die Krokodile die Sonne aufsuchen, sich aber auch in den Schatten zurückziehen können. Die Teiche haben eine Wassertiefe von 150 cm. Sinkt der Wasserspiegel, so wird Frischwasser zugeführt. Entleert werden die Teiche nie, da dies für die Krokodile nicht zuträglich ist. Neben den Zuchtteichen liegen 130 cm tiefe Futterteiche, in die täglich gegen 18 Uhr Futterfische gekippt werden. Diese werden täglich gesäubert.

Abb. 74: Nistbox (mit Nesthügel und Eischalen) für *Cr. porosus* und *Cr. siamensis* in Samutprakan. Foto: TRUTNAU.

Um die Zuchtteiche herum befinden sich 150 Nistboxen (Abb. 74). Jede hat eine Grundfläche von 4 x 4 m und eine Eingangsöffnung von 60 x 60 cm. Die Nistboxen sind nach oben offen und von einem Graben umgeben, der ein Überfluten während der Regenzeit verhindert. Auf jeweils drei Krokodilweibchen kommt ein Männchen, womit garantiert ist, daß stets zwei Weibchen befruchtet sind. Siam–Krokodile werden mit 10 bis 12, Leistenkrokodile mit 12 bis 15 Jahren geschlechtsreif. Die Fortpflanzungszeit beider Arten erstreckt sich von Dezember bis Ende März. Die Fortpflanzungsaktivitäten wie auch die gelegentlichen Kämpfe unter den Männchen spielen sich meist während der Nacht ab. Durch die Kämpfe kommen jährlich ein bis zwei Krokodile ums Leben.

Da sowohl das Siam– als auch das Leistenkrokodil zur Eiablage keine Löcher in den Sand scharren, muß stets trockenes Gras, Blätter und anderes Nistmaterial in die Boxen gelegt werden. Gegen Mitte April kommen lose Grashaufen hinzu. Eine

Woche vor der Eiablage wählt sich das Weibchen eine Nistbox und verteidigt diese gegen andere. Zum Nestbau benötigen die Weibchen ein bis sieben Tage. Die Nestbauaktivitäten finden zumeist in der Nacht statt. Das Weibchen zerquetscht dazu Gras und Stroh zwischen den Zähnen, vermischt dieses Material mit Hilfe seiner Hinterbeine mit Sand und scharrte eine leichte, 25 cm breite Vertiefung in den Boden. Die Vorderbeine werden nur selten eingesetzt. Ungefähr drei bis fünf Tage vor der Eiablage treten aus den Winkeln der Krokodilaugen »Krokodiltränen« aus. Die Eiablage findet in der Regel am frühen Morgen zwischen 5 und 9 Uhr statt und dauert etwa fünf Minuten. Danach schiebt das Weibchen mit dem Schwanz einen 40 bis 70 cm hohen Grashaufen über die Eier. Gelegentlich uriniert das Weibchen auf das Nest und fördert damit die bakterielle Zersetzung des Grases. Nach der Eiablage wird es aus der Zuchtbox vertrieben und von da an jeder weitere Zutritt des Tieres unterbunden. Einmal am Tag mißt ein Arbeiter die Temperatur im Nestinneren. Sinkt sie unter 35 °C, fügt man Gras hinzu, steigt sie über 36,6 °C, wird Gras entfernt. In trockenen Jahren wird Wasser über das Nest gesprüht, um die bakterielle Zersetzung des organischen Materials zu fördern und die Temperatur auf der physiologischen Norm zu halten. Besteht ein Mangel an Zuchtboxen, so werden mehrere Nester in einer untergebracht.

Cr. siamensis legt zwischen 20 und 40 Eier, von denen 78 bis 86 % in 67 bis 68 Tagen schlüpfen. *Cr. porosus* legt 30 bis 50 Eier, in seltenen Fällen auch mehr. Von diesen schlüpfen 70 bis 75 % in 78 bis 80 Tagen. Es folgen einige Schlupfergebnisse aus den Jahren 1976 bis 1980:

1976: 4.400 frisch geschlüpfte Krokodile
1977: 4.500 frisch geschlüpfte Krokodile
1978: 4.550 frisch geschlüpfte Krokodile
1979: 4.650 frisch geschlüpfte Krokodile
1980: 4.750 frisch geschlüpfte Krokodile

Jeweils 8 bis 15 der frisch geschlüpften Jungkrokodile werden in einem der 30 x 40 x 50 cm großen Aufzuchttanks aus Beton untergebracht (Abb. 75). Am Boden jedes Aufzuchtbehälters befindet sich ein Holzgitter und ein Wasserteil. Die Tanks sind von oben durch einen Plastikrahmen mit Gaze vor Nagetieren und Stechmücken geschützt und gegen laute Geräusche abgedämmt, die die Krokodile erschrecken und ihnen einen tödlichen Schock versetzen können. Sanitäre Maßnahmen bewahren die kleinen Krokodile vor Krankheiten. Für jeweils fünf Aufzuchtbehälter steht dazu ein Reinigungsbesteck zur Verfügung. Alle Aufzuchtbehälter werden peinlichst sauber gehalten, da die Schlüpflinge gegen bakterielle Infektionen äußerst empfindlich sind.

Die Krokodile fressen in den ersten sieben bis zehn Tagen nicht. Danach werden sie mit in Streifen zerschnittenem Fisch ernährt, bis sie schließlich groß genug sind, um zusammen mit gleichaltrigen Artgenossen in größeren Aufzuchtbehältern untergebracht zu werden. Die Größe dieser Behälter richtet sich nach dem Wachstum der Krokodile. Im ersten Lebensjahr sterben 10 bis 15 % der Tiere, danach fällt die Sterberate auf 5 %. Die toten Jungkrokodile werden in der Regel ausgestopft und als Souvenirs an Touristen verkauft. Gelegentlich findet man auf der Farm schwanzlose oder anders deformierte Krokodile, die in freier Natur nicht überleben

Abb. 75: Junge *Cr. siamensis* in einem der zahlreichen Aufzuchtbehälter in Samutprakan. Foto: TRUTNAU.

Abb. 76: Weißes Leistenkrokodil (*Cr. porosus*). Foto: TRUTNAU.

würden. Solche Mißbildungen sind möglicherweise auf erhöhte Nesttemperaturen oder zufällig auftretende Mutationen zurückzuführen. Verkrüppelte Exemplare werden sofort entfernt, da sie langsamer wachsen und ökonomisch bedeutungslos sind. Von 1000 Schlüpflingen zeigen drei bis fünf Tiere Farbanomalien (Abb. 76).

Krokodilfarmen in Kuba

Fast ebenso bekannt wie die Samutprakan–Krokodilfarm ist die 1965 gegründete Krokodilfarm »Centro de Cria de Cocodrilos« auf Kuba (Abb. 77). Die vom »Ministerio de la Industria Pesquera« geführte Farm liegt am Rande der Zapata–Sümpfe westlich von Cienfuegos an der Küste des karibischen Meeres. Eine zweite und ähnliche Einrichtung zur Haltung und Nachzucht von *Cr. rhombifer* wurde 1978/79 im gleichen Sumpfgebiet bei Tasajera ins Leben gerufen. Nach LUXMOORE et al. (1985) bedeckt die der Öffentlichkeit zugängliche Farm eine Fläche von 15 ha mit Zuchtteichen (Abb. 78), Aufzuchtteichen (Abb. 79), Quarantänestationen und Verwaltungsgebäuden. Beide Farmen dienen Forschungszwecken und der Produktion von Häuten, die in erster Linie für den Export bestimmt sind. Das Fleisch wird an Restaurants verkauft.

Abb. 77: Eingang zur »Criadero de Cocodrilos«, der Krokodilfarm in den Zapata–Sümpfen auf Kuba. Foto: LANKA.

Abb. 78: Zuchtteich in der kubanischen Farm »Criadero de Cocodrilos«, in dem Spitzkrokodile (*Cr. acutus*) und Kuba–Krokodile (*Cr. rhombifer*) gemeinsam leben. Foto: LANKA.

Die Gesamtzahl an adulten Krokodilen betrug 1981 etwa 1.000 Exemplare. Davon entfielen etwa 80 % auf das Kuba–Krokodil (*Cr. rhombifer*), 5 % auf das Spitzkroko-

Abb. 79: Aufzuchtbehälter von Spitzkrokodilen (*Cr. acutus*) und Kuba–Krokodilen (*Cr. rhombifer*) in der kubanischen Farm »Criadero de Cocodrilos«. Ein Arbeiter entfernt gerade ein totes Jungkrokodil. Foto: LANKA.

dil (*Cr. acutus*) und 15 % auf Bastarde zwischen beiden Arten. Neben den erwachsenen Krokodilen beherbergte die Farm 5.000 noch nicht geschlechtsreife Tiere in gleicher Artzusammensetzung. 2.500 davon waren 1981 geschlüpft, 1.500 im Jahr davor und die restlichen 1000 vor dem Jahr 1980. Zum Aufbau der Farm hatte man über mehrere Jahre hinweg 36.000 Kuba–Krokodile der freien Natur entnommen, um sie unter kontrollierten Bedingungen weiterzuzüchten. Wie in Samutprakan haben sich auch hier die beiden auf der Farm gehaltenen Arten verbastardiert. Seit einiger Zeit trennt man nun Spitz– und Kuba–Krokodile voneinander, um weitere Verbastadierungen zu unterbinden.

Die Krokodile legen ihre Eier meist auf Inseln in den Lagunen ab. Das Fachpersonal entfernt durchschnittlich 256 Eier aus jedem Nest und bringt sie in Inkubatoren, wo sie zur Reife gebracht werden. Einige Eier werden auch unter halbnatürlichen Bedingungen im Erdboden zum Schlupf gebracht. Nachdem die Jungtiere geschlüpft sind, überführt man sie in Aufzuchtteiche und mit zunehmendem Alter in die Lagunen. Im Jahre 1981 wurden aus 600 Nestern Eier entnommen. Die durchschnittliche Eizahl eines Geleges betrug für *Cr. rhombifer* 35, für *Cr. acutus* 48 und für die Hybriden 42. Die Schlupfrate belief sich bei allen drei Gruppen auf durchschnittlich 46 %, wobei die Gesamtzahl der Schlüpflinge bei ca. 10.000 lag.

Die Krokodile werden mit Fischen, Schlachtereiabfällen und verfaulenden Früchten ernährt. Die Jungkrokodile erhalten dreimal wöchentlich 10 bis 12 cm lange Fische, die adulten werden zweimal pro Woche gefüttert. Die Jungtiere wachsen jährlich um etwa 46 cm und sind nach sieben Jahren erwachsen. Sie werden nach Altersgruppen getrennt in kleinen Lagunen mit natürlicher Vegetation gehalten.

Krokodilfarmen auf Neuguinea

Eine andere Zielsetzung und Arbeitsweise als die Farmen in Thailand und Kuba haben die Krokodilfarmen auf Neuguinea, von denen die in Lae und Port Moresby die wichtigsten sind. Über die von der »Mainland Holding« geführte Farm in Lae, die ihren Betrieb im August 1979 aufnahm, berichten ausführlich LUXMOORE et al. (1985). Anders als in Samutprakan handelt es sich hier nicht um eine Krokodilfarm, die völlig unabhängig von der Wildentnahme ist und ihren Nachwuchs selbst erzeugt. Es ist vielmehr ein Unternehmen, das sich zunächst als reiner Aufzuchtbetrieb von Jungkrokodilen verstand. Seit 1985 beginnt die 75 ha große Farm mit Zustimmung der Behörde auch eine eigene Zucht aufzubauen. Zu staatlich festgesetzten Preisen kauft sie Dorfbewohnern aus ganz Neuguinea kleine Krokodile ab, die diese in freier Natur gefangen haben. So wird der Landbevölkerung bei schonender Nutzung noch intakter Wildbestände ein regelmäßiges Einkommen garantiert, wobei es verboten ist, adulte, fortpflanzungsfähige Exemplare abzuschießen. Die gesammelten Kleinkrokodile werden in Sammeltransporten mit dem Flugzeug nach Lae gebracht und dann nach zwei bis drei Jahren bei Erreichen einer Länge von 1,5 m geschlachtet. Neben der Verwertung der Häute denkt man in Zukunft auch an die Vermarktung des Krokodilfleisches, der Penes und sonstiger Nebenprodukte, wozu die Regierung jedoch noch die Genehmigung geben muß.

Der Krokodilbestand in Lae umfaßte 1988 etwa 22.000 *Cr. novaeguineae* und 8.000 *Cr. porosus* und soll mittelfristig auf 55.000 Tiere angehoben werden. Die Tiere werden mit den Schlachtabfällen einer Hühnerfarm gefüttert, die ebenfalls der »Mainland Holding« gehört. Somit entfallen die Futterkosten. Anders als in Samutprakan werden die Krokodileier sofort den Nestern entnommen und in einem voll klimatisierten Bruthaus ausgebrütet.

Da man auf einen intakten Brutbestand in freier Natur angewiesen ist, ist man auf Neuguinea bestrebt, den Schutz gesunder Wildbestände voranzutreiben und bezieht dabei den Schutz der Lebensräume mit ein. Der Erfolg derartiger, die Bestände schützender Unternehmen hängt davon ab, daß der Umfang der Wildpopulationen und ihre Verbreitungsgebiete sorgfältig erfaßt werden und der Schmuggel durch wirkungsvolle Kontrollen unterbunden wird.

Die 1979 in Port Moresby errichtete Ilimo–Farm arbeitet nach dem gleichen Prinzip. Der Grundbestand rekrutiert sich auch hier aus kleinen, der Natur entnommenen Krokodilen, deren Mengen und Preise von der Regierung kontrolliert werden. Weiterhin existieren noch zahlreiche kleinere Farmen, die über das gesamte Land verteilt sind und von der Regierung gefördert werden. Im Zeitraum von 1975 bis 1979 wurden beträchtliche Summen in ein »Village Ranching Program« mit 200 »Village Ranches« investiert. Von allen aus Neuguinea ausgeführten Krokodilhäuten importierten im Jahre 1982 Frankreich 63 %, Japan 34 % und Singapur 3 %.

Krokodilfarmen in den Vereinigten Staaten und Afrika

Die zahlreichen Krokodilfarmen im Süden der Vereinigten Staaten befassen sich fast ausschließlich mit Mississippi–Alligatoren. Nach ULRICH (1989) sollen es 30 Farmen in Florida, 25 in Louisiana und jeweils zwei in Texas und Georgia sein.

Die Alligatorfarmen in Florida erhalten ihre Betriebslizenzen von der »Fresh Water Fish Commission«. Diese überprüft in regelmäßigen Abständen die Bestände der Farmalligatoren, die Anzahl der geschlüpften Jungtiere, die Zahl der Häute und die Fleischmengen. Sämtliche Lizenzgebühren für den Betrieb der Farmen, das Einsammeln von Eiern und Jungtieren in der freien Natur, die Vergabe von Kennzeichnungsmarken für Häute sowie den Fang problematischer Alligatoren fließen in das Alligatorprogramm. Ziel dieser Aktionen ist der Schutz der Wildbestände und Lebensräume bei gleichzeitiger kontrollierter Nutzung der Alligatoren. Seit 1987 gibt die Kommission jährlich 10.000 Alligatoren von 120 cm Länge zum Fang, nicht jedoch zum Abschuß frei. Weitere 15.000 Tiere — Eier und Jungtiere inbegriffen — dürfen die Farmen unter Aufsicht der Kommission der freien Natur entnehmen. Der Verkauf von Alligatorhäuten aus freier Wildbahn fällt ebenfalls in die Zuständigkeit der Kommission. Der Verkaufserlös des Fleisches geht zu 100 % an die etwa 20 lizensierten Fänger, der Erlös aus den Rohhäuten zu 70 %. Seit 1984 wurden jährlich ca. 3.000 Rohhäute verkauft. Der Preis pro 30,5 cm Bauchlänge einer Alligatorhaut (gemessen vom Kopf bis zum Schwanz) liegt heute bei ungefähr 28 DM. Fünf oder sechs der Farmen in Florida züchten regelmäßig nach und sind somit in der Produktion unabhängig. Die anderen betreiben das sogenannte »Ranging«. Hierbei handelt es sich um das gebührenpflichtige Einsammeln von Eiern und Jungtieren aus der Natur.

Ein ähnliches Zahlenverhältnis zwischen nachzüchtenden und nur Aufzucht betreibenden Farmen gilt auch für die ca. 25 Nilkrokodilfarmen in Ost– und Südafrika. Das Fleisch der geschlachteten Krokodile dient zu Ernährung der lebenden Exemplare, die darüber hinaus mit Schlachthausabfällen gefüttert werden.

Auf den amerikanischen Alligatorfarmen erhalten die jungen Tiere ein vitaminisiertes und mineralisiertes Trockenfutter, das vor der Verfütterung eingeweicht wird, während die erwachsenen Exemplare Fische und Fleisch bekommen.

Auf den intensiv nachzüchtenden Farmen, die an Legehennen–Batterien und Schweinemästereien erinnern, sind die Tiere oft in völliger Dunkelheit bei Lufttemperaturen zwischen 32 und 35 °C und Wassertemperaturen von 28 °C untergebracht. Eine derartige Haltung soll den Vorzug haben, daß sich die Tiere nicht bekämpfen und bereits nach zwei Jahren eine Körperlänge von 150 bis 180 cm erreichen. Auf einigen der nachzüchtenden Farmen herrscht ein reger Schaubetrieb, der zusätzliches Geld in die Kassen bringt.

Die Produktion von Alligatorfleisch sowie die daraus verfertigten Nahrungsmittel werden von staatlichen Veterinären streng überwacht. Über die Einnahmen aus dem Verkauf der auf den Farmen produzierten Häute können die Farmer selbst verfügen. So kommen zu den 3.000 bis 4.000 Häuten der »Fresh Water Fish Commission« jährlich noch weitere 7.000 bis 10.000 Häute auf den Markt. Der geringe Anteil an Häuten aus Farmbetrieben ist wohl auf die geringen Schlupfraten der erbrüteten Eier zurückzuführen. Diese lagen 1985 bei 28 % und 1986 bei 27 %.

Im Jahre 1986 beherbergten die 30 Farmen in Florida insgesamt 42.248 Mississippi–Alligatoren. Das Spitzkrokodil (*Cr. acutus*) lebt nur in geringen Beständen in Florida. In Bush Gardens gab es 1989 zweihundert nachgezüchtete Jungtiere, deren Eltern aus Jamaika stammten.

10.1.4 Ein Plädoyer für die Krokodile

Seit ungefähr 200 Millionen Jahren leben Krokodile auf dieser Erde. Sie sind keineswegs die Ungeheuer, die durch eine abnorme Gefräßigkeit die Fischbestände mindern oder vernichten. Die Zahl der Fische steigt nicht an, wenn man die Krokodile ausmerzt. Genau das Gegenteil trat in Afrika und Südamerika ein. Wie sich zu Beginn der 70er Jahre in Venezuela, Bolivien und Paraguay gezeigt hat, kam überall dort, wo die Kaimane rücksichtslos weggeschossen wurden, das biologische Gleichgewicht ins Wanken. Der Hydrobiologe FITTKAU (1970, 1973) vom nationalen Fischereiinstitut in Manaus im brasilianischen Staat Amazonas, wies als erster darauf hin. Die teilweise Ausrottung der Kaimane im amazonischen Raum hatte zur Folge, daß sich nicht nur bestimmte an das Wasser gebundene Parasiten, sondern auch die Piranhas (*Serrasalmus*) stark vermehrten und die Bestände häufig gefangener Speisefische schrumpften. Die Kaimane der Gattungen *Caiman* und *Melanosuchus* bevorzugen die weiten, ruhigen und verkrauteten Seitenarme des Amazonas und seiner Nebenflüsse. Das Wasser ist hier äußerst nährstoffarm. Als die Krokodile hier noch in großer Zahl vorkamen, wurde das Wasser vom Kot der Tiere gedüngt. Der Kaimankot ist die Nahrungsgrundlage für unzählige niedere pflanzliche und tierische Organismen wie Bakterien, Algen, Protozoen, Nematoden, Crustaceen, Mollusken und Wasserinsekten. Diese sind wiederum Nahrungsgrundlage für die Fischbrut. Mit dem Wegfall dieser Nährstoffzufuhr nahm der Bestand an Wasserorganismen und in der Folge an Jungfischen ab.

Ähnliches wie in Südamerika spielte sich nach COTT (1961) auch in Afrika ab, wo die Bejagung der Krokodile ebenfalls zur Störung des biologischen Gleichgewichtes führte. Verschiedene Arten der Cichlidengattung *Tilapia* stellen in Zentralafrika das Hauptkontingent an käuflichen Speisefischen dar. Die vornehmlichen Freßfeinde dieser Maulbrüter sind Fische der Gattungen *Barbus, Clarias, Heterobranchus, Protopterus* und *Synodontis*, die wiederum zur Nahrung der Nilkrokodile gehören. Die Nilkrokodile im Mweru Wa Ntipá–See in Zimbabwe fressen fast ausschließlich den Raubwels *Clarias mossambicus*, der hier der Hauptfreßfeind der Gattung *Tilapia* ist. Als die Krokodile noch nicht bejagt wurden, florierte der Fischhandel. 1960 wurde *Cr. niloticus* im Mweru Wa Ntipá–See ausgerottet. Die Folgen für die dort ansässigen Fischer waren verheerend.

In anderen Gegenden Zentralafrikas stellen die Nilkrokodile nicht nur bestimmten Raubfischen nach, sondern machen auch Jagd auf fischfressende Vögel (*Anhinga rufa, Phalacrocorax lucidus*) und fischfressende Säugetiere (*Lutra maculicollis*), deren Nahrungsspektrum die Gattung *Tilapia* miteinbezieht. Die Arbeiten von COTT (1961) haben die Rolle der Nilkrokodile für das ökosystemare Gleichgewicht eindrucksvoll belegt. Wo die Nilkrokodile ausgerottet wurden, ging der Nutzfischbestand, von dem die dort ansässigen Afrikaner zum Teil leben, erheblich zurück.

Nach gleichem ökologischen Prinzip verminderten sich in Indien mit der Zurückdrängung bzw. Ausrottung der dortigen Krokodile (*Cr. palustris, Cr. porosus, G. gangeticus*) die kommerziell wertvollen Fischbestände (ANONYMUS 1979).

Wenn Krokodile zur Gewinnung von Häuten nur in solchen Stückzahlen abgeschossen werden, die eine Population nicht beeinträchtigen, kann eine regulierte Jagd dauernde Einnahmen für einen Staat bedeuten. Werden die Bestände aber derartig verantwortungslos ausgebeutet, wie es heute meistens der Fall ist, ist dies ein Dauerschaden für die Natur des betreffenden Landes, wie auch für die Reptillederindustrie.

Neben zahlreichen anderen bemerkenswerten Tieren sind die Krokodile in den Nationalparks eine besondere Attraktion für Touristen, die viele afrikanische und asiatische Lände vor allem wegen ihrer noch vorhandenen Naturschönheiten besuchen. Da der Tourismus dringend benötigte Devisen ins Land bringt, ist auch aus ökonomischer Sicht die Erhaltung einer vielfältigen Umwelt mit Krokodilen ein entscheidender Schritt zur Selbsterhaltung dieser Staaten. Um dies zu gewährleisten, sind folgende Maßnahmen zu fordern:

(1) Ein Jagdverbot, das solange aufrechterhalten bleibt, bis die Bestände wieder ihre ehemaligen Größen erreicht haben;

(2) Eine möglichst weitgehende Wiederherstellung beschädigter oder zerstörter Lebensräume. Die Einleitung giftiger chemischer Substanzen (insbesondere von Schwermetallsalzen) in Flüsse, Seen, Sümpfe und andere Gewässer hat zu unterbleiben;

(3) Wirksame Kontrollen der Reptillederindustrie;

(4) Der Aufbau von Krokodilfarmen. Das Hauptziel muß zunächst im Aussetzen des Nachwuchses in den ehemaligen Verbreitungsgebieten liegen, wobei die früheren dortigen Bestandsgrößen anzustreben sind. Darauf aufbauend kann dann eine bestandsschonende, kommerzielle Dauernutzung der Krokodile angestrebt werden, die dem Land Devisen einbringt.

Die Realität sieht ernst aus. Die wahren Ursachen für die zunehmende Zerstörung der Lebensräume und damit der Tier- und Pflanzenwelt liegt in der jährlich steigenden Bevölkerungszahl. So werden die natürlichen Reserven in zunehmendem Maße verbraucht, wird mehr Land kultiviert und werden die frei lebenden Tiere mehr und mehr zurückgedrängt. Straßen werden gebaut und zerschneiden die Landschaft, Wälder werden niedergebrannt, Flüsse begradigt, Sümpfe drainiert und ehemals unberührte Naturlandschaften in riesige Viehweiden umgewandelt. Letzteres wird augenblicklich und erneut in Brasilien in großem Stil praktiziert. Schließlich werden die Luft, das Wasser und die Erde zunehmend mit giftigen Chemikalien verseucht.

Daß es auch Beispiele für ein vernünftiges Miteinander von Menschen und Krokodilen gibt, kann an der Stadt Wyndham am Cambridge Golf im Nordwesten Westaustraliens gezeigt werden, wo es schon seit vielen Jahren in unmittelbarer Nachbarschaft zum Ort mehr große, wildlebende Leistenkrokodile gibt, als in der Nähe jeder anderen australischen Stadt. Einige Hinterhöfe sind nur 30 m von Mangrovensümpfen entfernt, in denen sich die Leistenkrokodile regelmäßig der Sonne und den Blicken der Anwohner aussetzen, ohne daß sich jemand darüber aufregt. Der Golf von Cambridge, in den der King-, Durack- und Ord-River münden, ist ein hervorragender Lebensraum für *Cr. porosus*. Zwischen 1919 und 1986 endeten in den Großschlachtereien von Wyndham mehr als 2 Mill. Stück Nutzvieh. Die Blutströme, die durch die Kanalisation in den Golf geleitet wurden, lockten Fische, Greifvögel und vor allem Krokodile an. Besonders wenn geschlachtet wurde, lagen die Krokodile reihenweise an den Mündungen der Drainagerohre. Sie fraßen Fische und Vögel und schätzten die Fleischereiabfälle. Obwohl man auch hier Jagd auf Krokodile machte, wurden sie nicht wie in anderen Gegenden ausgerottet.

1969 wurden die Krokodile in Australien unter gesetzlichen Schutz gestellt. Recht bald kehrten sie zurück, sonnten sich neben den Abflußrohren, lagen nahe den Häusern am Ufer oder schwammen den Kai entlang. Von der einheimischen Bevölkerung wurde niemand von Krokodilen angegriffen oder gar gefressen. Sie waren zu gut sichtbar, zu auffällig und im Geist eines jeden verankert. Sie gehörten einfach zum Tagesablauf und zu Wyndham. Jeder näherte sich dem Wasser nur mit Vorsicht, und auch die Schulkinder waren gewarnt. Die Eltern und Lehrer hatten ihnen eingehämmert, nicht an den Ufern und in den Mangroven zu spielen. Niemand kam auf die Idee, im Golf zu schwimmen. Wyndham war eine sehr krokodilbewußte Stadt.

1987 schlossen die Schlachtereien, und zahlreiche Beschäftigte wurden arbeitslos. Aus den Drainagerohren flossen nun keine Abfälle mehr. Dennoch blieben die Krokodile, obgleich in geringerer Zahl. In Wyndham sah man von nun an in den Krokodilen eine Touristenattraktion, die eine sterbende Stadt vor dem finanziellen Kollaps retten konnte. So gab es für die ansässige Bevölkerung Grund genug, weiter mit ihnen zusammenzuleben. Viele Einheimische waren nicht nur besonders stolz auf ihre Krokodile, sondern schätzten auch die Dollars der Touristen. »Die Bevölkerung des Northern Territory hat die Krokodile und ihren Lebensstil akzeptiert«, sagte der australische Herpetologe G. WEBB.

Was die Bevölkerung in Wyndham und im Northern Territory kann, sollten andere Menschen in Australien und wohl in der ganzen Welt auch können, wenn man ihnen nur zeigt, wie man mit Krokodilen zusammenleben kann.

Nach meiner Ansicht gibt es einen weiteren Aspekt, der die Erhaltung der Krokodile mehr als alles bisher gesagte rechtfertigt: Die Stammesgeschichte der Krokodile reicht 200 Millionen Jahre weit zurück. Sie sind lebende Naturdenkmäler. Wir müssen sie um ihrer selbst willen schützen und erhalten, damit wir nicht ärmer werden. Wir schulden diesen urtümlichen Geschöpfen Ehrfurcht, Rücksicht und den Platz auf unserer Erde, den die Natur ihnen eingeräumt hat.

11 Haltung und Nachzucht

11.1 Zoologische Gärten

Fast jeder größere Zoo hat seine Schauterrarien, in denen eine oder mehrere Krokodilarten untergebracht sind. Im Gegensatz zu vergangenen Zeiten befinden sich die Tiere meist in modern und großzügig eingerichteten Anlagen, wo auch große Exemplare hinreichende Bewegungsmöglichkeiten bei artgerechter Pflege finden.

Da der erforderliche Platz fast immer vorhanden ist, eignen sich Zoologische Gärten besonders gut zur Pflege von Krokodilen. Die Großterrarien sind oft über die Zweckmäßigkeit hinaus auch für den Besucher optisch ansprechend und naturnah eingerichtet. Kräftige Baumstämme, auf denen Tropenpflanzen wachsen, sind für die schweren Tiere unerreichbar und somit auch nicht zerstörbar. Felswände, Felsaufbauten und Wasserbereiche mit uferähnlichen Rändern bieten einen ästhetischen Anblick. Anlagen dieser Art sind ein besonderer Anziehungspunkt für ein interessiertes Publikum. Zahlreiche Menschen, denen es wohl nie vergönnt sein wird, Krokodile in ihren natürlichen Lebensräumen zu beobachten, können sie hier aus nächster Nähe studieren. Angebrachte Tafeln vermitteln Kenntnisse über die gehaltenen Gattungen und Arten, deren Verbreitung, Lebensräume und Lebensweisen.

In Zoologischen Gärten ist man bestrebt, den Pfleglingen naturähnliche Temperatur– und Lichtverhältnisse, eine abwechslungsreiche Ernährung sowie ausreichende hygienische Verhältnisse zu bieten. Während man früher die unterschiedlichsten Arten in einer Anlage hielt, geht man heute dazu über, in einem Terrarium nur eine einzige Art zu pflegen. Dies ist normalerweise Voraussetzung für Zuchterfolge, die auch heute noch besondere tiergärtnerische Ereignisse sind. Die gemeinsame Haltung verschiedener Krokodilarten in einer Anlage führt zu häufigen Streßsituationen und Beißereien zwischen den einzelnen Individuen, wobei Todesfälle nicht selten sind und ein normales Paarungsverhalten in der Regel ausgeschlossen ist. Stellt sich in einem Zoologischen Garten Krokodilnachwuchs ein, so kann dies als Beweis für eine artgerechte Haltung und als Krönung der Krokodilpflege angesehen werden.

Eine zunehmend naturnähere und tiergerechtere Haltung hat dazu geführt, daß heute die meisten Krokodilarten (*A. mississippiensis, C. crocodilus, C. latirostris, P. palpebrosus, P. trigonatus, Cr. acutus, Cr. rhombifer, Cr. moreletii, Cr. niloticus, Cr. palustris, Cr. porosus, Cr. johnsoni, O. tetraspis, T. schlegelii, G. gangeticus*) mehr oder weniger regelmäßig in Zoologischen Gärten, zooähnlichen Institutionen, auf Krokodilfarmen und in den Anlagen von Liebhabern nachgezüchtet werden.

11.2 Pflege in Terrarien und Gewächshäusern

Die Pflege von Krokodilen ist, besonders was die kleinen Arten betrifft, wenn entsprechend große Räumlichkeiten vorhanden sind, auch für den Terrarianer nicht sonderlich schwierig. Zu ihrem Wohlbefinden benötigen die Krokodile hinreichend Platz. Kleine Aquaterrarien genügen allenfalls für die kurzzeitige und provisorische Unterbringung von Jungtieren. Am besten gedeihen Krokodile in einer Großanlage oder einem genügend großem Gewächshaus mit geräumigem Land- und Wasserbereich.

Meine eigene Krokodilanlage befindet sich mit einer Fläche von ungefähr 45 m^2 unter der Hausterrasse. Die Terrassenwand ist zu einem angebauten Gewächshaus hin durchbrochen, das eine Grundfläche von 5,7 x 3 m aufweist. Der Durchbruch ist 3 m breit und etwa 2,5 m hoch. Das Dach und die drei Seiten des Gewächshauses bestehen aus wärmeisolierenden Doppelstegplatten. Derartige Platten lassen das Tages- und Sonnenlicht fast vollständig durch und werden auch von Gärtnereien verwendet. Die Pflanzen sind so verteilt, daß sie von den Krokodilen nicht erreicht und zerstört werden können. Die hohe Lichtintensität, die konstante Luftfeuchtigkeit von 90 bis 100 % und die zwischen 22 und 37 °C variierende Temperatur sorgen für ein üppiges Pflanzenwachstum. An der Decke des Gewächshauses sind Drähte angebracht, an denen die Liane *Tetrastigma* über acht Meter weit in den unter der Terrasse liegenden Bereich hineinwuchert. Auch die übrigen Pflanzen der Gattungen *Scindapsus, Tradescantia, Philodendron, Monstera* und *Ficus* gedeihen hervorragend und schicken ihre nach unten wachsenden Luftwurzeln bis in das Wasser (Abb. 80).

Abb. 80: Blick in einen Teil der Krokodilanlage des Verfassers. Foto: TRUTNAU.

Im Gewächshaus befindet sich ein etwa 13 m^2 großer Wasserbereich, eine zweite etwa 9 m^2 große quadratische Wasserfläche ist im Raum unter der Terrasse. Die Wassertiefe variiert zwischen 20 und 100 cm. Das Verhältnis von Land- zu Wasserfläche beträgt somit 23 : 22 m^2.

Der Wasserbereich einer Krokodilanlage sollte zum Ufer hin leicht ansteigen, damit die Tiere mühelos aufs Land kriechen können. Damit sie sich nicht unterkühlen, sind Wassertemperaturen zwischen 22 und 30 °C bei einem Mittelwert von 25 °C einzuhalten. Bei Lufttemperaturen zwischen 25 und 35 °C, die für kurze Zeit auch niedriger liegen dürfen, fühlen sich die Krokodile wohl. Es versteht sich von selbst, daß das durch Kot und Futterreste verunreinigte Wasser von Zeit zu Zeit auszutauschen ist. Zur künstlichen Beleuchtung eignen sich besonders Ultra–Vita–Lux–Lampen oder Infrarotstrahler, wie man sie zur Aufzucht von Küken verwendet.

In der von mir betriebenen Anlage pflege ich fünf Mississippi–Alligatoren und ein Siam–Krokodil, die ich alle vor ungefähr 23 Jahren als 50 bis 70 cm lange Jungtiere erwarb. Heute sind die Tiere zwischen 220 und 270 cm lang. Wenn die Artkombination auch nicht ideal ist, so haben sich die Individuen doch gut aneinander gewöhnt. Unter den Reptilien sind die Krokodile zweifellos die intelligentesten und lernfähigsten Tiere, bei der tagtäglichen Beschäftigung mit ihnen entsteht eine persönliche Beziehung zwischen ihnen und dem Pfleger.

Als — wenn auch etwas skurril anmutende — Beispiele für die außergewöhnliche Anpassungsfähigkeit von Krokodilen an den Menschen schildert EDWARDS (1989) das Verhalten der beiden Leistenkrokodile »Charlene« und »Henry«.

Der Farmer ALF CASEY erwarb »Charley« 1963 von einem professionellen Krokodiljäger. Die winzige Kreatur aus dem Proserpine River war gerade aus dem Ei geschlüpft und kaum 28 cm lang. 1986 war das Leistenkrokodil auf 270 cm herangewachsen und schwerer als ein erwachsener Mann. Als »Charley« eines Tages 34 Eier legte, wurde er in »Charlene« umgetauft. Im Laufe der Jahre versetzte Charlene alle in Erstaunen, die glaubten, über Krokodile informiert zu sein. Sie entwikkelte sich im wahrsten Sinne zu einem Schoßhund. Oft begleitete sie die Familie bei Autoausflügen und schlief auf Reisen in deren Schlafzimmer. Zuweilen wurde sie mit in die Bar genommen und saß dann aufrecht auf einem Stuhl zwischen den anderen Gästen. Auf einen Wink hin gab sie Pfötchen und genoß es, gekratzt, gestreichelt und liebkost zu werden. Charlene war der lebende Beweis dafür, daß Krokodile dressiert werden können. Bei einem der vielen Kunststückchen, die man ihr beigebracht hatte, drehte sie sich auf einen Befehl hin auf den Rücken. Kam die Anweisung »Roll over, lazybones«, tat sie allen den Gefallen und drückte die rechte Körperseite nach oben. So wurde sie zu einer echten Berühmtheit und erschien im Fernsehen und auf den Titelseiten der Zeitungen.

Am 2. November 1986 biß Charlene ALF CASEY so fest in den Arm, daß dieser fast amputiert werden mußte. Wie kam es nach 23 Jahren zu dem Unfall? »Es war ein Unfall, und die Schuld lag ganz auf meiner Seite«, beteuerte ALF CASEY im nachhinein. »Ich war überarbeitet und tat etwas, was ich unter anderen Umständen nie getan hätte.« An jenem Tage hatte sich auf ALF CASEYs Farm in Queensland eine ganze Reihe von Arbeitern versammelt. ALF CASEY ging nachmittags gegen 16 Uhr zum Krokodilteich, um Charlene zu füttern. Zahlreiche Arbeiter waren anwesend, um das Schauspiel mitzuerleben. Charlene war jetzt erwachsen und viel zu groß, um noch bei Autofahrten mitgenommen zu werden oder aufrecht in der Bar zu sitzen. Sie verhielt sich aber immer noch wie ein Schoßhund, stellte sich auf, streckte die Vorderbeine durchs Gitter und schüttelte die Hände, wenn man sie dazu aufforderte. Auch ließ sie sich immer noch gerne unter dem Unterkiefer und am Bauch kratzen. Heißes Wetter macht Leistenkrokodile hungrig und ruhelos. In der Regel nahm ALF CASEY diese Gefahrensignale war, an diesem Tage jedoch war er müde und mit 69 Jahren auch nicht mehr so beweglich wie früher. Er stellte den

Eimer mit Fischen neben das Tor zum Krokodilteich. Hungrig und unruhig kam Charlene sofort herbei. ALF CASEY öffnete das Tor, kratzte sie und gab ihr einen Klaps. Gewöhnlich fütterte er sie auf einen Wink hin. Bei dem Wort »Fisch«, das sie sehr wohl verstand, stellte sie sich auf die Hinterbeine und erwartete ihre Nahrung. Alf Casey hatte es sich zum Prinzip gemacht, das Wort »Fisch« nur dann in Gegenwart von Charlene auszusprechen, wenn er einen Fisch in der Hand hatte. An jenem Tag jedoch, mißachtete er sein eigenes Prinzip. Unter den Augen der Arbeiter fragte er Charlene: »Willst du einen Fisch?« Sogleich zeigte sich das Krokodil erregt. Um den Zuschauern etwas zu bieten, faßte er sie an, trieb sie in ihren Wasserbehälter zurück und ging dann ohne das Tor zu schließen zum Fischeimer. Charlene war sofort wieder da, und wieder versuchte ALF CASEY, sie zurückzutreiben. Vielleicht verwechselte sie die Bewegung seiner Hand, die nach Fisch roch, mit einem echten Fisch. Als er sie ausstreckte, um sie im Kreis laufen zu lassen, schnappte sie zu und hatte im nächsten Augenblick ALF CASEYs Hand zwischen den Kiefern. Einem natürlichen Instinkt folgend zog sie ihn, seine Hand zwischen die Zähne geklemmt, zu ihrem Teich. Sofort eilten die Zuschauer ALF CASEY zu Hilfe, denn sie glaubten, das Tier würde ihn jetzt in den Teich schleppen. In bester Absicht versuchten sie, ihn zurückzuziehen, und wußten dabei nicht, welchen Schaden sie anrichteten. »Das war genau das Falscheste, was sie tun konnten. Sie erschreckten das Krokodil, das auf diesen Versuch hin instinktiv das wegzog, was es in seinem Maul hatte. Ohne diese Hilfe hätte ich mit Charlene gesprochen, und sie hätte losgelassen«, sagte ALF CASEY. So waren der Vorderarm gebrochen, die Muskeln fast durchbissen und Hand und Handgelenk ein zerfetztes Anhängsel, das an einem Hautstrang herabhing.

VIC COX von der Kakadu-Insel hatte ein ähnliches, aber nicht so folgenschweres Erlebnis mit seinem Krokodil »Henry«. Vic war in früheren Jahren Krokodiljäger gewesen. Bei einer Jagd verletzte er im Jahre 1960 ein junges Krokodil am Bauch, wodurch die Haut für Lederverarbeitung wertlos geworden war. Vic entschied sich dafür, das Krokodil zu pflegen, bis es sich erholt hatte. 27 Jahre später war es auf 4,27 m Länge herangewachsen und wog 300 kg. Es lebte in einem Teich, der früher einmal der Schwimmingpool seiner Kinder gewesen war. Eines Tages riß Henry durch das rostige Gitter aus, versetzte die Bevölkerung in Schrecken und machte vergeblich Jagd auf die Enten im Schwimmingpool des Nachbarn. Die selbst gewählte Freiheit behagte ihm nicht sonderlich, denn er kehrte von allein in seinen Teich zurück. Vic war ungemein stolz auf seinen Henry. Er war eine Schönheit und von leutseliger Natur, wenngleich nicht so zahm wie Charlene, die ihr ganzes Leben unter Menschen verbracht hatte.

Eines Tages fütterte Vic seinen Henry wie üblich aus der Hand mit Fisch. Henry packte zusammen mit dem Fisch irrtümlich auch die Hand, riß die Haut herunter und zerfetzte den Handrücken. Da der Fisch sehr glitschig war, konnte Vic seine Hand gerade noch aus dem Maul des Krokodils ziehen. Hätte Henry Vic beim Handgelenk zu fassen bekommen, so hätte er ihn über den Zaun gezogen, und man kann sich den weiteren Ablauf vorstellen. Auch dieser Unfall wurde durch eine momentane Unaufmerksamkeit und eine zu vertrauliche Annäherung verursacht.

Über das Zusammenleben von Krokodilen und Menschen in einer Wohnung schreibt mein Freund H. SCHILDBACH (1990) aus eigener Erfahrung: »... Trotz dieser Überlegungen haben mich die Krokodile in ihren Bann geschlagen, und so pflege ich zur Zeit einige Kaimane und Mississippi–Alligatoren. Das kann auf die Dauer nur derjenige tun, der bereit ist, den Tieren eine angemessene Unterkunft zu bieten, etwa indem er ihnen seinen Wintergarten als Behausung überläßt. Zudem verhalten sich meine Krokodile völlig zahm und lassen sich auch streicheln, da sie die Berührung mit der Hand des Menschen als angenehm empfinden. Die Gegner meiner Art und Weise, Krokodile zu pflegen, halten allerdings die Panzerechsen für alles andere als für Streicheltiere, und sie haben damit zweifellos auch recht, wenn die Krokodile nicht von Jugend an den Umgang mit dem Menschen gewöhnt sind. Nur unter dieser Voraussetzung vermag der Mensch mit größeren Krokodilen in seinem Heim vernünftig umgehen.«

Ich bin fest davon überzeugt, daß Krokodile nach einer gewissen Zeit ihren Pfleger persönlich und auch an seiner Stimme erkennen, was KLINGELHÖFFER (1959) und BROCK (1960, 1965) bestätigen. Als ich einmal mehrere Besucher einlud, um ihnen eine Fütterung meiner Pfleglinge vorzuführen — einer der Anwesenden sollte von eigener Hand füttern —, kamen die hungrigen Tiere nicht wie gewöhnlich zur Futterstelle an die Tür, sondern hielten sich scheu zurück. Kaum hatten die Besucher den Raum verlassen und ich den Krokodilen das gewohnte »hau, hau« zugerufen, waren alle sechs mit aufgerissenem Maul an der Tür, um wie üblich ihr Futter von mir in Empfang zu nehmen.

Ähnliche Beobachtungen machte WERMUTH (1965) an seinem Brillenkaiman, der sich durch Klopfzeichen an der Behälterwand bemerkbar machte, wenn er sich unbehaglich fühlte und die Ursache dazu beseitigt haben wollte. Bei Hunger hob das Tier seinem Futtergeber gegenüber mit halbgeöffneter Schnauze den Kopf. Andere Personen wurden in der bezeichneten Weise nicht angemahnt. Die Kleidung des Futtergebers spielte dabei keine Rolle.

Der Brillenkaiman zeigt auch einen physiologischen Farbwechsel, der seinem Wohlgefühl bzw. Unbehagen parallel verläuft. Bei Wohlgefühl, wenn sich das Tier z. B. sattgefressen hat oder in der Sonne liegt, nimmt seine Haut dunkle Farbtöne an. Fühlt sich das Tier beunruhigt oder hat es Verdauungsbeschwerden, so wird die Farbe heller. Im ersten Fall dilatieren die Melanophoren, im zweiten ziehen sie sich zusammen. Einen derartigen Farbwechsel, der mir erst nach längerer Beschäftigung mit Krokodilen auffiel, beobachtete ich an meinen Brillenkaimanen, meinem Nilkrokodil und bei Angst noch intensiver an meinem Neuguinea–Krokodil. Dabei sei noch erwähnt, daß Alligatorbabies und andere junge Krokodile vor Angst quäkende Laute ausstoßen, wenn man sie in die Hand nimmt.

Daß Krokodile unter Streßeinfluß sehr leiden können, ist eindeutig erwiesen. Nach SCHILDBACH (1990) müssen sich Krokodile in einer Wohnung nicht nur an den Menschen, sondern auch an ihre Mitkrokodile gewöhnen. Setzt man ein fremdes Krokodil in eine seit Jahren bestehende Gemeinschaft anderer Krokodile, so kann es sich unabhängig davon, ob es zahm ist, kaum dort einfinden. Die alteingesessenen Tiere betrachten den Neuen als einen Eindringling, der ihnen die Reviere streitig machen will, und das hinzugekommene Krokodil hat die größten Schwierigkeiten, sich durchzusetzen und ein eigenes Revier zu gründen. Unter solchen Bedingungen ist es bereits vorgekommen, daß sich der unerwünschte Eindringling unter dem daraus resultierenden Dauerstreß in eine Ecke des Geheges verkrochen hat und nach kurzer Zeit tot war, ohne daß dem auffällige Beißereien vorausgegangen waren. Auch aus diesem Grund weigern sich zoologische Gärten häufig, ein zu groß gewordenes Krokodil zu übernehmen.

Unter den Reptilien sind die Warane und Krokodile mit einer relativ stark gefalteten Großhirnrinde die am höchsten entwickelten. Das führt dazu, daß Krokodile sogar Neugier und Spielverhalten zeigen. So stöbern unter der Obhut des Menschen stehende hungrige Krokodile zuweilen jeden Behälterwinkel durch, und Alligatoren gründeln nach meinen Beobachtungen wie Enten am Gewässergrund, wenn sie irgendwo Futter erahnen. Über einen interessanten Fall von Spielverhalten eines in freier Wildbahn beobachteten Mississippi–Alligators berichten LAZELL & SPITZER (1977).

11.3 Fütterung

Krokodile haben ein breites Beutespektrum Mit Ausnahme einiger spezialisierter Fischfresser verzehren sie in freier Wildbahn alle Tiere, die sie überwältigen können. Aus diesem Grund sollte man auf die Verfütterung von ausgeblutetem Fleisch verzichten und eine abwechslungsreiche Nahrung in Form von Süßwasserfischen, Krebsen, Mäusen, Ratten, Meerschweinchen, Kaninchen, Katzen, jungen Hunden, totgeborenen Ferkeln und Schafen, Küken, Hühnern und gelegentlich auch Pansen, Innereien und zerhackten Knochen aus der Schlachterei anbieten. Die Tiere sind zu töten und grundsätzlich mit Schuppen, Gräten, Knochen, Fell usw. zu verfüttern. Mit dieser Nahrung ist im allgemeinen auch der Vitaminbedarf der Krokodile gedeckt.

Unter Gefangenschaftsbedingungen dürfte ein Nahrung, die 25 % Süßwasserfische, 25 % Vögel, 50 % Säugetiere und als zusätzliche Vorsichtsmaßnahme ein Multivitaminpräparat sowie Vitamin D und E zu jeder Mahlzeit umfaßt, ausgewogen sein (HUNT 1975). Mit zunehmendem Wachstum benötigen die jungen Krokodile mehr Nahrung, wobei sie jedoch bezogen auf ihr Körpergewicht mit immer weniger Nahrung auskommen (Tab. 17). Die täglich benötigten Nahrungsmengen indischer *Cr. palustris* mit Körperlängen zwischen 35 und 350 cm gehen aus Tabelle 18. hervor.

Junge Krokodile nehmen auch allerlei Insekten wie Heuschrecken und Grillen, des weiteren junge Fische, Frösche, zerlegte Hühnerküken und nackte bis gerade behaarte Mäuse an. Wenn man sie bei einer Temperatur von 30 °C pflegt und nicht erschreckt, gehen sie fast immer selbständig ans dargebotene Futter. Sollte ein junges Krokodil die Nahrungsaufnahme verweigern, so muß es nach etwa zwei Wochen zwangsgefüttert werden. Dazu nimmt man das Tier in die Hand, öffnet vorsichtig das Maul und schiebt mit der Pinzette einen kleinen Fisch, ein Fleischstück oder eine mit Eiweiß gleitfähig gemachte Maus in den Schlund. Meist entschließt sich das kleine Krokodil recht bald zu selbständiger Nahrungsaufnahme.

Tab. 17: Nahrungsbedürfnis junger Krokodile. Die Angaben beruhen auf Fütterungprotokollen von *Cr. porosus* und *Cr. novaeguineae* in Papua–Neuguinea. Nach BOLTON (1989).

Gesamtlänge (cm)	Wöchentlich aufgenommene Nahrungsmenge (g)	Aufgenommene Nahrungsmenge bezogen auf das Körpergewicht
45 – 60	80 – 210	ca. 26 %
61 – 90	210 – 415	ca. 20 %
91 – 120	415 – 940	ca. 15 %
121 – 140	940 – 1310	ca. 13 %
141 – 160	1310 – 1910	ca. 12 %
161 – 180	1910 – 2430	ca. 11 %

Tab. 18: Tägliches Nahrungsbedürfnis von *Cr. palustris* bei Körperlängen zwischen 35 und 350 cm. Nach BOLTON (1989).

Gesamtlänge (cm)	Tägliche Nahrungsaufnahme pro Krokodil (g)
35 – 50	15 – 25
51 – 75	25 – 50
76 – 100	50 – 75
101 – 125	75 – 150
126 – 150	150 – 250
151 – 200	250 – 500
201 – 350	500

Frisch geschlüpfte Krokodile haben noch Teile des Dottersackes in ihrer Leibeshöhle. Sie nehmen die erste Nahrung zu sich, wenn der Dottersack vollständig aufgebraucht ist. Junge Krokodile sind drei bis vier Mal wöchentlich, erwachsene Exemplare einmal wöchentlich oder alle 10 Tage zu füttern. Etwa ab Anfang November fressen Alligatoren weniger und stellen die Nahrungsaufnahme schließlich gänzlich ein. Mit der regulären Futteraufnahme beginnen sie erst wieder im Frühjahr. Bei hohen Temperaturen fressen Krokodile häufiger als bei niedrigen. Fasten sie, so zehren sie vom eigenen Fett, was man nach einiger Zeit am dünneren Schwanz erkennt.

11.4 Nachzucht

Noch vor etwa 20 Jahren war die Nachzucht von Krokodilen in Zoologischen Gärten oder auch unter der Obhut von Terrarianern etwas Seltenes. Seit wenigen Jahren gelingt dies in der Gefangenschaft immer häufiger und regelmäßiger. Neue Erkenntnisse über das Verhalten der Tiere und ihren Lebensraum haben dazu beigetragen. Nach Angaben von BUSTARD (1980) pflanzten sich zwischen 1960 und 1980 in Zoologischen Gärten mindestens 16 Krokodilarten fort. Recht erfolgreich in der Nach– und Aufzucht kleinerer Arten wie *C. crocodilus, P. palpebrosus* und *O. tetraspis* sind seit einiger Zeit auch Privatpersonen, die diese in Großterrarien, Gewächshäusern und ähnlichen Anlagen pflegen.

Für eine erfolgreiche Nachzucht müssen den Tieren naturnahe klimatische Bedingungen sowie ein störungsfreier Raum mit hinreichend großem Wasser- und Landbereich und geeigneten Nistgelegenheiten geboten werden. Die abwechslungsreiche Ernährung ist mit Mineral- und Vitamingaben anzureichern. Eine große Rolle spielt die Zusammensetzung der Zuchtgruppe: unterschiedliche Krokodilarten dürfen nicht zusammengehalten werden, da sie sich gegenseitig stören und den Fortpflanzungserfolg gefährden oder gar zunichte machen.

Die Nachzucht von Krokodilen auf Krokodilfarmen ist meist unproblematisch. Da die Farmen fast immer dort betrieben werden, wo die gepflegten Arten von Natur aus heimisch sind, gibt es kaum Probleme mit dem Klima, den Luft- und Wassertemperaturen sowie den Photoperioden. Dies gilt nicht für Zoologische Gärten und Gewächshäuser, die in der Mehrzahl in Ländern mit gemäßigtem Klima liegen. Die Witterungsbedingungen der natürlichen Lebensräume der Tiere werden hier mehr oder weniger erfolgreich nachgeahmt.

KING & DOBBS (1975) berichten über die in den Zoologischen Gärten der USA gezüchteten Krokodile und die Bedingungen, die eine solche Nachzucht ermöglichen. Erforderlich sind periodische Temperatur- und Lichtschwankungen, wie sie für die Heimatländer der Tiere typisch sind. Klimaatlanten mit entsprechenden Daten (Luft- und Wassertemperaturen, Niederschlagsmengen und -verteilung, Luftfeuchtigkeit, Anzahl der sonnigen und bedeckten Tage, Windverhältnisse usw.) sind für jeden Kontinent erhältlich. Der wichtigste abiotische Auslöser für die Fortpflanzungsaktivitäten liegt in der Kombination von zyklischen Temperaturänderungen mit den Lichtverhältnissen, wobei nicht nur die Intensität, sondern auch die Dauer eine wichtige Rolle spielt. Ein weiterer Faktor ist die Zahl der Zuchttiere und das Geschlechterverhältnis. Nach BUSTARD (1980) ist für eine Zuchtgruppe das Verhältnis von einem Männchen zu drei Weibchen ideal. Da Krokodile revierbildende Tiere sind, müssen die Wasser- und Landbereiche einer Anlage so angelegt sein, daß ihnen die Möglichkeit dazu gegeben wird. Bei günstigen Raumbedingungen können so zwei bis drei Männchen und mehrere Weibchen gleichzeitig gehalten werden. Dies zeigt die von BUSTARD & CHOUDHURY konstruierte Nachzuchtanlage für *Cr. palustris* im Nehru-Zoo in Hyderabad in Indien. Die Anlage, in der drei zuchtreife Männchen und acht Weibchen gehalten werden, umfaßt drei Wasserbereiche — einen größeren und zwei kleinere — und einen angemessen großen Landbereich (Abb. 81). Im Gegensatz zu *Cr. porosus*, bei der über das ganze Jahr hinweg beide Geschlechter revierbildend sind, zeigen bei *Cr. palustris* nur die Männchen zwischen Oktober und Januar territoriales Verhalten. Bei den stark revierbildenden Leistenkrokodilen ist ein zentraler, großer Wasserbereich derart mit vier kleineren, einander gegenüberliegenden Landbereichen kombiniert, daß die Tiere genügend Möglichkeiten zur Revierbildung haben (Abb. 82).

Von besonderer Bedeutung für die Fortpflanzungswilligkeit der Krokodile ist ihre Ernährung. Es dürfen keine Fische verfüttert werden, die bereits längere Zeit im Kühlschrank gelegen haben, da dabei ihre Vitamine — insbesondere das Vitamin E — verloren gehen. Besonders geeignet sind frisch gefangene Süßwasserfische, Säugetiere (Ratten, Meerschweinchen, Katzen, Kaninchen usw.), Hühnerküken und Hühner, die zuvor mit den Vitaminen B, D und E (Kapseln oder flüssig einge-

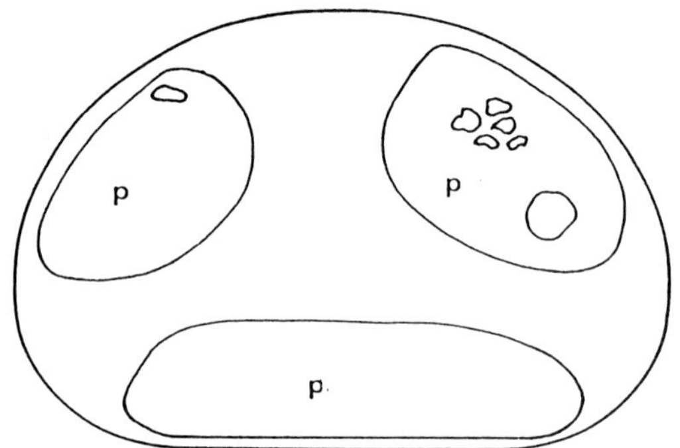

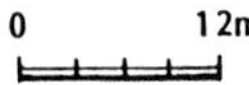

Abb. 81: Nachzuchtanlage für Sumpfkrokodile (*Cr. palustris*) im Nehru–Zoopark von Hyderabad, Indien. p Wasserteil. Nach BUSTARD & CHOUDHURY (1980).

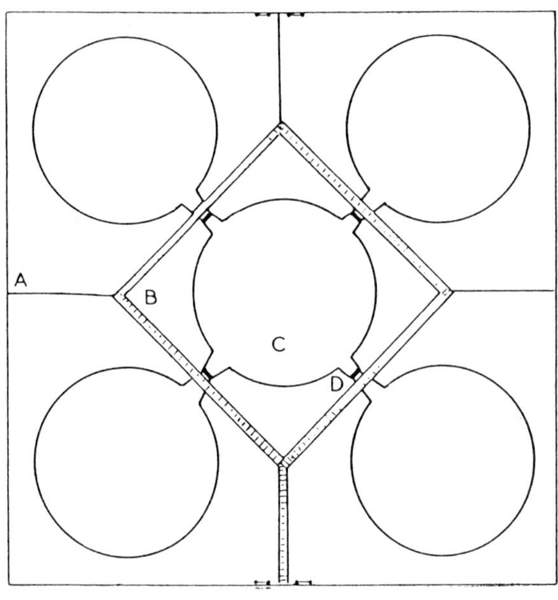

Abb. 82: Nachzuchtanlage für die ausgeprägt revierbildenden Leistenkrokodile (*Cr. porosus*) im Nehru–Zoopark von Hyderabad, Indien. A Drahtzaun, B Gehweg mit Geländer zur Beobachtung der Tiere, C Teiche mit flachen Verbindungskanälen, D Verschließbarer Durchlaß. Nach BUSTARD & CHOUDHURY (1980).

spritzt) angereichert wurden. Im Zoo von Atlanta im amerikanischen Bundesstaat Georgia erhält ein fortpflanzungsfähiges Krokodil als Ergänzung zu seiner wöchentlichen Fütterungsration 200 internationale Einheiten Vitamin E, 100 mg Calciumlaktat und ein Multivitaminpräparat (HUNT 1973).

Den Krokodilen muß genügend pflanzliches Material in Form von Blättern, Gras, Zweigen usw. zum Nestbau zur Verfügung stehen. Wichtig ist nicht die Art der Pflanzen, sondern die Struktur des Materials, die den Zusammenhalt des Nestes gewährleisten muß. Einige Krokodilarten benötigen Schlamm, den sie in ihre Nester einarbeiten. Für Arten, die ihre Eier in den Erdboden legen, muß der Boden für ein Ausheben der Eikammern geeignet sein. Sind die oben beschriebenen Bedingungen nicht gegeben, so legen die Krokodile ihre Eier nicht selten ins Wasser oder auf der Erdoberfläche ab. Im schlimmsten Fall verbleiben die Eier in den Eileitern, was zum Tod des Tieres führen kann. In einem solchen Fall sind einige Spritzen Oxytozin zu verabreichen. Dieses Hormon des Hypophysehinterlappens, das ich mit Erfolg an legeunwilligen Schlangen getestet habe, wirkt auch bei Krokodilen. Es wird in der Humanmedizin zur Anregung von Wehen verabreicht und wirkt auf die glatte Muskulatur der Gebärmutter.

Über die Aufzucht von Krokodilen in der Gefangenschaft ist bisher nur sporadisch berichtet worden. DOWNES (1978) gibt dazu einen Überblick. Eine ausführliche Darstellung zur Fortpflanzung und Aufzucht des Mississippi–Alligators (*A. mississippiensis*) findet sich bei JOANEN & MCNEASE (1971, 1975, 1976, 1977). In allen Einzelheiten werden dort das Paarungsverhalten, die Kopulation, die Lautäußerungen, das Revierverhalten, die Futterzusammensetzung, die Fütterung, der Nestbau, die Schlupfrate und die Aufzucht behandelt.

Über die gelungene Nachzucht von *C. crocodilus* im Vivarium Kehl berichtet HIRSCHFELD (1966). Nach seinen Angaben kopulierte das Männchen mit dem Weibchen gegen Ende Januar. Die Kopulationsversuche fanden häufig in den Morgen– und Abendstunden statt. Dabei klammerte sich das Männchen mit den Vorderbeinen ans Weibchen und drehte seinen Schwanz seitwärts nach unten. Bis zur Körpermitte lagen die beiden Tiere genau übereinander und etwa von da an seitwärts verdreht zueinander. Das Weibchen bog seinen Schwanz seitwärts von unten nach oben. Fünf Mal beobachtete HIRSCHFELD die Kopulation, die nie länger als eine Minute dauerte. Anfang März schob dann das Weibchen mit den Hinterbeinen Sand, Moos und Laub zu einem kleinen Hügel zusammen, den es jedoch am nächsten Morgen wieder zerstörte. Am 9. März baute es in einer dunklen Ecke der Anlage aus Laub und Schilf einen weiteren Nesthügel von 30 bis 40 cm Höhe. In den Tagen vor dem 16. März war es ausgesprochen unruhig und wechselte häufig zwischen Land und Wasser hin und her. Um 17 Uhr begann es dann unter einem Infrarotstrahler etwa 1 m vom Nest entfernt mit den Hinterbeinen ein 25 cm tiefes und 35 cm breites Loch zu graben. Die Pausen zwischen Graben und Ausruhen wurden zwischen 18 und 19 Uhr immer kürzer, bis dann genau um 19^{30} Uhr die ersten Wehen einsetzten. Der Kaiman erhob sich auf die Hinterfüße, preßte die Flanken zusammen, und im Niedergehen fiel das erste Ei in die Grube. Dieser Vorgang wiederholte sich in den folgenden 50 Minuten noch 24 Mal. Nach kurzer Pause scharrte das Weibchen das Gelege mit den Hinterbeinen zu, wobei drei Eier beschädigt wurden. Die restlichen 22 wurden in einem Akkuglas inkubiert. Die Eier lagen bei Temperaturen zwischen 25 und 28 °C zwischen feuchtem Sand und Moos im hinteren Teil des Glases, während im vorderen, wo zur Erzeugung der erforderlichen Luftfeuchtigkeit Wasserbehälter standen, eine Temperatur von 35 bis 45 °C vorherrschte. Die relative Luftfeuchtigkeit schwankte zwischen 80 und 98 %. Sämtliche Eier erwiesen sich als unbefruchtet.

Im gleichen Terrarium befand sich noch ein weiteres Kaimanweibchen, das im April des gleichen Jahres ebenfalls öfter mit dem Männchen kopulierte. Durch gezieltes Einschalten der Landbeheizung beeinflußte HIRSCHFELD den Zeitpunkt der Eiablage, so daß es am frühen Morgen des 18. Mai zur Eiablage kam. Damit scheint der Beweis erbracht zu sein, daß man bei Krokodilen von einem gewissen Trächtigkeitsstadium an den Zeitpunkt der Eiablage durch eine Temperaturerhöhung im Terrarium beeinflussen kann. Auch dieses Weibchen scharrte sich mit seinen Hinterbeinen aus Laub, Moos und Sand ein Nest zusammen, das in diesem Fall 30 cm hoch war und einen Durchmesser von 1 m hatte. Es legte 23 Eier, die numeriert, gemessen und gewogen wurden. Das kleinste war 5,8 cm lang, 3,3 cm breit und wog 38 g, das größte hatte eine Länge von 6,58 cm, eine Breite von 3,58 cm und ein Gewicht von 57 g. Einige Eier kamen wieder in das bereits beschriebene Akkuglas, die anderen hängte der Verfasser in ein aufgestelltes, hohes Akkuglas, das unten mit 35 °C warmem Wasser gefüllt war. Das verdunstende Wasser wurde von der aufsteigenden Warmluft mitgeführt, so daß die Eier konstant von frischer, feuchtwarmer Luft umströmt wurden. Nach etwa 10 Wochen zeigte sich nach vorheriger Durchleuchtung der Eier, daß zehn faul waren und bei zweien der Embryo im ersten Entwicklungsstadium abgestorben war. Ein Ei mit einem fast vollständig entwickeltem Jungen wurde geöffnet, dieses starb jedoch kurz darauf. Bei fünf Eiern war die Eischale bereits gesprungen. Zu Beginn der 12. Woche wurde das Kaimanweibchen sichtlich nervös und bissig. Es biß auch das stärkere Kaimanmännchen und das andere Weibchen. Tagelang lag es an Land und verteidigte dieses sogar gegen die sich im gleichen Terrarium befindlichen Wasserschildkröten. Aus diesem Verhalten ließ sich schließen, daß das Weibchen instinktiv den Zeitpunkt der Geburt vorausahnte und die Jungen verteidigen wollte. Eine Kontaktaufnahme zwischen der Mutter und den Jungen konnte wegen der Entfernung zwischen dem Terrarium und den Brutgefäßen nicht stattgefunden haben. Um 22^{45} am 8. August, also 12 Wochen nach der Eiablage, schlüpfte der erste junge Kaiman aus dem Ei. Um 23 Uhr folgte der zweite. Am 11. August holte HIRSCHFELD mit Hilfe einer Nagelschere noch ein sechstes Exemplar aus einem noch unversehrten, im ersten Drittel leeren Ei.

Mit HIRSCHFELD (1966) läßt sich zusammenfassend sagen, »..., daß die Zucht von Krokodilen, insbesondere von Krokodilkaimanen, in Gefangenschaft unter einigermaßen günstigen Bedingungen gelingt. Ihre Paarungszeit fällt in die Frühjahrsmonate Februar bis April. Die Anzahl der Eier beträgt bei 6 bis 10 Jahre alten Tieren ca. 20 bis 30. Bei uns lag die durchschnittliche Größe der Eier bei 6,5 cm Länge und 3,5 cm Breite. Die Brutzeit beträgt etwa 83 bis 86 Tage, also 12 Wochen. Unsere jungen Kaimane waren bei der Geburt etwa 21 cm lang und wogen 31 g.« (Tab. 19).

Nach STRIBRNY (1978) ist die Nachzucht von *C. crocodilus* nicht sonderlich schwierig, wenn einige Grundbedingungen (Wärme, Ernährung) eingehalten werden. So wirkt sich bei zu ausgiebiger Fütterung eine Verfettung der Tiere negativ auf die Fortpflanzung aus. STRIBRNY fütterte seine Kaimane sehr abwechslungsreich mit Wild– und nur gelegentlich mit Labortieren. Im Mittel von sieben Jahren verfütterte er zu 20 % Karauschen, 5 % Grünlinge, 5 % Gras– und Teichfrösche, 30 % Haussperlinge, 10 % Feldmäuse, 5 % Amseln und Stare, 25 % Karpfen, Plötze, Elritzen, Moderlieschen, Schleien, Schmerlen, Weinberg– und Posthornschnecken, Türkentauben und Maulwürfe, daneben Kaninchen, Haustauben, Meerschweinchen und Labormäuse. Während der Wintermonate nahmen die Kaimane ungefähr 50 Tage

Tab. 19: Größen- und Gewichtszunahmen von sechs jungen, im Vivarium Kehl geschlüpften *C. crocodilus* von August 1966 bis April 1967. Nach HIRSCHFELD (1967).

Nr.		1966					1967			
		VIII	IX	X	XI	XII	I	II	III	IV
1	(cm)	21,5	28,0	37,5	42,0	46,0	49,5	55,0	59,0	63,0
	(g)	32	75	120	210	330	350	500	650	900
2	(cm)	21,5	27,8	37,5	42,0	47,0	50,5	52,5	55,0	60,0
	(g)	32,5	80	115	230	350	380	480	610	825
3	(cm)	21,1	27,5	35,5	40,5	45,0	47,5	56,0	59,0	64,0
	(g)	31	95	130	200	260	345	610	780	950
4	(cm)	21,4	28,0	38,0	42,5	45,5	52,5	60,0	63,0	71,0
	(g)	31	65	115	220	310	410	710	870	1.350
5	(cm)	18,0	25,2	34,0	38,0	41,5	46,5	53,0	58,5	64,0
	(g)	27	70	120	210	290	380	680	890	1.250
6	(cm)	22,0	26,8	34,5	39,5	44,5	47,5	53,0	55,5	61,0
	(g)	30	85	135	180	230	300	460	580	850

lang keine Nahrung zu sich, bis sich im Februar der Appetit wieder einstellte. Die Tiere lebten in einem Glashaus, in dem sich ein 150 x 150 cm großes Wasserbecken befand. Die Temperaturschwankungen waren enorm. An sonnigen Sommertagen stieg die Lufttemperatur bis auf 50 °C und sank in der Nacht bis auf 25 bis 30 °C. Im Sommer lag die Wassertemperatur zwischen 25 und 35 °C, im Winter zwischen 23 und 30 °C. Die durchschnittliche Lufttemperatur betrug etwa 25 °C.

Am 20. April 1974 beobachtete STRIBRNY die ersten Paarungsversuche des Männchens, ohne daß es dabei zur Kopulation kam. Ein Jahr später, am 20. April 1975, setzte eine 10 bis 12tägige geschlechtliche Aktivität ein, bei der täglich drei bis fünf Paarungen stattfanden. Nach 58 Tagen sah man deutlich, daß das Weibchen trächtig war. Vom 25. Juni bis zum 1. Juli 1975 zeigte es sich sehr unruhig und scharrte zu Land und zu Wasser mit den Beinen. Am 1. Juli legte es dann in dem milchig trübem Wasser 14 Eier ab.

1976 legte das Weibchen wiederum 17 Eier, die sich aber nicht entwickelten, da sich der Pfleger zum kritischen Zeitpunkt nicht um das Gelege kümmern konnte. 1977 wurde der Brutvorgang überwacht und die Eier in einem 80 x 50 x 50 cm großem Terrarium in einer Schicht aus Sand und Torfmoos inkubiert. Von unten wurde das Gelege durch eine Bodenheizung, von oben durch eine 100 W starke Glühbirne erwärmt. Jeden zweiten Tag wurde es mit schlammigem Wasser befeuchtet. Aus den Eiern, die einer Temperatur zwischen 28 und 32 °C ausgesetzt waren, schlüpften insgesamt sechs normal entwickelte Jungtiere, aus denen, die bei 25 bis 28 °C gehalten wurden, sieben. Ein weiteres, dessen Ei einer Temperatur von 32 bis 36 °C ausgesetzt war, hatte einen deformierten Schwanz und starb ohne gefressen zu haben nach sieben Tagen. Die anderen voll entwickelten Embryonen waren abgestorben. Die Embryonen in den Eiern benötigten bis zum Schlupf 98 bis 104 Tage. Die geschlüpften Jungtiere waren im Durchschnitt 16,8 cm lang und wogen zwischen 25 und 30 g.

Bei der Nachzucht des Brauen–Glattstirnkaimans (*P. palpebrosus*) war LÜTHI (1983) recht erfolgreich. Zwei Jungtiere dieser Art wurden in einem Terrarium von 200 x 75 x 100 cm Größe gehalten und mit zunehmendem Wachstum in ein 400 x 120 x 60 cm großes überführt. Die Wassertemperatur lag zwischen 25 und 27 °C, die Raumtemperatur zwischen 26 und 28 °C. Das Wasser wurde mit Hilfe einer Umwälzanlage gereinigt. Acht 40 W–Leuchtstoffröhren spendeten täglich 12 Stunden Licht.

Im Oktober, November und Dezember 1981 ließ das Männchen ein lautes Brüllen erschallen, die Vorbereitungen für die Nachzucht waren also zu treffen. Dazu erhielten die Tiere wöchentlich eine Kapsel des Multivitaminpräparats Protovit und des Vitamin–E–Produktes Ephynal. Die beiden Brauen–Glattstirnkaimane stellten im Dezember und Januar wie üblich die Nahrungsaufnahme ein, worauf die Temperatur um 10 °C und die Beleuchtungsdauer auf 6 Std. täglich reduziert wurde. Am 15. Mai 1982 führte das Weibchen zu Lande scharrende Bewegungen aus und erhielt daraufhin eine mit Sand gefüllte Kiste, die jedoch in den ersten drei Tagen nicht beachtet wurde. Am Morgen des 19. Mai grub es von oben her ein Loch in den Sand. Männchen und Weibchen schoben dann Heu, das zuvor ins Terrarium gegeben worden war, auf die Sandkiste. Am nächsten Tag war das Nest fertig. Am 10. Juni ging das Weibchen zum Nest, wo es bis zum Ausschalten der Beleuchtung liegenblieb. Am 12. Juni begab es sich erneut zum Nest und blieb dort bis gegen 17 Uhr. Auch am 17. Juni lag das Weibchen den ganzen Tag auf dem Nest, ging jedoch gegen Abend einmal kurz ins Wasser. Vom 22. Juni bis zum 2. Juli öffnete das Weibchen morgens gegen 10 Uhr das Nest und schob gegen 17 Uhr wieder Heu darüber und drückte es mit dem Unterkiefer fest. Am Morgen des 3. Juli stand es mit gekrümmtem Rücken über dem Nest, während das Männchen mit seinem Schwanz Heureste darüber schaufelte. Die Eiablage begann gegen 16 Uhr und war gegen 23 Uhr mit insgesamt neun Eiern abgeschlossen. Anschließend ordnete das Weibchen die Eier im Nest, wobei es sie zwischen die Kiefer nahm und sorgfältig nebeneinanderlegte. Schließlich deckte es das Nest wieder zu und drückte es mit dem Bauch flach. Acht der neun Eier wurden in einem Gemisch aus Sand und Hobelspänen bei 29 °C und 90 % Luftfeuchtigkeit in einem Aquarium untergebracht. Am 15. Oktober schlüpfte ein Jungtier, dem in den nächsten Tagen sechs weitere folgten. Das im Nest verbliebene Ei wurde vom Weibchen ausgegraben und das Jungtier beim Kopf aus der Eischale gezogen. Dieses lief sogleich zum Wasser und kroch auf den Kopf des Männchens.

P. palpebrosus ist unter Obhut des Menschen häufig zur Fortpflanzung gebracht worden, wobei der Kölner Zoo besonders erfolgreich war. Über das Längenwachstum und die Gewichtszunahme der dort geborenen *P. Palpebrosus* gibt JES (1983) Auskunft:

Datum	I	II	III
22. 9. 1980	22 cm, 40 g	23 cm, 45 g	
4. 10 1980	23 cm, 50 g	25 cm, 60 g	20 cm, 50 g
15. 12. 1980	30 cm, 90 g	29 cm, 105 g	26 cm, 70 g
11. 7. 1981	56 cm, 750 g	48 cm, 550 g	52 cm, 600 g

Das Stumpfkrokodil (*O. tetraspis tetraspis*) ist mehrfach im Terrarium nachgezogen worden. Helfenberger (1981), in dessen Obhut 1968 ein Männchen und ein Weibchen dieser Unterart kamen, beschreibt eine solche Nachzucht.

1977 hatte sein Männchen eine Länge von 140 cm und das Weibchen eine von 130 cm. Zusammen mit zwei *A. mississippiensis* waren die beiden Stumpfkrokodile in einem provisorischen 2,5 m^2 großen Terrarium untergebracht, in dem sich ein 60 x 60 x 30 cm großes Wasserbecken befand. Die aus Westafrika stammenden Tiere begannen gegen Ende Oktober mit den Paarungsversuchen, denen in unregelmäßigen Abständen nächtliche Paarungsrufe vorausgingen. Das Männchen umklammerte das Weibchen mit den Vorderbeinen, ohne daß allerdings Kopulationen beobachtet wurden. Das Weibchen, das gegen Ende März 1978 die Nahrungsaufnahme verweigerte, begann am 14. Mai mit der Grabtätigkeit. Da kein beweglicher Bodengrund vorhanden war, führte es die Grabbewegungen instinktiv auf dem Steinboden aus. Mit den Vorderbeinen auf dem Rücken eines Alligators liegend, legte es am 24. Mai innerhalb von 20 Minuten 14 Eier auf den Steinboden. Diese wurden in ein 40 x 30 x 30 cm großes Aquaterrarium überführt. Dort befand sich über einer 10 cm hohen Schicht aus Leca–Isolierschlacke im Verhältnis von 1 : 1 ein Sand–Erde–Gemisch, in dem die Eier in 3 bis 5 cm Tiefe untergebracht wurden. Die Bruttemperatur schwankte zwischen 27 und 33 °C, die Luftfeuchtigkeit zwischen 85 und 95 %. Nach 45 Tagen zeigten fünf Eier, die in der Folgezeit größer wurden, feine Sprünge. 72 Tage nach der Eiablage öffnete der Pfleger ein Ei, das eine kleine Öffnung aufwies., Ein kleines Stumpfkrokodil, das nur drei Stunden lebte, kam zum Vorschein. 85 Tage nach der Eiablage schlüpften zwei weitere Tiere. Mit Hilfe des Pflegers kam am darauffolgenden Tag ein weiteres, nicht voll entwickeltes Tier zur Welt, das nach drei Tagen starb. Die beiden lebenden Krokodile waren 19 cm lang und 30,5 bzw. 28 g schwer. Die erste Nahrungsaufnahme in Form kleiner Aquarienfische (Makropoden) erfolgte bereits am zweiten Tag, danach nahmen sie Grillen und Regenwürmer zu sich. Nach sechs Monaten verzehrten sie bereits zerhackte Mäuse und Küken. Die folgenden Angaben verdeutlichen die weiteren Wachstums– und Gewichtszunahmen:

Alter	Tier 2 (Länge, Gewicht)	Tier 3 (Länge, Gewicht)
10 Wochen	31 cm, 141 g	26 cm, 80 g
6 Monate	41 cm, 403 g	36 cm, 226 g
1 Jahr	63 cm, 400 g	63 cm, 1.190 g
2 Jahre	77 cm, 2.010 g	78 cm, 2.700 g

Nach Jes (1983) wurde *Cr. niloticus* mehrfach im Kölner Zoo zur Fortpflanzung gebracht. Die dortige Krokodilanlage hat eine Größe von ungefähr 50 m^2. Ein Drittel der Fläche ist von bis zu 1,2 m tiefem Wasser bedeckt. Die über Eck gebaute Anlage ist so geteilt, daß die Tiere nicht immer Blickkontakt zueinander haben und Reviere aufbauen können. Die die Sonne ersetzenden Scheinwerfer sind täglich in Betrieb. Die Raumtemperatur schwankt im Winter im Tag–Nachtrhythmus zwischen 22 und 20 °C, im Sommer zwischen 30 und 25 °C. Die seit 1974 alljährlich zwischen November und März auftretenden Revierkämpfe, führten bisher zu keinen ernsthaften Verletzungen, da die Tiere einander ausweichen können.

Die Kopulationen fanden im Wasser statt. Die Nilkrokodile kopulierten von November bis März, am häufigsten im Januar und Februar. Die Eier wurden in einen bereitgestellten Sandkasten oder in das Wasser abgelegt. Die Zeitigung der Gelege erfolgte bei einer Temperatur von 29 °C in einem Klimaschrank. Als Substrat dienten Moos, Torf, Laubreste und das Kunststoffgranulat »Vermiculit«, das auch als Substrat zur Zeitigung von Schlangeneiern Verwendung findet. Es reguliert die Feuchtigkeit um das Gelege herum so hervorragend, daß andere Materialien überflüssig werden. 1975 schlüpfte nach einer Entwicklungsdauer von 100 Tagen ein Jungtier, 1976 waren es nach 108 Tagen drei und 1983 sogar 9. Die jungen Nilkrokodile maßen nach dem Schlupf ca. 28 cm und wogen 55 g. Die Aufzucht bereitete keine Probleme. Drei Wochen nach dem Schlupf wurden die ersten Fische gefressen.

Im Berliner Zoo gelang die Zucht von Nil- und Spitzkrokodilen. 1977 schlüpfte ein einziges Spitzkrokodil, das 25 cm maß, 45 g wog und sich gut entwickelte. 1978 legten die Spitzkrokodile wieder Eier, die jedoch beschädigt wurden. 1979 wurden 18 Eier aus dem Wasser geborgen, von denen jedoch nur sieben befruchtet waren. Von diesen starben wiederum vier Embryonen ab. Aus den übrigen schlüpfte nach einer Entwicklungsdauer von 85 Tagen ein 24 cm langes und 48 g schweres Jungtier, das sich gut entwickelte. Die beiden anderen starben kurz vor dem Schlupf.

Die oben beschriebenen Beispiele zeigen, daß die Nachzucht von Krokodilen anscheinend nicht so problematisch ist, wie früher oft angenommen wurde. Selbst kleinere Terrarien boten hinreichend Lebensraum.

Wesentlich für die Entwicklung von Krokodilen im Embryonalstadium ist die Einhaltung einer Temperatur zwischen 29 und 34 °C mit einem Optimum bei 32 °C. Eier, die Dauertemperaturen zwischen 23 und 26 °C ausgesetzt sind, führen zu keinen Schlupferfolgen. Bei Temperaturen oberhalb von 37 °C sterben die Embryonen ab. Weiterhin wichtig ist eine hohe Luftfeuchtigkeit, die durch Anfeuchten des Substrates oder des Nistmaterials erreicht wird. Die Eier überläßt man zweckmäßigerweise nicht dem Weibchen, sondern bringt sie in einen thermostatisch geregelten Inkubator, der optimale Schlupfraten garantiert. Die geschlüpften Jungkrokodile sind dicht beieinander in einem Terrarium mit einem Land- und Wasserbereich unterzubringen, wobei das Wasser ungefähr 30 cm tief sein soll. Zur Vermeidung von Krankheiten ist peinliche Sauberkeit angesagt. Durch Pflanzen in ihrer Umgebung fühlen sich die schreckhaften Jungtiere geschützt. In der Natur verbergen sich junge Krokodile im Dickicht der Sumpf- und Wasserpflanzen, um so ihren Freßfeinden zu entgehen. Da sie in den ersten Tagen noch wenig gewandt im Beutefang sind, müssen in großer Zahl kleine, lebende Fische angeboten werden. Mit zunehmendem Wachstum werden die Jungkrokodile nach Körperlänge sortiert in größeren Terrarien untergebracht.

11.5 Erkrankungen

Auf durch Parasiten verursachte Krankheiten bei Krokodilen wurde bereits in Kapitel 9 hingewiesen.

Die dem natürlichen Lebensraum entsprechende Umgebungstemperatur ist wahrscheinlich der wichtigste Faktor bei der Haltung von Krokodilen im Terrarium. Nach Untersuchungen von JACOBSEN (1982) wird das Immunsystem der Reptilien bei zu niedrigen Temperaturen geschwächt. Ist es erst einmal geschädigt, so reagiert es auf pathogene Keime, die unter normalen Temperaturen nicht auftreten würden, mit Krankheiten. Zu niedrige Luft- und Wassertemperaturen führen zu Erkältungen und Lungenentzündungen. In einem Experiment konnten COULSON & HERNANDEZ (1983) nachweisen, daß mit Fisch zwangsgefütterte Mississippi–Alligatoren bei 15 °C Schwierigkeiten hatten, die Nahrung zu verdauen. Die vom Körper absorbierten, aber nicht zu köpereigener Substanz transformierten Aminosäuren konnten noch nach 10 Tagen nachgewiesen werden. Die länger als normal im Blut verweilenden freien Aminosäuren übten toxische Wirkungen aus. Das mag auch erklären, warum freilebende Mississippi–Alligatoren im Herbst die Nahrungsaufnahme einstellen: sie würden sonst von den Aminosäuren aus ihrer eigenen Nahrung vergiftet. Die Außentemperatur ist also der entscheidende Faktor für die Nahrungsaufnahme, eine funktionierende Verdauung, die Assimilation der Nährstoffe, das Wachstum und den Gesundheitszustand des Krokodils. Das Temperaturoptimum liegt bei 32 °C, bei 25 °C läßt der Appetit der Tiere bereits deutlich nach und unterhalb von 20 °C stellen sie die Nahrungsaufnahme gänzlich ein.

In einer Krokodilanlage sind die Tiere stets von pathogenen Keimen umgeben, die in der Regel jedoch zu keinen Schäden führen. Krankheitssymptome treten erst auf, wenn das Wasser zu kalt und durch nicht gefressene Nahrung und Kot zu faulig wird, was zu einer zu starken Vermehrung der pathogenen Organismen führt. In solchen Fällen müssen die hygienischen Bedingungen durch häufigen Wasserwechsel verbessert werden. Jungtiere reagieren hier besonders empfindlich. Häufig tritt eine Gastroenteritis auf, die auf eine Behandlung mit Antibiotika nicht anspricht und rasch durch Dehydration zum Tode führt. Als Gegenmaßnahme wird die intramuskuläre Injektion einer 0,9 %igen Kochsalzlösung in Kombination mit Antibiotika vorgeschlagen.

Eine weitere Infektionskrankheit bei jungen Krokodilen ist die Maulfäule mit käsigen Verkrustungen im Bereich der Zähne, die rasch zu deren Verlust und zum Tode führt. Diese Krankheit läßt sich erfolgreich mit einer 0,1 %igen Acriflavinlösung behandeln. BURTON (1978) empfiehlt eine schonende Maulsäuberung und anschließende Spülung mit einer Wasserstoffperoxid- und Salzlösung. Anschließend wird auf das erkrankte Gewebe Streptomycin gestrichen. Weiterhin sind Injektionen von Chloramphenicol oder einem anderen Breitbandantibiotikum und tägliche orale Vitamin C–Gaben zu verabreichen.

JACOBSEN (1982) berichtet von einer Infektion der Atmungsorgane bei *A. mississippiensis*, die sich durch Husten und flüssige Entleerungen der Nasenöffnungen ausdrückten. In der angesetzten Bakterienkultur zeigten sich *Pasteurella multocida* und *Staphylococcus aureus*. Eine Verbesserung des Gesundheitszustandes wurde durch intramuskuläre Injektionen von Chloramphenicol (16 mg pro kg Körpergewicht) in den Oberschenkel erreicht.

Nach SHOTTS (1981) sind die meisten, wenn nicht alle Infektionen bei Alligatoren Sekundärerkrankungen. Das bedeutet, daß eine Primärerkrankung die Widerstandsfähigkeit des geschädigten Organismus herabsetzt, die Bakterien die Oberhand gewinnen und das geschwächte Tier an der Infektion erkrankt. Streß schädigt bei Krokodilen das Immunsystem und setzt die körperliche Widerstandskraft gegen bakterielle Infektionen herab. So wurden zahlreiche pathogene Bakterienarten aus gesunden Mississippi–Alligatoren, die keinerlei krankhaften Befund zeigten, isoliert.

Gicht ist ein Problem, das vor allem bei überfütterten Mississippi–Alligatoren auftritt. Die ersten Symptome drücken sich in einer Lähmung und dem Nachziehen der Hinterextremitäten aus. Im fortgeschrittenen Stadium greift die Lähmung auf den ganzen Körper über, und das Krokodil stirbt. Im frühen Stadium ist eine Heilung durch einen 7 bis 10tägigen Futterentzug möglich (JOANEN & MCNEASE 1977, 1981).

Eine calcium– und vitaminarme Ernährung sowie zu wenig Sonnenlicht führen bei Krokodilen zu Rachitis, die an Kieferverbiegungen mit Gebißanomalien und Kurzköpfigkeit zu erkennen ist. Die Krankheit wird behandelt, indem man die Tiere dem Sonnenlicht aussetzt und ganze Tiere (Ratten, Fische) unter Beigabe von Knochenmehl und Vitamin D verfüttert. In den Alveolen lange gepflegter Tiere können sich nicht nur je ein Zahn, sondern viele kleine Zähne befinden, die in eine zementähnliche Masse eingebettet sind. Gelegentlich finden sich in den Zahnhöhlen auch keine Zähne.

Bei Säugetieren laufen ein niedriger Blutzuckerspiegel und das Hungergefühl parallel. Bei Krokodilen ist das nicht so, es wurde sogar festgestellt, daß Krokodile bei niedrigem Blutzuckerspiegel am wenigsten Hunger verspüren (COULSON & HERNANDEZ 1983). Krokodile, die ihre Zuckerreserven durch Hungern oder Streß aufgebraucht hatten, zeigten keinerlei Appetit, so daß es schwierig war, sie durch Fütterung wieder gesund zu bekommen. Bei zu niedrigen Temperaturen und zu großem Streß verfielen sie in einen hypoglykämischen Schock mit extrem niedrigen Blutzuckerwerten. Die Symptome bestanden in einer aufwärts gerichteten Schnauze, erweiterten Pupillen, Zittern und Gleichgewichtsstörungen. CARDEILHAC (1981) empfiehlt zur Behandlung die orale Verabreichung von 3 g Glukose pro kg Körpergewicht.

Bei mit Meeräschen gefütterten Mississippi–Alligatoren stellte sich ein Mangel an Vitamin B_1 (Thiamin) ein. Die genannten Fische enthalten in großen Mengen das Enzym Thiaminase, das das Vitamin B_1 zerstört. Die klinischen Symptome bestehen in Appetitlosigkeit, Auszehrung, Gleichgewichtsstörungen, Ertrinkungsgefahr und Anfälligkeit gegenüber Infektionen. Zur Behandlung injiziert man intramuskulär 44 mg Vitamin B_1 pro kg Körpergewicht und reichert jedes Futtertier mit 5 mg Vitamin B_1 an.

Das Verfüttern öliger Fische wie Makrelen führt zu einem Vitamin E–Mangel. CARDEILHAC (1981) empfiehlt für ein krankes Tier die Verabreichung von 100 internationalen Einheiten Vitamin E pro Tag. Bei gesunden Tieren empfiehlt er Futterfische mit 20 internationalen Einheiten Vitamin E pro Tag anzureichern.

Wie an Blutuntersuchungen von Leistenkrokodilen nachgewiesen wurde, reagieren sie empfindlich auf chronischen und akuten Streß. Dies kann unter extremen Umständen zum plötzlichen Tod führen. Vor allem Jungtiere, die von ihren größeren Geschwistern unterdrückt werden, leiden unter Streß. Oft stellen sie die Nahrungsaufnahme ein oder werden bei den Fütterungen benachteiligt. Sie müssen dann in einen anderen Behälter gesetzt werden.

12 Systematik der rezenten Krokodile

Wie bereits in den Kapiteln 2 und 3 ausgeführt, sind die Krokodile innerhalb der Klasse der Reptilien eine isolierte Gruppe, die stammesgeschichtlich engere Beziehungen zu ausgestorbenen Reptilien–Ordnungen und zu den Vögeln als zu rezenten Gruppen aufweisen. Ähnlich isoliert innerhalb der Reptilien stehen auch die Schildkröten (Testudines) und Schnabelechsen (Rhynchocephalia). Alle drei genannten Ordnungen sind Überbleibsel einst artenreicher Reptiliengruppen, leben doch heute nur noch etwa 22 Krokodil– und 245 Schildkrötenarten sowie ein oder zwei Arten der Schnabelechsen. Ganz anders sieht es hingegen mit den Angehörigen der 4. Ordnung der Reptilien, den Schuppenkriechtieren (Sqamata) aus. Sie werden in drei Unterordnungen (Echsen, Schlangen, Doppelschleichen) gegliedert, die insgesamt fast 6.500 Arten umfassen. Vereinfacht ausgedrückt lassen sich Krokodile, Schildkröten und Brückenechsen als »lebende Fossilien« bezeichnen, während die Schuppenkriechtiere »moderne Reptilien« sind, deren evolutive Entwicklung sich vielleicht heute auf dem Höhepunkt befindet.

Daß in der Systematik der »modernen Reptilien« noch lange nicht alle Beziehungen und Verhältnisse befriedigend geklärt sind, ist allein wegen der beträchtlichen Anzahl der Arten kaum verwunderlich. Daß hingegen auch bei der systematischen Einordnung der relativ wenigen Krokodilarten die Meinungen der Zoologen auseinandergehen, ist schwerer verständlich. Waren anfangs nur die äußeren und die anatomischen Merkmale der rezenten Krokodile die Basis für ihre mosaikartige systematische Gliederung, wurden später, vor allem durch neue fossile Belege, die stammesgeschichtlich–verwandtschaftlichen Beziehungen besser verständlich, so daß sich auch zahlreiche Lücken füllen ließen, die bei der ausschließlichen Betrachtung der rezenten Formen auftraten.

Man darf natürlich nicht übersehen, daß sich gerade bei einer in ihrer Lebensweise sehr einheitlichen Reptiliengruppe wie bei den Krokodilen, die man, vereinfacht ausgedrückt, als gepanzerte, räuberisch–raubtierhaft im Wasser lebende Großreptilien bezeichnen könnte, eine große Anzahl von Analogien (ähnliche Merkmalsausprägungen auf Grund ähnlicher Lebensformen) entwickelt haben, die nicht zur Klärung verwandtschaftlicher Beziehungen herangezogen werden können. Als Beispiel sei hier die pinzettenartig ausgeformte, schmale Schnauze fischfressender Krokodile genannt, die es den Tieren ermöglicht, glattschuppige Fische sicher und gut zu ergreifen. Unabhängig voneinander haben z. B. die Gaviale diese Schnauzenform entwickelt, während auch bei den Echten Krokodilen, das Spitzkrokodil (*Cr. acutus*) und Panzerkrokodil (*Cr. cataphractus*) — das erste in Amerika, das zweite in Afrika — dieser Schnauzenform näher kommen als der ansonsten breitschnauzigen Form ihrer Verwandten. Neben dem Echten Gavial (*G. gangeticus*) hat aber insbesondere der Sunda–Gavial (*T. schlegelii*) diese pinzettenartige Schnauze entwickelt (siehe Titelbild), doch weicht der Sunda–Gavial auf Grund verschiedener anatomischer Merkmale stark vom Echten Gavial ab, so daß er lange Zeit als ein Angehöriger der Echten Krokodile, wenn auch in einer eigenen Gattung, betrachtet wurde. Moderne biochemische und immunologische Untersuchungen brachten aber überraschenderweise Ergebnisse, die doch auf eine engere Verwandtschaft der beiden Gaviale schließen ließen, und folglich ordnete DENSMORE (1983) beide in eine gemeinsame Familie. BUFFETAUT (1985) konnte neue paläontologische Sichtweisen hinzufügen und schloß sich dieser Meinung an.

Jede neue Methode in der Forschung erlaubt letztlich auch die Überprüfung aller bisherigen Ergebnisse, die langjährige Ansichten, denen viele Forscher sich anschlossen, in Frage stellen können. So präsentierte BROOKS (1981) eine Stammensgeschichte der Krokodil–Gattungen, zu der er auf Grund der Analyse ihrer Parasiten im Verdauungstrakt gelangt war. So merkwürdig auf den ersten Blick derartige Studien vielleicht erscheinen mögen, so sind sie doch weitere Bausteine, die in ihrer Einordnung in die Gesamtheit aller Blickwinkel, die phylogenetischen Beziehungen erhellen helfen können.

Bei aller Unterschiedlichkeit in der Rangordnung, die die verschiedenen Herpetologen den Gruppierungen der rezenten Krokodile zubilligen, sind sie sich jedoch in folgenden Punkten einig: Die Gattungen *Alligator, Caiman, Melanosuchus* und *Paleosuchus* sind eng miteinander verwandt, ebenso wie die Gattungen *Crocodylus* und *Osteolaemus*. Folglich werden beide Gruppen in den Rang einer Familie (Alligatoridae und Crocodylidae) oder Unterfamilie (Alligatorinae und Crocodylinae) gestellt.

Weitere Einigkeit besteht in der Bewertung der Echten Gaviale als dritte selbständige Einheit, die je nach Standpunkt als Familie oder Unterfamilie (Gavialidae bzw. Gavialinae) bewertet wird.

Uneinig ist man sich über den taxonomischen Status des Sunda–Gavials. Über die eigene Gattung *Tomistoma* herrscht allerdings Einigkeit, doch wird der Sunda–Gavial entweder nach der altklassischen Systematik zu den Echten Krokodilen gezählt, oder, wie es die bereits erwähnten Forscher DENSMORE (1983), MAGNUSSON (1992) und BUFFETAUT (1985) vorschlagen, zu den Gavialen gerechnet.

STEEL (1989), der nicht nur ein hervorragender Kenner der rezenten Krokodile ist, sondern als Paläozoologe auch die fossilen Krokodile ausführlich studiert hat, macht in einer Liste aller bisher bekannten fossilen und rezenten Krokodile eindrucksvoll deutlich, daß die Gattung *Tomistoma* richtiger in die Unterfamilie Thoracosaurinae zu stellen ist, wo sie die einzige bis in die Gegenwart überlebende von insgesamt 11 Gattungen ist. Es ist daher auch ein wenig konsequenter Ausweg, wenn einige Systematiker heute so verfahren, daß sie dieser Zuordnung nicht folgen, gleichzeitig aber *Tomistoma* weder zu den Echten Krokodilen noch zu den Gavialen stellen, sondern den isolierten Status der Gattung durch eine eigene Unterfamilie (Tomistominae), die gleichrangig neben den drei anderen Unterfamilien (Alligatorinae, Crocodylinae, Gavialinae) steht, ausdrücken (KING & BURKE 1989). Folgt man den einleuchtenden Ausführungen STEELS (1989), so wird zudem auch klar, daß in den anderen drei Unterfamilien ebenfalls die Mehrzahl der Angehörigen längst ausgestorben ist. Im Sinne der Stabilität der Nomenklatur als auch einer Systematik, die die tatsächlichen stammesgeschichtlichen Bezüge widerspiegeln will, wäre es also nur konsequent, die Unterfamilie Thoracosaurinae als 4. Unterfamilie auch bei dem rezenten Vertreter der Gattung *Tomistoma* zu verwenden.

Auch auf noch höherer systematischer Ebene ergäbe sich durch die Miteinbeziehung fossiler Formen ein deutlich abweichendes Bild zu der gebräuchlichen taxonomischen Rezent–Systematik. So wird in dieser nicht deutlich, daß neben der noch existierenden Familie Crocodylidae fünf weitere ausgestorben sind, die eine eigene Unterordnung, die Eusuchia, umfassen, welche wiederum mit fünf ausgestorbenen Unterordnungen erst die Ordnung Crocodylia in ihrer Gesamtheit bilden. Die Rezent–Systematik vereinfacht dieses Bild, in dem sie auf die Unterordnung Eusuchia verzichtet und die Familie Crocodylidae direkt zur Ordnung Crocodylia stellt.

Dieser kleine Ausflug in die Probleme einer Rezent– und/oder Fossil–Systematik soll nicht zur Verwirrung beitragen, sondern klarmachen, daß wir gerade bei der Gruppe der Krokodile heute nur einen kleinen Ausschnitt (die Spitze des Eisberges) einer ehemals reichen Fauna sehen. Es ist hier allerdings nicht der Platz die Gebräuchlichkeiten der Systematik (Rezent–Systematik) zu durchbrechen, so daß in diesem Buch die rezenten Krokodile eben in vier Unterfamilien — Alligatorinae, Crocodylinae, Tomistominae und Gavialinae — gegliedert werden.

Daß die Bestimmung der rezenten Krokodile noch schwierig genug ist, belegt eine amüsante Begebenheit, die ich dem Buch »Jaws, too« von CAMPBELL & WINTERBOTHAM (1985) entnommen habe: Der ceylonesische Herpetologe P. E. P. DERANIYAGALA spaltete die beiden Arten Sumpfkrokodil (*Cr. palustris*) und Leistenkrokodil (*Cr. porosus*) in je zwei geographische Rassen auf und verwechselte gleichzeitig in einem australischen Zoo einen Mississippi–Alligator mit einem Leistenkrokodil. Darüber hinaus sah er in dem fehlbestimmten *A. mississippiensis* auch noch eine besondere Unterart von *Cr. porosus*.

In der Krokodil–Systematik der letzten 150 Jahre hat es zahlreiche unterschiedliche Auffassungen und auch Umbenennungen gegeben. Nach SCHMIDT (1919) ist das Stumpfkrokodil, *Osteolaemus osborni*, aus Zaire als eigenständige Art und nicht als Unterart, *Osteolaemus tetraspis osborni*, aufzufassen. MEDEM (1983) sieht in *Caiman yacare* eine selbständige Art. Beide Vorstellungen haben sich aber nicht allgemein durchgesetzt. Umstritten und mit Vorbehalt aufzunehmen sind auch die von FUCHS (1974) benannten Unterarten *Caiman crocodilus matogrossiensis* und *Caiman crocodilus paraguayensis*. Das gleiche gilt mehr oder weniger für die Unterarten des Leisten–, Nil– und Sumpfkrokodils.

Die nachfolgende Auflistung der Alligatoren, Kaimane, Krokodile und Gaviale folgt der Systematik nach ROSS & MAGNUSSON (1989), STEEL (1989) u.a., die in dieser Form heute von den meisten Wissenschaftlern akzeptiert wird.

Ordnung: Crocodylia

Familie: Crocodylidae

Unterfamilie: Alligatorinae, Alligatoren und Kaimane

Gattung: *Alligator* CUVIER, 1807, Echte Alligatoren

Art: *A. mississippiensis* (DAUDIN, 1802), Mississippi–Alligator
A. sinensis FAUVEL, 1879, China–Alligator

Gattung: *Caiman* SPIX, 1825, Brillenkaimane

Art: *C. crocodilus* (LINNAEUS, 1758), Brillen– oder Krokodilkaiman

Unterart: *C. c. crocodilus* (LINNAEUS, 1758), Gewöhnlicher Brillenkaiman

C. c. apaporiensis MEDEM, 1955, Rio–Apaporis–Brillenkaiman

C. c. fuscus (DAUDIN, 1802), Nördlicher Brillenkaiman

C. c. matogrossiensis FUCHS, 1974, Mato Grosso–Brillenkaiman

C. c. paraguayensis FUCHS, 1974, Gran Chaco–Brillenkaiman

C. c. yacare (DAUDIN, 1802), Südlicher Brillenkaiman

Art: *C. latirostris* (DAUDIN, 1802), Breitschnauzenkaiman

Unterart: *C. l. latirostris* (DAUDIN), 1802), Östlicher Breitschnauzenkaiman

C. l. chacoensis FREIBERG & CARVALHO, 1965, Nördlicher Breitschnauzenkaiman

Gattung: *Melanosuchus* GRAY, 1862, Mohrenkaimane

Art: *M. niger* (SPIX, 1825), Mohrenkaiman

Gattung: *Paleosuchus* GRAY, 1862, Glattstirnkaimane

Art: *P. palpebrosus* (CUVIER, 1807), Brauen–Glattstirnkaiman
P. trigonatus (SCHNEIDER, 1801), Keilkopf–Glattstirnkaiman

Unterfamilie: Crocodylinae, Echte Krokodile

Gattung: *Crocodylus* LAURENTI, 1768, Echte Krokodile

Art: *Cr. acutus*, LAURENTI, 1768, Spitzkrokodil

Cr. cataphractus CUVIER, 1827, Panzerkrokodil

Unterart: *Cr. c. cataphractus* CUVIER, 1824, Westafrikanisches Panzerkrokodil

Cr. c. congicus FUCHS et al., 1974, Mittelafrikanisches Panzerkrokodil

Art: *Cr. intermedius* GRAVES, 1819, Orinoko–Krokodil

Cr. johnsoni KREFFT, 1873, Australien–Krokodil

Cr. moreletii DUMÉRIL et al., 1851, Beulenkrokodil

Cr. mindorensis SCHMIDT, 1935, Philippinen–Krokodil

Cr. niloticus LAURENTI, 1768, Nilkrokodil

Unterart: *Cr. n. niloticus* LAURENTI, 1786, Nordöstliches Nilkrokodil

Cr. n. africanus LAURENTI, 1768, Südöstliches Nilkrokodil

Cr. n. chamses BORY, 1824, Westliches Nilkrokodil

Cr. n. cowiei (SMITH, 1937), Südliches Nilkrokodil

Cr. n. madagascariensis GRANDIDIER, 1872, Madagassisches Nilkrokodil

Cr. n. pauciscutatus DERANIYAGALA, 1948, Östliches Nilkrokodil

Cr. n. suchus GEOFFROY, 1807, Nordwestliches Nilkrokodil

Art: *Cr. novaeguineae* SCHMIDT, 1928, Neuguinea–Krokodil

Cr. palustris LESSON, 1831, Sumpfkrokodil

Unterart: *Cr. p. palustris* LESSON, 1831, Indisches Sumpfkrokodil
Cr. p. kimbula DERANIYAGALA, 1936, Ceylon-Sumpfkrokodil

Art: *Cr. porosus* SCHNEIDER, 1801, Leistenkrokodil

Unterart: *Cr. p. porosus* SCHNEIDER, 1801, Ceylon–Leistenkrokodil

Cr. p. biporcatus CUVIER, 1807, Indoaustralisches Leistenkrokodil

Art: Cr. *rhombifer* CUVIER, 1807, Kuba–Krokodil

Cr. *siamensis* SCHNEIDER, 1801, Siam–Krokodil

Gattung: *Osteolaemus* COPE, 1860, Stumpfkrokodile

Art: *O. tetraspis* COPE, 1860, Stumpfkrokodil

Unterart: *O. t. tetraspis* COPE, 1860, Westafrikanisches Stumpfkrokodil

O. t. osborni (SCHMIDT, 1919), Mittelafrikanisches Stumpfkrokodil

Unterfamilie: Tomistominae, Sunda–Gaviale

Gattung: *Tomistoma* MÜLLER, 1846, Sunda–Gaviale

Art: *T. schlegelii* (MÜLLER, 1838), Sunda–Gavial

Unterfamilie: Gavialinae, Echte Gaviale

Gattung: *Gavialis* OPPEL, 1811, Gaviale

Art: *Gavialis gangeticus* (GMELIN, 1789), Ganges–Gavial

13 Bestimmungschlüssel

Die nun folgenden Bestimmungsschlüssel sind dem Buch »Bestimmen von Krokodilen und ihrer Häute« von WERMUTH & FUCHS (1978) entnommen. Im Hinblick auf die im vorigen Kapitel diskutierte Systematik wurden sie ein wenig abgeändert und ergänzt.

13.1 Alligatorinae

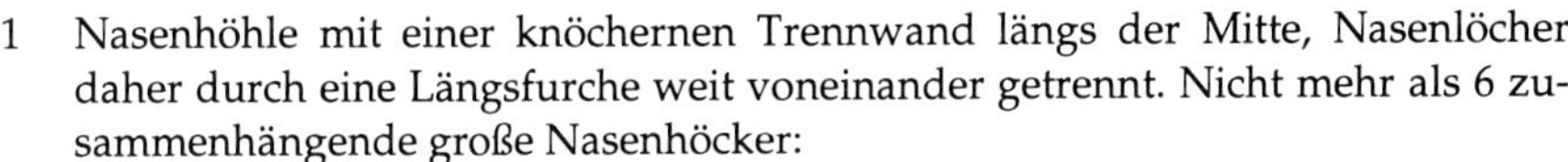

1 Nasenhöhle mit einer knöchernen Trennwand längs der Mitte, Nasenlöcher daher durch eine Längsfurche weit voneinander getrennt. Nicht mehr als 6 zusammenhängende große Nasenhöcker:
Alligatoren (*Alligator*) ⇨ 4

1′ Nasenhöhle ohne knöcherne Trennwand, Nasenlöcher daher nicht durch eine breite Längsfurche weit voneinander getrennt. Mindestens 8 zusammenhängende große Nasenhöcker:
Brillenkaimane (*Caiman*)
Mohrenkaimane (*Melanosuchus*)
Glattstirnkaimane (*Paleosuchus* ⇨ 2

2 Zwischen den vorderen Augenwinkeln verläuft quer über die Basis der Schnauze eine knöcherne Querleiste (ähnlich einem Brillensteg). Iris des Auges grünlich. Bauch hell, ohne dunkle Flecken:
Brillenkaimane (*Caiman*)
Mohrenkaimane (*Melanosuchus*) ⇨ 3

2′ Keine knöcherne Querleiste zwischen den vorderen Augenwinkeln. Auge braun. Bauch mit dunklen Flecken auf hellem Grunde:
Glattstirnkaimane (*Paleosuchus*) ⇨ 6

3 Grundfärbung bräunlich oliv, am Rumpf und Schwanz mit breiten, dunklen Querbinden, die im Alter verblassen. Hinterhaupthöcker in 2 oder 3 Querreihen. Augenhöhle nicht weit über den Vorderrand des oberen Liedes hinaus verlängert:
Brillenkaimane (*Caiman*) ⇨ 5

3′ Grundfärbung schwarz, in der Jugend mit leuchtend gelben, schmalen Querbinden, die im Alter völlig verschwinden. Augenhöhle weit über den Vorderrand des oberen Lides hinaus nach vorn verlängert. Hinterhaupthöcker in 5 Querreihen:
Mohrenkaiman (*M. niger*)

4 Zwischen den vorderen Augenwinkeln eine knöcherne, in der Mitte unterbrochene Querleiste über die Basis der Schnauze; längs der Oberseite des Rumpfes 6 Längsreihen der Rückenschilde. Kiele des mittleren Längsreihenpaares der Rückenschilde biegen auf der Schwanzwurzel rückwärts nach außen aus und gehen in den doppelten Schuppenkamm auf der Oberseite des Schwanzes über. Zehen der Vorderbeine auch am Grunde nicht durch Spannhäute verbunden:

China–Alligator (*A. sinensis*)

4′ Keine knöchernen Längs– oder Querleisten auf der Oberseite der Schnauze. In der Mitte des Rumpfes 8 Längsreihen der Rückenschilde. Kiele des mittleren Längsreihenpaares der Rückenschilde verlaufen parallel zueinander, bis sie dann auf der Schwanzwurzel zwischen dem doppelten Schuppenkamm verschwinden. Zehen der Vorderbeine am Grunde durch Spannhäute miteinander verbunden:

Mississippi–Alligator (*A. mississippiensis*)

5. Schnauze ungewöhnlich kurz und breit, meistens kürzer als ihre Breite in Höhe der vorderen Augenwinkel beträgt. Meist ist nur die vordere Querreihe der Nackenhöcker aus 4 Schilden zusammengesetzt; die dahinter folgenden Reihen bestehen aus je 2 Schilden:

Breitschnauzenkaiman (*C. latirostris*)

5′ Schnauze mindestes 1,5mal so lang wie an der Basis (in Höhe der vorderen Augenwinkel) breit, meist beträchtlich länger. Die beiden vorderen Querreihen der Nackenhöcker mit je 4 Schilden:

Brillenkaiman (*C. crocodilus*)

Die Unterarten sind nur auf Grund der Besonderheiten ihrer Bauchschilde, Flankenschuppen und deren Verknöcherungen genau zu unterscheiden.

6 Oberfläche der Schnauze geht abgerundet in die Seiten über. Nur eine Querreihe großer Hinterhaupthöcker. Rückenschilde etwas unregelmäßig angeordnet. Zwischen den Hinterbeinen nur 2 (in Ausnahmefällen 3) gekielte Schilde in einer Querreihe. Die Kiele des mittleren Längsreihenpaares biegen hinter der Schwanzwurzel rückwärts nach außen aus, wobei hinter ihnen ein neues Paar von Längskielen auftritt, das beiderseits in den hohen Schwanzkamm übergeht:

Keilkopf–Glattstirnkaiman (*P. trigonatus*)

6′ Seiten der Schnauze kantig von der Schnauzenoberfläche abgesetzt. Meist 2 Querreihen großer Hinterhaupthöcker. Rückenschilde in regelmäßigen Längs– und Querreihen angeordnet. Zwischen den Hinterbeinen 4 gekielte Schilde in einer Querreihe, die Kiele des mittleren Längsreihenpaares biegen rückwärts jeweils nach der Seite aus und gehen dort in den hohen Schwanzkamm über:

Brauen–Glattstirnkaiman (*P. palpebrosus*)

13.2 Crocodylinae, Tomistominae

1 Schnauze auffallend kurz, nur wenig länger als an der Basis (in Höhe der vorderen Augenwinkel) breit. Oberes Augenlid fast völlig verknöchert und mit glatter Oberfläche. Bauchseite ausgiebig dunkel gefleckt bis fast einfarbig schwärzlich. Iris des Auges braun:

Stumpfkrokodil (*O. tetraspis*)

Die Art gliedert sich in 2 Unterarten, die sich exakt nur an der Anzahl der Bauchschilde und Flankenschuppen unterscheiden lassen.

1′ Schnauze mäßig bis sehr lang, stets mindestens 1,4mal so lang wie an der Basis breit. Oberes Augenlid nur zu einem geringen Teil verknöchert und mit runzliger, rauher Oberfläche. Bauchseite fleckenlos hell (nur bei dem extrem langschnauzigen Panzerkrokodil seitlich mit spärlichen dunklen Flecken):

Eigentliche Krokodile (*Crocodylus*)
Sunda–Gavial (*Tomistoma*) ⇨ 2

2 Schnauze unterschiedlich lang. Beiderseits höchstens 19 Zähne im Oberkiefer. Unterkieferäste vorn nur bis zur Höhe des 8. Zahnpaares starr miteinander verbunden. Nackenhöcker von den Rückenschilden mehr oder weniger deutlich getrennt:

Eigentliche Krokodile (*Crocodylus*) ⇨ 3

2′ Schnauze extrem lang, mind. 3 bis 4,5mal so lang wie an der Basis (in Höhe der vorderen Augenwinkel) breit. Beiderseits mind. 20 Zähne im Oberkiefer. Unterkieferäste vorn mindestens bis zur Höhe des 14. Zahnpaares starr miteinander verbunden. Nackenhöcker nicht von den Rückenschilden zu unterscheiden:

Sunda–Gavial (*Tomistoma schlegelii*)

3 Schnauze nicht auffallend lang und schmal, weniger als 4mal so lang wie die Breite am Nasenhöcker:

Spitzkrokodil (*Cr. acutus*)
Beulenkrokodil (*Cr. moreletii*)
Philippinenkrokodil (*Cr. mindorensis*)
Nilkrokodil (*Cr. niloticus*)
Neuguinea–Krokodil (*Cr. novaeguineae*)
Sumpfkrokodil (*Cr. palustris*)
Leistenkrokodil (*Cr. porosus*)
Kuba–Krokodil (*Cr. rhombifer*)
Siam–Krokodil (*Cr. siamensis*) ⇨ 4

3′ Schnauze auffallend lang und verschmälert, mehr als 5mal so lang wie am Nasenhöcker breit:

Panzerkrokodil (*Cr. cataphractus*)
Orinoko–Krokodil (*Cr. intermedius*)
Australien–Krokodil (*Cr. johnsoni*) ⇨ 12

4 Oberfläche der Schnauze vor den Augen glatt, im höheren Alter auch runzelig, aber ohne ausgeprägte Erhebungen in Form von längs verlaufenden Leisten bzw. dreieck– oder beulenförmigen Erhebungen vor den Augen:

Nilkrokodil (*Cr. niloticus*)
Sumpfkrokodil (*Cr. palustris*) ⇨ 5

4′ Auf der Oberseite der Schnauze vor den Augen leisten–, dreieck– oder beulenförmige Erhebungen:

Spitzkrokodil (*Cr. acutus*)
Philippinen–Krokodil (*Cr. mindorensis*)
Beulenkrokodil (*Cr. moreletii*)
Neuguinea–Krokodil (*Cr. novaeguineae*)
Leistenkrokodil (*Cr. porosus*)
Kuba–Krokodil (*Cr. rhombifer*)
Siam–Krokodil (*Cr. siamensis*) ⇨ 6

5 Schnauze verhältnismäßig lang und schmal, mindestens 3mal so lang wie in Höhe des Nasenhöckers breit. Rückenschilde regelmäßig angeordnet, ihr mittleres Längsreihenpaar nicht breiter als die angrenzenden Längsreihen. Seitenränder der Schädelplatte im Alter aufgewulstet. Bauchschilde in regelmäßigen Querreihen angeordnet:

Nilkrokodil (*Cr. niloticus*)

Die Unterarten lassen sich exakt nur nach der Beschaffenheit der Bauchhaut identifizieren.

5′ Schnauze stumpf und breit, nur etwa 2,5mal so lang wie in Höhe des Nasenhöckers breit. Rückenschilde etwas unregelmäßig angeordnet, das mittlere Paar angeblich etwas breiter als die seitlich davon gelegenen Längsreihen (außer bei Exemplaren aus Sri Lanka). Seitenränder der Schädelplatte auch im Alter nicht aufgewulstet. Querreihen der Bauchschilde verlaufen nicht immer, insbesondere nicht in der Nabelregion, regelmäßig über die gesamte Bauchfläche:

Sumpfkrokodil (*Cr. palustris*)

6 Vor dem vorderen Augenrand je eine knöcherne, schräg einwärts nach vorn verlaufende Leiste (sie kann kurz und kaum länger als das Auge sein):

Philippinen–Krokodil (*Cr. mindorensis*)
Neuguinea–Krokodil (*Cr. novaeguineae*)
Leistenkrokodil (*Cr. porosus*) ⇨ 7

6′ Mitten vor den Augen eine unpaare, flächige Erhöhung in Form einer Beule oder eines Dreiecks:

Spitzkrokodil (*Cr. acutus*)
Beulenkrokodil (*Cr. moreletii*)
Kuba–Krokodil (*Cr. rhombifer*)
Siam–Krokodil (*Cr. siamensis*) ⇨ 8

7 Vor dem vorderen Augenrand je eine deutlich ausgebildete, höckerige Längsleiste, die sich vorwärts — schwach konvergierend — fast bis zum Nasenhökker erstreckt. Hinterhaupthöcker fehlen ganz oder sind nur schwach einseitig und höchstens als ein einziges Paar entwickelt. Rückenschilde weisen nur in ihrer Mitte eine kleine, elliptische Verknöcherung auf:

Leistenkrokodil (*Cr. porosus*)

7′ Knöcherne Längsleisten vor den Augen schwach und nicht höckerig ausgebildet, kaum viel länger als das Auge selbst; sie konvergieren stark nach vorn, treffen sich aber nicht in der Mitte und bilden somit kein Dreieck, das mit der Spitze nach vorn weist (wie beim Siam–Krokodil):

Philippinen–Krokodil (*Cr. mindorensis*)
Neuguinea–Krokodil (*Cr. novaeguineae*)

8 Mitten vor den Augen liegt eine etwa erhöhte Fläche in Form eines Dreiecks, dessen Ecke nach vorne weist:

Kuba–Krokodil (*Cr. rhombifer*)
Siam–Krokodil (*Cr. siamensis*)

8′ Mitten vor den Augen liegt eine beulenförmige, im Umriß rundliche oder ovale Erhebung:

Spitzkrokodil (*Cr. acutus*)
Beulenkrokodil (*Cr. moreletii*) ⇨ 10

9 Schnauze auffallend flach, beiderseits nur 4 Zähne im Zwischenkiefer (dem Vorderteil des Oberkiefers, der nach hinten durch den seitlichen Einschnitt hinter dem Nasenhöcker gekennzeichnet ist). In der Furche zwischen den beiden Augen verläuft längs der Mitte eine knöcherne Leiste. Grundfärbung des Rükkens olivbräunlich:

Siam–Krokodil (*Cr. siamensis*)

9′ Schnauze nicht auffallend flach; im Zwischenkiefer auch im Alter beiderseits 5 Zähne. Keine Längsleiste zwischen den Augen. Grundfärbung schwärzlich, mit gelben Sprenkeln:

Kuba–Krokodil (*Cr. rhombifer*)

10 Schnauze lang und spitz, 3,5mal so lang wie in Höhe des Nasenhöckers breit. Grundfärbung hell oliv:

Spitzkrokodil (*Cr. acutus*)

10′ Schnauze breit und verhältnismäßig kurz, höchstens bis 3mal so lang wie in Höhe des Nasenhöckers breit. Grundfärbung sehr dunkel bis schwärzlich:

Beulenkrokodil (*Cr. moreletii*)

11 Schnauze mit gleichmäßig konvergierenden Seitenrändern, etwa 5mal so lang wie in Höhe des Nasenhöckers breit. Gruppe der Nasenhöcker deutlich vom Vorderrand der Rückenschilde getrennt. Rückenschilde in 16 Querreihen (von

vorn bis zur Höhe des Hinterrandes des Ansatzes der Oberschenkel gezählt):

Orinoko–Krokodil (*Cr. intermedius*)

11′ Schnauze im Mittelteil mit fast parallel verlaufenden Seitenrändern, über 7mal so lang wie in Höhe des Nasenhöckers breit. Nasenhöcker nicht oder kaum von den Rückenschilden getrennt. Rückenschilde in 18 oder mehr Querreihen (von vorn bis zum Hinterrand des Oberschenkelansatzes):

Panzerkrokodil (*Cr. cataphractus*)
Australien–Krokodil (*Cr. johnsoni*) ⇨ 12

12 Zwischenkieferabschnitt (vor dem beiderseitigen Einschnitt des Oberkiefers hinter dem Nasenhöcker) deutlich verbreitert, auch im Alter mit beiderseits 4 Zähnen. Nur 4 Nasenhöcker:

Panzerkrokodil (*Cr. cataphractus*)

Die Unterarten lassen sich exakt nur nach der Beschaffenheit der Bauchhaut ermitteln.

12′ Zwischenkieferbereich des Oberkiefers kaum verbreitert, beiderseits mit 5 Zähnen. Gruppe der Nackenhöcker mit 6 Schilden:

Australien–Krokodil (*Cr. johnsoni*)

13.3 Bestimmungsschlüssel für die Bauchhäute

13.3.1 Schlüssel zu den Unterfamilien

1 Die Bauchschilde weisen in der Nähe des Hinterrandes keine porenförmigen Sinnesorgane auf:

Alligatoren und Kaimane (Alligatorinae)

1′ Bauchschilde in der Nähe des Hinterrandes mit porenförmigen Sinnesorganen nicht immer deutlich zu erkennen):

Echte Krokodile (Crocodylinae)
Echte Gaviale (Gavialinae) ⇨ 2

2 Auf der Kehle zeichnet sich ein Halsband aus mehr oder weniger stark vergrößerten Schilden ab:

Echte Krokodile (Crocodylinae)

2′ Kehle ohne Halsband; alle dortigen Querreihen aus etwa gleich großen Schilden:

Echte Gaviale (Gavialinae)

13.3.2 Alligatorinae

1 Hintere Kehlschilde und vordere Bauchschilde entweder überhaupt nicht verknöchert, oder die hier vorhandenen Verknöcherungen nur jeweils im Zentrum eines Schildes und nicht zweiteilig ausgebildet:

Alligatoren (*Alligator*) ⇨ 2

1′ Zumindest die vorderen Zweidrittel der Bauchfläche mit großen, tafelförmigen und zweiteiligen Verknöcherungen:

Brillenkaimane (*Caiman*)
Mohrenkaimane (*Melanosuchus*)
Glattstirnkaimane (*Paleosuchus*) ⇨ 3

2 Keine oder (im Alter) nur geringfügige, kaum wahrnehmbare Verknöcherungen in den hinteren (zum Halsband gelegenen) Kehl– und vorderen Bauchschilden; in der Mitte des Rumpfes 12 – 14 Bauchschilde in einer Querreihe:

Mississippi–Alligator (*A. mississippiensis*)

2′ Hintere Kehlschilde und vordere Bauchschilde mit zentral gelegenen, ansehnlichen (aber nicht zweiteiligen) Verknöcherungen; in der Mitte des Rumpfes 8 – 10 Bauchschilde in einer Querreihe:

China–Alligator (*A. sinensis*)

3 Vom Hinterrand des Halsbandes bis zum Vorderrand des Afterfeldes 19 oder weniger Querreihen der Bauchschilde (längs der Rumpfmitte zu zählen):

Brauen–Glattstirnkaiman (*P. palpebrosus*)
Keilkopf–Glattstirnkaiman (*P. trigonatus*)

Beide Arten unterschieden sich offenbar nicht in den Merkmalen ihrer Bauchhaut.

3′ Vom Hinterrand des Halsbandes bis zum Vorderrand des Afterfeldes 20 und mehr Querreihen der Bauchschilde:

Brillenkaimane (*Caiman*)
Mohrenkaimane (*Melanosuchus*) ⇨ 4

4 Vom Hinterrand des Halsbandes bis zum Vorderrand des Afterfeldes 24 oder mehr Querreihen der Bauchschilde:

Breitschnauzenkaiman (*C. latirostris*)
Mohrenkaiman (*M. niger*) ⇨ 5

4′ Vom Hinterrand des Halsbandes bis zum Vorderrand des Afterfeldes höchstens 24 (meist weniger) Querreihen der Bauchschilde:

Krokodilkaiman (*C. crocodilus*) ⇨ 6

5 In der Mitte des Rumpfes beiderseits 3 – 4 Flankenschuppen in einer Querreihe; in der Regel 16 Querreihen der Bauchschilde unterhalb des Halsbandes mit Verknöcherungen in den mittelständischen Schilden:

Breitschnauzenkaiman (*C. latirostris*)

5′ In der Mitte des Rumpfes beiderseits 5 Flankenschuppen in einer Querreihe; in der Regel 18 – 20 Querreihen der Bauchschilde mit Verknöcherungen in den mittelständischen Schilden:

Mohrenkaiman (*M. niger*)

6. Flankenschuppen nicht gekielt oder nur mit ganz schwach angedeuteten Kielen:

Rio Apaporis–Krokodilkaiman (*C. c. apaporiensis*)
Nördlicher Krokodilkaiman (*C. c. fuscus*, zum Teil) ⇨ 7

6′ Zumindest die äußeren, zu den Rückenschilden hin gelegenen Flankenschuppen mit einem Längskiel:

Gewöhnlicher Krokodilkaiman (*C. c. crocodilus*)
Nördlicher Krokodilkaiman (*C. c. fuscus*, zum Teil)
Mato Grosso–Krokodilkaiman (*C. c. matogrossiensis*)
Gran Chaco–Krokodilkaiman (*C. c. paraguayensis*)
Südlicher Krokodilkaiman (*C. c. yacare*) ⇨ 8

7 In der Mitte des Rumpfes beiderseits nur 3 Flankenschuppen und nur 12 Bauchschilde in einer Querreihe:

7′ In der Mitte des Rumpfes beiderseits 3 – 4 Flankenschuppen sowie 12 – 14 Bauchschilde in einer Querreihe:

Nördlicher Krokodilkaiman (*C. c. fuscus*)

8 Zwischen den größeren Flankenschuppen liegen kleinere Schuppen eingestreut und bilden dort mehr oder weniger deutlich ausgeprägte Längsreihen:

Gewöhnlicher Krokodilkaiman (*C. c. crocodilus*)
Mato Grosso–Krokodilkaiman (*C. c. matogrossiensis*)
Südlicher Krokodilkaiman (*C. c. yacare*) ⇨ 9

8′ Wenn zwischen den großen Flankenschuppen kleinere Schuppen eingestreut liegen, bilden sie keine Längsreihen:

Nördlicher Krokodilkaiman (*C. c. fuscus*)
Gran Chaco–Krokodilkaiman (*C. c. paraguayensis*) ⇨ 11

9 Längsreihe der kleinen Schuppen zwischen den großen Flankenschuppen recht unregelmäßig, so daß sich dort kein Muster aus einander kreuzenden Linien ergibt:

Mato Grosso–Krokodilkaiman (*C. c. matogrossiensis*)

9′ Zwischen den größeren und kleineren Flankenschuppen ergibt sich ein Muster aus einander kreuzenden Linien:

Gewöhnlicher Krokodilkaiman (*C. c. crocodilus*)
Südlicher Krokodilkaiman (*C. c. yacare*) ⇨ 10

10 Bauchschilde in der Mitte des Rumpfes 1,6 bis 1,9mal breiter als die daneben gelegenen großen Flankenschuppen:

Gewöhnlicher Brillenkaiman (*C. c. crocodilus*)

10′ Bauchschilde in der Mitte des Rumpfes 2 bis 2,4mal breiter als die daneben gelegenen großen Flankenschuppen:
Südlicher Brillenkaiman (*C. c. yacare*)

11 In der Mitte des Rumpfes liegen 10 Bauchschilde in einer Querreihe:
Gran Chaco–Brillenkaiman (*C. c. paraguayensis*)

11′ In der Mitte des Rumpfes liegen 12 bis 14 Bauchschilde in einer Querreihe:
Nördlicher Brillenkaiman (*C. c. fuscus*)

13.3.3 Crocodylinae, Tomistominae

1 Bauchschilde in der Mitte des Rumpfes (mitunter auch die hinteren Kehlschilde und einige größere Flankenschuppen) mit mittelständigen, stets einteiligen Verknöcherungen:
Panzerkrokodil (*Cr. cataphractus*)
Australien–Krokodil (*Cr. johnsoni*)
4 Nilkrokodilunterarten (*Cr. niloticus* ssp.)
Stumpfkrokodil (*O. tetraspis*) ⇨ 2

1′ Bauch– und Kehlschilde kaum wahrnehmbar verknöchert:
Spitzkrokodil (*Cr. acutus*)
Orinoko–Krokodil (*Cr. intermedius*)
3 Nilkrokodil–Unterarten (*Cr. niloticus* ssp.)
Philippinen–Krokodil (*Cr. mindorensis*)
Neuguinea–Krokodil (*Cr. novaeguineae*)
Sumpfkrokodil (*Cr. palustris*)
Leistenkrokodil (*Cr. porosus*)
Kuba–Krokodil (*Cr. rhombifer*)
Siam–Krokodil (*Cr. siamensis*)
Sunda–Gavial (*T. schlegelii*) ⇨ 10

2 Verknöcherungen der Kehl–, Halsband– und Bauchschilde sehr groß; auf der Kehle und im Halsband fast ebenso groß wie die dortigen Schilde; in den vorderen bis mittleren Bauchschilden etwa halb so groß wie die Schilde:
Stumpfkrokodil (*O. tetraspis*) ⇨ 3

2′ Verknöcherungen in den Bauchschilden nehmen höchstens ein Drittel der Fläche ein:
Panzerkrokodil (*Cr. cataphractus*)
Australien–Krokodil (*Cr. johnsoni*)
4 Nilkrokodil–Unterarten (*Cr. niloticus* ssp.) ⇨ 4

3 In der Mitte des Rumpfes 10 bis 12 Bauchschilde und beiderseits 5 bis 9 Flankenschuppen in einer Querreihe; vom Hinterrand des Halsbandes bis zum Vorderrand des Afterfeldes 25 bis 29 Querreihen der Bauchschilde:
Westafrikanisches Stumpfkrokodil (*C. t. tetraspis*)

3′ In der Mitte des Rumpfes 12 bis 14 Bauchschilde und beiderseits 5 bis 6 Flankenschuppen in einer Querreihe; vom Hinterrand des Halsbandes bis zum Vorderrand des Afterfeldes nur 22 bis 24 Querreihen der Bauchschilde:

Mittelafrikanisches Stumpfkrokodil (*O. t. osborni*)

4 Hintere Kehlschilde und Schilde des Halsbandes mit deutlich sichtbaren Verknöcherungen:

Panzerkrokodil (*Cr. cataphractus*)
Australien–Krokodil (*Cr. johnsoni*)
Nordöstliches Nilkrokodil (*Cr. n. niloticus*) ⇨ 5

4′ Hintere Kehlschilde und Schilde des Halsbandes nicht oder nur ganz schwach verknöchert:

Östliches Nilkrokodil (*Cr. n. pauciscutatus*)
Westliches Nilkrokodil (*Cr. n. chamses*)
Nordwestliches Nilkrokodil (*Cr. n. suchus*) ⇨ 8

5 In der Mitte des Rumpfes 14 bis 16 Bauchschilde und beiderseits 5 Flankenschuppen in einer Querreihe; auf der Unterseite der Schwanzwurzel beiderseits nur 2 (ausnahmsweise 3) äußere, zu den Rückenschilden hin gelegene Längsreihen der Schilde mit Verknöcherungen:

Nordöstliches Nilkrokodil (*Cr. n. niloticus*)

5′ In der Rumpfmitte 12 bis 14 Bauchschilde und beiderseits 3 bis 5 Flankenschuppen in einer Querreihe; auf der Unterseite der Schwanzwurzel 5 bis 7 äußere zu den Rückenschilden hin gelegene Längsreihen der Schilde mit Verknöcherungen:

Panzerkrokodil (*Cr. cataphractus*)
Australien–Krokodil (*Cr. johnsoni*) ⇨ 6

6 Nur die äußere, unmittelbar an die Rückenschilde angrenzende Längsreihe der Flankenschuppen stark gekielt; in der Mitte des Rumpfes beiderseits 4 Flankenschuppen in einer Querreihe:

Australien–Krokodil (*Cr. johnsoni*)

6′ Zwei oder mehr äußere Längsreihen der Flankenschuppen mit schwachen bis mittelstarken Kielen:

Panzerkrokodil (*Cr. cataphractus*) ⇨ 7

7 In der Mitte des Rumpfes beiderseits 3 Flankenschuppen in einer Querreihe; porenförmige Sinnesorgane auf den Bauchschilden nur schwach zu erkennen. Halsband sehr deutlich ausgeprägt, seine mittleren Schilde stark vergrößert. Vom Hinterrand des Halsbandes bis zum Vorderrand des Afterfeldes 21 bis 24 Querreihen der Bauchschilde:

Westafrikanisches Panzerkrokodil (*Cr. c. cataphractus*)

7′ In der Mitte des Rumpfes beiderseits 4 bis 5 Flankenschuppen in einer Querreihe; porenförmige Sinnesorgane auf den Bauchschilden deutlich zu erkennen.

Halsband schwächer ausgebildet, seine mittleren Schilde nur wenig gegenüber den davor und dahinter angrenzenden vergrößert. Vom Hinterrand des Halsbandes bis zum Vorderrand des Afterfeldes 24 bis 27 Querreihen der Bauchschilde:

Mittelafrikanisches Panzerkrokodil (*Cr. c. congicus*)

8 In der Mitte des Rumpfes beiderseits nur 3 Flankenschuppen in einer Querreihe:

Östliches Nilkrokodil (*Cr. n. pauciscutatus*)

8′ In der Mitte des Rumpfes beiderseits 4 bis 5 Flankenschuppen in einer Querreihe:

Westliches Nilkrokodil (*Cr. n. chamses*)
Nordwestliches Nilkrokodil (*Cr. n. suchus*) ⇨ 9

9 In der Mitte des Rumpfes beiderseits 4 bis 5 Flankenschuppen in einer Querreihe:

Nordwestliches Nilkrokodil (*Cr. n. suchus*)

9′ In der Mitte des Rumpfes beiderseits 7 Flankenschuppen in einer Querreihe:

Westliches Nilkrokodil (*Cr. n. chamses*)

10 Flankenschuppen ohne Kiele oder nur vereinzelte Schuppen mit Kielen:

Spitzkrokodil (*Cr. acutus*)
Orinoko–Krokodil (*Cr. intermedius*)
Beulenkrokodil (*Cr. moreletii*) ⇨ 11

10′ Zumindest die äußeren, zu den Rückenschilden hin gelegenen Flankenschuppen mehr oder weniger deutlich gekielt:

3 Nilkrokodil–Unterarten (*Cr. n.* ssp.)
Philippinen–Krokodil (*Cr. mindorensis*)
Neuguinea–Krokodil (*Cr. novaeguineae*)
Sumpfkrokodil (*Cr. palustris*)
Leistenkrokodil (*Cr. porosus*)
Kuba–Krokodil (*Cr. rhombifer*)
Siam–Krokodil (*Cr., siamensis*)
Sunda–Gavial (*T. schlegelii*) ⇨ 13

11 In der Mitte des Rumpfes 18 bis 20 Bauchschilde in einer Querreihe:

Beulenkrokodil (*Cr. moreletii*)

11′ In der Mitte des Rumpfes 14 bis 16 Bauchschilde in einer Querreihe:

Spitzkrokodil (*Cr. acutus*)
Orinoko–Krokodil (*Cr. intermedius*) ⇨ 12

12 Bauchschilde in regelmäßigen, über die Bauchmitte verlaufenden Querreihen. In der Mitte des Rumpfes beiderseits 5 bis 6 Flankenschuppen in einer Querreihe:

Spitzkrokodil (*Cr. acutus*)

12′ Querreihen verlaufen zumindest in der Nabelregion auffallend unregelmäßig. In der Mitte des Rumpfes beiderseits 3 bis 5 Flankenschuppen in einer Querreihe:

Orinoko–Krokodil (*Cr. intermedius*)

13 Vom Hinterrand des Halsbandes bis zum Vorderrand des Afterfeldes höchstens 26 Querreihen der Bauchschilde. In der Mitte des Rumpfes nur 12 bis 14 Bauchschilde in einer Querreihe:

Philippinen–Krokodil (*Cr. mindorensis*)
Sunda–Gavial (*T. schlegelii*) ⇨ 14

13′ Vom Hinterrand des Halsbandes bis zum Vorderrand des Afterfeldes 26 und mehr Querreihen der Bauchschilde. In der Mitte des Rumpfes mindestens 14, meist mehr Bauchschilde in einer Querreihe:

3 Nilkrokodil–Unterarten (*Cr. n.* ssp.)
Neuguinea–Krokodil (*Cr. novaeguineae*)
Sumpfkrokodil (*Cr. palustris*)
Leistenkrokodil (*Cr. porosus*)
Kuba–Krokodil (*Cr. rhombifer*)
Siam–Krokodil (*Cr. siamensis*) ⇨ 15

14 In der Mitte des Rumpfes beiderseits 6 bis 8 Flankenschuppen in einer Querreihe. Vom Hinterrand des Halsbandes bis zum Vorderrand des Afterfeldes 24 bis 26 Querreihen der Bauchschilde:

Philippinen–Krokodil (*Cr. mindorensis*)

14′ In der Mitte des Rumpfes beiderseits 4 bis 5 Flankenschuppen in einer Querreihe. Vom Hinterrand des Halsbandes bis zum Vorderrand des Afterfeldes 22 bis 24 Querreihen der Bauchschilde:

Sunda–Gavial (*T. schlegelii*)

15 In der Mitte des Rumpfes beiderseits 3 bis 4 Flankenschuppen in einer Querreihe:

Südliches Nilkrokodil (*Cr. n. cowiei*)
Madagassisches Nilkrokodil (*Cr. n. madagascariensis*)
Sumpfkrokodil (*Cr. palustris*) ⇨ 16

15′ In der Mitte des Rumpfes beiderseits 5 oder mehr Flankenschuppen pro Querreihe:

Südöstliches Nilkrokodil (*Cr. n. africanus*)
Philippinen–Krokodil (*Cr. mindorensis*)
Neuguinea–Krokodil (*Cr. novaeguineae*)
Sumpfkrokodil (*Cr. palustris*)
Leistenkrokodil (*Cr. porosus*)
Kuba–Krokodil (*Cr. rhombifer*)
Siam–Krokodil (*Cr. siamensis*) ⇨ 18

16 Die Querreihen der Bauchschilde verlaufen zumindest in der Nabelregion unregelmäßig und gehen in der Mitte nicht immer ineinander über:

Sumpfkrokodil (*Cr. palustris*)

16′ Bauchschilde bilden auch in der Nabelregion regelmäßig durchlaufende Querreihen:
Südliches Nilkrokodil (*Cr. n. cowiei*)
Madagassisches Nilkrokodil (*Cr. n. madagascariensis*) ⇨ 17

17 In der Mitte des Rumpfes 16 bis 18 Bauchschilde in einer Querreihe. Vom Hinterrand des Halsbandes bis zum Vorderrand des Afterfeldes 27 bis 29 Querreihen der Bauchschilde; Bauchschilde hier 1,7 bis 1,8mal so breit wie die benachbarten Flankenschuppen:
Südliches Nilkrokodil (*Cr. n. cowiei*)

17′ In der Mitte des Rumpfes 14 bis 16 Bauchschilde in einer Querreihe. Vom Hinterrand des Halsbandes bis zum Vorderrand des Afterfeldes 28 bis 31 Querreihen der Bauchschilde. Seitliche Bauchschilde in der Mitte des Rumpfes ebenso breit oder bis 1,4mal so breit wie die angrenzenden Flankenschuppen:
Madagassisches Nilkrokodil (*Cr. n. madagascariensis*)

18 In der Mitte des Rumpfes beiderseits meist nur 3 bis 7 Flankenschuppen in einer Querreihe:
Südöstliches Nilkrokodil (*Cr. n. africanus*)
Sumpfkrokodil (*Cr. palustris*)
Leistenkrokodil (*Cr. porosus*)
Kuba–Krokodil (*Cr. rhombifer*) ⇨ 19

18′ In der Mitte des Rumpfes beiderseits 8 bis 11 Flankenschuppen in einer Querreihe:
Neuguinea–Krokodil (*Cr. novaeguineae*)
Leistenkrokodil (*Cr. porosus*)
Siam–Krokodil (*Cr. siamensis*) ⇨ 22

19 Die äußersten beiden, zu den Rückenschilden hin gelegenen Längsreihen der Flankenschuppen verknöchert und auffallend stark gekielt:
Kuba–Krokodil (*Cr. rhombifer*)

19′ Flankenschuppen nicht verknöchert und nur sehr schwach gekielt:
Südöstliches Nilkrokodil (*Cr. n. africanus*)
Sumpfkrokodil (*Cr. palustris*)
Leistenkrokodil (*Cr. porosus*) ⇨ 20

20 Querreihen der Bauchschilde verlaufen in der Nabelgegend sehr unregelmäßig und gehen in der Mittellinie nicht immer ineinander über. In der Mitte des Rumpfes 18 bis 20 Bauchschilde und beiderseits 3 bis 5 Flankenschuppen in einer Querreihe:
Sumpfkrokodil (*Cr. palustris*)

20′ Querreihen der Bauchschilde verlaufen auch in der Nabelgegend ziemlich regelmäßig über die Bauchfläche:
Südöstliches Nilkrokodil (*Cr. n. africanus*)
Leistenkrokodil (*Cr. porosus*) ⇨ 21

21 Querreihen der Bauchschilde in der Mitte des Rumpfes etwa doppelt so breit wie die seitlich angrenzenden großen Flankenschuppen. In der Mitte des Rumpfes 16 bis 19 Bauchschilde und beiderseits 7 bis 8 Flankenschuppen in einer Querreihe:

Leistenkrokodil (*Cr. porosus*)

21′ Bauchschilde in der Mitte des Rumpfes nur bis 1,5mal so breit wie die seitlich angrenzenden großen Flankenschuppen. In der Mitte des Rumpfes 18 bis 20 Bauchschilde und beiderseits 5 bis 7 Flankenschuppen in einer Querreihe:

Südöstliches Nilkrokodil (*Cr. n. africanus*)

22 Bauchschilde, insbesondere nahe der Mittellinie des Rumpfes, mit bis zu 4 porenförmigen Sinnesorganen. In der Mitte des Rumpfes 14 bis 18 Bauchschilde und beiderseits 9 bis 11 Flankenschuppen in einer Querreihe:

Neuguinea–Krokodil (*Cr. novaeguineae*)

22′ Bauchschilde nur mit 1 bis 2 porenförmigen Sinnesorganen in der Nähe des Hinterrandes:

Leistenkrokodil (*Cr. porosus*)
Siam–Krokodil (*Cr. siamensis*) ⇨ 23

23 Bauchschilde in der Mitte des Rumpfes etwa 1,5mal breiter als die seitlich angrenzenden großen Flankenschuppen. In der Mitte des Rumpfes 14 bis 18 Bauchschilde und beiderseits 8 bis 10 Flankenschuppen in einer Querreihe. Die Schilde unmittelbar hinter dem Halsband sind im Mittelfeld der Brust sehr unregelmäßig angeordnet:

Siam–Krokodil (*Cr. siamensis*)

23′ Bauchschilde in der Mitte des Rumpfes etwa doppelt so breit wie die seitlich angrenzenden großen Flankenschuppen. In der Mitte des Rumpfes 16 bis 19 Bauchschilde und beiderseits 7 bis 8 Flankenschuppen in einer Querreihe. Die Schilde unmittelbar hinter dem Halsband sind im Mittelfeld der Brust (fast) regelmäßig angeordnet:

Leistenkrokodil (*Cr. porosus*)

14 Kennzeichen, Verbreitung und Lebensweise

Unterfamilie: Alligatorinae

14.1 Gattung *Alligator* (Cuvier, 1807) — Echte Alligatoren

14.1.1 *Alligator mississippiensis* DAUDIN, 1802 — Mississippi–Alligator oder Hechtalligator

Unterarten:

Keine.

Synonyme:

1802 *Crocodilus mississippiensis* DAUDIN, Hist. nat. Rept., 2: 412. — Terra typica: Ufer des Mississippi.

1807 *Crocodilus lucius* CUVIER, Ann. Mus. Hist. nat., Paris, 10: 28. — Terra typica: Mississippi, »Jusqu' á la Rivière Rouge«.

1815 *Crocodilus cuvieri* LEACH, Zool. Misc., 2: 117. — Terra typica: Dauphin–Insel, Mobile Bay.

1831 *Alligator mississippiensis* GRAY (error typographicus) Synops. Rept., 1: 62.

1865 *Alligator helois* COPE, Proc. Acad. nat. Sci. Philadelphia, 1865: 185. — Terra typica: unbekannt.

1869 *Alligator helois* BOULENGER, Cat. Chelon. Rhynchoceph. Crocod. brit. Mus.: 290.

1889 *Alligator mississippiensis* BOULENGER, Cat. Chelon. Rhynchoceph. Crocod. brit. Mus.: 290.

1953 *Crocodylus porosus australis* DERANIYAGALA, Color, Atl. Verteb. Rept. Ceylon, 2: 34. — Terra typica: »Australien (beruht auf BARRET, Austral.: 12, Abb., 1950).

Gesamtlänge:

4,88 m (REESE 1915), 5,82 m (MCILHENNY 1935), 5,31 m (NEILL 1971), 5,84 m (CONANT 1975), bis 6 m, meist um 3,5 m (WERMUTH & FUCHS 1978).

Merkmale:

Die Kopfoberseite weist keine Längs– und Querleisten auf. Die flache Schnauze ist ungefähr 1,5mal so lang wie an der Basis breit. Im Zwischenkiefer befinden sich auf jeder Seite fünf Zähne.

Zahnformel: $\frac{5 + 13 - 15}{19 - 20}$

Die Hinterhaupthöcker stehen in zwei bis drei Querreihen, von denen die zweite am größten ist. Von den drei Paar Nackenhöckern — diese sind deutlich von den Hinterhaupthöckern getrennt — sind die ersten beiden Paare groß und das letzte klein. Die Rückenschilde stehen in 8 Längs– und 17 bis 18 Querreihen. Die beiden mittleren Längsreihen der Rücken– und Schwanzschilde sind gekielt. Die schwach ausgebildeten Halsbandschilde sind mäßig verknöchert. Zwischen dem Hinterrand des Halsbandes und dem Vorderrand des Afterfeldes befinden sich die Bauchschilde in 29 bis 34 Querreihen. In der Rumpfmitte sind 12 bis 14 Schilde in einer Querreihe. In der Rumpfmitte sind 9 bis 11 nicht verknöcherte, ungekielte Flankenschuppen in einer Querreihe. Die Finger weisen am Grunde Schwimmhäute auf. Die Männchen sind größer als die Weibchen. Die Köpfe der Männchen sind auch größer als die der Weibchen und haben eine rauhere Oberseite. Männchen und Weibchen von unter 210 cm Körperlänge sind vom äußeren Erscheinungsbild her nicht zu unterscheiden.

Färbung:

Jungtiere sind auf den Körperseiten und dem Schwanz gelblich bis weiß quergebändert. Die Bauchseite ist hell und ungefleckt. Exemplare von mehr als 120 cm Körperlänge sind auf der Körperoberseite und auf den Flanken schwarzgrau bis lackschwarz.

Verbreitung (USA):

Östliches Nord– und Südkarolina, Zentral– und Südgeorgia, Florida einschließlich der Florida Keys, Zentral– und Südalabama, Zentral– und Südmississippi, Südwestarkansas, Louisiana, Südost–Oklahoma, Südost–Texas (Abb. 83).

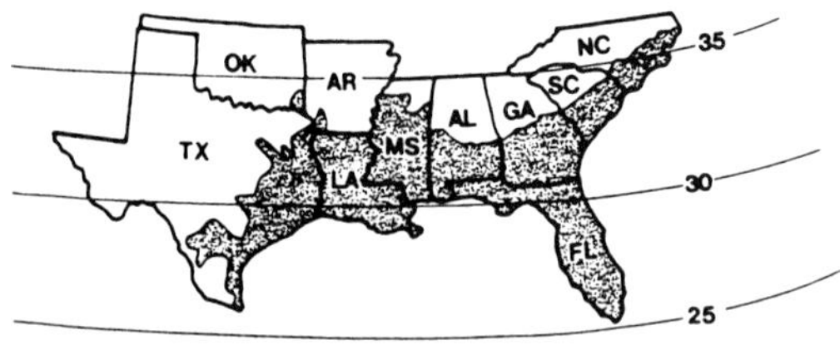

Abb. 83: Verbreitung des Mississippi–Alligators. Nach LANCE (1989).

Lebensraum:

A. mississippiensis liebt das offene, freie, der Sonne ausgesetzte Gelände. Nahezu alle Süß–, Brack– und Salzwassersümpfe, verkrautete Teiche, Seen, Bayous, Flüsse und ihre Seitengewässer sind die natürlichen Lebensräume dieser Art.

Ökologie:

Mississippi–Alligatoren liegen zum Sonnenbad stundenlang am Ufer, auf feuchtem Schlamm, auf Treibholz und im Wasser liegenden Baumstämmen. Während Trokkenperioden können die Tiere allerdings auch monatelang ohne Wasser auskommen. Sie graben während dieser Zeit Vertiefungen und Löcher in den Schlamm, die als »gator holes« bezeichnet werden, und die ein Refugium für zahlreiche Wasserorganismen darstellen. Die Wechselbeziehungen zwischen *A. mississippiensis* und den zahlreichen »Mitbewohnern« in den »gator holes«, sind in verschiedenen Veröffentlichungen diskutiert worden (ALLEN & NEILL 1952, ROBERTSON 1959, CARR 1967, 1973, CRAIGHEAD 1968, EHRENFELD 1970). Über die ökologische Bedeutung der Alligatorlöcher für Fische in den südfloridanischen Sümpfen hat KUSHLAN (1974) berichtet.

Wegen der hohen Feuchtigkeit sind die Alligatorlöcher von Gräsern, Binsen und anderen feuchtigkeitsliebenden Pflanzen umgeben, die höher, grüner und saftiger als die umgebende Vegetation sind und die Schutz vor zu intensiver Sonneneinstrahlung bieten.

Gelegentlich wandern Mississippi–Alligatoren über Land. Ihre Körperbewegungen sind hier langsam und unbeholfen. Bemerken Mississippi–Alligatoren bei ihren Wanderungen einen Feind, so ducken sie sich auf den Boden und verharren regungslos mit auf der Erdoberfläche aufliegender Schnauze, wobei sie den Gegner mit leicht beweglichen Augen beobachten. Nähert man sich ihnen, so versuchen sie weder zu fliehen, noch greifen sie an, sondern sie erheben sich auf die Beine und fauchen. (BREHM 1912).

Mississippi–Alligatoren überstehen den Winter in selbstgegrabenen Höhlungen, die sie zu Anfang Oktober aufsuchen und gegen Ende März oder Anfang April verlassen. Während der Überwinterung bleiben sie solange in ihren Löchern, wie die Luft kälter als das Wasser ist. Wird sie wärmer als das Wasser, so kommen sie auch dann aus diesen Schlupfwinkeln, wenn sie sich nicht sonnen können. (MCILHENNY 1935).

Das Beutespektrum von *A. mississippiensis* besteht aus Wasserinsekten, Muscheln, Schnecken, Krebsen, Salamandern, Fröschen, Echsen und Schlangen, wobei auch Giftschlangen nicht verschmäht werden. CARR (1967) dokumentiert in einer Bildfolge das Töten und Verzehren einer 165 cm langen Östlichen Diamantklapperschlange (*Crotalus adamanteus*) durch einen 3,9 m langen Mississippi–Alligator. Obwohl dieser durch die Klapperschlange in die Zunge gebissen wurde, traten keine Vergiftungserscheinungen auf. Es werden weiterhin Schildkröten, kleine Vertreter der eigenen Art, Wassergeflügel, kleine Säugetiere und Aas verzehrt. Während sich das Beutespektrum der Jungtiere weitgehend aus Wirbellosen zusammensetzt, fressen adulte Exemplare vorwiegend Wirbeltiere. Gelegentlich plündern sie die Nester von Gänsen und anderen Wasservögeln und fressen die Eier und die brütenden Tiere. Nach den 12jährigen Beobachtungen von CHABRECK (1976) wurden im Rockefeller Wildlife Institut in Louisiana innerhalb dieses Zeitraumes 5,1 % der Nester von Kanada–Gänsen (*Brancta canadensis*) von Alligatoren geplündert.

Mississippi–Alligatoren lassen sich im Wasser oft langsam und unauffällig treiben und packen plötzlich sich nähernde Beutetiere (FISH 1984). Ähnliche Beobachtungen über das Beutefangverhalten von *C. crocodilus* wurden von SCHALLER & GRANSDEN CRAWSHAW (1982) und bezüglich *Cr. niloticus* von POOLEY & GANS (1976) gemacht. Wie ich im Frühjahr 1975 in Okeetee in Südkarolina beobachtet habe, kommen Vögel oft gefährlich nahe an im Wasser ruhende *A. mississippiensis* heran.

Die Fortpflanzungszeit des Mississippi–Alligators, die von der Witterung und der geographischen Verbreitung abhängt, fällt nach Angaben von ZAPPALORTI (1976) in den frühen Mai bis späten Juni. Zu dieser Zeit lassen beide Geschlechter ihre heiseren, bellenden Stimmen hören. Zur Paarung des Mississippi–Alligators siehe Kap. 8.6.2.

Im Juni baut das Weibchen ein rundliches Nest aus Schlamm, Blättern und sonstigem Pflanzenmaterial. Das Nest wird nicht selten an einer leicht erhöhten Stelle unter Bäumen in einer Entfernung von 3 bis 4,5 m zum Ufer angelegt. Auch Echsen und Schildkröten legen ihre Eier gelegentlich in die Nester von Mississippi–Alligatoren, wo sie besser vor Freßfeinden geschützt sind. KUSHLAN & KUSHLAN (1980) fanden in Alligatornestern die Eier von Rotkehlanolis (*Anolis carolinensis*) und den beiden Schildkrötenarten *Chrysemys nelsoni* und *Kinosternon bauri*. Im Durchschnitt haben Nester von *A. mississippiensis* eine Höhe von 47,8 cm und einen Durchmesser zwischen 149,6 und 161,6 cm (GOODWIN & MARION 1978). Das Weibchen kriecht auf den Nestkegel und scharrt in diesen ein Loch, in das es 25 bis 60 hartschalige Eier legt, die etwa 7,5 cm lang und 4,5 cm breit sind. Nach der Eiablage, die sowohl am Tag als auch in der Nacht stattfinden kann, scharrt es das Loch wieder zu. Nach CHABRECK (1973) variiert die Temperatur im Innern des Nestes zwischen 26,7 und 32,6 °C. Zwischen dem 12. Juni und 11. Juli 1969 betrug die Luftfeuchtigkeit in drei Nestern im Mittel 60,9 %, wobei der Schwankungsbereich zwischen 45,4 und 71,9 % lag. Vom 11. Juli bis zum 1. August des gleichen Jahres stieg sie dann an, lag schließlich zwischen 68,3 und 79 % und verblieb so bis zum Schlupf der jungen Mississippi–Alligatoren am 1. September. (CHABRECK 1975).

Die Nester werden während der Brutdauer vom Weibchen gegen Feinde geschützt, wobei es nach KUSHLAN & KUSHLAN (1980) unterschiedliche Verhaltensweisen zeigt. HUNT (1987) berichtet von 100 Nestern, die von 1976 bis 1985 im Okefenokee Swamp Park in Südgeorgia beobachtet wurden. Das Hochwasser zerstörte in diesem Zeitraum 7 % der Nester, und 66 % fielen Schwarz– und Waschbären zum Opfer. 88 % der bewachten und 17 % der unbewachten Nester wurden von Raubtieren zerstört. Der Prozentsatz der von den Weibchen bewachten Nester hängt von deren Lage ab. Die Hauptfreßfeinde der Eier von *A. mississippiensis* sind Opossums (*Didelphis marsupialis*), Streifenskunks (*Mephitis mephitis*), Fleckenskunks (*Spilogale putorius*), Waschbären (*Procyon lotor*), Schwarzbären (*Ursus americanus*) und Schweine (*Sus scrofa*). Wird das Alligatorweibchen während der Brutpflege getötet, sind die Schlupfchancen der Jungtiere äußerst gering (ALLEN 1952).

Die Inkubationsdauer beträgt acht bis neun Wochen. Kurz vor dem Schlüpfen machen sich die jungen Alligatoren durch quakende Laute bemerkbar. Daß Mississippi–Alligatoren ihr Nest öffnen, um den geschlüpften Jungtieren den Weg ins Freie zu bahnen, wurde schon in der frühen Literatur (REESE 1915, MCILHENNY 1935) erwähnt und durch die Untersuchungen von HERZOG (1975) und JOANEN

(1969) bestätigt. Die jungen, 23 bis 26 cm langen Alligatoren schlitzen mit Hilfe ihres Eizahnes von innen her die Eischale auf. Nach dem Öffnen des Nestes zieht die Mutter die Jungalligatoren, die das Ei noch nicht ganz verlassen haben, mit den Zähnen aus der restlichen Eischale. Ungeöffnete Eier, in denen sich noch Jungtiere befinden, werden vom Weibchen mit dem Maul hin und herbewegt, bis die Eischalen brechen. Das Öffnen des Nestes und der mütterliche Maultransport der jungen *A. mississippiensis* zum Wasser dauert 2,5 bis 9 Stunden (HUNT 1987).

Der Maultransport ist für junge Mississippi–Alligatoren besonders bei anhaltender Trockenheit lebenswichtig, da zu dieser Zeit oft eine große Strecke zwischen Land und Wasser zurückgelegt werden muß. Auch wenn die Jungtiere nicht von sich aus sofort den Weg zum Wasser finden, werden sie von der Mutter auf diese Weise befördert. Die kleinen Alligatoren bleiben in der ersten Zeit in der Nähe der Mutter, die sie gegen Feinde verteidigt. Sie klettern auf Kopf, Rumpf, und Schwanz (siehe Abb. 60) und sonnen sich dort. Auch während des Winters halten sie sich in der Nähe der Mutter auf. Trotz dieser Fürsorge werden zahlreiche Jungalligatoren in den ersten Wochen und Monaten das Opfer von Knochenhechten *(Lepisosteus)*, Wasservögeln und größeren Alligatoren. Nach Untersuchungen von ROOTES & CHABRECK (1993) kommen 50,2 % aller Schlüpflinge und 63,7 % aller Alligatoren, die 11 Monate und älter sind, durch Kannibalismus ums Leben.

Bis zu einer Körperlänge von einem Meter wachsen beide Geschlechter ungefähr gleich schnell, danach die Männchen schneller als die Weibchen (CHABRECK & JOANEN 1979). Im ersten Frühjahr nach ihrer Geburt messen junge Mississippi–Alligatoren etwa 40 cm und nehmen dann im Durchschnitt pro Jahr um 15,24 cm an Länge zu. Nach sechs bis zehn Jahren haben sie im Schnitt eine Körperlänge von 150 cm erreicht. Alligatoren können über 50 Jahre alt werden (ALLEN 1952)

14.1.2 *Alligator sinensis* FAUVEL, 1879 — China–Alligator

Unterarten:

Keine.

Synonyme:

1879 *Alligator sinensis* FAUVEL, J. N–China Branch asiat. Soc., Shanhai, 13: 33; Abb. 1 – 3. — Terra typica: Wuhu (Anhwei) und Chekiang (Kiangsu).

1889 *Alligator sinensis* BOULENGER, Cat. Chelon. Rhynchoceph. Crocod. brit. Mus.: 291.

Gesamtlänge:

1,5 bis 1,8 m (FAUVEL 1879), 1,4 m (POPE 1935), 1,5 m (NEILL 1971), 1,4 bis 2,1 m (FUCHS 1974), 1,5 bis 2,1 m (WERMUTH & FUCHS 1978), kleinster adulter 65 cm und größter adulter *A. sinensis* 179 cm (CHEN BI HUI et al. 1985).

Merkmale:

Zwischen den vorderen Augenwinkeln befindet sich eine in der Mitte unterbrochene Querleiste. Vor den Augen liegend einige, wenig deutlich ausgeprägte Längsleisten. Die Schnauze ist ungefähr 1,2mal so lang wie an der Basis breit. Bereits anhand dieser Merkmale läßt sich der China–Alligator auf Anhieb vom Mississippi–Alligator unterscheiden. Der Zwischenkiefer weist auf beiden Seiten je fünf Zähne auf.

Zahnformel: $\frac{5 + 13 - 14}{18 - 19}$

Die Hinterhaupthöcker stehen in zwei Querreihen. Es sind drei hintereinanderliegende Paare von Nackenhöckern vorhanden. Die Rückenschilde stehen in 6 Längs– und 16 bis 17 Querreihen. Die zwei bis drei Flankenschuppen, die den Rückenschilden benachbart sind, weisen starke Kiele auf. Leichte Verknöcherungen finden sich in den zu den Rückenschilden hin gelegenen Flankenschilden. Auf der Rumpfmitte befinden sich fünf bis sechs Flankenschuppen in einer Querreihe. Zwischen den großen Flankenschuppen sind kleinere Schuppen eingestreut. Die Anzahl der Bauchschildquerreihen zwischen dem Hinterrand des Halsbandes und dem Vorderrand des Afterfeldes variiert zwischen 25 und 28. In der Bauchmitte liegen 8 bis 10 Schilde in einer Querreihe. Die beiden mittleren Kielreihen des Rückens weichen auf der Schwanzoberseite nach außen hin aus und gehen schließlich beiderseits in den höher gelegenen Schwanzkamm über. Zwischen den Fingern sind keine Schwimmhäute.

Färbung:

Junge China–Alligatoren haben fünf schmutziggelbe Querbinden auf dem Rumpf und acht auf dem Schwanz. Mit zunehmendem Alter verschwindet das gelbe Zeichnungsmuster und geht in ein stumpfes, braunschwarzes Kolorit über. Die Bauchseite ist gelblich.

Verbreitung:

Im Unterlauf des Yang–tse–Kiang und seinen Nebenflüssen in den ostchinesischen Provinzen Anhwei, Kiangsi und Chekiang (Abb. 84). Nach POPE (1935) beschränkt sich das heutige Vorkommen auf die Umgebung der Städte Wuhu und Taihu. Noch existierende Restbestände in freier Natur leben zwischen dem 30. und 32. Grad nördlicher Breite und dem 117. und 120. Längengrad (mündl. Mitt. QIAN YEN–WEN).

Nach Angaben von ZHANG & HUANG (1979) war das ursprüngliche Verbreitungsgebiet ausgedehnter als heute. Im Osten soll die Art noch bei Shanghai vorgekommen sein (SOWERBY 1925). Nach FAUVEL (1879) stammt das Typusexemplar 1.500 km westlich vom Zentrum des heutigen Vorkommens.

Lebensraum:

Flüsse, verschilfte Grassümpfe und vegetationsreiche Überschwemmungsgebiete.

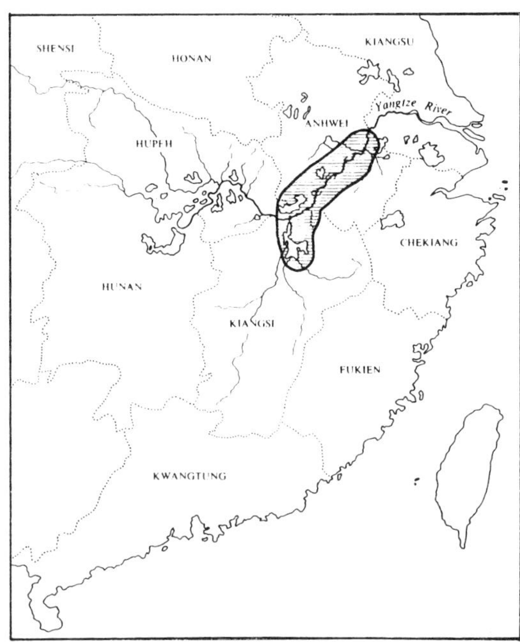

Abb. 84: Verbreitung des China-Alligators. Nach NEILL (1971). Aus WERMUTH & FUCHS (1978).

Ökologie:

Über das Verhalten in freier Natur ist nur wenig bekannt. Die aufschlußreichsten Mitteilungen stammen von HSIAO (1935) und CHEN BI HUI et al. (1985). Wie *A. mississippiensis*, so gräbt sich auch *A. sinensis* in der kalten Jahreszeit in Höhlungen ein, die im Schlamm und unter Uferböschungen liegen. Diese am Ende kammerähnlich ausgebuchteten Höhlen, sind etwa 30 cm breit, 150 cm lang und bis zu 150 cm tief (KLINGELHÖFFER 1959). Nach POPE (1935) überwinterten die China-Alligatoren von Ende Oktober bis Mitte März in den selbstgegrabenen Uferhöhlungen, die in einer trockenen, grasigen Ebene des Chiangshui-Flusses lagen.

Nach dem Erwachen ist *A. sinensis* tagaktiv und setzt sich voll den wärmenden Sonnenstrahlen aus. Wenn im Juni die Paarungszeit beginnt, geht er in freier Natur zu nachtaktiver Lebensweise über. *A. sinensis* hat ein breites Beutespektrum, das nach CHEN BI HUI et al. (1985) aus Schnecken und Muscheln (*Anodonta woodiana, Anodonta arcaeformis, Lanceolaria grayana, Cristaria plicata, Unio douglasiae, Corbicula fluminea, Oncomelania hupensis, Cipangopaludina chinensis, Bellamya quadratus, Bellamya aeruginosa, Parafossarulus striatulus, Semisulcospira cancellata, Radix auricularia*), Krebsen (*Caridina nilotica gracilipes, Neocaridina denticulata, Palaemon modestus, Palaemonetes sinensis, Macrobrachium nipponense, Potamon denticulatus, Potamon dehaani, Eriocheir sinensis*), Insekten (*Dytiscidae, Gyrinidae, Hydrophilidae, Nepidae, Corixidae, Notonectidae, Gerridae, Belostomatidae, Hemiptera, Neuroptera, Coleoptera*), Fischen (*Cyprinus carpio, Carassius auratus, Mylopharyngodon piceus, Ctenopharyngodon idellus, Hypophtalmichthys molotrix, Aristichthys nobilis, Pseudorasbora parva, Hemiculter leucisculus, Acanthorhodeus taenianalis, Pseudopriampus lighti, Misgurnus anguillicauda-*

tus, Oryzias latipes, Ophicephalus argus, Monopterus albus), Fröschen (*Rana limnocharis, Rana tigrina rugulosa, Rana nigromaculata, Rana plancyi plancyi*), Schildkröten (*Chinemys reevesii, Clemmys mutica, Trionyx sinensis*), Schlangen (*Elaphe rufodorsata, Natrix annularis*), Vögel (*Coturnix coturnix japonica*) und Säugetieren (*Lepus sinensis sinensis, Rattus norvegicus, Crocidura sp.*) besteht. In der Natur wie auch in der Obhut des Menschen stellt der China–Alligator vom Herbst bis zum Frühjahr die Nahrungsaufnahme ein (BROCK 1965).

Bereits im Alter von vier bis fünf Jahren wird der China–Alligator geschlechtsreif und besitzt dann eine Körperlänge von 120 bis 125 cm. Die eigentliche Paarung von *A. sinensis* läuft fast in gleicher Weise wie bei *A. mississippiensis* ab. Die 10 bis 40 Eier werden von Juli bis August und ausnahmsweise auch im Juni abgelegt. Wie sein naher Verwandter, der Mississippi–Alligator, baut auch der China–Alligator ein Nest aus Gras, trockenen Blättern und anderem Pflanzenmaterial, das er gegen Feinde verteidigt. Das zwischen hohen Gräsern, Bambus oder neben und unter hohen Büschen und Bäumen angelegte Nest hat einen Durchmesser von ungefähr 150 cm und ist 40 bis 50 cm hoch. Die Eier sind etwa 6 cm lang, 3,5 cm breit und wiegen durchschnittlich 44,6 g. Nach einer Entwicklungsdauer von ca. 70 Tagen schlüpfen die schwarzen, gelbgebänderten und ungefähr 21 cm langen Jungtiere. Ihr Wachstum hängt von der Nahrungsaufnahme ab. Von drei Gruppen im Zoologischen Garten von Shanghai geschlüpften China–Alligatoren stieg das durchschnittliche Körpergewicht in der ersten Gruppe im ersten Lebensmonat auf 60 g, nach einem Jahr auf 270 g und nach zwei Jahren auf 800 g. Die entsprechenden Gewichtszunahmen der am langsamsten wachsenden Gruppe lagen bei 24 g, 65 g und 230 g (ANONYMUS 1983).

Dem Chekiang Ningpo Zoo gelang bei einem erwachsenen Paar ebenfalls die Nachzucht. Aus den Eiern, die am 12. August 1982 abgelegt wurden, schlüpften am 21. Oktober neun Jungtiere, die eine durchschnittliche Körperlänge von 20 cm und ein Gewicht von 29,5 g aufwiesen (ANONYMUS 1983). Über 30 adulte *A. sinensis* verfügt der Beijing Zoo. 1982 wurde ein einziges Ei gelegt.

Die New Yorker Zoologische Gesellschaft hat sich mit der Nachzucht des China–Alligators große Verdienste erworben. Die Gesellschaft besorgte sich aus Zoologischen Gärten vier Exemplare der Art und setzte sie bei Grand Chenier in den Küstensümpfen von Louisiana (30° nördliche Breite) in einem abgezäunten Teil des Rockefeller Wildlife Refuge aus. Es handelte sich um ein 23 Jahre altes Paar und ein 41 Jahre altes Weibchen. Das zum älteren Weibchen gehörende Männchen starb kurz nach der Überführung, da es sich wohl nicht an die klimatischen Bedingungen im neuen Lebensraum anpassen konnte. Die ausgesetzten Alligatoren tauchten früh im März aus ihren unterirdischen Schlupfwinkeln auf, die sie im späten Oktober bezogen hatten. Sie wurden mit Meeresfischen (*Micropogon*) und Nutrias (*Myocastor coypus*) gefüttert und erhielten zusätzlich Multivitamin– und Mineralstoffpräparate. In den Sümpfen des Reservats lebt eine große Anzahl von Insekten, Krebsen, Fröschen und Schlangen, die den China–Alligatoren als zusätzliche Beute dienten. Bei durchschnittlich 17 Eiern pro Gelege wurden im Verlauf von sechs Jahren insgesamt 102 Eier gelegt, von denen 59 in einem Inkubator untergebracht wurden. Aus den 58 befruchteten Eiern schlüpften 29 Jungtiere, so daß die Schlupfrate 50 % betrug. In diesen sechs Jahren legten die Weibchen ihre Eier stets zwischen dem 20. und 26. Juni ab (BEHLER et al. 1982).

Obwohl *A. sinensis* nicht die Körpergröße von *A. mississippiensis* erreicht, scheint die Wachstumsgeschwindigkeit von Jungtieren beider Arten übereinzustimmen (NEILL 1971).

14.2 Gattung *Caiman* SPIX, 1825 — Brillenkaimane

14.2.1 *Caiman crocodilus* (LINNAEUS, 1758) — Brillenkaiman oder Krokodilkaiman

Unterarten:

C. crocodilus crocodilus (LINNAEUS, 1758) — Gewöhnlicher Brillen– oder Krokodilkaiman.
C. crocodilus apaporiensis MEDEM, 1955 — Rio Apaporis–Brillenkaiman.
C. crocodilus fuscus (COPE, 1868) — Nördlicher Brillenkaiman.
C. crocodilus matogrossiensis FUCHS, 1974 — Mato Grosso–Brillenkaiman.
C. crocodilus paraguayensis FUCHS, 1974 — Gran Chaco–Brillenkaiman.
C. crocodilus yacare (DAUDIN, 1802) — Südlicher Krokodilkaiman.

C. sclerops chiapasius (BOCOURT, 1876), den MEDEM (1962) zur validen, vom benachbarten »*fuscus*« hauptsächliche durch craniologische Merkmale unterschiedenen Unterart erklärt hat, ist ein Synonym zu »*fuscus*«. Die beiden Unterarten *C. crocodilus matogrossiensis* und *C. crocodilus paraguayensis* werden in ihrem Unterartstatus von verschiedenen Herpetologen nicht anerkannt. Nach BRAZAITIS (1986) sind »diese wissenschaftlich undefinierten Taxa aufgrund kommerzieller Häute entstanden, wobei die maßgebenden Arbeiten südamerikanischer und nordamerikanischer Herpetologen weitgehend unbeachtet blieben«. Die Subspezies *C. crocodilus medemi* ist ein nomen nudum (MEDEM, briefl. Mitt.).

Abb. 85: *Caiman crocodilus yacare.* Foto: TRUTNAU.

Synonyme:

1758 *Lacerta crocodilus* LINNAEUS, Syst. nat., Ed. 10, 1: 200. — Terra typica restricta (MERTENS & WERMUTH 1955): Guyana.

1801 *Crocodilus* sclerops Schneider, Hist. Amph., 2: 162. — Terra typica restricta (hoc loco): Südamerika.

1889 Caiman *sclerops* BOULENGER, Cat. Chelon. Rhynchoceph. Crocod. brit. Mus.: 294.

1900 *Caiman crocodilus* ANDERSSON, Bih. kongl. svenska Vetensk. — Akad. Handl., Stockholm, (4) 26 1: 5.

Gesamtlänge:

Bis zu 2,7 m (FUCHS 1974), 1,7 bis 2 m, maximal bis 2,7 m (WERMUTH & FUCHS 1978), bis 2,7 m (MEDEM 1983), 2 bis 2,5 m (GROOMBRIDGE 1987), bis zu 2,5 m (STEEL 1989).

Merkmale:

Zwischen den Augen liegt eine Quer–, vor den vorderen Augenwinkeln eine Längsleiste. Die Schnauze ist ungefähr 1,5mal so lang wie an der Basis breit, ihre Länge je nach Unterart verschieden. Die beiden großen Vorderzähne reichen in zwei Öffnungen des Oberkiefers hinein und bei adulten Exemplaren wie bei den echten Krokodilen seitlich heraus, so daß die Bezeichnung Krokodilkaiman gerechtfertigt ist. In jedem Zwischenkiefer befinden sich fünf Zähne. Die Unterkieferäste sind nach vorne hin bis zu den 4. bis 5. Zähnen starr miteinander verwachsen. Der Zwischenkiefer weist beidseitig fünf Zähne auf.

Zahnformel: $\frac{5 + 14 - 15}{18 - 20}$

Die Hinterhaupthöcker stehen in zwei bis drei, die Nackenhöcker in vier bis fünf Querreihen. Die beiden vorderen Nackenhöckerquerreihen bestehen meist aus vier, die dahinter stehenden aus zwei Schilden. Die Rückenschilde stehen in 8 bis 10 Längs– und in 18 bis 19 Querreihen. Die Anzahl der Bauchschildquerreihen variiert bei den verschiedenen Unterarten zwischen 20 und 24. Die Anzahl der Schilde in einer Querreihe ist ebenfalls unterschiedlich und kann bei den verschiedenen Unterarten zwischen 10 und 14 liegen. Die Kiele der beiden mittleren Längsreihen verlaufen auf dem Schwanz parallel zueinander über die Schwanzwurzel, hinter welcher sie sich zu einer einzigen mittelständigen Kielreihe vereinigen.

Die Männchen erreichen größere Körperlängen als die Weibchen, ihre Köpfe und ihre Schwänze sind breiter. Ihre Nackenmuskulatur ist stärker als die der Weibchen ausgebildet und deutlicher sichtbar. Die Weibchen haben oft leicht geschwollene Bäuche und insgesamt einen zarteren Körperbau als die Männchen.

Färbung:

Je nach geographischer Rasse ist die Körperfärbung unterschiedlich. Jungtiere sind heller gefärbt und haben auffällig hervortretende Querbinden, die auch über den Rücken verlaufen. Adulte Exemplare zeigen ein dunkelbraunes, dunkelolivfarbenes bis schwärzliches Körperkolorit mit undeutlich schwärzlichen Querbinden auf den Flanken.

Brillenkaimane können ihre Körperfärbung in kurzer Zeit auffällig ändern. Der Gewöhnliche Brillenkaiman kann bei Unterkühlung derart dunkle Farbtöne annehmen, daß die dunkle Querbänderung kaum mehr oder nicht mehr sichtbar ist. Bei steigenden Temperaturen zeigt das gleiche Tier wieder seine oliv–gelbbraune Körperfärbung.

Verbreitung:

Ostkolumbien, Venezuela, Britisch–, Niederländisch– und Französisch Guyana, Ostperu, Ostecuador, Amazonien und Randgebiete, Nordbolivien, Trinidad und Tobago sowie einige andere Inseln vor der Nordküste von Südamerika (*C. crocodilus crocodilus*).

Oberer Rio Apaporis zwischen den Wasserfällen von Jirijirimo und Puerto Yaviya in Kolumbien (*C. crocodilus apaporiensis*).

Von den südmexikanischen Staaten Chiapas und Oaxaca über Mittelamerika bis nach Nordwestkolumbien im Bereich des Rio Magdalena (*C. crocodilus fuscus*).

Mato Grosso in Südbrasilien (*C. crocodilus matogrossiensis*).

Paraguay im Rio Verde, Rio Monte Lindo, Rio Negro, Rio Confuso und Rio Pilcomayo (*C. crocodilus paraguayensis*).

Südbolivien, Ostargentinien, Südwestbrasilien von Mato Grosso und Mato Grosso do Sul im Bereich des Rio Paraguay entlang des Rio Parana und seiner Randgebiete (*C. crocodilus yacare*) (Abb. 86).

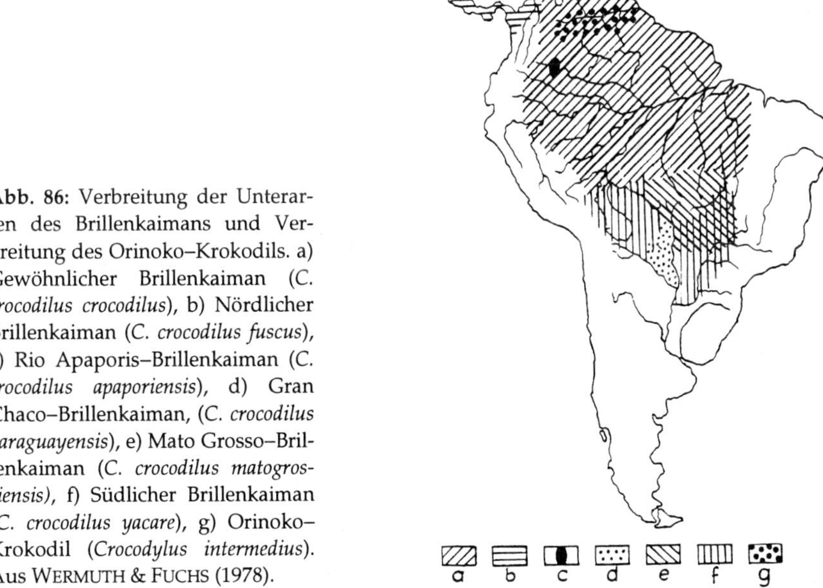

Abb. 86: Verbreitung der Unterarten des Brillenkaimans und Verbreitung des Orinoko–Krokodils. a) Gewöhnlicher Brillenkaiman (*C. crocodilus crocodilus*), b) Nördlicher Brillenkaiman (*C. crocodilus fuscus*), c) Rio Apaporis–Brillenkaiman (*C. crocodilus apaporiensis*), d) Gran Chaco–Brillenkaiman, (*C. crocodilus paraguayensis*), e) Mato Grosso–Brillenkaiman (*C. crocodilus matogrossiensis*), f) Südlicher Brillenkaiman (*C. crocodilus yacare*), g) Orinoko–Krokodil (*Crocodylus intermedius*). Aus WERMUTH & FUCHS (1978).

Lebensraum:

Langsam dahinfließende, stark verkrautete Flüsse mit schlammigem Untergrund sowie deren Seitenarme, weiterhin Seen, Teiche, Waldsümpfe und Überschwemmungsgebiete, die von pflanzenreichen Bächen durchzogen sind. Der Verfasser sah den Südlichen Brillenkaiman (*C. crocodilus yacare*) in Sümpfen, in überschwemmten Viehweiden, im Rio Paraguay und in den verkrauteten Seitengewässern des Rio Paraguay im brasilianischen Pantanal im Bundesstaat Mato Grosso do Sul. Gelegentlich kommen Tiere sogar in Brackwassersümpfen vor. Die schwimmenden, oft großen Inseln aus Wasserhyazinthen (*Eichhornia*) und sonstigen Wasserpflanzen in den großen südamerikanischen Flüssen stellen außerordentlich interessante Biozönosen dar. Diese Wasserpflanzenansammlungen sind ein beliebtes Refugium für junge Brillenkaimane, während erwachsene Exemplare die Ufer, die Seitenarme von Flüssen, Flußmündungen und Sümpfe bevorzugen (TRUTNAU 1990). Durch Aussetzen hat sich *C. crocodilus crocodilus* in verkrauteten Kanälen und anderen Gewässern in Südflorida eingebürgert und bildet hier eine kleine, aber fortpflanzungsfähige Population.

Ökologie:

Bevorzugt das ruhige Wasser mehr als reißende Flüsse. So beobachtete ich an den schnell strömenden Abschnitten des Rio Paraguay keine Brillenkaimane (*C. crocodilus yacare*), dafür aber um so mehr in den toten, vegetationsreichen Seitenarmen sowie in den zahllosen Sümpfen des Pantanals. Oft lagen diese Tiere den ganzen Tag über am Ufer oder zwischen Wasserpflanzenansammlungen und sonnten sich. Manche Kaimane ließen mich bis auf wenige Meter an sich herankommen, während andere schon bei Annäherung aus weiter Entfernung unruhig wurden und ins Wasser abtauchten, um an einer anderen Stelle wieder zum Vorschein zu kommen.

C. crocodilus gräbt sich jahreszeitlich bedingt in den eintrocknenden Schlamm der Lagunen und Sümpfe ein oder sucht schattige Stellen in Galeriewäldern auf, um hier die Trockenperioden zu überstehen. MEDEM (1981) beobachtete im Februar 1951 vierzig Brillenkaimane mit Körperlängen zwischen 50 und 70 cm, die im feuchten Schlamm einer Lagune in der Savanne von San Juan de Arama (Gebiet des Rio Meta in Kolumbien) eine Ruheperiode durchstanden. Größere Exemplare versteckten sich während des Tages zwischen Pflanzen. In der Nacht wanderten sie in Richtung auf den Rio Güejar und in die anliegenden Sümpfe.

Die für den Brillenkaiman in Südamerika geläufige Bezeichnung ist »Jacaré«. Nach GREGÓRIO (1980) entstammt diese Bezeichnung der indianischen Guaranisprache.

C. crocodilus hat ein weites Beutespektrum. Die Bevorzugung gewisser Beutetiere hängt vom Alter der Kaimane und ihrem Lebensraum ab. So enthielten die Mägen von 13 juvenilen *C. crocodilus* aus dem Apure (Venezuela) zu 100 % Insekten, die sich aus allerlei Wasserkäfern, Libellen, Grillen, Wasserwanzen, Fliegen und Schmetterlingen zusammensetzten. In den Mägen junger Brillenkaimane aus dem Masaguaral (Venezuela) fanden sich zu 84 % Insekten, der Rest setzte sich aus Fischresten unbestimmter Arten und Baumfröschen zusammen. Die Mägen von 35 subadulten und adulten Exemplaren zeigten allerlei Wirbellose und Reste von einer großen Anzahl von Wirbeltieren: Wasser– und andere Käfer, Krebse, Spinnen, Muscheln, Fische (*Hoplosternum* spec., *Pseudoplatystoma* spec., *Hoplias malabaricus, Cichlasoma* spec., *Synbranchus* spec.), Amphibien (*Leptodactylus* spec.), Vögel (*Todirostrum* spec.) und Säugetiere (*Dasypus* spec., *Heteromyidae*).

In 7,6 % der Mägen von Jungtieren und 32,5 % der Mägen von subadulten und adulten Exemplaren fanden sich Steine (CASTROVIEJO et al. 1976, GORZULA 1978). Nach MEDEM (1981) hängt die von *C. crocodilus* aufgenommene Nahrung von der Jahreszeit und vom Angebot ab. So fanden sich in den Mägen adulter *C. crocodilus crocodilus* aus dem Meta–Gebiet (Kolumbien) große Mengen von *Bufo marinus*, die gegen Ende Februar 1951 zum Laichen in die Lagunen eingewandert waren. Der Magen eines Brillenkaimans aus der Lagune von Inaná (Oberer Rio Apaporis) enthielt eine 70 cm lange Ente (*Chairima moschata*). Ein anderes Exemplar hatte einen Papagei (*Amazona ochrocephala*) und einen Artgenossen verschlungen. Im Brackwasser des Mangrovendschungels von Ciénega Grande (Rio Magdalena in Kolumbien) lebt *C. crocodilus* hauptsächlich von Muscheln und Fischen. Im Magen eines 187 cm langen *C. crocodilus fuscus* fanden sich vier Schildkröten (*Pseudemys scripta callirostris*), die 15 bis 23 cm lang waren. Neben den aufgeführten Beutetieren enthielten die Mägen auch kleine Steine von bis zu 5 cm Durchmesser.

SCHMIDT (1928) untersuchte die Mägen von 21 *C. crocodilus yacare* aus dem Pantanal auf ihren Inhalt. Acht Mägen waren leer, acht enthielten Fische, in sechs befanden sich Krebse, in fünf Schnecken und in einem eine Schlange. Zu ähnlichen Ergebnissen kamen SCHALLER & GRANSDEN CRAWSHAW (1982), die zwischen Mai und Dezember 31 Mägen von *C. crocodilus yacare* untersuchten. 35 % der Mägen waren leer. Die Nahrung bestand hauptsächlich aus Fischen, danach kamen Schnecken, Krebse und Insekten. Die Kaimanmägen enthielten keine Gastroliten. Die am häufigsten erbeuteten Fische waren: *Plecostomus plecostomus, Aequidens* spec., *Hoplias malabaricus, Astronotus ocellatus, Serrasalmus spilopleura, Rhamdia* spec., *Brycon hilarii, Corydoras* spec., *Trachycorystes* spec., *Hoplosternum* spec. und *Platydoras costatus*. Nach den genannten Autoren befanden sich in den Mägen der Kaimane auch Vögel (*Egretta thula, Aramus guarauna*), Reptilien (*Dracaena paraguayensis, Eunectes notaeus, C. crocodilus*) und Säugetiere (*Hydrochoerus hydrochaeris*). Die Beispiele zeigen, daß *C. crocodilus* auch durchaus kannibalistisch ist.

C. crocodilus geht hauptsächlich in der Nacht auf Beutefang. Wie andere Krokodile benötigt er dabei unter Wasser kein Licht. Seine Augen sind für ein Sehen außerhalb des Wassers zwar gut geeignet, kaum jedoch für ein Sehen im Wasser (FLEISHMANN & RAND 1989).

Die ausführlichsten Angaben über das Fortpflanzungs– und Brutpflegeverhalten von *C. crocodilus* finden sich bei MEDEM (1981, 1983). Nach einem Paarungsvorspiel geht die Kopulation wie bei anderen Krokodilen stets im Wasser und in dorsolateraler Stellung vor sich und dauert im Durchschnitt vier Minuten. Die Tiere paaren sich am Tage und in der Nacht. Da sich die Verbreitung des Brillenkaimans über ein riesiges Gebiet von Mexiko bis Argentinien erstreckt, schwanken in Abhängigkeit von den regionalen Gegebenheiten die Zeiten, in denen Paarung, Nestbau und Schlupf der Jungtiere stattfinden.

Über den Nestbau und die Brutpflege nordsurinamesischer *C. crocodilus crocodilus* berichten OUBOTER & NANHOE (1987). In Nordsurinam fällt der Nestbau in die lange Regenzeit zwischen Mai und Juli. Die Jungtiere schlüpfen zwischen August und Oktober. *C. crocodilus* baut ein Nest aus Wasserpflanzen, Blättern, Gras und anderen verrottendem Pflanzenmaterial in unmittelbarer Nähe eines Gewässers. Die Umgebungstemperatur und die schnell verrottenden Pflanzen produzieren in kurzer Zeit die für die Entwicklung der Eier notwendige Temperatur im Innern des Nestes. Die meisten Nester, die in der Regel drei Wochen vor der Eiablage im Dickicht, unter Büschen, unter Bäumen und gelegentlich im freien Sonnenlicht angelegt werden, sind von Schlamm und Erde durchsetzt und kegelförmig aufgebaut. Der Nesthaufen ist etwa 1,2 m lang, 1 m breit und 44 cm hoch. Oft legen mehrere Weibchen ihre Nester in unmittelbarer Nähe zueinander an. Sie verteidigen die Nester und Eier gegen Feinde (Tejus, Schlangen, Menschen). Nach dem Nestbau halten die Weibchen die 20 bis 40 Eier zurück und legen sie erst dann ab, wenn die Witterungsbedingungen vorteilhaft sind. Ungefähr 5 bis 20 % der Eier entwickeln sich nicht. Nach OUBOTER & NANHOE (1987) schlüpften aus 28 Eiern 17 Jungtiere, was einer Erfolgsrate von 61 % entspricht. Die Inkubationsdauer beträgt zwei bis drei Monate. ALVAREZ DEL TORO (1974) und STATON & DIXON (1977) geben 75 bis 80 bzw. 73 Tage an.

Eine detaillierte Studie über die Nestbaubiologie des Südlichen Brillenkaimans (*C. crocodilus yacare*) im brasilianischen Pantanal stammt von CINTRA (1988a). Die Paarung und Kopulation findet gegen Ende der Trockenzeit zwischen August und November statt. Im Januar wurden die Nester, die alle Eier enthielten, gefunden. Die Jungen schlüpften zwischen Ende März und Mitte April. Alle Nester waren in Wäldern angelegt worden. Die Entfernung der Nester zum Gewässerufer lag im Schnitt zwischen 2,4 und 2,9 m. Ein Nest war 17 m vom Wasser entfernt, enthielt jedoch keine Eier und wurde auch nicht vom Weibchen bewacht. Die meisten Nester befanden sich im Wurzelbereich eines Baumes. Die Nester von *C. crocodilus yacare* waren kugelförmig aufgebaut. Als Nestmaterial verwendete das Weibchen Zweige, Blätter und Rinde. Die Temperaturen in den Eikammern variierten bei Lufttemperaturen außerhalb des Nestes von 29,7 bis 30,6 °C zwischen 30 und 35 °C. Die Eier wurden in eine rundliche Kammer in die Mitte des Nestes gelegt. Die durchschnittliche Gelegegröße pro Nest betrug 26,3 Eier bei einer Schwankungsbreite von ± 5,6. Die Inkubationsdauer lag bei rund 70 Tagen. Von 27 Nestern wurden 14 vom Weibchen verteidigt. Über zwei Jahre hinweg schlüpften aus den Eiern 273 Jungtiere (55,3 %); 132 Eier (26,7 %) fielen Raubtieren zum Opfer, 82 Eier (14,6 % wurden durch Überfluten zerstört und 7 Eier (1,4 %) waren unbefruchtet. Die wesentlichen Eiräuber waren Coatis (*Nasua nasua*), Kapuzineraffen (*Cebus apella*), Krabbenwaschbären (*Euprocyon cancrivorus*), Füchse (*Cerdocyon thous*), Tayras (*Galera barbara*), Jaguare (*Panthera onca*), Opossums (*Didelphis albiventris*), Neunbinden–Gürteltiere (*Dasypus novemcinctus*) und Tejus (*Tupinambis* spec.).

Nach MEDEM (1981) sind die Eier von *C. crocodilus* zwischen 4,4 und 7 cm lang und zwischen 2,5 und 3,7 cm breit. Kurz vor dem Schlupf deckt das Weibchen das Nest auf und zerbricht die Eischalen mit den Vorderextremitäten. So können die jungen Kaimane besser die Eischalen verlassen. STEEL (1989) berichtet, daß das Nest auch vom Männchen geöffnet wird. Dieses nimmt die Eier ins Maul oder zerbricht die Schalen mit den Hinterextremitäten. Während dieser Zeit bleibt das Weibchen im Wasser und lockt die frisch geschlüpfte Nachkommenschaft durch quäkende Lockrufe an.

Die jungen Brillenkaimane sind bei ihrer Geburt zwischen 18 und 23 cm lang. Ihre Körperfärbung ist gelblich bis gelblichbraun. Auf dem Rumpf haben sie sechs und auf dem Schwanz sieben durchgehende Querbinden. Die Jungtiere bleiben bis zu einem Jahr und einer Körpergröße von 60 cm — vielleicht aber auch noch länger — in der Nähe der Mutter, die sie schon durch ihre bloße Gegenwart schützt. Sie sonnen sich auf Wasserpflanzen, am Ufer und an geschützten, der Sonne ausgesetzten Stellen. Zuweilen sieht man sie sogar auf dem Rücken des Weibchens. Am Nachmittag des 18. 8. 1987 war es mir vergönnt, eine Schar von 12 jungen *C. crocodilus yacare* am Rande eines Sumpfes neben der Eisenbahnlinie vor Porto Esperança in der Nähe des Rio Paraguay zu beobachten. Die ca. 40 cm langen Jungkaimane sonnten sich auf einem Gewirr von Ästen, Zweigen und Schlingpflanzen eines üppig wuchernden Busches, der über dem Wasserrand hing und im Wasser wuchs. Das Weibchen, das ich in der sehr dichten Vegetation vermutete, war nicht zu sehen. Es erscheint sofort zur Verteidigung, wenn die Jungen bei einem Angriff durch einen Feind Notrufe ausstoßen.

Über die Größen- und Gewichtszunahmen junger Brillenkaimane in freier Wildbahn ist nichts bekannt. An dieser Stelle sei daher auf die Größen- und Gewichtszunahmen der von HIRSCHFELD (1967) nachgezüchteten *C. crocodilus* verwiesen.

14.2.2 *Caiman latirostris* (DAUDIN, 1802) — Breitschnauzenkaiman

Unterarten:

C. latirostris latirostris (DAUDIN, 1802) — Östlicher Breitschnauzenkaiman

C. latirostris chacoensis FREIBERG & CARVALHO, 1965 — Nördlicher Breitschnauzenkaiman

Abb. 87: *Caiman latirostris.* Foto: TRUTNAU.

Gesamtlänge:

Bis zu 3,0 m (WERMUTH & FUCHS 1978), über 2,3 m (ACHAVAL 1980), bis 3,65 m (MEDEM 1983).

Merkmale:

Die Schnauze ist ungewöhnlich breit und maximal 1,3mal so lang wie an der Basis breit. Zwischen den vorderen Augenwinkeln befindet sich eine Querleiste. Von jedem Augenwinkel aus verläuft eine Längsleiste nach vorne, die sich gabelt und auf den Schnauzenseiten immer schwächer wird. Im Zwischenkiefer befinden sich beidseitig fünf Zähne. Die Unterkieferäste sind vorne bis zu den 4. bis 5. Zähnen starr miteinander verwachsen.

Zahnformel: $\frac{5 + 13 - 14}{17 - 19}$

Die Hinterhaupthöcker stehen in zwei, die Nackenhöcker in vier Querreihen. Die vorderste Nackenhöckerreihe besteht aus vier, die drei weiteren aus drei Schilden. Die Rückenschilde sind in 6 bis 8 Längs- und 18 bis 20 Querreihen angeordnet. Zwischen dem Hinterrand des Halsbandes und dem Vorderrand des Afterfeldes befinden sich 24 bis 28 Querreihen von Bauchschilden. In der Rumpfmitte stehen 10 bis 14 Bauchschilde in einer Querreihe. Auf der Schwanzoberseite vereinigen sich die Kiele der beiden mittleren Längsreihen nach hinten zu einer mittelständigen Kielreihe.

C. latirostris läßt sich durch seinen kurzen und breiten Schädel leicht von *C. crocodilus* unterscheiden. Seine beiden Unterarten sehen äußerlich gleich aus und unterscheiden sich anscheinend nur in dem andersartigen Bau des Gaumendaches und der geringeren Größe von *C. l. chacoensis* (bis 1,8 m).

Färbung:

Erwachsene Exemplare haben eine schwärzliche Rückenfärbung. Jüngere Tiere sind gelbgrün oder gelbbraun und auf den Körperseiten gelblich und schwarz gefleckt oder gestreift. Die Bauchseite ist weißlich bis hellgelb und ungefleckt. Wegen seiner hellen Bauchfärbung wird *C. latirostris* in Brasilien »Jacaré de papo amarelo« genannt, was soviel wie »Jacaré mit gelbem Bauch« heißt.

Verbreitung:

Ostargentinien, Norduruguay und Ostbrasilien (*C. latirostris latirostris*), Nordargentinien (*C. l. chacoensis*) (Abb. 88).

Lebensraum:

Bevorzugt ruhige Flußarme, langsam fließende Bäche in sumpfigem Gelände, aufgestaute Teiche und Seen, allerlei stehende Gewässer mit üppigem Pflanzenwachstum wie auch Brackwassersümpfe, was seine Verbreitung im östlichen atlantischen Küstenbereich Brasiliens erklärt.

In Argentinien bewohnt die Art vor allem die ruhigen, stark verkrauteten Zuflüsse des Rio Parana, nicht aber den riesigen Fluß selbst. *C. crocodilus yacare* und *C. latirostris latirostris* treten in der argentinischen Provinz Corrientes sympatrisch auf, ohne das es zur Ausbildung von Hybriden kommt. Der Verfasser kennt den Breit-

Abb. 88: Verbreitung a) des Breitschnauzenkaimans (*C. latirostris*) und b) des Mohrenkaimans *M. niger*. Aus WERMUTH & FUCHS (1978), in Anlehnung an NEILL (1971).

schnauzenkaiman aus den Lagunen auf der Fazenda Jatoba am Rio Jequitai, einem Nebenfluß des São Francisco im brasilianischen Staat Minas Gerais, wo dieses Krokodil noch vereinzelt vorkommt und von dem dortigen Fazendeiro anscheinend geschützt wird.

Ökologie:

Der Breitschnauzenkaiman sonnt sich während des Tages allein oder in kleinen Gruppen. Er ist jedoch mehr nacht– als tagaktiv, frißt im erwachsenen Zustand Fische, Amphibien, Reptilien, Vögel und Säugetiere und überwältigt selbst größere Schildkröten. Junge Breitschnauzenkaimane ernähren sich von allerlei Muscheln, Schnecken, Wasserinsekten, Tausendfüßlern und Krebsen. 22 von LEITÃO DE CARVALHO (1951) untersuchte Mägen von *C. latirostris* enthielten Wasser– und Landinsekten, Tausendfüßler, einen Krebs, Süßwasserschnecken und eine Schlange der Gattung *Liophis* sowie zahlreiche Gastroliten.

Über die Fortpflanzung von *C. latirostris* existieren zahlreiche Einzelbeobachtungen aus älterer und jüngerer Zeit. Da die Art ein weites Verbreitungsgebiet hat, variieren Paarungs– und Nestbauzeiten entsprechend. Der Nestbau von *C. latirostris* aus dem Rio Mucuri (Minas Gerais, Brasilien) fällt in die Zeit zwischen Anfang August und September. Breitschnauzenkaimane aus dem Rio Ilheus (Bahia, Brasilien) bauen ihre Nester im Dezember und zu Anfang Januar (WIED–NEUWIED 1825). Nach SPIX & MARTIUS (1828) findet der Nestbau von *C. latirostris latirostris* in der Lago das Aves, am Rio São Francisco (Minas Gerais, Brasilien) in der Regenzeit statt. In Paraguay baut *C. latirostris latirostris* zwischen September und November sein Nest (MEDEM 1983). Die Jungen schlüpfen zwischen Dezember und Februar.

In Uruguay findet der Nestbau von *C. latirostris* im Januar und Februar statt (VAZ-FEREIRA & ACHAVAL 1980). In einem Nest, das am 4. Februar 1970 am Ufer einer Lagune im Mündungsbereich des Rio Arapey gefunden wurde, befanden sich 35 Eier, deren Längen zwischen 5,8 und 6,6 cm und deren Breiten zwischen 4,1 und 4,4 cm schwankten. Das Weibchen wurde in unmittelbarer Nähe des Nestes tot aufgefunden. Im Eiinneren nahmen die kleinen Breitschnauzenkaimane ein aufgerollte Lage ein. Ihre Körperlängen lagen zwischen 22,2 und 23,8 cm.

Detaillierte Angaben über das Nestbau- und Brutpflegeverhalten von *C. latirostris chacoensis* in Argentinien gibt WEYENBERGH (1876). Danach wird das Nest sowohl vom Männchen als auch vom Weibchen errichtet, wobei jedoch nur letzteres die Bewachung des Nestes und die Brutpflege ausführt. Ein näher untersuchtes Nest hatte einen Durchmesser von 2 m, war 121 cm hoch und enthielt 43 Eier. Erde und vermodernde Blätter füllten den Raum zwischen den Eiern aus. WEYENBERGH beschreibt die Schalen der Eier als sehr hart und ihre Oberfläche als rauh. Die Eier sind von gleichmäßig elliptischer Gestalt, 7 cm lang und 5 cm breit. Der einzige Feind von *C. latirostris chacoensis* war zur damaligen Zeit der Jaguar (*Panthera onca*).

Nach SPIX & MARTIUS (1828) hat das Nest einen Umfang von 182 bis 243 cm und enthält 60 bis 80 Eier. Wie die Autoren erwähnen, legen mehrere Weibchen ihre Eier in das gleiche Nest und bewachen und verteidigen es abwechselnd. Während dieser Zeit sind sie aggressiver als gewöhnlich. Die Eier variieren in der Länge zwischen 6,6 und 6,9 cm und in der Breite zwischen 4,2 und 4,3 cm (LEITÃO DE CARVALHO 1951). SIEBENROCK (1905) erhielt am 26. Januar 1900 ein 154 cm langes Weibchen von *C. latirostris latirostris* aus Bahia de Santos (São Paulo, Brasilien). Dieses Tier legte 23 Eier, die Größen zwischen 6,8 x 4,3 cm und 7,2 x 7,4 cm aufwiesen. LUEDERWALDT (1919) beobachtete im Mai 1913 in den Mangrovendickichten bei Santos ein 150 cm langes Breitschnauzenkaimanweibchen mit zahlreichen frisch geschlüpften Jungtieren.

JARVIS (1966) berichtet über Gefangenschaftsnachzuchten von *C. latirostris* aus dem Zoologischen Garten von Erfurt, ohne jedoch Daten anzugeben. MEDEM (1983) erwähnt die Ablage von 27 Eiern im Zoologischen Garten von Rio de Janeiro, macht jedoch keine Größenangaben. Letztere wurden später von den erwachsenen Breitschnauzenkaimanen verschlungen.

Bei einer Temperatur von 32 °C nimmt die Entwicklung der Jungen in den Eiern 86 Tage in Anspruch. Über die Größen- und Gewichtszunahme junger Breitschnauzenkaimane im Freileben liegen keine Angaben vor.

14.3 Gattung *Melanosuchus* GRAY, 1862 — Mohrenkaimane

14.3.1 *Melanosuchus niger* (SPIX, 1825) — Mohrenkaiman

Unterarten:

Keine.

Synonyme:

1825 *Caiman niger* SPIX, Spec. nov. Lacert. Brasil.: 3; Taf. 4. — Terra typica: Rio Solimoes

1889 *Caiman niger* BOULENGER, Cat. Chelon. Rhynchoceph. Crocod. brit. Mus.: 2192.

1933 *Melanosuchus niger* WERNER, Das Tierreich, Berlin, 62: 31; Abb. 30.

Gesamtlänge:

3,35 m (SPIX 1825), 4,57 bis 5,48 m (APPUN 1871), 5,43 m (WALLACE 1889), bis 6,09 m (COTT 1926), 5,0 m (BRAZAITIS 1974), bis 4,5 m, meist um 3,6 m (WERMUTH & FUCHS 1978), über 6 m (MEDEM 1983), 6,09 m (La CONDAMINE o. J., aus MEDEM 1983), 6,4 m (DON ILDEFONSO MUÑOZ, o. J., aus MEDEM 1983), 7,0 m (Angaben von Kaimanfängern aus Bolivien).

Merkmale:

M. niger besitzt eine breite Schnauze, die nach vorne hin spitz ausläuft. Die Schnauze ist ungefähr 1,7 bis 1,9mal so lang wie die Schnauzenbasis breit. Zwischen den Augen befindet sich eine deutlich ausgeprägte Querleiste. Von den vorderen Augenwinkeln ausgehend laufen Längsleisten schräg auf die Schnauzenseiten zu. Die Längsleisten sind für *M. niger* charakteristisch. Die Nasenhöhle ist ohne knöcherne Trennwand. Der seitliche Vorderrand des Oberkiefers hat keine Ausbuchtungen für den Durchtritt der beiden großen Unterkieferzähne. In jedem Zwischenkiefer befinden sich fünf Zähne. Die Unterkieferäste sind nach vorn bis zu den 4. bis 5. Zähnen starr miteinander verbunden.

Zahnformel: $\frac{5 + 13 - 14}{17 - 18}$

Das Halsband ist nur schwach entwickelt, Poren fehlen. Die Hinterhaupt- und Nackenhöcker sind in jeweils vier bis fünf Querreihen angeordnet. Die beiden ersten der vier Nackenhöckerquerreihen weisen vier, die folgenden je zwei Höcker auf.

Die Rückenschilde sind in 8 bis 10 Längs- und 18 bis 19 Querreihen angeordnet. Die Höcker der seitlich gelegenen Längsreihen sind niedriger als die Längsreihen auf der Rückenmitte. Die Flankenschuppen sind nur schwach ausgebildet. Zwischen den großen Flankenschuppen befinden sich kleine, in regelmäßigen Längsreihen stehende Schuppen. Auf dem Schwanz vereinigen sich die beiden parallel verlaufenden Längskiele zu einer unpaaren Kielreihe. Zwischen dem Hinterrand des Halsbandes und dem Vorderrand des Afterfeldes stehen die Bauchschilde in 26 bis 28 Querreihen. Auf der Bauchmitte befinden sich 12 Schilde in einer Querreihe. Die Kehlschilde sind vor dem Halsband von der 1. bis 7. Querreihe an mehr oder weniger stark verknöchert. Gleichfalls verknöchert sind die Schilde des Halsbandes. Starke Verknöcherungen weisen auch die Schilde der 1. bis 17. Querreihe hinter dem Halsband auf.

Die Männchen werden größer als die Weibchen. *M. niger* kann von dem sehr ähnlich aussehenden *A. mississippiensis* sofort an der Zahl und Ausprägung der Hinterhaupthöcker unterschieden werden.

Färbung:

Erwachsene Mohrenkaimane sind auf der Körperoberseite einfarbig schwarz. Die Bauchseite ist hell und ungefleckt. Junge Mohrenkaimane zeigen eine lackschwarze Körpergrundfärbung mit meist neun hellgelben und oft unvollständigen Querbinden, die im Alter verschwinden.

Verbreitung:

Der Mohrenkaiman, der im spanisch sprechenden Südamerika »Jacaré açu«, d. h. »der große Alligator«, genannt wird, bewohnt Britisch und Französisch Guyana, Südkolumbien (hier nahezu ausgerottet), Ostecuador, Nordost–Peru, Nordbrasilien und in lokalen Populationen auch Bolivien und Paraguay (siehe Abb. 88).

Lebensraum:

Im nördlichen Südamerika bewohnt *M. niger* die pflanzenreichen Seitenarme versumpfter Urwaldflüsse, seenartige Flußschleifen, wie auch flache und große Seen, die mit Flüssen in Verbindung stehen. Auf den in der Amazonasmündung liegenden Inseln Marajó, Caviana und Mexiana — nicht Mexicana, wie in Brehms Tierleben angegeben ist — lebt *M. niger* in träge dahinfließenden Flüssen, die dort als Igarapés bezeichnet werden. Bevorzugt kommt der Mohrenkaiman in aufgestauten Seen in der Savanne vor. Diese Seen treten zeitweilig über ihre Ufer und überschwemmen das angrenzende Land. Wenn das Wasser steigt, dringen die Mohrenkaimane in die überschwemmten Wälder und Waldsümpfe ein.

Ökologie:

M. niger verfügt über ein ausgezeichnetes Seh– und Hörvermögen. Bewegungslos lauert er zwischen Wasserpflanzen auf Beutetiere, wobei der vordere Teil des Kopfes und die Augen über die Wasseroberfläche hinausragen. Der Mohrenkaiman lokalisiert seine Beutetiere im flachen Wasser und stürzt sich mit erstaunlicher Schnelligkeit auf sie. Sein Beutespektrum besteht aus Wasser– und Landinsekten, Wasserschnecken, Muscheln, Krebsen, Fischen, Amphibien, Reptilien, Vögeln und Säugetieren. *M. niger* verschlingt alles, was er überwältigen kann, selbst jüngere Vertreter der eigenen Art. Während junge Mohrenkaimane vornehmlich von Wirbellosen leben, fressen erwachsene Exemplare vor allem Säugetiere wie Capybaras (*Hydrochoerus hydrochaeris*), Agutis (*Dasyprocta aguti*), und Wasserschweine (*Tayassu jajacu*). NATTERER (aus BATES 1864) beobachtete, wie ein Mohrenkaiman einen Brüllaffen verschlang und ein anderes Exemplar der gleichen Art eine ungefähr 5 m lange Anakonda (*Eunectes murinus*) packte und damit unter der Wasseroberfläche verschwand. Wenn der Wasserspiegel in den Überschwemmungsgebieten und Seen gegen Ende der Trockenzeit stark absinkt, konzentrieren sich die Fische (besonders Piranhas und Welse) in den restlichen Wasserlachen und fallen den Mohrenkaimanen zum Opfer. Nach Angaben von Viehhaltern erbeutet *M. niger* auch Hunde und Katzen und ist für das Verschwinden von Rindern verantwortlich. Kühe, die durch Flüsse getrieben werden, sollen von Mohrenkaimanen ange-

Tafel 1: Oben links: *Melanosuchus niger*, Foto: TRUTNAU. Oben rechts: *Crocodylus novaeguinea*, Foto: TRUTNAU. Mitte links: *Paleosuchus trigonatus*, Foto: TRUTNAU. Mitte rechts: *Paleosuchus palpebrosus*, Foto: TRUTNAU. Unten links: *Osteolaemus tetraspis*, Foto: TRUTNAU. Unten rechts: *Crocodylus moreletii*, Foto: MUENSTER.

griffen und zuweilen ihrer Euter beraubt werden. Aus diesem Grunde macht man schon seit über 100 Jahren große Treibjagden auf Mohrenkaimane.

Über das Nestbau–, Fortpflanzungs– und Brutpflegeverhalten von *M. niger* berichten GOELDI (1989), HAGMANN (1902, 1906), SPRUCE (1908), OTTE (1974) und MEDEM (1981, 1983). GOELDI (1898) gibt die Zeit des Nestbaus für den brasilianischen Staat Amapá mit Oktober bis Anfang November an. Nach ihm messen die Eier 8,6 x 5,0 cm bis 8,7 x 5,1 cm. Ein Nest, das am 26. 9. 1896 im Bereich des »Lagos das Pandabas« auf der Amazonasinsel Marajó gefunden wurde, enthielt 32 Eier, es fehlen jedoch Angaben über Maße und Gewichte.

Nach LEITÃO DE CARVALHO (1951) legt *M. niger* seine Eier zwischen Oktober und November ab. Sie sind 8,4 bis 9,2 cm lang und 4,2 cm breit. Die Jungtiere schlüpfen im Dezember. *M. niger* und *C. crocodilus* bauen ihr Nest zur gleichen Zeit und legen beide 40 bis 45 Eier ab. Letzteres deckt sich nicht mit den Angaben von HAGMANN (1902), wonach der Nestbau von *M. niger* von Oktober bis November und der von *C. crocodilus* von Mai bis Juni stattfindet.

Das Weibchen legt seine Eier in die Mitte des Nestes, bewacht es und verteidigt es gegen jeden Eindringling. Ein Weibchen des Mohrenkaimans wurde neben seinem Nest getötet. Das Nest enthielt 44 ovale Eier von weißer Färbung, die in zwei Schichten lagen und zwischen denen sich verrottendes Laub befand. Die ersten Eier wurden in einer Tiefe von 40 cm entdeckt.

Das Gewicht der meisten Eier von *M. niger* beträgt etwas mehr als 100 g. Die Nester werden durch die Außentemperatur und im Innern durch die bakterielle Zersetzung der pflanzlichen Substanz aufgewärmt. Die Feuchtigkeit kommt von unten. Somit sind die besten Bedingungen für die Entwicklung der jungen Mohrenkaimane gegeben. Das Nest erreicht einen Durchmesser von 1,5 m und eine Höhe von 80 cm. Zuweilen legen mehrere Weibchen ihre Nester in unmittelbarer Nähe zueinander an. Die noch in ihren Eiern befindlichen Mohrenkaimane machen sich durch ihre Stimmen bemerkbar. Sie benötigen zu ihrer Entwicklung in den Eiern fünf bis acht Wochen. Eigelege in Nestern in der Savanne, die mehr direkte Sonnenbestrahlung als solche im Schatten bekommen, entwickeln sich ein wenig schneller. Über die Verweildauer des Muttertieres bei den geschlüpften Jungkaimanen und das Wachstum der jungen Tiere in freier Natur liegen keine Angaben vor.

Detaillierte Beobachtungen über den Nestbau und das Brutpflegeverhalten eines einäugigen Mohrenkaimanweibchens im Cocha Cashu, einem 20 ha großen See im peruanischen Manu–Nationalpark, vermitteln HERRON et al. (1990). Die drei Autoren entdeckten das noch im Bau befindliche Nest am 30. 9. 1983 im Halbschatten eines über den Uferrand hängenden Baumes am Südostufer des Sees. Der aus Blättern und Zweigen bestehende Nesthügel war von unregelmäßiger, ovaler Gestalt. Durch nachmittägliche Sonnenbestrahlung erhielt das Nest zusätzliche Wärme. Am 1. Oktober vergrößerte das Weibchen das Nest mit Blattmaterial und Zweigen und legte am 5. Oktober seine Eier ab. Um 17 Uhr lag es mitten auf dem Nesthügel und scharrte in seiner Mitte mit den Hintergliedmaßen eine Eikammer. Mit den Hinterfüßen rückte es auch die Eier in die richtige Lage und scharrte dann um 19.14 Uhr die ca. 25 x 20 x 15 cm große Eikammer mit Blättern zu. Am 30.

Oktober öffneten die drei Autoren in Abwesenheit des Weibchens das Nest. Es maß am Grunde ungefähr 200 x 190 cm und hatte eine Höhe von 50 cm. Die Entfernung zum Wasser betrug 2 m. Die 38 abgelegten Eier lagen in zwei bis drei unregelmäßigen Schichten in der Eikammer und erinnerten mit ihrer harten, rauhen Schale an kristallinen Zucker. 10 Eier wurden gemessen und gewogen. Sie waren im Durchschnitt 90,38 mm (± 0,94 mm) lang und 50,21 mm (± 0,22 mm) breit und besaßen eine durchschnittliches Gewicht von 147,7 g. Anschließend legten die Autoren die Eier wieder in die Eikammer zurück und deckten sie mit Blättern zu. Das Weibchen hielt sich stets in der Nähe des Nestes auf, ohne es jedoch zu beobachten oder gar zu verteidigen. Am 1. 1. 1984 hatte es das Nest geöffnet und die Eier freigelegt. Die jungen Mohrenkaimane schlüpften. Drei bewegten sich zum Wasser hin. Ein frisch geschlüpfter Mohrenkaiman wurde gefangen. Von der Schnauzen– bis zur Schwanzspitze maß er 307 mm und wog 91 g. Im Innern seiner Leibeshöhle befand sich noch Dottermaterial, und der Bauch war deutlich verdickt. Da der Schlupfvorgang 88 Tage nach der Eiablage stattfand, lag die Entwicklungsdauer im Ei beträchtlich über den fünf bis sechs Wochen, die HAGMANN (1902) und COTT (1926) angeben. MEDEM (1980) gibt die Entwicklungsdauer für Mohrenkaimane in Brasilien mit zwei bis drei Monaten an. Vom 1. bis zum 7. Januar blieben die Jungen in der Nähe der Mutter im Seeuferbereich des Wassers. Nach Einsetzen heftiger Regenfälle stieg der See zwischen dem 7. und 9. Januar, und das Weibchen verließ mit den Jungen die Nestnähe. Am 7. Januar wurde das Nest erneut untersucht. Es enthielt die Eischalen von 28 geschlüpften Jungtieren, 2 unbefruchtete Eier, 2 nicht geschlüpfte, tote Mohrenkaimane und 2 im Nest gestorbene Jungtiere.

14.4 Gattung *Paleosuchus* GRAY, 1862 — Glattstirnkaimane

14.4.1 *Paleosuchus palpebrosus* (CUVIER, 1807) — Brauen–Glattstirnkaiman

Unterarten:

Keine.

Synonyme:

1807 *Crocodilus palpebrosus* CUVIER, Ann. Mus. Hist. nat., Paris, 10: 35; Taf. 1, Fig. 6; Fig. 2. — Terra typica: Cayenne.

1825 *Jacaretinga moschifer* SPIX, Spec. nov. Lacert. Brasil.: 1; Taf. 1. — Terra typica: See in der Stadt Bahia, Brasilien.

1840 *Champsa gibbiceps* NATTERER, Ann. naturhist. Hof–Mus. Wien, 2: 324; Taf. 28. — Terra typica: westlicher Teil des mittleren Brasilien.

1889 *Caiman palpebrosus* BOULENGER, Cat. Chelon. Rhynchoceph. Crocod. brit. Mus.: 296.

1923 *Paleosuchus palpebrosus* L. MÜLLER, Z. Morphol. Ökol., Berlin, 2: 441; Taf. 5, Fig. 31.

Gesamtlänge:

Maximallänge von 1,72 m (Lüderwaldt 1926), 1,4 – 1,6 m (Wermuth & Fuchs 1978), 1,52 m (Medem 1981), 1,7 m (Steel 1989).

Merkmale:

Der Kopfoberseite fehlen die Quer– und Längsleisten. Die Schnauze ist ungefähr 1,7mal so lang wie an der Basis breit. Die Oberseite des oberen Augenlids ist glatt. Alte Exemplare haben beidseitig vier Zähne im Zwischenkiefer. Die Unterkieferäste sind nach vorne hin bis zu den 4. bis 5. Zähnen starr miteinander verbunden.

Zahnformel: $\frac{4 + 14 - 15}{21 - 22}$

Die Hinterhaupthöcker stehen in zwei, die Nackenhöcker in vier bis fünf dicht hintereinanderliegenden Querreihen. Jede Querreihe weist zwei bis vier Höcker auf. Die unregelmäßig angeordneten Rückenschilde stehen in 6 bis 8 Längs– und 18 bis 19 Querreihen. Die Kiele auf den Rückenschilden sind von ungefähr gleicher Größe. Auf der Körperunterseite sind zwischen dem Hinterrand des Halsbandes und dem Vorderrand des Afterfeldes 17 bis 19 Querreihen von Schilden. Auf der Bauchmitte befinden sich 10 bis 12 Schilde in einer Querreihe. Ein porenloses, stark ausgebildetes Halsband ist vorhanden. Vor diesem sind die 1. bis 5. und hinter ihm die 1. bis 11. Querreihe stark verknöchert. Die Halsbandschilde sind ebenfalls verknöchert. Die Flankenschuppen — auf der Rumpfmitte befinden sich drei in einer Querreihe — sind verknöchert und gekielt. Kiele sind auch auf den kleinen, ovalen Schuppen, die zwischen den großen Flankenschuppen liegen. Das mittlere Rückenschildpaar biegt hinter der Schwanzwurzel nach außen hin aus und vereinigt sich schließlich zu einem hohen Schwanzkamm. Die Weibchen erreichen eine geringere Körpergröße als die Männchen.

Verbreitung:

Östliches Kolumbien, Venezuela, die drei Guyanas, das östliche Ecuador und Peru, große Teile Nord– und Zentralbrasiliens sowie Ostbolivien.

Lebensraum:

Bewohnt rasch fließende und zum Teil sogar reißende, von Urwaldbäumen beschattete Gewässer mit felsig–steinigem Untergrund. Hier tritt er nicht selten sympatrisch mit seinem nächsten Verwandten, dem Keilkopf–Glattstirnkaiman auf. Er lebt aber auch in langsam fließenden Flüssen und in Canyons, die von Wäldern und Büschen umgeben sind. Gelegentlich wird er sogar in Lagunen gefunden.

In Peru kommen die beiden *Paleosuchus*–Arten in der Umgebung von Iquitos gemeinsam in den Flüssen Maniti und Orosa vor. Allerdings ist *P. palpebrosus* hier viel seltener als *P. trigonatus*. Die Indianer vom Rio Nanay machen keinen Unterschied zwischen den beiden Arten.

Abb. 89: Verbreitung a) des Brauen-Glattstirnkaimans (*P. palpebrosus*) und b) des Keilkopf-Glattstirnkaimans (*P. trigonatus*). Aus WERMUTH & FUCHS (1978), in Anlehnung an NEILL (1971).

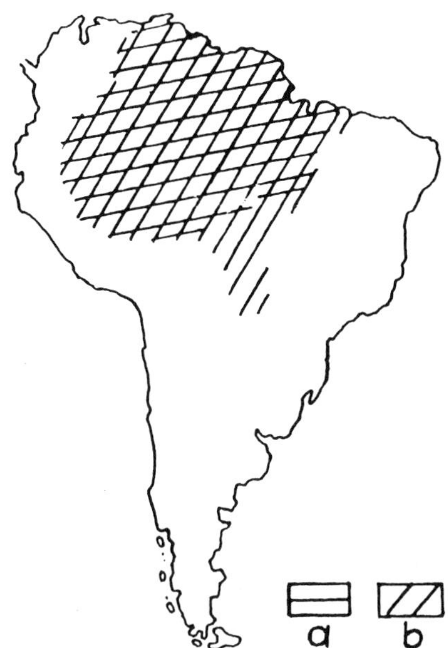

Nach M. VANDERHAEGE (mündl. Mitt.) treten *P. palpebrosus* und *P. trigonatus* in Französisch Guyana im Rio Comté und den schnell fließenden Flüssen der Berge von Kaw sympatrisch auf. In zahlreichen Gewässern Südamerikas tritt *P. palpebrosus* alleine auf, oder es kommt nur *P. trigonatus* vor. In anderen Gewässern werden die beiden Arten gleichzeitig angetroffen. So leben in den Nebenflüssen des Oberen Putumayo und des Caquetá nur Keilkopf-Glattstirnkaimane, während in den Unterläufen beider Flüsse beide Glattstirnkaimanarten nebeneinander existieren. Eine Erklärung dafür steht noch aus.

Ökologie:

Ohne echte Latenzperioden zu überdauern, verbergen sich *P. palpebrosus* wie auch *P. trigonatus* zuweilen in tunnelartigen Höhlungen unter Uferböschungen. Diese gut getarnten Höhlen sind in der Regel 150 bis 350 cm lang und liegen meist zwischen Baumwurzeln. Dem direkten Sonnenlicht setzt sich der Brauen-Glattstirnkaiman nur selten aus.

Die Nahrung von *P. palpebrosus* besteht aus verschiedenen niederen Tieren wie Schnecken, Muscheln und Insekten, weiterhin aus Fischen und Amphibien (besonders Baumfrösche). Auch Reptilien, Vögel und Säugetiere gehören zum Beutespektrum. Kannibalismus kommt gelegentlich vor.

Über das Fortpflanzungsverhalten hat MEDEM (1981) ausführlich berichtet. Die Nester von *P. palpebrosus*, die aus Blättern, Gras und Zweigen bestehen, sind von Erde oder Schlamm durchsetzt. Sie werden meist an schattigen, nicht dem direkten Sonnenlicht ausgesetzten Stellen angelegt. Ein Nest von *P. palpebrosus* von 125 cm Durchmesser und 39 cm Höhe wurde am 10. November 1967 in einem Galeriewald am Rio Pachaquiarito zwischen den Ortschaften Villavicencio und Puerto Lopès (Kolumbien) gefunden. Das Weibchen, das sich nicht in Nestnähe aufhielt, wurde am nächsten Tag im Fluß gesichtet. Im Nest befanden sich 13 Eier, deren Schalen von Termitenexkrementen beschmutzt waren. Das größte maß 7,1 x 5,1 cm, das kleinste 6,1 x 4,1 cm. Das Maximalgewicht betrug 74,5 g, das Minimalgewicht 62,5 g. Ein Ei, das geöffnet wurde, enthielt einen zusammengerollten, 13,2 cm langen Embryo. Zwischen dem 18. und 29. Dezember des gleichen Jahres schlüpften die jungen Brauen–Glattstirnkaimane. Ursache für diese große Zeitspanne waren vielleicht die Vibrationen, denen die Eier während des Transportes zum Institut von Villavicencio ausgesetzt waren. Das größte geschlüpfte Jungtier war 24,5 cm, das kleinste 20,2 cm lang, wobei die Körpergewichte zwischen 48,9 und 41,6 g lagen.

Am 8. August 1970 wurde in der gleichen Gegend ein weiteres Nest dieser Art entdeckt, das jedoch erst am 18. August untersucht wurde. Es lag 87 cm hoch über der Wasseroberfläche und 3,5 m vom Ufer entfernt. Wie das erste, so war auch das zweite Nest nicht im dichten Gebüsch errichtet worden. Im Tagesverlauf wurde es nur eine Stunde lang von der Sonne beschienen. Es hatte einen Durchmesser von 146 cm, war 49 cm hoch und reichte 46 cm tief in den Erdboden hinein. In 5 cm Tiefe betrug die Nesttemperatur 28 °C, in 22 cm Tiefe 31 °C. Die Lufttemperatur in der Umgebung lag bei 27 °C. Die Luft im Nest war stets feucht. Die ersten der 13 Eier in seinem Inneren lagen 36 cm und die letzten 46 cm tief unter der Erdoberfläche. Sie waren offensichtlich in der Nacht vor der Untersuchung abgelegt worden, denn sie waren noch wie bei allen Krokodilen kurz nach der Eiablage von einer schleimig–klebrigen Schicht bedeckt. Die Eier waren zwischen 7,1 x 4 cm und 6,2 x 4,1 cm groß und wogen zwischen 69,7 und 61,2 g. Zwischen 17.35 Uhr des 5. und 8.50 Uhr des 7. Novembers schlüpften aus 12 Eiern junge Glattstirnkaimane. Damit betrug die Inkubationszeit 90 bis 92 Tage.

Im August 1978 wurde ein drittes Nest entdeckt, das bei 70 cm Höhe eine ungewöhnliche Länge von 5,5 m und eine Breite von 2 m aufwies und 18 Eier enthielt. Es wurde nur gegen 15 Uhr von der Sonne erreicht. 9 der 18 Eier wurden entnommen und künstlich inkubiert. Ein am 21 November geöffnetes Ei enthielt einen recht aktiven Embryo, der 21 cm lang und 41 g schwer war und schon zu beißen versuchte. Am 15. Dezember 1978 schlüpften noch drei weitere *P. palpebrosus*. Sie waren 20,3, 20,6 und 20,9 cm lang und wogen 38,5, 41,0 und 42,5 g.

Über das Wachstum und die Gewichtszunahme junger Brauen–Glattstirnkaimane in freier Natur und ihre Verweildauer bei der Mutter ist nichts bekannt.

Beachtung verdient noch der Fang eines Hybriden zwischen *P. palpebrosus* und *P. trigonatus*. Es handelt sich um ein 69,2 cm langes Weibchen aus dem Rio Ocoa (Kolumbien), das mehr morphologische Merkmale von *P. palpebrosus* als von *P. trigonatus* aufweist (MEDEM 1970).

Tafel 2: Oben links: *Alligator mississippiensis*, Foto: TRUTNAU. Oben rechts: *Alligator sinensis*, Foto: TASHJIAN. Mitte links: *Crocodylus siamensis*, Foto: TRUTNAU. Mitte rechts: *Crocodylus johnsoni*, Foto: TRUTNAU. Unten links: *Crocodylus niloticus*, Foto: TRUTNAU. Unten rechts: *Crocodylus acutus*, Foto: TRUTNAU.

14.4.2 *Paleosuchus trigonatus* (Schneider, 1801) — Keilkopf–Glattstirnkaiman

Unterarten:

Keine.

Synonyme:

1801 *Crocodilus trigonatus* Schneider, Hist. Amph., 2: 161. — Terra typica: unbekannt.

1889 *Caiman trigonatus* Boulenger, Cat. Chelon. Rhynchoceph. Crocod. brit. Mus.: 296.

1924 *Paleosuchus niloticus* L. Müller, Zool. Anz., Leipzig, 58: 391.

1928 *Paleosuchus trigonatus* K. P. Schmidt, Field mus. nat. Hist., Zool., Chicago, 12: 209.

Gesamtlänge:

Bis 1,83 m (Neill 1971), 1,10 bis 1,35 m (Fuchs 1974), 1,10 bis 1,40 m (Wermuth & Fuchs 1978), bis 2,26 m (Medem 1981).

Merkmale:

Die Kopfoberseite ist ohne Quer– und Längsleisten. Die Schnauze ist 1,7 bis 2mal so lang wie an der Basis breit. Das obere Augenlid weist eine glatte Oberfläche auf. Im Alter befinden sich zu beiden Seiten des Zwischenkiefers vier Zähne. Die Unterkieferäste sind vorne bis zu den 4. bis 5. Zähnen starr miteinander verbunden.

Zahnformel: $\frac{4 + 15 - 16}{21 - 22}$

Anders als bei *P. palpebrosus* stehen die Hinterhaupthöcker bei *P. trigonatus* nur in einer einzigen Querreihe, wodurch er sich sofort von diesem unterscheiden läßt. Die Nasenhöcker sind in vier bis fünf Querreihen angeordnet, von denen jeder zwei bis drei Höcker aufweist. Die Rückenschilde stehen in 6 Längs– und 17 bis 18 Querreihen und sind gekielt. Die großen Flankenschuppen, die in der Rumpfmitte in drei Querreihen stehen, sind verknöchert und gekielt. Zwischen ihnen befinden sich kleinere, ovale und verknöcherte Schuppen. Die Kiele der beiden mittleren Längsreihen der Rückenschilde schwenken auf der Schwanzwurzel nach außen ab und enden dort. Ein weiteres Paar von Längskielen verläuft ebenfalls nach außen und geht ungefähr in der Schwanzmitte in den höher liegenden Schwanzkamm über. Die Schilde der Bauchseite stehen hinter dem Hinterrand des Halsbandes und dem Vorderrand des Afterfeldes in 17 bis 19 Querreihen. In der Rumpfmitte befinden sich 10 bis 12 Bauchschilde in einer Querreihe. Die Kehlschilde, Bauchschilde und Schilde der Schwanzunterseite sind mehr oder weniger stark verknöchert.

Färbung:

Jungtiere sind dunkel gefleckt und quergebändert. Die Körperoberseite adulter Exemplare ist dunkelbraun, die Bauchseite hell und von dunklen Flecken durchsetzt. Die Iris ist dunkelbraun.

Verbreitung:

Ostkolumbien, Venezuela, die drei Guyanas, östliches Ecuador und Peru, große Teile Nord- und Zentralbrasiliens, wie in Ostbolivien (siehe Abb. 89).

Lebensraum:

Noch mehr als der nahe verwandte *P. palpebrosus* ist *P. trigonatus* an stark fließende Gewässer gebunden, die nach BATES (1864) nicht sehr tief sind. Hier kommt dieses kleine Krokodil in nächster Nähe von Wasserwirbeln, Stromschnellen und Wasserfällen im Regenwald vor. Gelegentlich treten *P. trigonatus* und *C. crocodilus* im gleichen Fluß auf. Beide Arten sind jedoch an zwei unterschiedliche ökologische Nischen gebunden. Während *P. trigonatus* den Bereich von Stromschnellen und Wasserwirbeln bevorzugt, besiedelt *C. crocodilus* ausschließlich die ruhigen, verkrauteten Ufer und stillen Buchten.

Ökologie:

P. trigonatus wurde im Regenwald schon in weiter Entfernung von Gewässern angetroffen. Er scheint mehr terrestrischer als *P. palpebrosus* zu leben. *P. trigonatus* setzt sich nicht oder nur äußerst selten dem direkten Sonnenlicht aus. Während des Tages verbirgt er sich häufig in 150 bis 350 cm langen Höhlen unter Uferböschungen, die ihren Eingang in der Regel zwischen den Wurzeln eines Baumes haben. In diesem Verhalten stimmt er mit *P. palpebrosus* überein, wie auch das Beutespektrum beider Arten gleich ist.

MEDEM (1981) beobachtete am 5. Januar 1957 im Rio Cafre in Kolumbien Paarungen. Über das Fortpflanzungsverhalten in Peru berichten DIXON & SOINI (1977). Von September bis November bauen die Weibchen ihre Nester aus Blättern und anderen sich zersetzenden Pflanzenstoffen. Es werden 15 bis 25 Eier abgelegt, die eine Länge von ungefähr 7 cm und ein Breite von 4 cm haben. Die jungen *P. trigonatus*, die nach etwa 90 Tagen schlüpfen, sind zwischen 20 und 25 cm lang. Am 10. Januar 1975 beobachte R. FOOTE (aus MEDEM 1981) 16 Jungtiere von *P. trigonatus* im Rio Yaguas (Peru), einem Nebenfluß des Rio Putumayo. Sie hielten sich am Ufer, im Wasser und auf überhängenden Ästen und Zweigen von Bäumen und Büschen auf. In der Schar dieser Jungtiere befand sich ein erwachsenes Exemplar, das sich durch eine enorme Kopfbreite von 20 bis 25 cm auszeichnete. Bei dem Tier handelte es sich wahrscheinlich um das brutpflegende Weibchen. Es entfernte sich nicht von den jungen Keilkopf–Glattstirnkaimanen, zeigte sich aber auch nicht aggressiv. Dies steht im Gegensatz zu meinen eigenen Beobachtungen an von mir lange Zeit gepflegten *P. trigonatus* und Beobachtungen anderer Krokodilpfleger, nach denen sich diese Art im Unterschied zu *P. palpebrosus* dem Menschen gegenüber sehr aggressiv verhält.

Das Wachstum junger *P. trigonatus* entspricht dem der jungen *P. palpebrosus*. Wie für alle Vertreter der Gattungen *Caiman* und *Melanosuchus* sind die natürlichen Feinde von *P. trigonatus* und *P. palpebrosus* verschiedene Fische, Wasserschildkröten (*Chelus fimbriatus, Phrynops tuberosus*), Anakondas (*Eunectes murinus*), verschiedene Vögel und Jaguare (*Panthera onca*) und darüber hinaus eine Anzahl von Parasiten, vor allem blutsaugende Tabaniden und Nematoden.

Unterfamilie: Crocodylinae

14.5 Gattung *Crocodylus* LAURENTI, 1768 — Echte Krokodile

14.5.1 *Crocodylus acutus* CUVIER, 1807 — Spitzkrokodil

Unterarten:

Keine.

Synonyme:

1768 ? *Crocodylus americanus* LAURENTI, Synops. Rept.: 54. —Terra typica: Amerika.

1807 *Crocodilus acutus* CUVIER, Ann. Mus. Hist. nat., Paris, 10: 55; Taf. 1, Fig. 3; Taf. 2, Fig. 5. — Terra typica: Santo Domingo.

1807 *Crocodilus biscutatus* CUVIER, Ann. Mus. Hist. nat., Paris, 10: 53; Taf. 2, Fig. 6. — Terra typica: unbekannt.

1869 *Alligator lacordairei* PREUDHOMME DE BORRE, Bull. Acad. Sci. Belg., Bruxelles, 38: 110; Taf., Fig. 1 – 3. — Terra typica: Belize, Honduras.

1870 *Crocodilus pacificus* DUMÉRIL & BOCOURT, Miss. sci. Mexique, 3: 33; Taf. 9, Fig. 5 – 5 b. — Terra typica: Mündung des Rio Nagualate, Westküste von Guatemala.

1870 *Crocodilus lêwyanus* DUMÉRIL & BOCOURT, Miss. sci. Mexique, 3: 33; Taf. 8, Fig. 2, 2 a. — Terra typica: Rio Magdalena, Kolumbien.

1870 *Crocodilus mexicanus* DUMÉRIL & BOCOURT, Miss. sci. Mexique, 3: 34; Taf. 8, Fig. 3, 3 a. —Terra typica: Mexiko.

1875 *Crocodilus floridanus* HORNADAY, Amer. Natural., New York, 9: 504; Abb. 211 – 215. — Terra typica: Arch Creek, nahe der Mündung in die Biscayne Bay, Südostküste der Halbinsel Florida.

1889 *Crocodilus americanus* BOULENGER, Cat. Chelon. Rhynchoceph. Crocod. brit. Mus.: 281.

1940 *Crocodylus acutus lêwyanus*, L. MÜLLER & HELLMICH, Ibero–amer. Stud., Hamburg, 13: 130.

Gesamtlänge:

6,25 m bestätigte Maximalgröße (ALVAREZ DEL TORO 1974), meist bis 3,8 m, maximal bis 7,7 m (WERMUTH & FUCHS 1978), bis zu 7 m nach Angaben von Krokodiljägern (MEDEM 1981), 6 m und mehr (ROSS & MAGNUSSON 1989).

Merkmale:

Dieses langschnauzige Krokodil, dessen Schnauze 2,5mal so lang wie an der Basis breit ist, hat vor den Augen eine beulenähnliche Wölbung. In jedem Zwischenkiefer befinden sich fünf Zähne. Die Unterkieferäste sind nach vorne hin bis zu den 4. bis 5. Zähnen starr miteinander verbunden.

Zahnformel: $\frac{5 + 13 - 14}{15}$

Typisch für *Cr. acutus* sind die vier bis sechs zu einer Querreihe angeordneten Hinterhaupthöcker und die dicht beieinander stehenden vier Nackenhöcker, die ein Quadrat bilden. Seitlich der Nackenhöcker befindet sich ein weiterer kleiner Höcker. Die weit von den Nackenhöckern entfernt stehenden Rückenschilde sind zwischen dem Hinterrand des Halsbandes und dem Vorderrand des Afterfeldes in 25 bis 34 Querreihen angeordnet. Auf der Rumpfmitte stehen 14 bis 16 Schilde und fünf bis sechs Flankenschuppen in jeweils einer Querreihe.

Färbung:

Als Jungtier ist *Cr. acutus* hellolivfarben und besitzt fünf schwarze Querbinden auf dem Rumpf sowie acht bis zehn auf dem Schwanz. Erwachsene Exemplare sind dunkelolivfarben bis grau.

Verbreitung:

Von Südflorida entlang der beiden Küsten Mexikos über Mittelamerika einschließlich der Antilleninseln (Kuba, Jamaica, Hispaniola) bis hin ins nördliche Südamerika (Venezuela, Kolumbien, Ecuador, Nordperu). In Südflorida erstreckt sich die

Abb. 90: Verbreitung des a) Spitzkrokodils (*Cr. acutus*), b) Beulenkrokodils (*Cr. moreletii*) und c) Kuba–Krokodils (*Cr. rhombifer*). Aus WERMUTH & FUCHS (1978).

historische und rezente Verbreitung von Tampa entlang der Küste bis nach Vero Beach. Einbezogen sind die Florida Keys (KUSHLAN & MAZZOTTI 1989a).

Lebensraum:

Bevorzugt Gewässer in Küstennähe, wo die Tiere in Brackwasser- und Mangrovensümpfen, in Lagunen, Seen und Flüssen sowie gelegentlich beim Schwimmen im Meer angetroffen werden. In Südflorida bewohnt *Cr. acutus* hauptsächlich Mangrovensümpfe, die nicht von heftigem Wellengang beeinflußt werden. Von hier aus schwimmt es über das offene Meer zu anderen Nistmöglichkeiten in Küstennähe (KUSHLAN & MAZZOTTI 1989b). *Cr. acutus* hat auf der Zunge vorstehende Salzdrüsen, mit denen es den Salzgehalt im Blut regulieren und auf normale Werte halten kann. So fanden sich nach Untersuchungen von ELLIS (1981) im Blutplasma von im Meer und im Süßwasser gefangenen Spitzkrokodilen ungefähr gleiche Salzkonzentrationen. Obwohl *Cr. acutus* eine gewisse Vorliebe für Gewässer mit höheren Salzkonzentrationen hat, findet man ihn auch in Flüssen und Flußsystemen, Seen und selbst kleinen Wasseransammlungen wie Teichen und Tümpeln. Die Jungtiere leben im Süß- und Brackwasser, wo sie sich im Dickicht von Schwimmpflanzen, Wasserpflanzen und Mangroven vor Feinden verbergen.

Ökologie:

Cr. acutus gräbt tunnelartige Vertiefungen in die erhöht liegenden Ufer von Flüssen und Lagunen. Die Höhlen haben in der Regel ein bis drei Ein- bzw. Ausgänge. Der Haupteingang befindet sich über der Wasseroberfläche auf festem Land, während ein oder zwei weitere Eingänge unter der Wasseroberfläche liegen. Die Unterwassereingänge erlauben es dem Tier, unbemerkt seine Höhle aufzusuchen, um Feinden oder einer zu großen Tageshitze zu entgehen. Diese Wohnhöhlen dienen zuweilen mehreren Tieren als Unterschlupf, in dem sie in der trockenen Jahreszeit eine zwei- bis dreimonatige Ruheperiode abhalten. Dazu gräbt sich das Spitzkrokodil mitunter auch 50 bis 80 cm tief zwischen Mangroven in den feuchten Schlamm der Lagunen ein. Solche Stellen sind an länglichen Schlammaufwölbungen leicht zu erkennen, die stets zwei Öffnungen haben, unter denen sich die Nasenöffnungen der Krokodile befinden (MEDEM 1981). In Mangrovensümpfen halten die Tiere ihren Trockenschlaf auch unter den Wurzeln von Mangroven oder abgestorbenen Bäumen oder in vermoderten Laubansammlungen.

Die Nahrung juveniler Spitzkrokodile besteht hauptsächlich aus Wirbellosen wie Land- und Wasserinsekten, Spinnen, Schnecken, Krebsen, Skolopendern und gelegentlich Fischen. Mit zunehmendem Wachstum der jungen Krokodile wird das Beutespektrum durch größere Fische, verschiedene Amphibien und Reptilien (vor allem Wasserschildkröten) sowie Vögel und Säugetiere erweitert. Erwachsene Exemplare ernähren sich vorwiegend von größeren Fischen, fressen aber auch größere Schildkröten, Vögel und Säugetiere. Hin und wieder fallen ihnen auch Haustiere (Katzen, Hunde, Ziegen) zum Opfer. Unter bestimmten Bedingungen, z. B. bei einer zu hohen Bestandsdichte, wurde auch Kannibalismus beobachtet. So fand SCHMIDT (1924) die Überreste eines 1,2 bis 1,5 m langen Krokodils im Magen eines 3 m langen Artgenossen aus dem mit Krokodilen dicht bevölkertem Lago Ticamaya (Honduras). VARONA (1980) zitiert GUNDLACH (1880), wonach Spitzkrokodile kleinere Krokodile fressen.

Die Beutesuche geht aktiv und passiv vor sich. So wurden junge Krokodile besonders in der Nacht beim Beutefang im flachen Wasser beobachtet. Wenn ein Insekt aus der Luft ins Wasser fiel, führten sie mit ihren Köpfen blitzartige Seitenbewegungen aus. Aktiv suchen jungen Spitzkrokodile zwischen untergetauchten Wasserpflanzen und am Grunde von Gewässern nach Larven von Wasserinsekten und Schnecken. In ähnlicher Weise liegen größere Exemplare auf dem Gewässergrund und packen vorüberschwimmende Fische mit seitlichen Kopfbewegungen. THORBJARNARSON (1984, 1988) berichtet von Spitzkrokodilen, die unter den Nistplätzen von Reihern auf herunterfallende Jungvögel warteten. Eine unbestätigte Fischfangtechnik von Krokodilen in Kolumbien erwähnt MEDEM (1981). Das Krokodil treibt mit halb geöffnetem Maul an der Wasseroberfläche, erbricht kleine Mengen angedauter Nahrung und lockt auf diese Weise Fische an, die dann mit zur Seite ausholenden Kopfbewegungen gefangen werden.

Die Balz- und Paarungsaktivitäten von *Cr. acutus* laufen ausschließlich im Wasser ab. Erwachsene Männchen haben ein Territorium, das sich mit Nachdruck gegen Rivalen verteidigen. Der Inhaber eines Territoriums beantwortet das Eindringen eines Rivalen mit einer Reihe stereotyper Körperstellungen. Vor dem Kampf heben die Männchen den Kopf aus dem Wasser, senken ihn ein wenig, und der Schwanz wird in eine gebogene Stellung gebracht. Darauf folgen Schein- und echte Kämpfe. Das dominante Männchen, das sich mit Luft aufbläst und somit noch größer erscheint, stürzt sich auf seinen Rivalen und vertreibt ihn aus seinem Revier, während die Weibchen zur Balz und Paarung hereingelassen werden. Während der Fortpflanzungszeit lassen die Männchen am Nachmittag, in der frühen Nacht und in den frühen Morgenstunden ihre lauten, bellenden Rufe hören, die von anderen Männchen in der Umgebung beantwortet werden.

In Florida beginnt die Fortpflanzungszeit im Februar und dauert sechs bis acht Wochen (GRENARD 1991). Der Nestbau beginnt im März und erstreckt sich bis in den Sommer hinein. Das Nest besteht aus einem mit wenig Pflanzenmaterial durchsetzten Sand- oder Erdhaufen, der vom Weibchen mit dem Schwanz zusammengescharrt wird, oder aus einem in die Erde gegrabenem Loch. In diesen Sandhaufen, der eine Höhe von 30 bis 45 cm und einen Durchmesser von 3 bis 3,5 m aufweist, werden von Mitte März bis Mai 21 bis 56 Eier gelegt. Im Durchschnitt umfaßt ein Gelege 38 Eier. Nach MEDEM (1981) legen adulte Weibchen von *Cr. acutus* in Kolumbien im Schnitt 40 bis 60 Eier. In einem außergewöhnlichen Fall legte ein 4 m langes Weibchen am Ufer des Betanci-Flusses sogar 105 Eier. Nach Angaben von Einheimischen war der Fluß im Januar vor dieser Eiablage so trocken gewesen, so daß sich mehr Krokodile im Fluß befanden als darin Wasser war.

Nicht selten legen mehrere Weibchen ihre Nester in unmittelbarer Nähe an, wobei es sogar vorkommt, daß ein Weibchen seine Eier in das Nest eines anderen legt. Die Nester liegen in der Regel zwischen Büschen oder in der Mangrovenvegetation. Während der Inkubationszeit bleiben die Weibchen in der Nähe ihrer Nester. In einigen Gebieten schützen sie diese und halten andere Weibchen und Feinde von ihnen fern, in anderen kümmern sie sich wenig oder gar nicht um deren Schutz (ALVAREZ DEL TORO 1974, OGDEN 1978).

Das Öffnen der Nester durch die Weibchen ist wesentlich für den Schlupferfolg. Gegen Ende der Inkubationszeit suchen die Weibchen meist in der Nacht ihre Nester auf und legen ihre Köpfe darauf. Die quäkenden Rufe der noch in den Eiern befindlichen Jungkrokodile lösen bei ihnen dann Grabinstinkte aus. Mit den Vorderbeinen öffnen sie die Nester, nehmen die Eier ins Maul, drücken sie leicht und befreien so die Jungen von den Eischalen. Danach nehmen sie nicht selten mehrere Junge ins Maul und tragen sie ins Wasser.

Die jungen Spitzkrokodile, die aus den ungefähr 6 bis 7,5 cm langen und 4,5 cm breiten Eiern schlüpfen, benötigen für ihre Entwicklung knapp drei Monate. Beim Schlupf sind sie 23 bis 25 cm lang, nach vier Jahren beträgt ihre Körperlänge bereits 1,2 bis 1,5 m. Die Bindungen der Mutter zu ihrer Nachkommenschaft sind bei den Spitzkrokodilen nur sehr locker. Die Gruppe fällt nach wenigen Tagen oder Wochen auseinander, und die Jungen zerstreuen sich über das Gelände. Ob dieses Verhalten ein Besonderheit der Art ist oder durch menschliche Störungen verursacht wird, ist unbekannt.

14.5.2 *Crocodylus cataphractus* CUVIER, 1824 — Panzerkrokodil

Unterarten:

Cr. cataphractus cataphractus CUVIER, 1825 — Westafrikanisches Panzerkrokodil

Cr. cataphractus congicus FUCHS, MERTENS & WERMUTH, 1974 — Mittelafrikanisches Panzerkrokodil.

Abb. 91: *Crocodylus cataphractus*. Foto: TRUTNAU.

Synonyme:

1789 *Lacerta gangetica* GMELIN, partim, Linn. Syst. Nat. Ed. 13, 1: 1057. — Terra typica: »Senegal und Ganges«.

1801 ? *Crocodilus niger* LATREILLE in BUFFON, Hist. nat. Rept. Ed. Déterville, 1: 210. — Terra typica: Senegal–Fluß.

1825 *Crocodilus cataphractus* CUVIER, Rech. Oss. foss., Ed. 3, 52: 58; Taf. 5, Fig. 1, 2. — Terra typica: unbekannt.

1835 *Crocodilus leptorhynchus* BENNETT, Proc. zool. Soc. London, 1835: 129. — Terra typica: bei Fernando Poo.

1844 *Mecistops bernettii* GRAY (nomen substitutum pro *Crocodilus leptorhynchus* BENNETT 1835), Cat. Tort. Crocod. brit. Mus.: 57.

1889 *Crocodilus cataphractus* BOULENGER, Cat. Chelon. Rhynchoceph. Crocod. brit. Mus.: 279.

Gesamtlänge:

Bis 4 m (VILLIERS 1958), 2,5 bis 4,2 m (WERMUTH & FUCHS 1978), 3 bis 4 m (ROSS & MAGNUSSON 1989), nicht über 3 m (STEEL 1919), 3 bis 4 m (WAITKUWAIT 1989).

Merkmale:

Die Schnauze ist auffallend verlängert und 2,5 bis 3,5mal so lang wie an der Basis breit. Die Kopfoberseite ist glatt. Erhöhungen, Runzeln und Leisten vor den Augen fehlen. Bei jungen Exemplaren befinden sich beidseitig fünf und bei erwachsenen vier Zähne im Zwischenkiefer. Die Unterkieferäste sind vorne bis zur Höhe der 7. bis 8. Zähne starr miteinander verbunden.

Zahnformel: $\frac{4 + 13 - 14}{15 - 16}$

Auf dem Nacken steht ein Paar großer Hinterhaupthöcker in einer Querreihe, daneben zu beiden Seiten ein kleinerer Höcker. Die vier großen Nackenhöcker sind zu einem Quadrat angeordnet. Rechts und links davon befindet sich je ein kleinerer Höcker, der jedoch fehlen kann. Die Rückenschilde, die von den Nackenschilden meist nicht deutlich getrennt sind, bilden 6 Längs- und 18 bis 19 Querreihen. Die Bauchschilde sind bei *Cr. cataphractus cataphractus* in 21 bis 24 und bei *Cr. cataphractus congicus* in 24 bis 27 Querreihen angeordnet. *Cr. cataphractus cataphractus* hat in der Rumpfmitte drei, *Cr. cataphractus congicus* vier bis fünf Schuppen in einer Querreihe.

Färbung:

Erwachsene Panzerkrokodile sind auf der Körperoberseite dunkeloliv, Jungtiere bräunlich und dunkel gefleckt. Der Bauch ist porzellanfarben mit dunklen Flecken an den Seiten. Deutliche dunkle Flecken finden sich auch auf den Vorder- und Hintergliedmaßen sowie individuell verschieden in unterschiedlicher Zahl auf den Unterkiefern.

Verbreitung:

Senegal, Gambia, Guinea–Bissau (?), Guinea, Sierra Leone, Liberia, Mali, Elfenbeinküste, Burkina–Faso, Ghana, Togo, Benin, Niger (?), Nigeria, Kamerun, Tschad, Zentralafrikanische Republik, Gabun, Tansania, Angola, Sambia (*Cr. cataphractus cataphractus*).

Kongo, Zaire (*Cr. cataphractus congicus*).

Abb. 92: Verbreitung des a) Nilkrokodils (*Cr. niloticus*) und b) Panzerkrokodils (*Cr. cataphractus*). Aus WERMUTH & FUCHS (1978), in Anlehnung an NEILL (1971).

Die genauen Verbreitungsgrenzen zwischen beiden Unterarten sind bis heute noch unbekannt.

Lebensraum:

Bewohnt die großen und kleinen Flüsse sowie die Seen, Teiche und Sümpfe der west– und zentralafrikanischen Regenwälder. Von hier aus dringt es in die trockeneren Savannengebiete vor. Ebenso kommt es in den Brackwasserlagunen und Sumpfwäldern der Küstenregionen von Guinea und im Kamerundelta vor. Hier ist *Cr. cataphractus* die häufigste Krokodilart. Es bevorzugt Gewässer, deren Oberflächen von dichter, schattenspendender Vegetation überdeckt sind.

Ökologie:

Nach WAITKUWAIT (1989) vermeidet *Cr. cataphractus* das helle Sonnenlicht und bevorzugt schattige Stellen, an denen es ein verborgenes Leben führt. Es kommt vor allem in Regionen vor, die weit ab der Zivilisation liegen und schwer zugänglich sind. STEEL (1989) nennt *Cr. cataphractus* scheu und ängstlich.

Meine eigenen Erfahrungen mit einem Panzerkrokodil stimmen mit diesen Charakterisierungen weitgehend überein. Das Tier, das ich seit einigen Jahren pflege, verläßt das Wasser meist erst am Nachmittag und wärmt sich nur gelegentlich und kurzzeitig unter der Heizlampe auf. In den ersten zwei Jahren verschwand es sofort im Wasser, wenn ich den Raum betrat. Heute scheint meine Anwesenheit nicht mehr so störend empfunden zu werden, denn es bleibt auf dem Land liegen, wenn ich mich nicht zu sehr bewege.

Das Panzerkrokodil nimmt Fische, Mäuse, Ratten, Hühnerküken, Vögel, Säugerfleisch, Innereien und Knochen von Schlachttieren willig an. In der freien Natur setzt sich das Beutespektrum aus Larven von Wasserinsekten und Amphibien, sowie Wasserschnecken und kleinen Fischen zusammen (Cott 1961). Nach Villiers (1958) und Steel (1989) ernährt es sich von Fischen, Fröschen Wasserschildkröten, Wasserschlangen, Echsen und Wasservögeln. Seine Größe erlaubt es ihm auch, kleine und mittelgroße Säugetiere wie Ducker (*Cephalophinae*), verschiedene Nagetiere (*Rodentia*), Ginsterkatzen (*Viverrinae*) und Affen (*Colobus, Cercopithecidae*) anzugreifen, die zum Trinken ans Flußufer kommen.

Detaillierte Angaben über das Fortpflanzungsverhalten, den Nestbau, die Eiablage und das Brutpflegeverhalten von *Cr. cataphractus* in freier Natur geben Villiers (1956, 1958) und Waitkuwait (1982, 1986). In Westafrika finden Balzverhalten und Paarung im Februar und März statt. Zu Beginn der Regenzeit zwischen März und Mai scharrt das Weibchen mit den Vorder– und Hinterbeinen ein Nest aus Pflanzenmaterial zusammen, das die Form eines Hügels bekommt. Waitkuwait untersuchte 31 Nester, die folgende Dimensionen hatten: Höhe 58,68 ± 11,6 cm, Länge 134,7 ± 36,7 cm und Breite 154,4 ± 26,9 cm. Alle Nester lagen in unmittelbarer Wassernähe, meist an erhöht liegenden Flußufern. Die Entfernung dieser Hügelnester zum Wasser lag zwischen 2,2 und 3,8 m, wobei sich die Nester 1,1 bis 2,5 m über dem Wasserspiegel befanden. In den Jahren 1981 – 83 wurden die Entfernungen von zwölf Nestern zueinander ermittelt. Der durchschnittliche Abstand von Nest zu Nest betrug 1981 1,13 km, 1982 0,7 km und 1983 1,66 km. Daraus folgerte der Beobachter, daß sich die Weibchen entweder in jedem Jahr einen neuen Nistplatz innerhalb ihres Territoriums wählen, oder sie sich alljährlich ein neues Territorium suchen, oder daß einige Weibchen nicht in jedem Jahr zur Fortpflanzung schreiten.

Die Hauptnestbauaktivität von *Cr. cataphractus* findet in den Regenwäldern der Elfenbeinküste in der Regenzeit vom 21. März bis zum 4. August statt, erstreckt sich also über einen Zeitraum von 136 Tagen. Wenige Tage bis maximal eine Woche nach Fertigstellung des Nestes legt das Weibchen 9 bis 23 Eier ab, die 8,23 bis 8,87 cm lang und 5,14 bis 5,44 cm breit sind. Während der gesamten Inkubationsdauer bewacht das Weibchen vom Wasser aus das sich in unmittelbarer Ufernähe befindliche Nest. In dieser Zeit sind hohe Wasserstände in den kleinen Regenwaldflüssen für den späteren Schlupferfolg von Bedeutung.

Bei Nesttemperaturen zwischen 26 und 34 °C schlüpfen die 30 bis 35 cm langen Jungkrokodile nach 90 bis 100 Tagen. Kurz vor dem Schlüpfen und während des Schlupfvorganges machen sich die Jungen durch quäkende Laute bemerkbar, auf die hin das Weibchen die schlüpfenden Jungen aus dem Nest gräbt. Es bewegt die Eier solange mit dem Maul hin und her bis die letzten Schalen abgefallen sind. Anschließend transportiert es die Jungen im Maul ins Wasser.

Bei *Cr. cataphractus* betreffen die Verluste vornehmlich Eier und gerade geschlüpfte Jungtiere. Die potentiellen Feinde des Panzerkrokodils sind in den Regenwäldern der Elfenbeinküste nach Waitkuwait (1982, 1986) Nilwarane (*Varanus niloticus*), Weichschildkröten (*Trionyx triunguis*), Reiher (*Egretta alba, Ardea purpurea*), Greifvögel (*Accipitridae*), Otter (*Lutra maculicollis, Aonyx capensis*), Wasserlangusten (*Atilax paludinosus*), Baumcivetten (*Nandinia binotata*), Ginsterkatzen (*Viverrinae*), Goldkatzen (*Felis aurata*) und Leoparden (*Panthera pardus*).

14.5.3 *Crocodylus intermedius* GRAVES, 1819 — Orinoko–Krokodil

Unterarten:

Keine.

Synonyme:

1819 *Crocodilus intermedius* GRAVES, Ann. gén. Sci. phys., Bruxelles, 2: 344. — Terra typica: unbekannt.

1824 *Crocodilus journei* BORY (nomen substitutum pro Crocodilus intermedius Graves 1819), Dict. class. Hist. nat., 5: 111.

1816 *Mecistops bathyrhynchus* COPE, Proc. Acad. nat. Sci. Philadelplhia, 1860: 550. — Terra typica: unbekannt.

1889 *Crocodilus intermedius* BOULENGER, Cat. Chelon. Rhynchoceph. Crocod. brit. Mus.: 280.

Gesamtlänge:

7,22 m (HUMBOLDT & BONPLAND 1800), bis 4 m, Maximallänge 8 m (WERMUTH & FUCHS 1978), 7,01 m (MEDEM 1981).

Merkmale:

Dieses große Krokodil fällt durch seine lange und schmale Schnauze auf, die 2,8mal so lang wie an der Basis breit ist. Vor den Augen befinden sich keine Leisten oder Aufwölbungen. Die vier bis sechs Hinterhaupthöcker stehen in einer Querreihe. Die vier großen Nackenhöcker haben die Gestalt eines Vierecks. Links und rechts von ihnen befindet sich je ein kleiner Höcker. Auf beiden Kopfseiten befinden sich fünf Zähne im Zwischenkiefer. Die Unterkieferäste sind nach vorne hin bis zu den 6. bis 8. Zähnen starr miteinander verbunden.

Zahnformel: $\frac{(4-)\,5 + 13 - 14}{15 - 16}$

Die von den Nackenhöckern getrennte Rückenschilde bestehen aus 6 Längs– und 16 bis 17 Querreihen. Zwischen Hals und After befinden sich 25 bis 28 Querreihen von Bauchschilden. In der Rumpfmitte sind 14 bis 16 Schilde in einer Querreihe.

Abb. 93: Kopfporträt eines 3,5 m langen *Crocodylus intermedius* vom Rio Manacias (Meta–Gebiet, Kolumbien). Foto: LAMAR.

Im äußeren Erscheinungsbild sind *Cr. intermedius* und *Cr. acutus* zum Verwechseln ähnlich. Von *Cr. acutus* unterscheidet sich *Cr. intermedius* durch folgende Merkmale: Während *Cr. intermedius* vor den Augen keinerlei Aufwölbungen, Flächen oder Leisten hat, findet man bei *Cr. acutus* dort eine beulenförmige Aufwölbung. *Cr. acutus* hat in der Regel vier und nur in seltenen Fällen sechs Hinterhaupthöcker, während bei *Cr. intermedius* häufiger sechs Hinterhaupthöcker auftreten. Ein unverwechselbares Merkmal sind jedoch die Mandibularsymphysen. Diese sind bei *Cr. acutus* nach vorne hin bis zu den 4. bis 5. und bei *Cr. intermedius* stets bis zu den 6. bis 8. Zähnen starr miteinander verbunden.

Färbung:

Nach MEDEM (1981) unterscheidet man drei Farbvarianten:

(1) »Mariposo« (Schmetterling): Der Rücken ist grau mit zahlreichen schwarzen Tupfen und Flecken von unregelmäßiger Größe und Form.

(2) »Amarillo« (Gelb): Das Tier weist ein helles Braun bis Gelb mit wenigen schwarzen Flecken auf.

(3) »Cocodrilo« oder »Negro« (Schwarz): Der Rücken und die Körperunterseiten sind schwarz. Anscheinend handelt es sich hierbei um melanistische Exemplare.

Die häufigste der drei Farbvarianten ist »Mariposo«, die beiden anderen sind sehr selten. Jungtiere sind bei hellgrauer Körpergrundfärbung ebenfalls gefleckt und punktiert. Bei ihnen gibt es keine Farbunterschiede. Die Bauchseite erwachsener und junger Orinoko–Krokodile ist stets weißlich.

Verbreitung:

Ostkolumbien und Venezuela, wo es auf das Orinokobecken beschränkt ist. Vereinzelte Exemplare gelangten vom Orinokodelta aus bis nach Trinidad (siehe Abb. 86).

Lebensraum:

Bewohnt Flußläufe und Sümpfe. Nach MEDEM (1976) leben Alttiere während der Trockenzeit in den weiten und tiefen Auskolkungen von Flüssen. Da sie anhaltende starke Strömungen nicht lieben, suchen sie in der Regenzeit ausgedehnte Seen und Sümpfe auf. Als sie noch intensiv gejagt wurden, zogen sich viele große *Cr. intermedius* in Überschwemmungsgebiete, Sümpfe und ruhige Wasserläufe zurück, die eigentlich Lebensräume des Brillenkaimans (*C. crocodilus*) sind. Jungtiere zwischen 40 und 150 cm Körperlänge leben in ruhigen, stark verkrauteten Gewässern, die hinreichend Nahrung bieten und Schutz vor Feinden gewähren.

Ökologie:

Nach dem ersten Weltkrieg trat *Cr. intermedius* in Kolumbien und Venezuela sehr häufig auf. Eine geradezu enorme Verbreitung muß diese große Krokodilart um 1800 gehabt haben. So schrieb A. VON HUMBOLDT (1800):

»Diese gewaltigen Reptilien sind so zahlreich, daß auf dem ganzen Stromlauf fast jeden Augenblick ihrer fünf oder sechs zu sahen waren, und doch fing der Apure kaum merklich an zu steigen und Hunderte von Krokodilen lagen also noch im Schlamme der Savannen begraben. Wo das Gestade eine bedeutende Breite hat, bleibt die Reihe von Sausobüschen weiter vom Strome weg. Au diesem Zwischengebiet sieht man Krokodile, oft acht und zehn, auf dem Sande liegen. Regungslos, die Kinnladen unter rechtem Winkel aufgesperrt, ruhen sie nebeneinander, ohne irgend ein Zeichen von Zuneigung, wie man sie sonst bei gesellig lebenden Tieren bemerkt. Der Trupp geht auseinander, sobald er vom Ufer aufbricht, und doch besteht er wahrscheinlich nur aus einem männlichen und vielen weiblichen Tieren.«

Orinoko–Krokodile halten während der Trockenzeit von Mitte Februar bis Ende März im feuchten Schlamm oder herausgewaschenen Uferhöhlungen einen Trokkenschlaf. In diesen Höhlen, die von den Krokodilen oft noch erweitert werden, leben bis zu drei Tiere, oft vergesellschaftet mit Orinoko–Schienenschildkröten (*Podocnemis vogli*).

Wie bei allen Krokodilen setzt sich die Nahrung junger *Cr. intermedius* aus verschiedenen Wirbellosen wie Insekten, Schnecken und Krebsen zusammen. Erwachsene Exemplare fressen alle Tiere, die sie überwältigen können, und verschmähen auch Aas nicht.

Orinoko–Krokodile werden nach 10 bis 12 Jahren geschlechtsreif. Die Fortpflanzungszeit fällt in die Monate September, Oktober und November. Die erwachsenen Tiere besitzen ein Territorium, das sie stets kontrollieren. Während der Brunftzeit hebt das Männchen Kopf und Schwanz aus dem Wasser, verharrt in gekrümmter Stellung an der Wasseroberfläche, stößt mehrere grunzende Laute aus und schlägt plötzlich mit dem Unterkiefer und dem Schwanz so stark auf die Wasseroberfläche, daß es klatscht. Danach taucht das Krokodil unter und schwimmt im Kreise. Diese Vorgänge spielen sich vormittags, nachmittags und weniger häufig in der Nacht ab.

Die Weibchen graben Löcher in die Sandbänke, in die sie ihre Eier ablegen, und decken diese Vertiefungen anschließend wieder mit Sand und Erde zu. Der Nestbau und die Eiablage finden im Januar und Februar statt. Die Nester, die 20 bis 50 m vom Ufer entfernt liegen, sind etwa 50 cm hoch. Die Eier — zwischen 40 und 70 an der Zahl — sind ungefähr 8 cm lang und 7,5 cm breit. Die Gelegegröße hängt von der Größe des Weibchens ab. Die im März und April schlüpfenden Jungen sind zwischen 21 und 25 cm lang. Die Mutter beschützt die geschlüpften und auch noch größere Jungtiere und verteidigt sie gegen Feinde. Nach drei bis vier Jahren haben die jungen Orinoko–Krokodile eine Länge von 90 bis 110 cm erreicht.

14.5.4 *Crocodylus johnsoni* KREFFT, 1873 — Australien–Krokodil

Das Australien–Krokodil wurde nach R. A. JOHNSTON benannt, der diese Art 1870 im oberen Herbert River bei Cashmere in Queensland fing. G. KREFFT beschrieb das Typusexemplar und gab diesem in falscher Schreibweise die Artbezeichnung »*johnsoni*«, wobei es ihm entging, daß es korrekt »*johnstoni*« heißen mußte. Den zoologischen Nomenklaturregeln entsprechend darf die zuerst verliehene Bezeichnung eines Taxons nicht geändert werden, so daß das Australien–Krokodil auch heute noch unter der orthographisch falschen Schreibweise *Crocodylus johnsoni* geführt wird.

Unterarten:

Keine.

Synonyme:

1873 *Tomistoma krefftii* GRAY (nomen nudum) in Krefft, Proc. zool. Soc. London, 1873: 334.

1873 *Crocodilus Johnsoni* KREFFT, Proc. zool. Soc. London, 1873: 334. — Terra typica: Cashmere, oberer Herbert River, Queensland.

1874 *Philas johnstoni* GRAY (nomen substitutum pro *Crocodilus johnsoni* KREFFT 1873), Proc. zool. Soc. London, 1874: 177; Taf. 27.

1889 *Crocodilus johnstonii* BOULENGER. Cat. Chelon. Rhynchoceph. Crocod. brit. Mus.: 279.

Gesamtlänge:

Meist 2,6 m, maximal bis 3,2 m (WERMUTH & FUCHS 1978), maximal 3 m (HERMES 1987), bis 3 m (ROSS & MAGNUSSON 1989).

Merkmale:

Das Australien–Krokodil hat eine sehr lange und schmale Schnauze, die mehr als 3mal so lang wie an der Basis breit ist. Vor den Augen befinden sich keinerlei Aufwölbungen, Leisten oder Runzeln. Die Schnauzenspitze ist im Bereich des Nasenhöckers kaum verbreitert. Im Zwischenkiefer befinden sich beidseitig fünf Zähne. Die Unterkieferäste sind nach vorne hin bis zu den 6. bis 7. Zähnen starr miteinander verbunden.

Zahnformel: $\frac{5 + 14 - 16}{15}$

Der Nacken ist von vier großen, in einer Reihe stehenden Hinterhaupthöckern und vier ein Quadrat bildenden Nackenhöckern bedeckt. Zu beiden Seiten der Nackenhöcker befindet sich ein kleinerer Höcker, hinter denen man gelegentlich noch ein weiteres Paar kleiner Nackenhöcker findet. Die sich unmittelbar an die Nackenschilde anschließenden Rückenschilde sind in 6 bis 8 Längs– und 18 Querreihen angeordnet. Die Bauchseite wird von 22 bis 24 Querreihen von Schilden bedeckt. In der Rumpfmitte stehen 12 bis 14 Schilde in einer Querreihe.

Färbung:

Die Körperoberseite ist gelblich bis braun und auf dem Rücken, den Flanken und dem Schwanz von schwarzen Streifen und Flecken bedeckt. Die ungefleckte Bauchseite ist weiß bis gelblich.

Verbreitung:

In den Küstengebieten und im Hinterland des nördlichen Westaustraliens, dem Norden des Northern Territory und dem Norden und Osten von Queensland (Abb. 94).

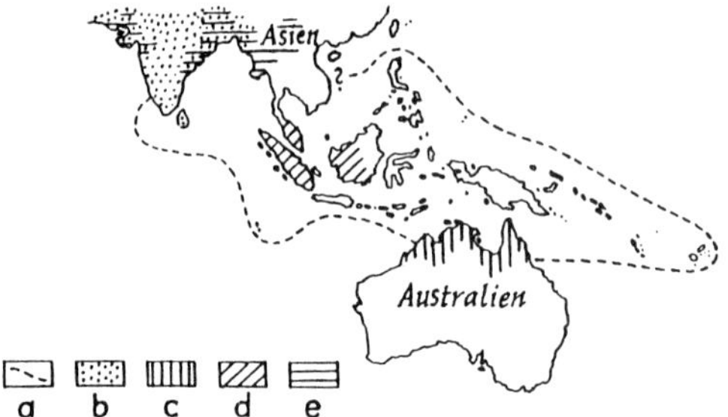

Abb. 94: Verbreitung des a) Leistenkrokodils (*Cr. porosus*), b) Sumpfkrokodils (*Cr. palustris*), c) Australien-Krokodils (*Cr. johnsoni*), d) Sunda-Gavials (*T. schlegelii*) und e) Ganges-Gavials (*G. gangeticus*). Aus WERMUTH & FUCHS (1978).

Lebensraum:

Lebt in Flüssen, Lagunen und in den sogenannten Billabongs. Letztere sind seeartige, verschlammte Seitengewässer eines mäandernden Flusses. Obwohl *Cr. johnsoni* und *Cr. porosus* das gleiche Verbreitungsgebiet haben und häufig in den gleichen Flüssen angetroffen werden, treten beide Arten meist ökologisch getrennt voneinander auf. Als das Leistenkrokodil in den fünfziger und sechziger Jahren unseres Jahrhunderts stark zurückgedrängt wurde, erweiterte das Australien-Krokodil sein Verbreitungsgebiet bis in die Unterläufe der Flüsse. Nachdem die Bestandszahlen von *Cr. porosus* in den siebziger und achtziger Jahren aufgrund intensiver Schutzmaßnahmen wieder angestiegen waren, wurden weniger *Cr. johnsoni* in den Unterläufen der Flüsse beobachtet. Dort, wo sich die Lebensräume überlappen und wo beide Arten von Natur aus sympatrisch auftreten, dominiert stets eine Art.

Ökologie:

Cr. johnsoni ist eine für den Menschen ungefährliche Art. Die größten Exemplare kommen im McKinlay River, ungefähr 130 km südöstlich von Darwin vor. Im Oberlauf dieses Flusses erreichen die Männchen eine Körperlänge von 250 und die Weibchen eine von 210 cm. Die Populationen aus dem Unterlauf des McKinley-Flußsystems wachsen schneller, erreichen größere Körpermaße und werden eher geschlechtsreif als die des Oberlaufes, was auf bessere Nahrungs- und Habitatbedingungen zurückzuführen ist. *Cr. johnsoni* sucht vornehmlich in der Nacht nach Nahrung, die bei Jungtieren aus Insekten, Spinnen, Schnecken, Riesengarnelen, Krebsen und sonstigem niederen Wassergetier besteht. Das Beutespektrum der erwachsener Tiere setzt sich aus Amphibien, Reptilien, Fischen, Vögeln und Säugetieren zusammen.

Das Beutefangverhalten von *Cr. johnsoni* entspricht weitgehend dem von *Cr. cataphractus*. Das Krokodil lauert im Uferbereich am Grunde des Flachwassers und packt vorüberschwimmende Fische und andere Tiere mit einer zur Seite ausgeführten Kopfbewegung.

In der trockenen Jahreszeit zwischen Mai und Oktober versiegen die Oberläufe der Flüsse zunehmend. Die Australien–Krokodile wandern während dieser Zeit in die im Flußbett übriggebliebenen, isolierten und mehr oder weniger tiefen Tümpel und Teiche oder verbergen sich in Erdhöhlen. Dabei zeigen sie sich sehr ortstreu. In 70 % der Fälle suchen sie Wasseransammlungen auf, die sie schon in den Vorjahren in Besitz genommen hatten. Nicht selten wandern sie von einem Wasserloch zum anderen. Es konnte nachgewiesen werden, daß sie hierbei auf dem Landweg Entfernungen von bis zu 40 Kilometern zurücklegen, was für ein Krokodil ungewöhnlich ist. Dabei findet man nicht nur den für Krokodile üblichen Gang, bei dem sie den Bauch vom Erdboden abheben und nur noch mit dem Schwanzende darüber streifen. Sie laufen langsam und in schnellem Galopp, wie man es von dahineilenden Windhunden kennt. Im Galopp sind die Vordergliedmaßen nach hinten und die Hintergliedmaßen nach vorne gestreckt und überlappen sich. So setzt sich das Krokodil ohne Schwierigkeiten über umgefallene Baumstämme, Felsbrocken und andere Hindernisse hinweg.

Über Fortpflanzung, Nestbau und Brutpflege haben DUNN (1980), WEBB (1980) und WEBB et al. (1987) ausführlich berichtet. Die Männchen werden nach 13 bis 17 und die Weibchen nach 11 bis 14 Jahren geschlechtsreif. Die Paarung, die sich wie bei anderen Krokodilarten in dorsolateraler Stellung im Wasser vollzieht, findet im Juni und Juli statt. Im August und September scharrt das Weibchen mit den Hinterbeinen eine ovale Mulde (ca. 30 cm lang, 15 cm breit und 45 cm tief) in den bröckeligen Erdboden oder Ufersand und legt 12 bis 24 weiße, hartschalige Eier ab. Von 93 untersuchten Nestern aus dem Northern Territory lagen 79 % zwischen 14 und 170 m vom Wasser entfernt (WEBB 1980). Die Weibchen bauen ihre Nester oft in unmittelbarer Nachbarschaft zueinander. So wurden an einem Ufer auf 50 m Länge 18 Nester entdeckt.

Nach der Eiablage scharrt das Weibchen den ausgehobenen Sand über die Eier und die Nesthöhle. Ein durchschnittliches Gelege umfaßt 13 Eier, von denen jedes durchschnittlich 68 g wiegt. Die Eier sind 6,6 ± 0,3 cm lang und 4,2 ± 0,2 cm breit. Nach ihrer Ablage entfernen sich die Weibchen von den Nestern, die sie nicht zu verteidigen scheinen. Bei Nesttemperaturen zwischen 29 und 34 °C nimmt die Entwicklung der Jungen in den Eiern 65 bis 95 Tage in Anspruch, wobei es meist 75 bis 85 Tage sind. Kurz vor dem Schlüpfen der Jungen erscheinen die Weibchen bei ihren Nestern und scharren die Sandnester auf, aus denen die quäkenden Laute der Jungen ertönen. Die frisch geschlüpften Jungkrokodile sind etwa 25 cm lang und wiegen im Schnitt 42 g. Ein Teil der Jungtiere begibt selbständig ins Wasser, andere werden von ihrer Mutter getragen. Hier bleiben sie eine Zeitlang in der Nähe der Mutter, die sie gegen Feinde verteidigt. Zur Schar vereinigt halten sie sich in unmittelbarer Nähe von im Wasser liegenden Bäumen und aus dem Wasser herausragenden Wasser– und Sumpfpflanzen auf. Die Zahl ihrer Feinde (Warane, Vögel, Raubfische) ist groß. Ungefähr 80 bis 90 % der Jungkrokodile überstehen das erste Lebensjahr nicht.

14.5.5 *Crocodylus mindorensis* SCHMIDT, 1935 — Philippinen–Krokodil

Das Philippinen–Krokodil wurde erstmals anhand von Schädeln, die von der Philippineninsel Mindoro stammten, als *Cr. mindorensis* beschrieben. Nach Ansicht einiger Herpetologen handelt es sich hier um eine Unterart von *Cr. novaeguineae*, während andere es als eine Lokalvariante von *Cr. porosus biporcatus* ansehen. In mancher Hinsicht sind *Cr. mindorensis* und *Cr. siamensis* einander sehr ähnlich. Mit gewissen Vorbehalten könnte man in *Cr. mindorensis* auch eine geographische Rasse von *Cr. siamensis* sehen (NEILL 1971). K. P. SCHMIDT vom Naturhistorischen Museum in Chicago erhielt 1923 von J. B. STEERE den Schädel eines 2,5 m langen Philippinen–Krokodils, das dieser im Catuiran–Fluß auf Mindoro gefangen hatte. Anhand drei weiterer Schädel dieses Krokodils beschrieb es SCHMIDT im Jahre 1935 als *Cr. mindorensis*.

Abb. 95: *Crocodylus mindorensis* von Mindoro. Foto: RIOSUKE.

Unterarten:

Keine.

Synonyme:

1935 *Crocodylus mindorensis* K. P. SCHMIDT, Field Mus. nat. Hist., Zool. Chicago, 20: 681; Abb. 3. — Terra typica: Insel Mindoro, Philippinen.

1953 *Crocodylus novae–guineae mindorensis* WERMUTH, Mitt. zool. Mus. Berlin, 291: 493; Abb. 56.

Gesamtlänge:

Meist bis 2 m, maximal bis 3,1 m (WERMUTH & FUCHS 1978), 3 m (GAULKE 1986), 2,5 m (NEILL 1971), 2,22 m (DIAZ et al. 1990).

Merkmale:

Cr. mindorensis ist die zuletzt entdeckte Krokodilart. Anhand einiger Körpermerkmale läßt sich *Cr. mindorensis* ohne größere Schwierigkeiten von *Cr. novaeguineae* unterscheiden. Die Schnauze ist ungefähr 1,6mal so lang wie an der Basis breit. Die Kopfoberseite ist deutlicher gerunzelt als beim Neuguinea–Krokodil.

Zahnformel: $\frac{5 + 13 - 14}{15 - 16}$

Cr. mindorensis besitzt in 80 % der Fälle sechs, ansonsten vier oder fünf Hinterhaupthöcker (ROSS & ALCALA 1983). Die vier Nackenhöcker sind quadratisch angeordnet. Rechts und links von ihnen befindet sich je ein weiterer kleiner Höcker. Die Rückenschilde stehen in 8 Längs– und 16 bis 18 Querreihen. Nach RIOSUKE (1985) sind die Bauchschilde in 22 bis 25 Querreihen angeordnet, wobei eine Querreihe aus 12 bis 14 Schilden besteht. Die vorderen 17 bis 19 Schwanzsegmente haben einen Doppelkamm.

Färbung:

Die gelblichbraunen Jungtiere zeigen auf den Flanken und Beinen dunkle Flecken, Rücken und Schwanz sind mehr oder weniger dunkel gebändert bis gefleckt. Erwachsene Exemplare sind braun oder olivgrau und haben eine ungefleckte, helle Bauchseite.

Verbreitung:

Das ursprüngliche Verbreitungsgebiet erstreckte sich über die Philippineninseln Luzon, Mindoro, Busuanga, Masabate, Samar, Negros, Mindanao, Jolo und Culion. Heute kommt es noch auf Mindanao, Negros und Mindoro vor, auf den anderen Inseln ist das Vorkommen wahrscheinlich erloschen (Abb. 96).

Abb. 96: Verbreitung des a) Siam–Krokodils (*Cr. siamensis*), b) Philippinen–Krokodils (*Cr. mindorensis*) und c) Neuguinea–Krokodils (*Cr. novaeguinea*). Aus WERMUTH & FUCHS (1978).

Bei einem von SCHULTZE (1914) aus dem Tay–Tay–Distrikt der Insel Palawan gemeldeten *Cr. palustris* könnte es sich auch um ein falsch bestimmtes *Cr. mindorensis* oder *Cr. porosus* gehandelt haben. Die größere Wahrscheinlichkeit spricht für *Cr. mindorensis*, da dieses damals noch nicht bekannt war und im künstlichen taxonomischen Schlüssel aufgrund seiner Postoccipitalschilde mehr Ähnlichkeit mit *Cr. palustris* als mit *Cr. porosus* hat (RIOSUKE 1985). Auf Mindanao muß *Cr. mindorensis* einst sehr häufig gewesen sein, da dort nach WOLTERECK ein amerikanischer Krokodiljäger vom Februar bis Juli 1932 12.243 Krokodile für die Lederindustrie erbeutet hat (MERTENS 1943).

Lebensraum:

Lebt in Flüssen, Flußmündungen, Seitenarmen von Flüssen, Sümpfen, Teichen und in Süß– und Brackwasserseen. Große Teile des ursprünglichen Lebensraumes sind zu Reisfeldern und Fischzuchtteichen umgestaltet worden, was zum starken Rückgang dieser Art beigetragen hat.

Der Biotop im Naujan–See auf Mindoro wird von RIOSUKE (1985) genauer beschrieben. Der im westlichen Teil dieser Philippineninsel gelegene See ist nach seinen Angaben die Terra typica dieser Art. Der See steht mit dem Meer in Verbindung und enthält mehr oder weniger salzhaltiges Wasser. Frisch geschlüpfte oder junge Krokodile werden hier anders als erwachsene auch heute noch recht häufig gesehen. An den Ufern und sumpfigen Stellen wächst üppig ein Süßgras, das von den Einheimischen »Tambó« genannt wird. Nach MERRILL (1903) handelt es sich dabei um *Phragmites roxburghii*, aus dem die adulten Tiere ihre Nester bauen.

Ökologie:

Das Beutespektrum junger *Cr. mindorensis* besteht aus Kleintieren wie Schnecken, Insekten, Krebsen sowie verschiedenen Fischen und Fröschen, während große Krokodile von entsprechend großen Fischen, Reptilien und Säugetieren leben.

Bis heute ist über das Fortpflanzungsverhalten und die Brutpflege des Philippinen–Krokodils so gut wie nichts bekannt. Es liegen jedoch zwei Arbeiten vor, die über die Fortpflanzung der Art in Gefangenschaft berichten.

In der Krokodilstation des »Silliman University Environmental Center« ist seit 1980 ein Paar von *Cr. mindorensis* in einem geräumigen Freilandgehege untergebracht. Das Paar lebt ganzjährig zusammen. Ein zweites Weibchen, das später dazukam, wurde vom Männchen nicht beachtet und löste bei dem ersten Weibchen aggressive Handlungen aus, so daß es getrennt gehalten werden mußte.

Das von Negros Oriental stammende Zuchtpaar legt seit 1981 jährlich ein Gelege ab. Zu diesem Zweck scharrt es aus Pflanzenmaterial wie Stroh, Laub oder kleinen Zweigen einen Nisthügel zusammen. Die Gelege von 1981, 1982 und 1983 wurden ausgegraben und künstlich inkubiert. Wie andere Krokodile geben auch junge *Cr. mindorensis* kurz vor dem Schlupfvorgang Lautäußerungen von sich, die das Weibchen zur Schlupfhilfe veranlassen.

Um die Brutpflegehandlungen des Weibchens dokumentieren zu können, entfernte man das Gelege von 1984 nicht aus dem Nisthügel. Der Schlupfvorgang begann am 26. 7. 1984 um 4 Uhr morgens. Das Weibchen suchte, wahrscheinlich durch die Lautäußerungen der Jungen veranlaßt, in unregelmäßigen Abständen den Nisthügel auf. Dies geschah stets nach dem gleichen Verhaltensablauf. Es kroch vom Wasser aufs Land, verharrte dort eine Weile regungslos, begab sich dann zum Nisthügel, wo es ebenfalls eine Zeitlang verharrte, und begann anschließend bevorzugt mit den Hinterbeinen dort zu graben. Nach einer weiteren kurzen Ruhepause ergriff es mit der Schnauze ein Ei oder ein Junges und wandte sich wieder dem Wasser zu. Nach nochmaligem Verharren glitt es mit dem Ei oder Jungtier im Maul ins Wasser.

Das Weibchen transportierte stets nur ein Ei oder Jungtier, wobei anzunehmen ist, daß die Eier im Wasser geöffnet wurden. Erstaunlich war, daß es mehrmals an einem bereits selbständig aus dem Nest gekrochenen Jungtier vorbei zum Nisthügel ging, um dort in gewohnter Weise mit den Hinterbeinen zu graben. Erst dann nahm es entweder ein ausgegrabenes Jungtier bzw. Ei oder das zuvor geschlüpfte Jungtier ins Maul, um es ins Wasser zu transportieren. Auf Störungen durch die Beobachter reagierte das Weibchen sehr aggressiv und sprang an der Einzäunung empor. Ein derartiges Verhalten läßt sich ohne Zweifel als Brutverteidigung deuten. Auch das Männchen, das ansonsten dösend im Wasser lag, verhielt sich während des Maultransportes der Jungen und der Eier durch das Weibchen sehr unruhig und schwamm die ganze Zeit hin und her (GAULKE 1986).

Das Fortpflanzungs–, Nestbau– und Brutpflegeverhalten von *Cr. mindorensis* in einer Zuchtanlage des »RP–Japan Crocodile Farming Institute« beschreiben DIAZ et al. (1990). Die Anlage besteht aus einem 20 x 2,8 m großem Landteil und einem 18 x 8 x 1,5 m großen Teich. Ein 222 cm langes Männchen und 206 cm langes Weibchen, die beide von der Insel Mindanao stammten, wurden in diese Anlage überführt. Ein Paarungsvorspiel wurde erstmals in der Nacht des 9. Januar beobachtet. Die Vermutungen der Autoren gehen dahin, daß dieses durch ansteigende Lufttemperaturen und zunehmende Niederschläge ausgelöst wurde. Während der Werbung verfolgte das Männchen einige Minuten lang das Weibchen. Schließlich kroch es über das Weibchen, und beide Tiere sanken unter die Wasseroberfläche, von wo sie nach wenigen Minuten wieder emporstiegen. Diese Verhaltensabläufe wiederholten sich in der darauffolgenden Zeit mehrmals täglich. Am 23. April fanden die ersten Kopulationen statt, wobei sich das Männchen in dorsolateraler Stellung an das Weibchen klammerte und beide unter die Wasseroberfläche sanken. Die Kopulationen, die stets unter der Wasseroberfläche stattfanden, dauerten zwischen wenigen Sekunden bis zu sechs Minuten (im Schnitt drei Minuten).

Am 14. Mai begann das Weibchen mit dem Nestbau, wobei es jedoch mehrfach gestört wurde. Es baute vier Nester. Das zuletzt errichtete bestand aus Gras, Blättern und Zweigen, die mit Erde durchmischt waren. Es war 154 cm lang, 145 cm breit und 93 cm hoch, und die Eikammer lag 33 cm unter dem Nestkegel. Am 20. Juni legte das Weibchen 21 Eier in die Eikammer. Die Eier, die in drei Schichten übereinanderlagen, waren durchschnittlich 7,2 cm lang, 4,2 cm breit und wogen 85,2 g. Aus diesem Gelege wurden 16 Eier entfernt und in einen Inkubator gebracht, die übrigen im Nest belassen. Das Weibchen näherte sich in unregelmäßigen Zeitabständen dem Nest, um es zu bewachen. Am 20. September wurden die Eier im Nest auf ihren Entwicklungszustand hin untersucht und erwiesen sich alle als unbefruchtet. 15 der im Inkubator untergebrachten Eier waren ebenfalls unbefruchtet, der Embryo des verbliebenen Eies abgestorben.

Über das Wachstum junger Philippinen–Krokodile in freier Natur und über ihre Feinde ist nichts bekannt.

14.5.6 *Crocodylus moreletii* Duméril & Duméril, 1851 — Beulenkrokodil

Unterarten:

Keine.

Synonyme:

1851 *Crocodilus moreletii* Duméril, Bibron & Duméril, Cat. méthod. Coll. Rept.: 28. — Terra typica: Lac Florès (= Peten–See), Guatemala.

1885 *Crocodilus americanus var. moreletii*, Günther, Biol. centr.–amer., 7: 21.

1889 *Crocodilus moreletii* Boulenger, Cat. Chelon. Rhynchoceph. Crocod. brit. Mus.: 287.

Gesamtlänge:

2 bis 2,5 m (Wermuth & Fuchs 1978), Maximallänge 4,16 m (Pérez–Higareda et al. 1991), ungefähr 3 m (Steel 1989).

Die Maximallänge von *Cr. moreletii* wurde stets geringer als die von *Cr. acutus* angegeben. Schmidt (1924) untersuchte hunderte von Beulenkrokodilen, von denen keines länger als 2 m war. Neill (1971) nahm 2,44 m als Maximallänge an. Nach Berechnungen aufgrund einer Schädelvermessung kam Alvarez del Toro (1974) zu dem Ergebnis, daß *Cr. moreletii* eine Körperlänge von 3,5 m erreicht. Um so überraschender ist, daß Pérez–Higareda et al. (1991) im südlichen Veracruz Beulenkrokodilpopulationen beobachteten, in denen Exemplare mit Körperlängen von 3 m nicht selten waren. Zwei der drei Autoren fingen am Nordwestufer des Catamaco–Sees bei Arroyo Agrio fünf Beulenkrokodile, die alle über 3 m maßen, wobei die beiden größten Gesamtlängen von 3,75 und 4,16 m aufwiesen. Das letztere Tier war ein Männchen und wurde in die »Laguna de Nixtamalapan« ausgesetzt. Dies ist ein Gebiet, in dem Krokodile zur Fortpflanzung gelangen können, weil es von der »Universidad Nacional Autónoma de México« (UNAM) und dem »Secretaria de Desarrolo Urbano y Ecologia« (SEDUE) überwacht wird.

Weitere Beulenkrokodile mit vergleichbaren Körperlängen wurden in der »Laguna de Macay«, einem riesigen Sumpfgebiet in der Nähe der Ortschaft Isla beobachtet. Nach unbestätigten Berichten soll ein sehr großes Beulenkrokodil, dem die einheimische Bevölkerung den Namen »Papillon« gegeben hatte, einige Jahre bei La Venta im mexikanischen Staate Tabasco gelebt haben. Es ist durchaus möglich, daß *Cr. moreletii* zu einer Zeit, als es noch nicht bejagt wurde, Längen von 4,5 m erreicht hat. Durch intensive Nachstellungen über viele Jahrzehnte hinweg verschwanden die größten Tiere aus ihrem natürlichen Umfeld, und nur die kleineren blieben übrig. Somit dürfte die Vorstellung, daß *Cr. moreletii* eine von Natur aus klein bleibende Art ist, nicht der Wirklichkeit entsprechen.

Merkmale:

Die Schnauze ist 1,7mal so lang wie an der Basis breit. Charakteristisch für die Art ist die vor den Augen liegende beulenförmige, längsgerichtete Aufwölbung. Die

Zähne zeigen ein wenig nach außen. Im Zwischenkiefer befinden sich beidseitig fünf Zähne. Es sind 13 bis 14 Maxillarzähne und 15 Zähne auf beiden Seiten des Unterkiefers vorhanden.

Zahnformel: $\frac{5 + 13 - 14}{15}$

Auf dem Nacken sind vier und zuweilen auch sechs große Hinterhaupthöcker in einer Querreihe angeordnet. Die vier Nackenhöcker bilden ein Quadrat. Rechts und links von ihnen steht je ein weiterer kleiner Höcker. Die Nackenhöcker sind stets von den 4 bis 6 in Längsreihen und 16 bis 17 in Querreihen stehenden Rükkenschilden getrennt. Sowohl die Längs– als auch die Querreihen sind unregelmäßig angeordnet. Hinter dem Hinterrand des Halsbandes und vor dem Vorderrand des Afterfeldes befinden sich die Bauchschilde in 28 bis 32 Querreihen, die gleichfalls unregelmäßig angeordnet sind. In der Rumpfmitte befinden sich 18 bis 20 Schilde in einer Querreihe.

Cr. moreletii unterscheidet sich von *Cr. acutus* durch die kurze, breite Schnauze, die Zahl der Bauchschilde und die Körperfärbung.

Von *Cr. rhombifer* unterscheidet sich *Cr. moreletii* durch folgenden Merkmale: Die Schnauze von *Cr. moreletii* ist niedriger als die von *Cr. rhombifer* und bei adulten Exemplaren auch kürzer und breiter. Die beulenähnliche, elliptische Aufwölbung, nach der *Cr. moreletii* seinen deutschen Namen hat, zeigt keine abgesetzten Außenränder. Im Gegensatz dazu hat *Cr. rhombifer* vor den Augen eine erhöhte Fläche, deren Außenränder sich auffallend absetzen. Auch weist das Beulenkrokodil in der Regel 14, das Kuba–Krokodil hingegen nur 13 Zähne im Maxillare auf. Die Rükkenschilde stehen bei *Cr. moreletii* meist in vier, bei *Cr. rhombifer* in sechs Längsreihen. Weiterhin sind die Kiele auf den Rückenschilden von *Cr. moreletii* weniger stark entwickelt. Schließlich ist das Beulenkrokodil meist dunkler gefärbt als das Kuba–Krokodil.

Färbung:

Erwachsene Exemplare sind auf der Oberseite dunkelbraun bis schwarz. Die Bauchseite ist hell und ungefleckt. Jungtiere sind schwarz und gelb gesprenkelt. Anders als beim Kuba–Krokodil verschwindet die Sprenkelung mit zunehmendem Alter.

Verbreitung:

Atlantische Küste Südmexikos (Campeche, Chiapas, Tabasco, Tamaulipas und Veracruz), Guatemala und Britisch–Honduras (siehe Abb. 90).

Lebensraum:

Teiche und Seen in der offenen Savanne sind der bevorzugte Lebensraum. Weniger häufig wird es in den Seen dichter Regenwälder und langsam fließenden Flüssen angetroffen. Ständig schnell fließende Flüsse werden ebenso gemieden wie tiefe, schlammige Gewässer mit über die Wasseroberfläche hinauswachsender Vegetation. Hingegen ist es in den von Flüssen ausgehenden sumpfigen, labyrinthartigen Stillwasserzonen und in den Seitenarmen und Buchten von Flüssen nicht selten. Obwohl es in unmittelbarer Küstennähe vorkommt, wurde es nie in Mangrovensümpfen, Brackwasserzonen oder im Meer selbst beobachtet (NEILL 1971).

Genaue Angaben über einen Biotop von *Cr. moreletii* in Veracruz macht PÉREZ–HIGAREDA (1979). Die Sümpfe von Tesechoacán liegen nur 18 m über dem Meeresspiegel und ungefähr 60 km südwestlich von Santiago Tuxtla an der alten Straße zwischen Tesechoacán und Loma Bonita. Es handelt sich um Überschwemmungszonen, die vom Rio Playa Vincente und Rio de Tesechoacán gebildet werden. In der Regenzeit dehnen sich diese Sümpfe um 10 km aus. Die südlichen Ufer sind von hohen Gräsern bewachsen und auch an den anderen wuchert eine üppige Vegetation. Das Wasser ist nicht sehr tief, wobei der Untergrund aus Sand besteht. Dieser Lebensraum beherbergt eine starke Population von erwachsenen und jungen Beulenkrokodilen, die aufgrund der Unzugänglichkeit des Gebietes überleben konnte.

In wenigen Arealen soll *Cr. moreletii* mit *Cr. acutus* sympatrisch auftreten (ROSS & MAGNUSSON 1989). Möglicherweise handelt es sich hier jedoch um fehlbestimmte Spitzkrokodile (STEEL 1989).

Ökologie:

Die Kenntnisse über das Verhalten in freier Natur sind lückenhaft. Die Art ist nach den Beobachtungen von SCHMIDT (1952), der sie in Britisch–Honduras nachts im Flachwasser schoß, sowohl tag– als auch nachtaktiv.

Die bisher ausführlichsten Angaben über das Beutespektrum und Jagdverhalten stammen von PÉREZ–HIGAREDA et al. (1989). Vier Jahre lang beobachteten die Autoren das Beuteverhalten und die Nahrungszusammensetzung von 36 adulten Tieren und einer unbestimmten Anzahl von Jungtieren in der »Laguna de Nixtamalapan«, einem natürlichen Krokodilnachzuchtprojekt. Die während des Tages und in der Nacht durchgeführten Beobachtungen nahmen monatlich 60 Stunden in Anspruch. Die Krokodile wurden vom Ufer aus und einem kleinen Boot in der Seemitte überwacht. Der See bedeckte eine Fläche von 4 ha, war 15 m tief und von üppig wuchernder Vegetation umgeben. Er wurde von häufig fallendem Regen und unterirdischen Quellen gespeist, so daß der Wasserspiegel immer auf gleicher Höhe lag. Das hinreichende und vielfältige Nahrungsangebot setzte sich aus Fischen, Fröschen, Wasserschildkröten, Echsen, Vögeln, Kaninchen, Hörnchen und Haustieren zusammen.

Im Verlauf von 960 Stunden registrierten die Autoren 66 Krokodilangriffe auf Hunde und andere mittelgroße Säugetiere. Besonders häufig wurden neben Hunden, Leguane, Reiher, Enten, Opossums und gelegentlich Ziegen erbeutet. Mittelgroße und große Krokodile bevorzugten größere Säugetiere. In 19 Fällen schleppten die Krokodile ihre Beute beiseite und rissen erst nach 24 oder mehr Stunden Gliedmaßen aus ihrem Opfer und fraßen sie. In 13 Fällen wurde die Beute innerhalb der ersten 24 Stunden und in sechs weiteren Fällen nach 24 bis 60 Stunden verzehrt. In zwei Fällen fraßen mehrere hinzugekommene Krokodile die getöteten Tiere (2 Leguane, 1 Reiher) sofort. Ein 35 kg schwerer Schäferhund, der von einem 2,9 m langen Krokodil ertränkt worden war, wurde 60 Stunden lang nicht angerührt. Erst nachdem er in den Zustand der Verwesung übergegangen war, machten sich einige Krokodile über den Kadaver her, zerrissen ihn, verschlangen zunächst Kopf und Gliedmaßen und anschließend die übrigen Körperteile.

In der Natur fressen Beulenkrokodile wie die meisten anderen (wenngleich nicht alle) Arten große Beutetiere meist erst im Zustand der Verwesung. In der Gefangenschaft findet man dieses Verhalten nicht, was wahrscheinlich mit der geringeren Größe der dargebotenen Futterbrocken, die ein Aufweichen durch Verwesung unnötig macht, sowie mit einer möglichen Änderung im Freßverhalten zusammenhängt.

Unsere Kenntnisse über die Fortpflanzungsbiologie des Beulenkrokodils stammen zum größten Teil aus Beobachtungen in Zoologischen Gärten. So wurde *Cr. moreletii* im »Zoological Park« von Atlanta (USA) mindestens siebenmal und im Zoo von Tuxtla (Mexiko) mindestens viermal erfolgreich nachgezüchtet (BUSTARD 1980).

Über das Balz- und Paarungsverhalten von *Cr. moreletii* wissen wir so gut wie nichts. HUNT (1975) berichtet aus dem Zoo von Atlanta, daß sich die sieben dort nachzüchtenden Beulenkrokodile auf zwei Solarien verteilen. Jedes verfügt über einen ausgedehnten, bepflanzten Landbereich und ein Wasserbecken mit einem Volumen von 4.500 l. Im ersten Solarium leben ein Männchen und zwei Weibchen, im zweiten zwei Männchen und zwei Weibchen, die die anderen 20 Krokodile (10 Arten) dominieren. Die Beulenkrokodile besetzen in den Solarien die besten Areale zum Sonnen, Schwimmen und Nestbau. Die Weibchen scharrten zwischen Mai und Juli mit ihren Hinterbeinen Torfmoos, trockene Blätter und Kies zu Nisthügeln mit Durchmessern von 2 m zusammen. Die 20 bis 45 Eier wurden Anfang Juli gelegt, wobei die Eier im Abstand von einer Minute aus der Kloake erschienen. Ein Weibchen bewachte seinen Nisthügel, obwohl seine Eier in einem Inkubator untergebracht worden waren. Ein weiteres aus 13 Eiern bestehendes Gelege wurde am 2. Juli 1975 1,7 m vom Nest entfernt auf den nackten Erdboden gelegt. Diese Eier gelangten in einem Inkubator zur Entwicklung, wobei am 18. September fünf Junge schlüpften.

Aus einem weiteren Gelege, das in einem Styroporkasten untergebracht worden war, schlüpften die Jungen nach 98 Tagen. Vor und während des Schlüpfens ließen sie die typischen, froschähnliche Laute ertönen, woraufhin sogleich das Weibchen den Styroporkasten mit den Vorderfüßen öffnete. Es packte jedes einzelne Junge vorsichtig mit dem Maul und transportierte es ins Wasser. Die Jungen kletterten auf den Rücken des dominierenden Männchens, wo sie auch geduldet wurden. Ein Jungtier wurde von einem anderen Weibchen verschlungen. In einem weiteren Fall bedrohte ein Weibchen, das seine Nachkommenschaft bewachte, Jungtiere aus einer anderen Brut. Wenn sich ein fremdes Jungtier in das Territorium dieses Weibchens einschlich und sich auf dessen Drohungen hin nicht sofort zurückzog, wurde es von dem Weibchen mit dem Maul gepackt, kräftig hin- und hergeschüttelt und erst dann wieder losgelassen.

Die bisher ausführlichsten Angaben über ein brutpflegendes Weibchen in freier Natur stammen von PÉREZ-HIGAREDA (1980). Das Nest wurde im August 1979 am Ufer des Catemaco-Sees (Veracruz) entdeckt, hatte einen Durchmesser von 3 m und war über einer Ansammlung von Seerosen auf schlammigem Untergrund angelegt worden. Das Nest war geöffnet worden und enthielt über 70 Eier, die offen und verstreut herumlagen. Das Weibchen lag etwa 2,5 m vom Nest entfernt am Ufer. Fünf 10 cm lange Eier wurden dem Nest entnommen und bei 26 bis 27 °C auf feuchtem Sand zur Entwicklung gebracht. Am 6. September schlüpften fünf Jungtiere, die zwischen 16 und 17 cm lang waren.

Über das Wachstum junger Beulenkrokodile in freier Natur ist nichts bekannt. In der Gefangenschaft erreichen Jungtiere nach drei Jahren eine Länge von 70 bis 80 cm.

14.5.7 *Crocodylus niloticus* LAURENTI, 1768 — Nilkrokodil

Unterarten:

Cr. niloticus niloticus LAURENTI, 1768 — Nordöstliches Nilkrokodil.

Cr. niloticus africanus LAURENTI, 1768 (?) — Südöstliches Nilkrokodil.

Cr. niloticus chamses BORY, 1824 — Westliches Nilkrokodil.

Cr. niloticus cowiei SMITH, 1937 — Südliches Nilkrokodil.

Cr. niloticus madagascariensis GRANDIDIER, 1872 —Madagassisches Nilkrokodil.

Cr. niloticus pauciscutatus DERANIYAGALA, 1948 — Östliches Nilkrokodil.

Cr. niloticus suchus GEOFFROY, 1807 — Nordwestliches Nilkrokodil.

Synonyme:

1768 *Crocodylus niloticus* LAURENTI, partim, Synops. Rept.: 53. — Terra typica: »Indien und Ägypten«.

1768 ? *Crocodylus africanus* LAURENTI, Synops. Rept.: 54. — Terra typica: Afrika.

1807 *Crocodylus vulgaris* CUVIER, Ann. Mus. Hist. nat., Paris, 10: 40; Taf. 1, 2. — Terra typica restricta (Mertens & Wermuth 1955): Ägypten.

1807 *Crocodylus suchus* GEOFFROY, Ann. Mus. Hist. nat., Paris, 10: 84. — Terra typica: Niger.

1824 *Crocodylus chamses* BORY, Dict. class. Hist. nat., 5: 105. — Terra typica: große Flüsse in Afrika.

1826 *Crocodylus multiscutatus* RÜPPEL in CRETZSCHMAR, Iris, Frankfurt am Main, 25: 99. — Terra typica: Soucot am Nil, Nubien.

1827 *Crocodylus marginatus* GEOFFROY, Déscr. Egypte, 1: 260. — Terra typica restricta: (MERTENS & WERMUTH 1955): Nil bei Theben.

1827 *Crocodylus lacunosus* GEOFFROY, Déscr. Egypte, 1: 261. — Terra typica: Nil, Ägypten. — Mumie.

1827 *Crocodylus complanatus* GEOFFROY, Déscr. Egypte, 1: 263. — Terra typica: Nil, Ägypten. — Mumie.

1831 *Crocodylus octophractus* RÜPPEL in GRAY in GRIFFITH, Anim. Kingdom Cuv., 9 Synops. Spec.: 22. — Terra typica: Soucot am Nil, Nubien.

1857 *Crocodylus binuensis* BAIKIE, Proc. zool. Soc. London, 1857: 50. — Terra typica: Benue River, Zentralafrika.

1872 *Crocodylus madagascariensis* GRANDIDIER, Ann. sci. nat., Paris, (5) 15: 6. — Terra typica: Madagaskar.

1872 *Crocodylus robustus* VAILLANT & GRANDIDIER, C. R. Acad. Sci., Paris, 75: 150. — Terra typica: Amboulintsatre, Madagaskar.

1886 *Crocodylus hexaphractos* RÜPPEL (nomen nudum) in SCHMIDT, Ber. senckenberg. naturf. Ges., Frankfurt am Main, 1885: 131.

1889 *Crocodylus niloticus* BOULENGER, Cat. Chelon. Rhynchoceph. Crocod. brit. Mus.: 283.

1889 *Crocodylus robustus* BOULENGER, Cat. Chelon. Rhynchoceph. Crocod. brit. Mus.: 286.

1937 *Alligator cowiei* A. SMITH in HEWITT, Guide Vertebr. Faun. east. Cape Prov., 2: 2. — Terra typica: Südafrika.

1948 *Crocodylus niloticus worthingtoni* DERANIYAGALA (nomen nudum), Spolia zeylan., Colombo, 25 2: 30. — Terra typica: Baringo–See.

1948 *Crocodylus niloticus pauciscutatus* DERANIYAGALA, Spolia zeylan., Colombo, 25 2: 31. — Terra typica: Rudolph–See.

1958 *Crocodylus niloticus* MLYNARSKI (error typographicus), Chrón. Przyr. Ojczyst., Kraków, (n. S.) 14 2: 60.

Gesamtlänge:

Maximal bis 6 m (CAMPBELL & WINTERBOTHAM 1985), bis 5 m (GROOMBRIDGE 1987), maximal bis 5,5 m (ROSS & MAGNUSSON 19189), maximal bis 6,5 m (STEEL 1989).

Merkmale:

Die sieben geographischen Rassen des Nilkrokodils unterscheiden sich vor allem in der Ausprägung des Halsbandes sowie der unterschiedlichen Anzahl, Verknöcherung und Kielung der Schilde. Die Schnauze ist zweimal so lang wie an der Basis breit und ihre Oberseite im Alter oft stark gerunzelt. Im Zwischenkiefer befinden sich beidseitig fünf Zähne. Die Unterkieferäste sind nach vorne hin bis zur Höhe der 4. bis 5. Zähne starr miteinander verwachsen.

Zahnformel: $\frac{5 + 13 - 14}{14 - 15}$

Der Nacken ist von einer aus vier bis sechs Hinterhaupthöckern bestehenden Querreihe bedeckt. Dahinter befinden sich vier quadratisch angeordnete Nackenhöcker, zu deren beiden Seiten ein weiterer kleiner Höcker steht. Die Rückenschilde, die sich nicht an die Nackenhöcker anschließen, verlaufen in 6 bis 8 Längs- und 17 bis 18 Querreihen. Sie sind abhängig von der geographischen Rasse in 24 bis 32 Querreihen zwischen dem Hinterrand des Halsbandes und dem Vorderrand des Afterfeldes angeordnet. In der Rumpfmitte ist die Zahl der Bauchschilde bei den einzelnen Unterarten verschieden und liegt zwischen 14 und 20 pro Querreihe.

Färbung:

Jungtiere des Nilkrokodils sind hell olivfarben und dunkel gefleckt und gebändert. Erwachsene Exemplare zeigen auf der Körperoberseite ein dunkel olivfarbenes Kolorit. Die porzellanfarbene Bauchseite ist fleckenlos.

Verbreitung:

Südliches Mauretanien (?), Senegal, Gambia Portugiesisch–Guinea, Guinea, Sierra Leone, Liberia, Elfenbeinküste, Ghana, Togo, Dahome, Nigeria, Kamerun, Obervolta, Mali, Niger, Tschad, Zentralafrikanische Republik (*Cr. niloticus suchus*).

Südliches Ägypten (?), Sudan, westliches Äthiopien (*Cr. niloticus niloticus*).

Spanisch–Guinea (?), Gabun, Republik Kongo, Zaire, südlicher Sudan, Uganda, Ruanda, westliches Tansania, nördliches Sambia, Angola, nördliches Südwestafrika (*Cr. niloticus chamses*).

Östliches und südliches Äthiopien, Somalia, Kenya (*Cr. niloticus pauciscutatus*).

Südliches Tansania (?), Sambia, Malawi, Mozambique, östliches Südwestafrika (*Cr. niloticus africanus*).

Rhodesien, Betschuanaland, Südafrikanische Republik, südliches Südwestafrika (*Cr. niloticus cowiei*).

Madagaskar (*Cr. niloticus madagascariensis*).

Siehe Abbildung 97.

Das Nilkrokodil kam einst in ganz Afrika vor. Seine Verbreitung erstreckte sich noch in historischer Zeit bis nach Israel und Palästina, wo es im Zerka–Fluß bei Caesarea angetroffen wurde. In den dreißiger Jahren lebte es in einigen Sümpfen und Flüssen Mauretaniens (JOLEAUD 1933). Zwei Reliktpopulationen sind aus der Sahara bekannt, von denen eine noch vor ungefähr 60 Jahren in einem See des Berglandes von Tassili–n–Ajjer, der vom Wadi Iherir gebildet wird, existierte. Eine weitere sehr starke Population kam in den Menake–Sümpfen vor, die sich südlich von Air in den Ennedi–Bergen der südlichen Sahara befinden. Ob Reste dieser Population heute noch existieren, ist fraglich. Zwischen 1810 und 1820 wurde das Nilkrokodil auf den Komoren und den Seychellen ausgerottet. Nach DATHE (1971) ist durch den Bau des Assuan–Staudammes und den daraus resultierenden ökologischen Veränderungen der Wiederausbreitung des Nilkrokodils Vorschub geleistet worden. Nach seinen Angaben sollen Krokodile wieder bis Luxor zu finden sein. Auch bei Assuan sollen seit den siebziger Jahren wieder Nilkrokodile zu sehen sein.

Abb. 97: Verbreitung der 7 Unterarten des Nilkrokodils (*Cr. niloticus*). Nach FUCHS et al. (1974).

Lebensraum:

Aufgrund seiner weiten Verbreitung ist *Cr. niloticus* auf dem afrikanischen Kontinent in den unterschiedlichsten Lebensräumen zu finden. Gelegentlich tritt es in Mangrovensümpfen in Küstennähe auf, sowie nicht selten in Bächen, Teichen, Seen und Sümpfen, die saisonbedingt austrocknen können. In den Flüssen der west– und zentralafrikanischen Regenwälder, in denen *Cr. cataphractus* häufig ist oder vor einigen Jahrzehnten noch häufig war, ist *Cr. niloticus* eine seltene Erscheinung.

Ökologie:

Im Bereich der großen afrikanischen Flüsse und Seen finden Nilkrokodile einen ganzjährig stabilen Lebensraum, der abwechslungsreiche Nahrung und optimale Örtlichkeiten zur Eiablage bietet. Kleine Flüsse können jedoch saisonbedingt Niedrigwasser führen und bei heißem Wetter stagnieren und Wasserlachen bilden oder auch völlig austrocknen.

GUGGISBERG (1972) beschreibt den Aswa–Fluß im nördlichen Uganda, der in der Trockenzeit eine Kette von mehr oder weniger zusammenhängenden Tümpeln bildet, und in dem dennoch zahlreiche kleinbleibende Nilkrokodile gefunden wurden. Diese überdauerten die Trockenperioden in Erdhöhlen, die sie in die Uferböschung des Flusses gegraben hatten.

PITMAN (1962) untersuchte das Phänomen des Zwergwuchses bei Nilkrokodilen. Er kam zu dem Schluß, daß sie witterungsbedingt gezwungen sind, einen Teil des Jahres inaktiv in Erdhöhlen zuzubringen, so zur Zwergwüchsigkeit verkümmern und nie länger als 2,4 bis 2,7 m werden. Das verzögerte Wachstum mag durch Nahrungsmangel über einen langen Zeitraum hinweg verursacht werden. Diese

Trockenruhe von Nilkrokodilen wurde in zahlreichen Teilen des Savannengürtels, der sich von Somalia und dem Sudan bis zum Niger erstreckt, wie auch in den Trockenzonen von Tansania und auf Madagaskar beobachtet. Die Erdhöhlen, in denen die Nilkrokodile die heiße Zeit überdauern, sind in der Regel 9 bis 12 m lang. Sie enden in einer Kammer, die nach oben hin einige wenige Luftlöcher aufweist. Am Songwe–Fluß im Rukwa–Becken von Tansania wurden bis zu 15 Krokodile in einer Kammer gefunden.

Es gibt eine Reihe von Berichten über den Beutefang und das Nahrungsspektrum von Nilkrokodilen in freier Wildbahn. Nach Angaben von POOLEY (1982) enthielten nur 30 % der Mägen von Tausenden von geschossenen Nilkrokodilen Nahrung. Nach einjähriger Beobachtung kam er zu dem Schluß, daß ein erwachsenes Nilkrokodil nur einmal wöchentlich eine volle Mahlzeit zu sich nimmt und durchaus keine 50 Pfund Fisch, wie immer wieder behauptet wird.

Frisch geschlüpfte Krokodile können eine Zeitlang ohne Nahrung auskommen und zehren von ihrem Dottersack. Unter guten Voraussetzungen wachsen sie pro Jahr um etwa 30 cm. Doch seltsamerweise sieht man in der Natur nur gelegentlich Krokodile, die zwischen 60 und 150 cm groß sind. Da unter Krokodilen Kannibalismus herrscht, nimmt man an, daß sich die jungen Krokodile absondern, um den Angriffen der älteren zu entgehen.

Ein fünfzigjähriges Nilkrokodil, dessen Wachstum sehr viel langsamer geworden ist, lebt ausgesprochen bescheiden. Da es sich wenig bewegt, verbraucht es auch wenig Energie. Seinen Temperaturhaushalt reguliert es weitgehend durch Sonnenbäder. Fische sind die Hauptnahrung für ausgewachsene Nilkrokodile, manche Populationen ernähren sich fast ausschließlich von ihnen. So leben an den Ufern des Rudolfsees im Norden Kenias nur wenige potentielle Beutetiere für die Krokodile. Da der See selber aber Fische im Überfluß besitzt, machen diese 90 % der Nahrung der Krokodile aus.

Nilkrokodile sind in erster Linie nächtliche Jäger. Nach Einbruch der Dunkelheit sind sie alle im Wasser. Die Fortbewegung beim Schwimmen erfolgt vor allem mit Hilfe ihrer Ruderschwänze, wobei die Gliedmaßen eng an den Körper gelegt sind. In Abhängigkeit von den regionalen Gegebenheiten jagen mittelgroße und ausgewachsene Nilkrokodile größere und kleinere Säugetiere, die zur Wasserstelle kommen, um ihren Durst zu löschen. Sie sind listige Jäger und legen sich am Ufer auf die Lauer. Nähert sich ein Tier der Wasserstelle, versuchen sie es im Sprung zu packen und ins Wasser zu ziehen, um es dort zu ertränken. Nicht selten ist die Beute zu groß, um im Ganzen hinuntergeschlungen zu werden. Die Krokodile beißen sich dann an der Beute fest und reißen mit einer blitzschnellen Drehung um die eigene Körperachse große Stücke aus dem verendeten Tier heraus.

Die ausführlichsten Angaben über die Fortpflanzung und das Brutpflegeverhalten von *Cr. niloticus* stammen von COTT (1961, 1969, 1975). Weitere Angaben findet man in den Schriften von EARL (1954) und POOLEY & GANS (1976). Das Nilkrokodil wird nach 12 bis 15 Jahren geschlechtsreif. Die Männchen liefern sich Revierkämpfe. Wenn ein Männchen auf ein Weibchen stößt, biegt es den Schwanz aus dem Wasser, hebt den Kopf und brüllt. Anschließend folgt es dem Weibchen und schwimmt neben ihm her. Das Weibchen hebt jetzt ebenfalls den Kopf aus dem Wasser und gibt Laute von sich. Das Männchen legt seine Vorderbeine auf das Weibchen und steigt von der Seite her auf den Rücken der Partnerin. Die Kopula läuft in dorsolateraler Stellung ab.

Nach Beobachtungen am Rudolfsee finden die Paarungen meist am Morgen zwischen 8 und 11 Uhr statt. Die größte Paarungshäufigkeit findet man zwischen 8 und 9 Uhr bei Temperaturen zwischen 28,5 und 31,5 °C. Wenn gegen Mittag die Temperatur auf 31,5 bis 34 °C steigt, ist die Paarungsbereitschaft am geringsten, nimmt anschließend bei leichtem Temperaturabfall wieder zu, um dann gegen Abend bei stärkerer Abkühlung zum völligen Erliegen zu kommen. Männchen und Weibchen bleiben einige Zeit zusammen. Das Nilkrokodil scheint in der Fortpflanzungsperiode monogam zu sein.

Fünf Monate nach der Befruchtung legt das Weibchen 16 bis über 80 Eier ab, von denen jedes ein Gewicht von 85 bis 125 g hat. Der Zeitpunkt der Eiablage ist sehr unterschiedlich und hängt von der geographischen Lage und den Witterungsbedingungen ab. In den Ulanga–Ebenen Tansanias legt *Cr. niloticus* seine Eier im November, im östlichen Transvaal von November bis Mitte Dezember, am oberen Victoria–Nil und Kioga–See im frühen Dezember, am unteren Victoria–Nil und Albert–See zwischen Ende Dezember und Anfang Januar, in Sierra Leone im Januar und Februar, im Ruzizi–Tal zwischen April und August, in den Bangweolo–Sümpfen im späten August und frühen September, am Mweru–See und Luangwa– und Kafue–Fluß gegen Anfang September und in Madagaskar von September bis Oktober ab. Am Victoria–See findet zweimal jährlich eine Eiablage statt, und zwar zwischen August und September und Dezember und Januar, was mit dem Absinken der Wasserstände in Zusammenhang gebracht wird. Im Zulu–Land legt *Cr. niloticus* seine Eier in der Regenzeit von November bis Dezember ab (Steel 1989).

Das Weibchen sucht Jahr für Jahr den gleichen Nistplatz auf. Einige Tage nach seinem Erscheinen auf einer Sandbank, in einem ausgetrockneten Flußbett oder auf dem mehrere Meter über dem Fluß liegenden Ufer gräbt es mit den Hinterbeinen ein Loch in den Erdboden und legt in dieses bevorzugt nach Einbruch der Nacht seine Eier ab. Mit dem ausgehobenen Erdmaterial werden die 35 bis 40 cm tief liegenden Eier wieder zugedeckt. Die Nistgrube liegt in der Regel 5 bis 10 m von der Wasserkante entfernt, so daß die Jungen nach dem Schlüpfen problemlos ins Wasser gelangen können. Die Inkubationszeit dauert 84 bis 90 Tage. In dieser Zeit bewacht das Weibchen den aus Sand und Pflanzenresten zusammengescharrten Nesthügel und nimmt keine Nahrung zu sich. Kurz vor dem Schlüpfen lassen die jungen Nilkrokodile aus den 70 bis 90 mm langen und 43 bis 54 mm breiten Eiern ihre froschähnliche Stimme erschallen. Das Weibchen scharrt nun den Boden auf und trägt die ca. 28 cm langen Jungen im Maul zum Wasser.

Vom Männchen unterstützt verteidigt das Weibchen die Brut gegen größere Krokodile und andere Freßfeinde. Trotz dieser elterlichen Fürsorge werden zahlreiche Jungkrokodile — in den ersten Wochen ihres Lebens zuweilen 50 % und mehr — das Opfer von Krabben, großen Fischen, Nilwaranen und anderen Reptilien, Reihern und Störchen sowie von einigen Säugetieren wie Hyänen und Mungos. In den ersten Monaten scharen sich junge Nilkrokodile in Gruppen um die Mutter, die sie bewacht und durch Vibrationen ihrer Rippenfellmuskeln auf Freßfeinde und sonstige Gefahren aufmerksam macht. Derartige Signale veranlassen die Jungen zum sofortigen Abtauchen. Die Nacht verbringen sie auf dem Kopf und Rücken ihrer Mutter. Wenn sich ein junges Nilkrokodil aus der Gruppe entfernt hat oder angegriffen wird, läßt es instinktiv einen Hilferuf hören, auf den hin das Weibchen herbeieilt, um den Feind zu vertreiben.

14.5.8 *Crocodylus novaeguineae* SCHMIDT, 1928 — Neuguinea–Krokodil

Unterarten:

Keine. Es gibt jedoch eine nördliche und südliche Population, die sich pholidotisch und craniologisch voneinander unterscheiden. Geographisch sind die beiden Populationen durch die mitten durch Neuguinea verlaufenden Gebirgsketten voneinander getrennt. Die beiden Populationen könnten sich in Zukunft als taxonomisch verschieden erweisen.

Synonyme:

1928 *Crocodilus novae–guineae* K. P. SCHMIDT, Field Mus. nat. Hist., Zool., Chicago, 12: 177; Taf. 13, 14. — Terra typica: Ibundo am unteren Sepik River, nördliches Neuguinea.

1953 *Crocodylus novae–guineae* WERMUTH, Mitt. zool. Mus. Berlin, 29: 492; Abb. 54, 55.

Gesamtlänge:

Meist bis 3 m, maximal bis 5 m (WERMUTH & FUCHS 1978), bis 4 m (ROSS & MAGNUSSON 1989), ungefähr 3 m (STEEL 1989).

Merkmale:

Die verhältnismäßig lange Schnauze ist zweimal so lang wie an der Basis breit. Vor jedem Auge ist eine knöcherne Längsleiste sichtbar, allerdings ist diese nicht so lang und deutlich ausgeprägt wie beim Leistenkrokodil (*Cr. porosus*). Im Zwischenkiefer befinden sich beidseitig fünf Zähne. Die Unterkieferäste sind bis zur Höhe der 5. Zähne starr miteinander verwachsen.

Zahnformel: $\frac{5 + 13 - 14}{15}$

Die vier Hinterhaupthöcker bilden eine einzige Querreihe. Zu beiden Seiten der vier zu einem Quadrat angeordneten Nackenhöcker befindet sich je ein weiterer kleiner Höcker. Die deutlich von den Nackenhöckern getrennten Rückenschilde stehen in 6 bis 8 Längs– und 16 bis 17 Querreihen, die Bauchschilde in 24 bis 32 unregelmäßig angeordneten Querreihen. In der Rumpfmitte besteht eine Querreihe aus 14 bis 18 Schilden. Auffällig sind die vereinzelt auf den Flanken stehenden großen Schuppen. Sie sind oval, stark verknöchert und gekielt.

Färbung:

Erwachsene Exemplare sind dunkelgrau, Jungtiere dunkel gefleckt. Die helle Unterseite ist ungefleckt.

Verbreitung:

Auf Irian Jaya und Papua–Neuguinea (siehe Abb. 96). Auf den Palau–Inseln eingeführt. Ein auf den Aru–Inseln gefangenes Exemplar erwies sich als *Cr. porosus* (STEEL 1989).

Lebensraum:

Nach Angaben von JELDEN (1984) und STEEL (1989) ein Bewohner von träge dahinfließenden Flüssen, engen Wasserläufen und Süßwassersümpfen, deren Ufer von niedriger Vegetation überwachsen sind. Im Mündungsbereich des Fly Rivers kommt die Art auch im Brackwasser vor. Sie lebt jedoch auch am Oberlauf des Sepik, wo die Wassertemperatur um 2 bis 3 °C niedriger als am Unterlauf ist und eine höhere Fließgeschwindigkeit vorherrscht.

Die vertikale Verbreitung erstreckt sich bis in die oberen Flußabschnitte des August Rivers (westliches Sepik–Gebiet), wo man das Neuguinea–Krokodil noch in 600 m üNN antrifft. Hier fehlt das Leistenkrokodil (*Cr. porosus*), das in Lagunen und Altarmen im Sepik–Tiefland teilweise sympatrisch mit dem Neuguinea–Krokodil lebt. Während *Cr. novaeguineae* dicht verkrautete, stehende oder langsam fließende Gewässer — z. B. Flußschleifen und die den Flüssen anliegende Sümpfe — bevorzugt, bewohnt *Cr. porosus* vornehmlich die offenen und großen Wasserflächen der Seen und Flüsse.

Ökologie:

Verbringt die meiste Zeit im Wasser, geschützt durch schattenspendende Vegetation. Nur selten setzen sich die Tiere der direkten Sonne aus.

Meine eigenen Erfahrungen mit dem Neuguinea–Krokodil sammelte ich vor vielen Jahren an einem von mir gepflegtem Exemplar und Tieren, die ich in Zoos, und vor allem auf der Krokodilfarm in Pak Nam bei Bangkok, studierte. Mein Neuguinea–Krokodil, das sich die Anlage mit anderen Krokodilarten teilte, zeigte sich gegenüber den größeren Insassen scheu und zurückhaltend. Meist versteckte es sich neben einer Mauer, über die ein dichtes Gewirr von *Philodendron, Tradescantia* und Wurzeln von *Tetrastigma* bis ins Wasser herabwuchs. Auch außerhalb des Wassers bevorzugte es stets schattige Stellen neben Pflanzen und in Ecken. Bezüglich seiner Nahrung war das ca. 1 m lange Krokodil, das später leider von einem größeren Mississippi–Alligator getötet wurde, nicht wählerisch. Es fraß Mäuse, Vögel, Hühnerküken und vor allem Fische, die ich von der Pinzette anbot.

In freier Natur ernährt sich das Neuguinea–Krokodil von verschiedenen Gliederfüßlern und Insekten, häufig von Fischen, aber auch von Amphibien und Reptilien. Ein großer Teil des Beutespektrums besteht aus Wasservögeln, vor allem Wasserhühnchen. Gelegentlich werden Säugetiere erbeutet, darunter auch Haustiere. Angaben über die Mageninhalte von Neuguinea–Krokodilen sind überaus spärlich. NEILL (1971) fand in ihren Mägen häufig von Wasserhühnchen stammende schwarze Federn. Weiterhin fand man einen Aal (*Anguilla bicolor*), einen Maulbrüterwels (*Trachysurus* spec.), Wasserkäfer aus den Familien der *Hydrophilidae* und *Dytiscidae,* wie auch einzelne Fliegen (JELDEN 1984).

NEILL (1971) beobachtete einen erfolgreichen Angriff eines Neuguinea–Krokodils auf eine Echse, die auf einem Rohrstengel saß. Das Krokodil schnellte über die Wasseroberfläche hinaus und schnappte sie mit dem Maul. Somit ist die Vermutung nicht unbegründet, daß Neuguinea–Krokodile gelegentlich oder gar häufig Vögel, Echsen, Frösche und sonstige Tiere, die auf über der Wasseroberfläche hängenden Pflanzen sitzen, im Sprung erbeuten. Diese Annahme wird dadurch gestützt, daß sich *Cr. novaeguineae* vornehmlich im Schatten unter herabhängenden Ästen von Bäumen und Büschen aufhält.

Da *Cr. novaeguinea* und *Cr. porosus* auf Neuguinea häufig sympatrisch auftreten und trotz der auffälligen Größenunterschiede nebeneinander existieren, ist die Annahme von zwei unterschiedlichen Nahrungsnischen nicht von der Hand zu weisen. Das größere, breitschnäuzigere und langschwänzige Leistenkrokodil vermag ohne Schwierigkeiten große und wehrhafte Beutetiere anzugreifen und zu überwältigen. Das bedeutend kleinere Neuguinea–Krokodil hat sich mit einer schmaleren Schnauze und einem kürzeren Schwanz auf den Fang von Fischen und Vögeln spezialisiert.

Das Territorialverhalten und die Ortstreue scheinen bei *Cr. novaeguineae* in besonderem Maße ausgebildet zu sein. In der freien Natur halten sie stets großen Abstand zueinander.

Das Paarungszeremoniell verläuft ähnlich oder genauso wie bei anderen Krokodilen. Die Kopula erfolgt in dorsolateraler Stellung. Die Tiere der nördlichen Population bauen ihre Nester in der Trockenzeit, die der südlichen in der Regenzeit. Im Süden erstrecken sich die Nestbauaktivitäten über zehn Monate. Die Gelege der Tiere aus dem Norden enthalten durchschnittlich 35,3 Eier, der im Süden nur 21,7. Die Eier aus den Nestern der Südpopulation sind zudem im Schnitt kleiner. Die Gründe dafür sind unbekannt (HOLLANDS 1987).

Die hoch über dem Wasserspiegel liegenden Nester liegen in der Regel 7 bis 10 m vom Ufer entfernt. Immer werden sie im Schatten dichter Gebüsche oder am Fuß eines Baumes angelegt. Ein tunnelähnlicher, feuchter und schlammiger Pfad verbindet das Gewässer mit dem Nest. Dieses besteht aus Pflanzenmaterial, das mit dem Schwanz und der Schnauze zusammengescharrt wird. Häufig werden Pflanzenstengel abgebissen und zum Nestbau verwendet. Die Nester sind ungefähr 50 cm hoch und weisen Durchmesser zwischen 130 und 150 cm auf.

In ihrem Aufbau sind die halbkugelförmigen Nester von *Cr. novaeguineae* einzigartig. Die untere Hälfte besteht aus rauhen Pandanusblättern, Schilfrohr, Gräsern, Ästen und Schlamm. Die obere Hälfte, die die Eier enthält, ist von einer dünnen Schlammschicht und Zweigen umgeben. Das die Eier umgebende Pflanzenmaterial besteht aus einer trockenen, weichen Mischung von Gras, Blattresten und dünnen

Streifen einer papierähnlichen Rinde. Die ungefähr 7,5 cm langen und 4,5 bis 5 cm breiten Eier werden unmittelbar unter der Nestkuppel abgelegt, so daß die frisch geschlüpften Jungkrokodile das Nest leicht alleine verlassen und ans Wasser gelangen können. Die Nestinnentemperatur wird von STEEL (1989) mit 35,5 °C angegeben und ist somit ungewöhnlich hoch.

Die Weibchen legen ungefähr 70 Tage nach erfolgter Kopula ihre Eier ab und bewachen die Nester 80 bis 90 Tage lang. Wenn sich ein Feind dem Nest nähert, zischt das Weibchen. Erscheint dieser zu groß oder gefährlich, so läßt es das Nest im Stich, taucht ins Wasser ab, um jedoch bald wieder am Nest zu erscheinen. Frisch geschlüpfte Neuguinea–Krokodile sind 25 bis 30 cm lang. Ein voluminöser Dottersack, der ihrem Bauchraum ein rundliches Aussehen verleiht, wird in den beiden ersten Wochen ihres Lebens verdaut, so daß sie in dieser Zeit keine Nahrung benötigen. In diesen beiden Wochen beträgt ihre Körpertemperatur 33,5 bis 34 °C, um beim anschließenden Beginn mit der normalen Nahrungsaufnahme auf 32 °C zu sinken.

14.5.9 *Crocodylus palustris* LESSON, 1831 — Sumpfkrokodil

Unterarten:

Cr. palustris palustris LESSON, 1831 — Indisches Sumpfkrokodil.
Cr. palustris kimbula DERANIYAGALA, 1935 — Ceylonesisches Sumpfkrokodil.

Die Unterart *Cr. palustris kimbula* ist taxonomisch umstritten.

Synonyme:

1831 *Crocodilus palustris* LESSON, Bull. Sci. nat., Paris, 25 2: 121. — Terra typica: Festland von Indien.

1889 *Crocodilus palustris,* BOULENGER, Cat. Chelon. Rhynchoceph. Crocod. brit. Mus.: 285.

Gesamtlänge:

Bis 4 m (SMITH 1931), 4 bis maximal 5,8 m (WERMUTH & FUCHS 1978), selten über 4 m, zwei Exemplare von über 5,5 m aus Sri Lanka bekannt (DANIEL 1983), über 4 m (ROSS & MAGNUSSON 1989).

Merkmale:

Die Schnauze ist kurz und breit. Sie ist 1,3 bis 1,5mal so lang wie an der Basis breit. Ihre Oberfläche hat im Alter ein runzliges Aussehen. Im Zwischenkiefer befinden sich auf beiden Seiten fünf Zähne. Nach vorne hin sind die Unterkieferäste bis zu den 4. bis 5. Zähnen starr miteinander verbunden.

Zahnformel: $\frac{5 + 13 - 14}{14 - 15}$

Vier bis fünf große Hinterhaupthöcker sind in einer Querreihe angeordnet, dahinter befindet sich gelegentlich noch eine Querreihe von kleineren Höckern. Die vier großen Nackenhöcker sind quadratisch angeordnet. Auf deren beiden Seiten steht je ein weiterer kleiner Höcker. Die unregelmäßig angeordneten Rückenschilde bilden 4 bis 6 Längs– und 17 bis 18 Querreihen. Bei der ceylonesischen Unterart *Cr. palustris kimbula* stehen die Rückenschilde in sechs, bei *Cr. palustris palustris* meist in vier Längsreihen. Die Zahl der Bauchschilde liegt zwischen 28 und 32. In der Rumpfmitte befinden sich 18 bis 20 Schilde in einer Querreihe. Die Flankenschuppen, von denen sich drei bis vier in einer Querreihe befinden, sind gekielt. Zwischen den großen Flankenschuppen liegen kleinere Schuppen eingestreut. Im äußeren Erscheinungsbild ist das Sumpfkrokodil dem Nil– und Siam–Krokodil so ähnlich, daß es dem Laien schwerfallen dürfte, die drei Arten auseinanderzuhalten. Sie lassen sich vor allem anhand pholidotischer Körpermerkmale unterscheiden.

Färbung:

Erwachsene Exemplare sind dunkelgrau bis graugrün. Jungtiere zeigen auf hell olivfarbenem Untergrund auf beiden Körperseiten dunkle Flecken sowie auf dem Schwanz dunkle Binden. Die Bauchseite ist porzellanfarben und ungefleckt.

Verbreitung:

Südlicher Iran am Sarbaz–Fluß (vielleicht eine einzige, übriggebliebene Population), Westpakistan, Nepal, Indien, Bangladesh, Burma (ein einziger Nachweis!) (*Cr. palustris palustris*). Siehe Abbildung 94.

Sri Lanka (*Cr. palustris kimbula*).

Lebensraum:

Die stärksten indischen Populationen leben heute im Gir–Schutzgebiet im Staat Gujarat und im Anamallais–Schutzgebiet (Amaravathi–Reservoir) im Staat Tamil Nadu. Auf Sri Lanka gibt es heute mehr wild lebende Sumpfkrokodile als in Indien. Die ceylonesischen Sumpfkrokodil–Populationen konzentrieren sich vor allem auf den Wilpattu– und Yala–Nationalpark. Die vertikale Verbreitung erstreckt sich vom Meeresspiegel bis zu 420 m üNN. Die Art bewohnt Flüsse und Flußsysteme im Tiefland, Dschungelteiche, Seen und künstlich angelegte Gewässer (sogenannte »Tanks«). Gelegentlich dringt sie in das Brackwasser der Küstenlagunen ein.

Ökologie:

Die Art ist in Indien das bekannteste und am weitesten verbreitete Krokodil. In der Hindi–Sprache ist es unter der Bezeichnung »Magar–Machh« bekannt, was soviel wie Sumpfkrokodil bedeutet. Im Sanskrit wird das Sumpfkrokodil »Makara« genannt.

Die gelegentlichen Krokodilangriffe auf Menschen in Indien und Sri Lanka gehen meist auf Leistenkrokodile (*Cr. porosus*) zurück. Übergriffe von Sumpfkrokodilen sind der Ausnahmefall.

Wild lebende Sumpfkrokodile sind nach meinen Beobachtungen scheu und äußerst wachsam. Diesen Eindruck gewann ich im Herbst 1982 auf Sri Lanka, wo ich Sumpfkrokodile sowohl in den »Tanks« des Yala–Nationalparks als auch in verkrauteten Tümpeln, Teichen und Wassergräben an der Straße nach Colombo beobachtete. Für Fotoaufnahmen schlich ich mich möglichst nahe an sie heran, was in den meisten Fällen äußerst schwierig war. Wenn sie sich beobachtet fühlten, glitten manche geräuschlos ins Wasser und stiegen nach kurzer Zeit ebenso geräuschlos am anderen Ufer wieder auf und blieben dort liegen. Im Schutze einer Hecke kam ich bis auf wenige Meter an ein Krokodil, das am Rande eines Wassergrabens lag, heran. Doch auch nach mehreren Versuchen gelang es mir nicht, das Tier zu fotografieren, da es im letzten Augenblick zwischen den Wasserpflanzen in der Tiefe verschwand.

Die meisten und präzisesten Kenntnisse zur Lebensgeschichte von *Cr. palustris* gehen auf die Untersuchungen und Beobachtungen von DERANIYAGALA (1936), DANIEL (1983), LANG (1985) und WHITAKER & WHITAKER (1977, 1979, 1984, 1989) zurück.

Das Sumpfkrokodil hat ein weites Beutespektrum, das zahlreiche Wirbellose und Vertreter aller Wirbeltiergruppen umfaßt. So fand man in den Mägen von geschossenen Sumpfkrokodilen Überreste von Leoparden, Wildhunden, Hyänen, Rehen, Sambars und sonstigen Hirschen, Muntjaks, Nilgau– und Vierhornantilopen, Ziegen, Kälbern, Schweinen, Hunden, Affen, Enten, Störchen und anderen Vögeln, Schlangen, Fröschen Fischen, Wasserkäfern, geflügelten Termiten, Motten, Schnekken und Muscheln. Junge, in Gefangenschaft gehaltene Sumpfkrokodile wurden oft beim Fangen von Insekten beobachtet, die von den Lichtquellen über ihren Behältern angelockt wurden. Es gibt zahlreiche beglaubigte Beobachtungen, wie Sumpfkrokodile Affen, Hunde und Greifvögel erfolgreich angriffen und verschlangen. Wenn Tümpel oder Teiche Niedrigwasser führen oder dem Austrocknen nahe sind, drängen Sumpfkrokodile nicht selten mit ihren Körperseiten Fische in großer Anzahl in isolierte, enge Wasserrinnen und kleine Vertiefungen, wo diese in Panik geraten und oft über die Wasseroberfläche in das offene Maul der Krokodile springen. Die erbeuteten Fische, Vögel und Säugetiere sind meist schwach, krank oder verletzt. In den vergangenen Zeiten spielte *Cr. palustris* in den indischen Gewässern eine bedeutende Rolle als Gesundheitspolizei. Es hielt die Flüsse sauber, indem es Aas verzehrte und besonders menschliche Leichen wegräumte, die auch heute noch dem Hinduglauben entsprechend den Flüssen anvertraut werden.

Während der Trockenzeit werden zahlreiche Gewässer, in denen Sumpfkrokodile leben, zu flachen Pfützen oder trocken vollständig aus. Auf der Suche nach geeigneten Wasserstellen legen sie in diesen Fällen beachtliche Strecken zurück. Mehrfach hat man solche über Land wandernden Sumpfkrokodile weitab von jeglichem Gewässer im trockenen und dornigem Dschungel beobachtet. Um den Folgen von Trockenheit und Hitze zu entgehen, hat *Cr. palustris* eine Überlebensstrategie entwickelt, die auch von anderen Krokodilarten her bekannt ist. Es gräbt mehrere Meter lange und tiefe tunnelartige Höhlungen in die Uferbank des austrocknenden Gewässers, wo es die ungünstige Jahreszeit überdauert. So wurden im trockenen Jahr 1975 in Gujarat 19 von Sumpfkrokodilen gegrabene Höhlen entdeckt, von denen die meisten zwei bis vier Meter tief waren. In Flüssen lebende Sumpfkrokodile nutzen derartige Gangsysteme nicht selten als ständigen Wohnsitz. Bevorzugt werden Dämme, die von dichtem Wurzelwerk durchzogen sind.

In einem Alter von sechs bis sieben Jahren werden Männchen und Weibchen geschlechtsreif. Der Fortpflanzungszyklus erstreckt sich in Nordindien von Dezember bis Juni/Juli und in Südindien von November bis Juni. Während der Fortpflanzungszeit zeigen beide Geschlechter ein ausgeprägtes Territorialverhalten. Dominierende Männchen heben ihre Schwänze bogenförmig über die Wasseroberfläche und schlagen mit ihren Unterkiefern auf das Wasser. Sie beißen rangtiefere Männchen und jagen sie in die Flucht, zuweilen bis weit auf das Ufer. Als früher noch starke Populationen existierten, fehlte manch einem Männchen ein Teil des Schwanzes, den es wohl bei einem Rangordnungskampf eingebüßt hatte. Mehrfach wurde beobachtet, daß die Weibchen während der Balz die Mandibulardrüsen ausstülpten und wieder einzogen. Es scheint, daß das braune Sekret dieser Drüsen auf die Geschlechter stimulierend wirkt. Das Balz– und Paarungsverhalten von *Cr. palustris* stimmt weitgehend mit dem von *Cr. niloticus* überein. Die Kopulation, die in dorsolateraler Stellung unter Wasser stattfindet, dauert 5 bis 15 Minuten.

Zu Anfang der Trockenzeit im Januar oder Februar beginnt das Weibchen mit dem Nestbau. Mit abwechselnden Kratzbewegungen aller vier Gliedmaßen gräbt es in 30 bis 60 Minuten eine Mulde in den Sandboden, in der es anschließend mit den Hinterbeinen eine ca. 50 cm tiefe Nesthöhle aushebt. In den folgenden 20 Minuten legt es durchschnittlich 25 bis 30 Eier ab. Diese wiegen durchschnittlich 128 g und sind ca. 7,7 cm lang und 4,7 cm breit. Nach der Eiablage streckt das Weibchen seine Gliedmaßen in die Eikammer und schiebt das gesamte Gelege mit großer Vorsicht nach hinten (Abb. 98). Anschließend scharrt es mit den Hinterbeinen Sand und Erde in die Kammer und deckt die Nesthöhle vollständig damit zu. Das zugedeckte Nest kann flach, leicht erhöht und mehr oder weniger von Zweigen und Gras durchsetzt sein.

Abb. 98: Eiablage bei *Crocodylus palustris*. Foto: WHITAKER.

Das 2 bis 500 m vom Ufer entfernte Nest wird in erhöhter Lage oder sogar an leichten Abhängen angelegt. Es befindet sich in mehr oder weniger dichter Vegetation, ist manchmal auch frei der Sonne ausgesetzt. Zu Beginn der Nestbautätigkeit werden nicht selten Versuchsnester gebaut und wieder aufgegeben.

Mitunter legen einige Sumpfkrokodile in einer Saison zweimal Eier ab. Dies mag das Ergebnis besonders günstiger Umweltbedingungen, wie z. B. optimale Temperaturen und ein vermehrtes Nahrungsangebot sein. Nach WHITAKER (1989) sind für dieses Phänomen drei Möglichkeiten denkbar:

(1) Nach einer Kopulation wurde ein zweites Gelege mit einer Zeitverzögerung abgesetzt.

(2) Es fand nur eine Kopulation statt, und es wurde ein Teil der Spermien gespeichert.

(3) In einem Jahr fand zu unterschiedlichen Zeiten eine Kopulation mit einer darauf folgenden Ablage eines Geleges statt.

Im Schnitt liegt die Inkubationsdauer bei zwei Monaten, kann jedoch in Abhängigkeit von der Nesttemperatur bis zu 90 Tage betragen. Bei Temperaturmessungen in den Nestern freilebender Sumpfkrokodile stellte man schwankende Temperaturen zwischen 18 °C (gegen 6 Uhr am Morgen) und 33 °C (am Nachmittag) fest. In der Regel ist die Nesttemperatur jedoch weitgehend konstant und liegt zwischen 29 und 30 °C. Zuweilen feuchtet das Weibchen das Nest mit seinem Urin an, vermutlich zur Feuchtigkeits– und Temperaturregulation.

Das Weibchen liegt neben dem Nest oder nicht weit davon entfernt im Wasser und schützt es vor Eiräubern wie Waranen oder Wildschweinen. Zur Verteidigung nimmt es eine Drohhaltung ein, macht wütende Ausfälle mit geöffnetem Maul und schlägt mit dem Schwanz nach links und rechts.

Kurz vor dem Schlüpfen machen sich die Jungen durch ihre quäkenden Stimmen bemerkbar. Daraufhin gräbt das Weibchen das Nest mit den Vorder– und Hinterbeinen auf, nimmt die Jungen behutsam ins Maul und transportiert sie ins Wasser. In seltenen Fällen hilft das Männchen bei dieser Tätigkeit. In einem Fall wurde beobachtet, wie eine Schar junger Sumpfkrokodile ein Jahr lang unter mütterlicher und väterlicher Obhut zusammengehalten und geschützt wurde. Beim Schlupf sind junge Sumpfkrokodile ca. 25 cm lang und wiegen 60 bis 100 g. Über ihr Wachstum in freier Wildbahn ist nichts bekannt. Unter günstigen Gefangenschaftsbedingungen wachsen sie bei genügend Nahrung in den ersten beiden Lebensjahren monatlich um etwa 6 cm.

14.5.10 *Crocodylus porosus* SCHNEIDER, 1801 — Leistenkrokodil

Unterarten:

Cr. porosus porosus SCHNEIDER, 1801 — Ceylon–Leistenkrokodil.
Cr. porosus biporcatus CUVIER, 1807 — Indoaustralisches Leistenkrokodil.

Die Taxonomie des Leistenkrokodils ist umstritten. Anhand pholidotischer Merkmale unterscheiden WERMUTH & MERTENS (1961) die beiden Unterarten *Cr. porosus porosus* SCHNEIDER, 1801 und *Cr. porosus minikanna* DERANIYAGALA, 1955. Im Sinne einer Nomenklaturänderung wurde von MERTENS (1972) in »Nachträge zum Krokodil–Katalog der Senckenbergischen Sammlungen« die taxonomische Bezeichnung *Cr. porosus minikanna* DERANIYAGALA, 1955 zu *Cr. porosus porosus* SCHNEIDER, 1801 und dieses zuletzt erwähnte Taxon zu *Cr. porosus biporcatus* CUVIER, 1807 abgeändert. Im Jahre 1983 wurden die australischen Populationen von *Cr. porosus*

Abb. 99: Ein Leistenkrokodil (*Crocodylus porosus biporcatus*) auf dem Weg zum Wasser. Foto: TRUTNAU.

von COGGER et al. revidiert. WELLS & WELLINGTON (1985) stellten für Leistenkrokodile aus dem Finiss– und Reynoldsriver (Nordaustralien) die Bezeichnung *Crocodylus pethericki* auf, um sie gegen Leistenkrokodilpopulationen aus den Küstenniederungen des Northern Territory abzugrenzen. Später gliederten beide Autoren alle in Australien vorkommenden Populationen des Leistenkrokodils als zu *pethericki* gehörig ein. Ohne dies zu rechtfertigen, erkennen sie als gute Arten die Leistenkrokodile von Indien und Sri Lanka als zu *Cr. porosus*, die von Java zu *Cr. biporcatus* und die von Borneo als zu *Cr. raninus* gehörig an.

Synonyme:

1801 *Crocodilus porosus* SCHNEIDER, Hist. Amph., 2: 159. — Terra typica restricta (MERTENS 1960): Ceylon. — (WERMUTH 1960): Mainland of Hinter India.

1801 *Crocodilus oopholis* SCHNEIDER, Hist. Amph., 2: 165. Terra typica: unbekannt.

1889 *Crocodilus porosus* BOULENGER, Cat. Chelon. Rhynchoceph. Crocod. brit. Mus.: 284.

Gesamtlänge:

Meist bis 5,5 m, maximal bis 9, vielleicht sogar 10 m (WERMUTH & FUCHS 1978), um die 9 m (GROOMBRIDGE 1987).

Das Leistenkrokodil ist nach STEEL (1989) das größte aller lebenden Krokodile, das mit Sicherheit eine Gesamtlänge von 9 m erreicht. Nach WERMUTH & FUCHS (1978) wird *Cr. porosus* sogar 10 m lang.

Zahlreiche Größenangaben erwiesen sich im Nachhinein als zu hoch gegriffen. So soll ein Leistenkrokodil, das 1823 von PAUL DE LA GIRONNIÈRE bei Jala Jala auf der Insel Luzon (Philippinen) geschossen wurde, eine Länge von 8,2 m gehabt haben. Der Schädel dieses Exemplars, der heute im Besitz der Harvard–Universität ist, hat eine Gesamtlänge von 64,77 cm, woraus sich eine Gesamtlänge des Tieres von etwa 6 m berechnen läßt. Für zwei weitere im heutigen Bangladesh geschossene Exemplare mit Schädellängen von 75 und 65,5 cm werden Längen von 7,6 und 10,1 m angegeben, während die Berechnungen zu Längen von 6,70 und 5,89 m führen.

Ein indirekter Beweis für die Existenz eines 10 m langen Leistenkrokodils stammt vom Seluke–Volk, das am Segama–Fluß auf Nordborneo lebt. Durch Zufall wurde ein solches Ungeheuer bei einem Sonnenbad in einem Mutakt von einer Sandbank in das Wasser gescheucht, so daß seine Abdrücke nachträglich vermessen werden konnten.

Frau KRIS PAWLOWSKI schoß im Juli 1957 im Norman River im südöstlichen Golf von Carpentaria (Australien) ein riesiges Leistenkrokodil. Da das Krokodil zu schwer war, um an Land gehoben zu werden, wurde es noch im Wasser vermessen. Es war 8,64 m lang.

Ein 6,5 m langes Leistenkrokodil wiegt ungefähr 3 t (STEEL 1989). Bezogen auf ihre Länge lassen sich Leistenkrokodile durchaus mit den größten fleischfressenden Dinosauriern vergleichen. So wird für *Thyrannosaurus rex* eine Länge von 15 m angegeben, während so gewaltige Räuber wie *Megalosaurus* und *Eustreptospondylus* aus dem Jura nur eine Länge von 7 m erreicht haben sollen (STEEL & HAUBOLD 1979).

Merkmale:

Auf der verhältnismäßig langen Schnauze — diese ist mindestens doppelt so lang wie an der Basis breit — verläuft ausgehend von jeder Augenöffnung bis hin zu jeder Nasenöffnung eine lange, höckerige und knöcherne Längsleiste. Junge Exemplare besitzen beidseitig fünf, adulte zuweilen nur vier Zähne im Zwischenkiefer. Die Unterkieferäste sind nach vorne hin bis zur Höhe der 4. bis 5. Zähne starr miteinander verbunden.

Zahnformel: $\frac{(5-)4 + 13 - 14}{14 - 15}$

Die Hinterhaupthöcker fehlen in den meisten Fällen oder sind nur schwach oder nur auf einer Seite ausgebildet. Letzteres gilt besonders für Exemplare von Sri Lanka. Beiderseits der vier quadratisch angeordneten Nackenhöcker findet sich je ein kleiner weiterer Höcker. Die elliptisch geformten Rückenschilde sind deutlich von den Nackenhöckern getrennt. Im Gegensatz zu den Rückenschilden aller anderen Krokodilarten sind die in 6 bis 8 Längs– und 16 bis 17 Querreihen angeordneten Rückenschilde von *Cr. porosus* nur im Zentrum verknöchert. Die Bauchschilde, die zwischen dem Hinterrand des Halsbandes und dem Vorderrand des Afterfeldes liegen, sind in 31 bis 35 Querreihen angeordnet und unverknöchert. In der Rumpfmitte befinden sich 16 bis 19 Bauchschilde in einer Querreihe.

Färbung:

Erwachsene Exemplare sind einfarbig dunkeloliv bis grau. Jungtiere haben auf hellem Grund dunkle Flecken. Die helle Bauchseite ist fleckenlos.

Verbreitung:

Sri Lanka (*Cr. porosus porosus*).

Indien, Bangladesh, Burma, Thailand, Kambodscha, Vietnam, Malaysia, Singapur (hier heute ausgerottet), Indonesien, Brunei, Philippinen, Papua–Neuguinea, Palau–Inseln, Salomon–Inseln, Vanuatu, Nordaustralien (*Cr. porosus biporcatus*). Siehe Abbildung 94.

Lebensraum:

In seinem Vorkommen weitgehend an Brackwassersümpfe gebunden. Es kommt ebenso in Flußmündungen wie im offenen Meer vor und wird gelegentlich in Flüssen im Landesinneren angetroffen. So tritt es auf Neuguinea noch 1.130 km von der Küste entfernt auf. Nach DERANIYAGALA (1953) meiden ceylonesische Leistenkrokodile das Meer und werden nur ab und zu in schwach salzigem Brackwasser beobachtet. Sie leben auf Sri Lanka fast ausschließlich im Süßwasser und bewohnen trichterartige Flußmündungen, Flüsse und Sümpfe.

Leistenkrokodile wurden nicht selten weit entfernt von der Küste auf offener See gesichtet. So entdeckte man ein Tier auf dem Wege zu den Cocos–Inseln, 970 km vom Festland entfernt, und ein anderes schwamm 1.100 km weit von den Andamanen durch den Indischen Ozean zum »Krishna Sanctuary« im indischen Staat Andra Pradesh. WERMUTH (1964) nennt *Cr. porosus* einen ausdauernden und leistungsfähigen Langstreckenschwimmer. So ist es nicht verwunderlich, daß das Leistenkrokodil unter allen Arten die größte Schwanzlänge aufweist.

Ökologie:

In freier Natur liegen die Tiere während des Tages im flachen Wasser, am Ufer eines Gewässers oder im Uferschlamm einer Lagune. Auf Neuguinea graben sie während der Trockenzeit tunnelartige Gänge in die Ufer austrocknender Lagunen. Diese Gänge sind untereinander verbunden und münden in unterirdische Erdkammern. In einer Erdkammer verbringen ein oder zwei Leistenkrokodile, gelegentlich zusammen mit Wasserschildkröten, die Trockenzeit.

Das Leistenkrokodil hat ein weites Beutespektrum. Die Jungtiere ernähren sich von Insekten, Wasserkäfern, Krebsen, Fischen, Fröschen, Wasserschlangen und kleinen Schildkröten. Erwachsene Leistenkrokodile überwältigen alles, was ihnen über den Weg läuft, wie Wasservögel, große Fische, große Schildkröten, Wildschweine, Hirsche und Affen, daneben auch Haustiere wie Katzen, Hunde, Ziegen, Rinder und Pferde, und selbst Aas wird nicht verschmäht. *Cr. porosus* jagt nicht nur im Wasser und am Ufer, sondern kommt auch bisweilen im Schutze der Dunkelheit an Land und schleppt Hunde, Katzen usw. fort.

Mit Ausnahme des Ganges–Gavials (*G. gangeticus*), bei dem nur die Männchen knollenähnliche Aufwölbungen auf der Schnauzenoberseite tragen, ist der Sexualdimorphismus anderer Krokodile äußerlich nur schwach ausgebildet. Männliche Leistenkrokodile besitzen gegenüber gleichaltrigen Weibchen wuchtigere Schädel, breitere Unterkiefer und wirken insgesamt massiger. Außerdem weisen die Männchen eine deutliche Verdickung der Schwanzwurzel auf.

Männliche Leistenkrokodile erreichen mit 12 Jahren die Geschlechtsreife (WHITAKER 1987). Auf Neuguinea scheint bei *Cr. porosus* eine Lebensdauer von 80 Jahren und mehr keine Seltenheit zu sein. Ein geschlechtsreifes Weibchen ist daher theoretisch imstande, im Laufe seines Lebens mehr als 2.000 Eier abzulegen.

Hinsichtlich der Paarungszeit schwanken die Angaben, was sich mit dem riesigen Verbreitungsgebiet erklären läßt. Es ist bekannt, daß die Fortpflanzung oft nach

Beendigung der regional unterschiedlichen Trockenperioden stattfindet. So kopuliert das Leistenkrokodil im östlichen Indien im Februar und März und legt seine Eier nach Bau des Nesthügels im Mai und Juni. Die Zeit der Brutpflege fällt zwischen April und September. In Nordaustralien fällt die Fortpflanzung in die Regenzeit zwischen November und Mai. Auf Sri Lanka betreibt *Cr. porosus* zwischen Juli und September Brutpflege. Auf Neuguinea legt *Cr. novaeguineae* seine Eier noch in der Trockenzeit ab. Etwa zwei Monate später, also zu Beginn der Regenzeit, beginnt das Leistenkrokodil mit der Eiablage (JELDEN 1984).

Ein mehr oder weniger ausgedehntes Paarungsvorspiel geht stets der eigentlichen Kopulation voran. Die Männchen umkreisen die Weibchen im Wasser und stimulieren sie durch Schnauzenstöße. Ebenso stimulierend wirkt sich der starke Moschusgeruch der Unterkiefer– und Kloakendrüsen aus, der wohl wie bei anderen Krokodilarten das gegenseitige Auffinden der Geschlechter erleichtert. Über die Dauer der Kopula liegen keine Literaturangaben vor, jedoch beobachtete ich mehrfach Kopulationen auf der Krokodilfarm bei Samutprakan. Die Kopulationen nahmen stets nur wenige Sekunden bis Minuten in Anspruch, eine genaue Zeitmessung erfolgte jedoch nicht. Während der Paarung kriecht das Männchen über den Rücken des Weibchens und umgreift es mit seinen Armen ungefähr in der Höhe der Achseln. Mit seinen Hinterextremitäten drückt es dann die Hinterbeine des Weibchens zur Seite, so daß der zapfenförmige Penis in die längsgerichtete Kloake eindringen kann.

Das Weibchen baut in Gewässernähe ein Nest aus verrottendem Pflanzenmaterial, das mit Erde und Sand vermischt ist. Die Nester werden in unterschiedlicher Umgebung errichtet, gewöhnlich in Mangrovensümpfen. In Arnheim–Land (Nordaustralien) bevorzugt *Cr. porosus* die Ufer der Hauptströme und deren Nebenflüsse sowie die Ränder der Billabongs (seeartige, verschlammte Seitengewässer mäandernder Flüsse). Es legt aber auch Nester in von Quellen gespeisten Süßwassersümpfen an. In Neuguinea errichtet *Cr. porosus* seine Nester zwischen September und Januar, gelegentlich auch zwischen Februar und April. Dies geschieht zuweilen bis zu 46 m vom Wasser entfernt im dichten Wald, nicht selten auch in dichten Vegetationsansammlungen, die mattenartig auf der Wasseroberfläche flottieren. In Orissa (Indien) bevorzugt das Leistenkrokodil zum Nestbau Farne und Palmwedel, auf den Andamanen Blätter von aufrecht stehenden und kriechendem Schilfrohr, auf Java Gras und kleine Zweige und auf den Philippinen große Gräser und Wasserpflanzen. Nach STEEL (1989) dauert der Nestbau, der vor allem nachts stattfindet, ungefähr sieben Tage. Neben dem Hauptnest werden versuchsweise Sekundärnester angelegt, in denen aber nur selten Eier zu finden sind. Die Nester sind 50 bis 90 cm, im Schnitt jedoch 60 bis 75 cm hoch und haben einen Durchmesser von 1,2 bis 2,5 m.

Unmittelbar neben Gewässern oder tiefliegend angelegte Nester laufen Gefahr, überschwemmt zu werden. Die Eier überstehen ein kurzzeitiges Überfluten schadlos. Liegen sie jedoch 8 bis 13 Stunden im Wasser, so sterben in ihnen die Embryonen ab. In zahlreichen Fällen durchwühlen Wildschweine (*Sus scrofa*) und Warane (*Varanus salvator, Varanus bengalensis, Varanus indicus*) die Nester und fressen die Eier (JELDEN 1984). Die Zahl der etwa 7,5 cm langen und 5 cm breiten Eier, die nach GREER (1975) von der Größe des Weibchens abhängt, schwankt zwischen 20 und 90.

Die durchschnittliche Gelegegröße von 5,5 m langen Leistenkrokodilweibchen beträgt 58 Eier. Die Eiablage findet ungefähr einen Monat nach der Befruchtung statt. Die nach VON WETTSTEIN (1954) 50 bis 150 g schweren Eier liegen in einer sogenannten Eikammer ungefähr 25 cm unter der Nestspitze. Im Nestinnern herrschen Temperaturen zwischen 27 und 33 °C. Die Temperaturschwankungen im Innern der Nester von *Cr. porosus* sind nach den Untersuchungen von MAGNUSSON (1979) in erster Linie mit Änderungen der Außentemperatur zu erklären und liegen nicht in der Wärmeproduktion des verrottenden Pflanzenmaterials begründet. Zu hohe Feuchtigkeit im Nest schädigt die Embryonen, während stark schwankende Temperaturen zu körperlichen Abnormitäten führen. Auf der Samutprakan–Krokodilfarm bei Bangkok treten gelegentlich schwanzlose oder anders deformierte Leistenkrokodile auf, die unter natürlichen Bedingungen nicht überleben würden. Über Mißbildungen im Nackenbereich und das Fehlen von Schwänzen bei *Cr. porosus* und *Cr. novaeguineae*, die durch zu hohe Temperaturen (34 bis 37 °C) und zu große Temperaturschwankungen während der Inkubation hervorgerufen werden, berichten BUSTARD (1969) und KAR (1978). Von 1.000 geschlüpften Leistenkrokodilen der Krokodilfarm in Samutprakan sind 3 bis 5 albinotisch.

Die Weibchen der Leistenkrokodile liegen neben ihren Nestern und betreiben Brutpflege. Stark bejagte Leistenkrokodile fliehen oft vor dem Menschen und verteidigen ihr Nest nicht immer gegen Angreifer.

Über einen bemerkenswerten Fall von Nestverteidigung bei *Cr. porosus* im Bhitarkanika Wildlife Sanctuary im Delta des Mahanadi–Flusses in Orissa (Indien) berichten BUSTARD & KAR (1980). Am 31. Mai 1976 machten sich vier Männer auf, um einem brütenden Leistenkrokodilweibchen die Eier zu nehmen. Das Nest war bereits am 16. Mai entdeckt worden. Das Leistenkrokodil lag in einer Suhle neben dem Nest und griff einen der Männer an, der sich eiligst auf den nächsten Baum rettete. Seine Kumpanen flüchteten ebenfalls auf Bäume. Der erste Eisammler konnte nicht von seinem Baum herunter, da dieser in unmittelbarer Nähe des Krokodils wuchs. Die vier Männer schrien, um das Krokodilweibchen zu vertreiben, das sich schützend über das Nest gelegt hatte. Schließlich kroch es zu dem Baum, auf dem der zuerst geflüchtete Mann saß, schaute hinauf und belagerte ihn mit offenem Maul. Etwa 30 Minuten lang mußten die vier Eisammler auf den Bäumen bleiben. Schließlich kehrte das Weibchen in seine Suhle zurück, und die vier konnten flüchten.

Die Inkubationsdauer beträgt bei Eiern von *Cr. porosus* 70 bis 80 und in Ausnahmefällen bis zu 90 Tagen. Eineiige Zwillinge sind selten und überleben meist nicht. (WEBB et al. 1987). Der Schlupfvorgang kann bei großen Gelegen drei bis vier Tage in Anspruch nehmen, wobei zumindest ein Teil der leeren Eischalen vom Muttertier gefressen wird. Junge Leistenkrokodile nehmen kurz vor dem Schlupf durch quäkende Laute Kontakt zur Mutter auf, worauf diese das Nest öffnet und die geschlüpften Jungtiere in ihrem Maul zum Wasser trägt. Die Jungkrokodile bleiben ungefähr 10 Wochen lang im Schutze der Mutter (STEEL 1989). Die meisten von ihnen werden das Opfer von Raubtieren, Greifvögeln, Waranen, Schlangen und Fischen oder sterben an Verletzungen, die sie sich in den ersten Wochen ihres Lebens zuziehen.

Die beim Schlupf 25 bis 30 cm langen Leistenkrokodile können bei dem meist optimalen Nahrungsangebot auf Krokodilfarmen im ersten Lebensjahr auf 70 bis 80 cm heranwachsen. In freier Natur erreichen sie im ersten Lebensjahr eine durchschnittliche Gesamtlänge von 45 cm. Nach JELDEN (1984) wachsen nach Erreichen einer Gesamtlänge von etwa 1 m die Männchen von Cr. porosus schneller als die Weibchen. Junge Leistenkrokodile, die weniger als 2 m lang sind, können auf dem Land im raschen Galopp laufen und erreichen dabei erstaunliche Geschwindigkeiten. So maß ZUG vom Naturhistorischen Museum in Washington bei einem 45 cm langen Leistenkrokodil auf einer kurzen Strecke eine Laufgeschwindigkeit von 48,9 km/h.

14.5.11 *Crocodylus rhombifer* CUVIER, 1807 — Kuba–Krokodil

Unterarten:

Keine.

Synonyme:

1807 *Crocodilus rhombifer* CUVIER, Ann. Mus. Hist. nat., Paris, 10: 51. — Terra typica: unbekannt.

1819 ? *Crocodilus planirostris* GRAVES, Ann. gén. Sci. phys., Bruxelles, 2: 348. — Terra typica: »Afrika?«.

1824 ? *Crocodilus gravesii* BORY (nomen substitutum pro *Crocodilus planirostris* GRAVES 1819), Dict. class. Hist. nat., 5: 109.

1889 *Crocodilus rhombifer* BOULENGER, Cat. Chelon. Rhynchoceph. Crocod. brit. Mus.: 287.

Abb. 100: Ca. 2,5 m langes Kuba–Krokodil (*Crocodylus rhombifer*) von der Zapata–Farm, Kuba. Foto: LANKA.

Gesamtlänge:

2,5 bis maximal 4 m (WERMUTH & FUCHS 1978), bis 3,5 m (STEEL 1989)

Merkmale:

Die ziemliche spitze Schnauze hat die 1,6fache Länge der Basisbreite. Wie bei *Cr. siamensis* befindet sich vor den Augen eine dreieckähnliche Erhöhung, deren eine

Ecke nach vorne verläuft. Im Zwischenkiefer befinden sich zu beiden Seiten fünf Zähne. Die Unterkieferäste sind nach vorne bis zu den 4. bis 5. Zähnen starr miteinander verbunden.

Zahnformel: $\frac{5 + 13 - 14}{15}$

Die vier oder vier bis sechs großen Hinterhaupthöcker bilden eine Querreihe. Die vier großen Nackenhöcker stehen im Quadrat. Neben der ersten Nackenhöckerreihe befindet sich rechts und links ein weiterer, kleinerer Höcker. Die von den Nackenhöckern getrennten Rückenschilde bilden 6 Längs– und 16 bis 17 Querreihen. Auf der Bauchseite stehen die Schilde zwischen dem Hinterrand des Halsbandes und dem Vorderrand des Afterfeldes in 29 bis 31 Querreihen. Auf der Bauchmitte weist eine Querreihe 14 bis 16 Schilde auf.

Das Kuba–Krokodil ist leicht erkennbar an seinem ungewöhnlich stämmigen und muskulösen Körper, den kurzen, starken Beinen, seinen rudimentären Schwimmhäuten und einem knöchernen, gratähnlichen Wulst hinter jedem Auge. Bedingt durch menschliche Eingriffe in die Biotope und dem Wegfall der natürlichen ökologischen Trennung kam es zur Verbastardierung von *Cr. rhombifer* und dem auch auf Kuba beheimateten *Cr. acutus*. Diese »Mixturados« oder »Cruzados« besitzen die intermediären Körpermerkmale ihrer Eltern. Auffällig ist die Erhöhung auf der Schnauzenoberseite vor den Augen, die bei den Mischlingen eher eine Beule als ein Dreieck darstellt.

Färbung:

Erwachsene Exemplare haben ein graues bis schwarzes Kolorit mit schwefelgelber Sprenkelung. Die Jungtiere haben eine hell olivfarbenen Grundfärbung und sind dunkel gefleckt. Die Bauchseite ist hell und fleckenlos. Unter den Krokodilen der Gattung *Crocodylus* besitzt das Kuba–Krokodil als einziges eine braune Iris.

Verbreitung:

Beschränkt auf die Santa Clara Provinz an der Südküste des nordwestlichen Kubas (Zapata–Sümpfe). Weiterhin auf der nahe gelegenen Isla de Pinos (siehe Abb. 90).

Lebensraum:

Ursprünglich lebte das Kuba–Krokodil, das auch Rautenkrokodil genannt wird, in Süßwassersümpfen und war so ökologisch vom im Brackwasser lebendem *Cr. acutus* getrennt. Als die Bestände von *Cr. acutus* durch die Jagd dezimiert wurden, drang *Cr. rhombifer* in die brackwasserhaltigen Küstengewässer vor.

Ökologie:

Von allen Krokodilen am meisten an das Landleben angepaßt. Es ist recht aggressiv und flieht nicht bei jedem Angriff, sondern setzt sich mit seinem kräftigen Gebiß wirkungsvoll zu Wehr. Den Menschen greift es jedoch nie direkt an, und stellt daher für ihn keine Gefahr dar. Beim Laufen schleift der Bauch fast nie über den Erdboden, sondern wird von den kräftigen Beinen emporgestemmt. Sein Beutespektrum setzt sich aus allerlei Mollusken, Insekten, Krebsen, Fischen Vögeln, kleinen Säugetieren und vereinzelt wohl auch aus Haustieren zusammen.

Cr. rhombifer paart sich nach NEILL (1971) in dorsolateraler Stellung im flachen Wasser. Vor und während der Kopulation stößt das Männchen gurgelnde Laute aus. Über den Nestbau des freilebenden Rautenkrokodils gibt es keine gesicherten Erkenntnisse. In Abhängigkeit vom Gelände soll es eine Grube ausheben oder auch ein Hügelnest bauen (GRENARD 1991). In der Gefangenschaft hebt das Weibchen mit den Hinterbeinen eine Grube aus, legt in diese seine 7,5 cm langen und 5 cm breiten Eier und deckt sie anschließend mit der ausgehobenen Erde zu. Die jungen Kuba–Krokodile haben beim Schlupf eine Körperlänge zwischen 25 und 30 cm. Angaben über die Entwicklungsdauer im Ei und das Brutpflegeverhalten fehlen.

14.5.12 *Crocodylus siamensis* SCHNEIDER, 1801 — Siam–Krokodil

Cr. siamensis wurde von französischen Missionaren entdeckt und Anfang 1801 anhand eines nach Europa geschickten Schädels von J. G. SCHNEIDER beschrieben.

Abb. 101: Ca. 2,5 m langes Siam–Krokodil (*Crocodylus siamensis*). Foto TRUTNAU.

Unterarten:

Keine.

Synonyme:

1801 *Crocodilus siamensis* SCHNEIDER, Hist. Amph., 2: 157. — Terra typica: Siam.

1807 *Crocodilus galeatus* CUVIER, Ann. Mus. Hist. nat., Paris, 10: 51; Taf. 1, Fig. 9. — Terra typica: Siam.

1889 *Crocodilus siamensis* BOULENGER, Cat. Chelon. Rhynchoceph. Crocod. brit. Mus.: 282.

Gesamtlänge:

3,5 m (SMITH 1931), 3,1 bis max. 3,8 m (WERMUTH & FUCHS 1978), 3,5 m (STEEL 1989).

Merkmale:

Die Schnauze ist 1,5mal so lang wie an der Basis breit. Vor den Augen befindet sich eine dreieckige, flache Erhöhung und zwischen den Augen eine knöcherne Längsleiste. Jungtiere haben fünf, adulte Exemplare vier Zähne im Zwischenkiefer. Die Unterkieferäste sind nach vorne hin bis zu den 4. bis 5. Zähnen starr miteinander verwachsen.

Zahnformel: $\frac{(5-)\,4 + 13 - 14}{15}$

Auf dem Nacken bilden vier oder vier bis sechs Hinterhaupthöcker eine Querreihe, hinter der quadratisch angeordnet vier große Nackenhöcker stehen. Zu deren beiden Seiten befindet sich je ein weiterer kleinerer Höcker. Die von den Nackenhöckern getrennten Rückenschilde bilden 6 Längs- und 16 bis 17 Querreihen. Die rechteckigen Bauchschilde stehen in 30 bis 34 Querreihen zwischen dem Hinterrand des Halsbandes und dem Vorderrand des Afterfeldes. Auf der Bauchmitte sind 14 bis 16 Schilde zu einer Querreihe angeordnet.

Färbung:

Adulte Exemplare sind dunkeloliv bis braun, die helleren Jungtiere dunkel gefleckt. Die Bauchseite ist einfarbig hell.

Verbreitung:

Die ursprüngliche Verbreitung umfaßte Thailand, Kambodscha, Südvietnam, Laos (?), die Malayische Halbinsel bis zum Patani–Fluß, Sumatra, Bangka, Java, Borneo und Celebes. Auf Sumatra, Bangka, Java, Borneo und Celebes kommt ein Siam–Krokodil »incertae sedis» vor, das sich durch eine etwas veränderte Kehlbeschuppung von den Festlandtieren unterscheidet (siehe Abb. 96).

Lebensraum:

Im Vergleich zu anderen Krokodilen ist nur wenig über freilebende Siam–Krokodile bekannt. Nach älteren Angaben von SMITH (1931) bewohnt *Cr. siamensis* Flüsse und anliegende Sümpfe wie auch Dschungelsümpfe. In Thailand folgt es den Flußläufen und dringt von hier aus in angrenzende Seen, Sümpfe und Lagunen ein. Im Gegensatz zu *Cr. porosus* ist *Cr. siamensis* ein strikter Süßwasserbewohner.

Ökologie:

Über das Verhalten des Siam–Krokodils in freier Natur ist fast nichts bekannt. Alle Verhaltensbeobachtungen stammen aus der Gefangenschaft. Meine eigenen Erfahrungen mit Siam–Krokodilen gewann ich bei über 30 Besuchen auf der Krokodilfarm von Samutprakan und an einem Tier, das ich seit über 20 Jahren im Gewächshaus pflege. Die Ergebnisse meiner Beobachtungen sind in Kapitel 9.1.3 zu finden.

14.6 Gattung *Osteolaemus* COPE, 1860 — Stumpfkrokodile

14.6.1 *Osteolaemus tetraspis* COPE, 1860 — Stumpfkrokodil

Unterarten:

O. tetraspis tetraspis COPE, 1861 — Westafrikanisches Stumpfkrokodil.
O. tetraspis osborni (SCHMIDT 1919) — Mittelafrikanisches Stumpfkrokodil.

Synonyme:

1861 *Osteolaemus tetraspis* COPE, Proc. Acad. nat. Sci. Philadelphia, 1860: 550. — Terra typica: Ogowe–Fluß, Französisch–Äquatorial–Afrika.

1869 *Osteolaemus tetraspis*, BOULENGER, Cat. Chelon. Rhynchoceph. Crocod. brit. Mus.: 288.

Im Jahre 1919 beschrieb K. P. SCHMIDT *Osteoblepharon osborni*, das er von *Osteolaemus tetraspis* durch sechs Unterschiede abgrenzte. Nach seinen Untersuchungen hat *Osteoblepharon osborni* ein unvollständig ausgebildetes Septum der Nasalia längs der Nasenhöhle, eine flache und vorne nur wenig aufgeworfene Schnauzenspitze, eine rückwärtige Verlängerung des Frontale bis zum Vorderrand der Supratemporal–Foramina, eine M–förmige und nicht V–förmige Naht zwischen den Praemaxillaria und Maxillaria am Gaumen, einen gradlinigen und nicht medial eingebogenen Verlauf der Innenränder der Palatal–Foramina sowie eine nahtlose Verwachsung der beiden Pterygoidea längs der Mittellinie.

CHABANAUD (1920) und KÄLIN (1933, 1941) kamen zu dem Ergebnis, daß *Osteoblepharon osborni* und *Osteolaemus tetraspis* identisch sind. KÄLIN sieht in den von SCHMIDT angegebenen Merkmalen von *Osteoblepharon osborni* nur altersbedingte Variationen von juvenilen *Osteolaemus tetraspis*. Nach WERMUTH & MERTENS (1974) unterscheidet sich *Osteolaemus osborni* von *Osteolaemus tetraspis* nur durch den unterschiedlichen Ausbildungsgrad von grundsätzlich variierenden Merkmalen. Da beide Formen zudem geographisch vikariieren, sind sie als Unterarten von *Osteolaemus tetraspis* aufzufassen.

Gesamtlänge:

Bis 180 cm (VILLIERS 1958), 150 bis 180 cm (NEILL 1971), 1,3 bis 2,3 m (*O. tetraspis tetraspis*) und 1,3 bis 1,7 m (*O. tetraspis osborni*) (WERMUTH & FUCHS 1978).

Merkmale:

Die auffällig kurze, auf der Oberseite glatte Schnauze hat die 1,3fache Länge der Basisbreite. Die Nasenöffnungen sind durch eine Vertiefung voneinander getrennt. Eine knöcherne Wand trennt die Nasenhöhle in der Mitte. Bei jugendlichen Exemplaren befinden sich fünf, bei erwachsenen vier Zähne im Zwischenkiefer. Die Unterkieferäste sind bis zur Höhe der 4. bis 5. Zähne starr miteinander verwachsen.

Zahnformel: $\frac{4 + 12 - 13}{14 - 15}$

Die kleinen Hinterhaupthöcker stehen in einer oder zwei Querreihen. Die vier dicht nebeneinander stehenden Nackenhöcker sind rechteckig angeordnet. Nebenhöcker fehlen. Ein Exemplar von *O. tetraspis osborni*, das ich vor vielen Jahren aus dem Kongo erhielt, hat eigenartigerweise sechs Nackenhöcker, wobei das letzte Nackenhöckerpaar kleiner als die beiden vorderen ist. Die von den Nackenhöckern getrennten Rückenschilde stehen in 6 bis 8 Längs– und 17 bis 20 Querreihen. Die Anzahl der Bauchschildquerreihen zwischen dem Hinterrand des Halsbandes und dem Vorderrand des Afterfeldes variiert bei der Nominatform zwischen 25 und 29 und bei der Unterart *O. tetraspis osborni* zwischen 22 und 24. In der Bauchmitte liegen bei *O. tetraspis tetraspis* 10 bis 12 und bei *O. tetraspis osborni* 12 bis 14 Schilde in einer Querreihe. Ansonsten liegen die Unterschiede zwischen den beiden Unterarten im anatomischen Bau des knöchernen Gaumens und der leicht unterschiedlichen Beschuppung der Flanken.

Färbung:

Charakteristisch sind die braunen Augen. Jungtiere weisen auf der dunklen Körperoberseite gelbe Querbinden auf, erwachsene Tiere sind dunkel bis schwarz gefärbt. Die Bauchseite ist schwarz gefleckt oder einheitlich schwarz.

Verbreitung:

Senegal, Gambia, Guinea–Bissau (?), Guinea, Sierra Leone, Liberia, Mali, Elfenbeinküste, Burkina Faso, Ghana, Togo, Dahome, Niger (?), Nigeria, Kamerun, Tschad (?), Zentralafrikanische Republik, Gabun, Zaire (obere Teile des Kongo–Flusses), Angola (Cabinda–Enklave) (*O. tetraspis tetraspis*).

Zaire (untere Teile des Kongo–Flusses im Nordosten) (*O. tetraspis osborni*)

Siehe Abbildung 102.

Lebensraum:

Bewohnt Bäche, kleine Flüsse und Teiche im dichten Regenwald. Auf weiten, unbeschatteten Wasserflächen ein seltener Irrgast. Bevorzugte Lebensräume sind schattenreiche Sumpfwälder und kleine, schlammige, von großen Flüssen oft weit entfernte Urwaldtümpel.

Abb. 102: Verbreitung des Westafrikanischen Stumpfkrokodils (*O. tetraspis tetraspis*) (horizontale Schraffur) und b) Mittelafrikanischen Stumpfkrokodils (*O. tetraspis osborni*) (vertikale Schraffur). Nach NEILL (1971).

Ökologie:

Über das Stumpfkrokodil in freier Natur und in der Gefangenschaft berichten KING (1955), VILLIERS (1956, 1958), TYRON (1980) und WAITKUWAIT (1986, 19989).

Es vermeidet stundenlange Sonnenbäder und ist eher dämmerungs– bis nachtaktiv. Nicht selten entfernt es sich von seinen Heimatgewässern. So wurde es verschiedentlich auf Bananenplantagen im Flachland beobachtet. In einem Fall lebte ein Stumpfkrokodil über Jahre hinweg in einem von anderen Gewässern isolierten Brunnen, der sich inmitten einer Ölpalmenpflanzung befand. Die Überquerung von einigen Kilometern vom nächsten Fließgewässer entfernten Waldpisten scheint keine Seltenheit zu sein. Besonders häufig ist es nachts und nach schweren Regenfällen unterwegs.

Nach RODHAIN (1926) ruht es häufig mit aufgesperrtem Maul auf den unteren Ästen von Bäumen. GROOMBRIDGE (1987) berichtet von Erdhöhlen, die es in Gewässernähe aushebt. So wurde es im Comoé–Nationalpark (Elfenbeinküste) in Tümpeln, die Restwasser führten, beobachtet, wo es dann die Trockenzeit in Erdhöhlen überdauert. Entsprechende Beobachtungen machte VILLIERS (1956) im Niokolokoba–Nationalpark im Senegal. Weiterhin beschreibt WAITKUWAIT (1986) ein solches Verhalten von *O. tetraspis* aus dem Marahoué–Nationalpark (Elfenbeinküste), der am Rande des Regenwaldes liegt und in die Savanne übergeht. Territorialinstinkte scheinen nicht besonders ausgebildet zu sein, da juvenile, subadulte und adulte Exemplare zuweilen das ganze Jahr über in der gleichen kleinen Wasseransammlung leben.

Im Vergleich zu anderen Krokodilen wird *O. tetraspis* zuweilen als »friedfertig« und wenig angriffslustig beschrieben. PECHUEL–LOESCHE (Brehms Tierleben 1912) weiß von der Loango–Küste folgendes über das Tier zu berichten:

»Die Eingeborenen halten es für durchaus ungefährlich. Es ist dreister als die anderen Krokodile und zieht vor den Augen des Jägers geschossene Vögel behutsam unter Wasser; doch will ich keineswegs behaupten, daß die anderen Arten gelegentlich nicht ebenso verfahren. Auch ist es zutraulicher oder vielmehr neugieriger als die anderen.«

Nach VILLIERS (1958) und WAITKUWAIT (1986) besteht das Beutespektrum freilebender Stumpfkrokodile aus den verschiedensten Kleintieren, vor allem aus Ringelwürmern, Krebsen, Fischen Reptilien und — was unter Krokodilen eine Ausnahme ist — auch aus Früchten. Wie biochemische Studien zeigten, können Krokodile jedoch keine Pflanzenproteine verwerten (COULSON & HERNANDEZ 1983). Juvenile *O. tetraspis* ernähren sich wie andere Jungkrokodile weitgehend von Wasser- und Landinsekten, verschiedenen Gliederfüßlern, Kaulquappen usw.

Über das Balz- und Paarungsverhalten von Stumpfkrokodilen wurde vergleichsweise wenig publiziert. Beide Geschlechter werden in einem Alter von fünf Jahren fortpflanzungsreif. Im Fort Worth Zoo in Texas beginnen die dort gepflegten Stumpfkrokodile gegen Ende November mit ihren Balz- und Paarungsaktivitäten. Die meisten Kopulationen finden im März und April statt. Der eigentlichen Kopulation gehen Paarungsrufe, gegenseitiges Halsreiben und männliche Rivalenkämpfe voraus.

Abhängig vom einzelnen Weibchen und saisonbedingten Klimaschwankungen erstreckt sich die gesamte Nestbauaktivität im tropischen Regenwald der Elfenbeinküste über den weiten Zeitraum von Anfang März bis Ende November. Der Nestbau beginnt gegen Ende der Trockenzeit, wenn hinreichend Blätter am Boden liegen. Die Weibchen scharren mit den Vorder- und Hinterbeinen Blätter und anderes pflanzliches Material zu einem 50 bis 65 cm hohen Haufen zusammen, der einen Durchmesser von 130 bis 150 cm besitzt. Die Nester liegen in der Regel ein bis zwei Meter über der Wasseroberfläche und sind 17 bis 22 m vom Ufer entfernt. Ein durchschnittliches Gelege enthält 10 bis 14 Eier, die etwa 6,5 bis 7 cm lang sind und einen Querdurchmesser von 3,5 bis 3,9 cm haben. Die Temperaturen im Nestinneren schwanken zwischen 26 und 34 °C, wobei die Inkubationsdauer zwischen 72 und 118 Tagen liegt (HARA & KIKUCHI 1978, HELFENBERGER 1981). Das Weibchen bewacht und verteidigt das Gelege, wozu es etwa 50 % seiner Zeit aufwendet. Ungefähr ein bis zwei Tage vor dem Schlüpfen machen sich die Jungen durch ihre Stimme im Ei bemerkbar. Auf diese Rufe hin öffnet das Weibchen die Eier und nimmt die teilweise aus den Eischalen hängenden Jungen ins Maul, befreit sie von den Schalenresten und transportiert sie ins Wasser. Die geschlüpften Jungkrokodile sind 19 bis 24 cm lang. Das Weibchen bleibt stets in ihrer Nähe und schützt sie, wobei der Kontakt zwischen Mutter und Jungtiere akustisch erfolgt.

Da *O. tetraspis* weitgehend sympatrisch mit *Cr. cataphractus* auftritt, hat es die gleichen Feinde.

14.7 Gattung *Tomistoma* MÜLLER, 1838 — Sunda–Gaviale

14.7.1 *Tomistoma schlegelii* (MÜLLER, 1838) — Sunda–Gavial

Unterarten:

Keine.

Synonyme:

1838 *Crocodilus (Gavialis) schlegelii* S. MÜLLER, Tijdschr. nat. Gesch., Amsterdam u. Leyden, 5: 77; Taf. 3. — Terra typica: Süd–Borneo.

1846 *Tomistoma schlegelii* S. MÜLLER, Arch. Naturgesch., Berlin, 12: 122.

1889 *Tomistoma schlegelii* BOULENGER, Cat. Chelon. Rhynchoceph. Crocod. brit. Mus.: 276.

T. schlegelii wurde im Jahre 1838 von S. MÜLLER beschrieben. Lange Zeit lag die taxonomische Stellung dieser Art im Dunkeln. Die frühere Annahme, daß *T. schlegelii* der nächste Verwandte des Ganges–Gavials (*G. gangeticus*) sei, wurde durch neue biochemische und immunologische Untersuchungen bestätigt (DENSMORE 1983). In den fünfziger Jahren unseres Jahrhunderts wurde *T. schlegelii* in die Familie der Crocodylidae und in den sechziger Jahren in die Unterfamilie der Tomistominae eingereiht (siehe auch die Diskussion in Kap. 12).

Gesamtlänge:

Bis 4,7 m (DE ROOJ 1915), 3,6 bis maximal 5,6 m (WERMUTH & FUCHS 1978), bis 5,5 m (STEEL 1989).

Merkmale:

Der Sunda–Gavial ist wegen seiner ungewöhnlich langen und schmalen Schnauze mit keiner anderen Krokodilart zu verwechseln. Sie hat die 4,5fache Länge der Basisbreite. Jungtiere haben fünf, erwachsene vier Zähne im Zwischenkiefer. Die sehr langen Mandibularsymphysen sind nach vorne hin bis zu den 14. bis 15. Zähnen starr miteinander verwachsen.

Zahnformel: $\frac{(5-)\,4 + 15 - 16}{19 - 20}$

Die kleinen und unscheinbaren Hinterhaupthöcker bilden zwei hintereinanderliegende Querreihen. Die Nackenhöcker sind als solche nicht erkennbar, da sie sofort in die Rückenschilde übergehen, die dann 6 Längs– und 22 bis 23 Querreihen bilden. Auf der Bauchseite befinden sich zwischen dem Hinterrand des Halsbandes und dem Vorderrand des Afterfeldes 22 bis 24 Querreihen von Bauchschilden. Auf der Bauchmitte besteht jede Querreihe aus 12 bis 14 Schilden.

Färbung:

Die bei den Malayen »Buaya jinjulong« genannte Krokodilart ist auf der Körperoberseite dunkeloliv bis nußbaum gefärbt und schwarz gefleckt. Die Flecken können sich bei jugendlichen Exemplaren und auf dem Schwanz der erwachsenen Tiere zu Querbinden vereinigen. Die Bauchseite ist hell und ungefleckt.

Verbreitung:

Auf die Malayische Halbinsel (Perak– und Pahang–Fluß), Sumatra (die Flüsse Blindahan, Inderagiri, Hari, Musi) und Borneo (die Flüsse Kapuas, Sadong, Mukah, Baram, Barito und den Ensengai–Sumpf) beschränkt (siehe Abb. 94).

In Südthailand verschollen. Vor vielen Jahren sah ich einen subadulten Sunda–Gavial im Kaufhaus Pato Pinklao in Thonburi bei Bangkok, der nach Angaben von W. NUTAPHAND (mündl. Mitt.) in der südthailändischen Provinz Narathiwat in einem Sumpf gefangen worden sein soll. Träfen diese Angabe zu, so wäre *T. schlegelii* in Südthailand noch nicht vollständig ausgerottet.

STRAUCH (1866) erwähnt den Sunda–Gavial auch von Java, was jedoch unwahrscheinlich ist, da er nie ein Exemplar von dort gesehen hat und die Art von Java her unbekannt ist.

Lebensraum:

In Sümpfen, Seen und versumpften Flußbereichen.

Ökologie:

Über die Lebensweise in freier Natur ist vergleichsweise wenig bekannt. Die meisten Angaben stammen aus Gefangenschaftsbeobachtungen.

Der Sunda–Gavial ist weniger aquatisch als der Ganges–Gavial. Ich habe diese langschnäuzigen Krokodile auf der Farm von Samutprakan stundenlang mit aufgerissenen Mäulern am Ufer beim Sonnenbaden gesehen. Zum Leben im Wasser schreibt L. WRAY (Brehms Tierleben 1912):

»In der Regel sieht man aber, soweit meine Beobachtungen reichen, nur die Oberseite der Schnauzenspitze und die beiden Augen über Wasser; nähert man sich, so sinken die Augen ganz langsam und ganz ruhig unter die Wasseroberfläche, und nur ein kleiner Teil der Schnauzenspitze bleibt sichtbar; bei weiterer Annäherung verschwindet auch sie ebenso geräuschlos. Dies ist zweifellos die Ursache, warum das Tier so selten gesehen wird.«

In der Gefangenschaft gräbt der Sunda–Gavial tunnelartige Gangsysteme in den Boden, in denen er sich verbirgt. Es liegt nahe, daß er sich in freier Natur ebenso verhält.

Nach TAYLOR (1970) ernährt sich *T. schlegelii* hauptsächlich von Fischen. Ein solches Verhalten wird auch häufig aus der verlängerten Schnauze geschlossen. Allerdings können auch andere Tiere erbeutet werden. GALDIKAS & YAEGER (1984) berichten vom Fang eines Affen (*Macaca fascicularis*). Daß der Sunda–Gavial kein ausschließlicher Fischfresser ist, geht auch aus einer Mitteilung von FLOWER hervor, derzufolge ein großes Exemplar einen im Pahang–Fluß schwimmenden Hund ergriff. Dem Menschen wird dieses Krokodil jedoch nicht gefährlich.

Über die Fortpflanzungsbiologie des auch als »Falscher Gavial« bekannten Krokodils ist wenig bekannt. Das meiste davon stammt aus Gefangenschaftsbeobachtungen.

T. schlegelii wird in einem Alter von fünf bis sieben Jahren und bei einer Körperlänge von etwa 3 m geschlechtsreif. Der Verfasser beobachtete am 23. Oktober 1985 auf der Krokodilfarm von Samutprakan Sunda–Gaviale bei der Paarung. Sie fand in einem etwa 2.000 m^2 großen Teich und nach dem für Krokodile üblichen Verhaltensmuster statt. In dem Teich befanden sich ungefähr 40 adulte Krokodile. Mehrfach sah ich Männchen, die mit dem Kopf klatschend auf die Wasseroberfläche schlugen, wobei sich der Schwanz ein wenig im Bogen über die Wasseroberfläche erhob. Ein Männchen kroch über den Rücken eines Weibchens und drückte es sachte unter die Wasseroberfläche. Während der Kopf, die Nackenregion, der Rücken und der Schwanz des Männchens kurzzeitig auf der Wasseroberfläche ruhten, ragte die Schnauzenspitze des luftholenden Weibchens nur für sehr kurze Zeit aus dem Wasser. Bei jedem Untertauchen von Männchen und Weibchen stiegen Luftblasen empor. Das Männchen legte sich schräg über den Rücken des Weibchens und drückte mit seinen Hintergliedmaßen den hinteren Rumpfteil und damit die Kloakenregion des Weibchens ein wenig zur Seite. Die eigentliche Kopula konnte ich in dem veralgten Wasser nicht sehen.

Wie mir der Managing Director CHAROON YOUNGPRAPAKORN erzählte, legt der Sunda–Gavial auf der Krokodilfarm seine Eier in ein Nest aus Sand und Pflanzenmaterial (hauptsächlich Blätter) in einer ausgescharrten Erdmulde ab. In der Natur werden solche ca. 2 m breiten und 50 cm hohen Nester nahe an Gewässern im Schatten von Bäumen angelegt. Die 20 bis 60 Eier eines Geleges sind über 10 cm lang und 7,5 cm breit. Die jungen Sunda–Gaviale schlüpfen bei einer Nestinnentemperatur von 28 bis 33 °C nach 72 bis 90 Tagen. Über die Brutpflege, den Schlupf, die Geburtsgröße und das Wachstum der Jungen wurde bisher nicht berichtet.

Unterfamilie: Gavialinae

14.8 Gattung *Gavialis* OPPEL, 1811 — Ganges–Gaviale

14.8.1 *Gavialis gangeticus* (GMELIN, 1789) — Ganges–Gavial

Unterarten:

Keine.

Synonyme:

1789 *Lacerta gangetica* GMELIN, partim, Linn. Syst. Nat., Ed. 13, 1: 1057. — Terra typica: »Senegal und Ganges«.

Abb. 103: Junge *Gavialis gangeticus*. Foto: WHITAKER.

1789 *Crocodilus gavial* BONNATERRE, Tabl. encycl., Erpétol.: 34; Taf. 1, Fig. 4. — Terra typica: Ufer des Ganges.

1801 *Crocodilus longirostris* SCHNEIDER, Hist. Amph., 2: 160. — Terra typica: Ganges und andere Flüsse in INDIEN.

1802 *Crocodilus arctirostris* DAUDIN (nomen substitutum pro *Crocodilus gavial* BONNATERRE 1789), Hist. nat. Rept., 2: 393; Taf. 27, Fig. 2.

1807 *Crocodilus tenuirostris* CUVIER, Ann. Mus. Hist. nat., Paris, 10: 66. — Terra typica: unbekannt.

1831 *Gavialis gangeticus* GRAY, Synops. Rept. , 1: 56.

1989 *Gavialis gangeticus* BOULENGER, Cat. Chelon. Rhynchoceph. Crocod. brit. Mus.: 275.

Gesamtlänge:

4,5 bis 7,2 m (WERMUTH & FUCHS 1978), um die 6 m (MASKEY & MISHRA 1981), bis 6,75 m (DANIEL 1983), 7 m (STEEL 1989).

Merkmale:

Die auffallend lange und schmale Schnauze setzt sich vom Schädel schnabelartig ab. Sie entspricht in ihrer Länge 6mal der Basisbreite. In jedem Zwischenkiefer befinden sich fünf Zähne. Die Unterkieferäste sind nach vorne hin bis zu den 23. bis 24. Zähnen starr miteinander verwachsen.

Zahnformel: $\dfrac{5 + 23 - 24}{25 - 26}$

Auf dem Nacken befindet sich nur ein Paar Hinterhaupthöcker. Die Nackenschilde gehen sofort in die Rückenschilde über, die in 6 Längs– und 21 bis 22 Querreihen angeordnet sind. Ein Halsband ist nicht ausgebildet. Die Bauchschilde bilden 29 bis 32 Querreihen, von denen auf der Bauchmitte jede 20 bis 22 Schilde enthält. Zwischen die großen Flankenschuppen sind kleinere Schuppen eingestreut. Die Männchen haben auf der Nase eine knollenartige Erhebung, die im Indischen als »Ghara=Topf« bezeichnet wird. Sie ist typisch für die Art und dient vielleicht als Resonanzorgan.

Färbung:

Alte Ganges–Gaviale haben eine dunkel olivfarbene Körperoberseite. Jungtiere sind dunkel gefleckt und quergebändert. Die Bauchseite ist porzellanfarben und ungefleckt.

Verbreitung:

Vor dem Ausrottungsfeldzug in den Flüssen und Flußsystemen Westpakistans (Indus, Nara), Indiens (Ganges, Chambal, Girwa, Manas, Subansiri, Mahanadi), Nepals (Narayani, Rapti, Karnali), Bhutans (Nebenflüsse des Brahmaputra), Bangladeschs (Brahmaputra) und Burmas (Kaladan, Maingtha–Mündung des Irrawaddy) weit verbreitet. Die südlichste Grenze war vielleicht der Godavari–Fluß in Andhra Pradesh in Indien (siehe Abb. 94).

Heute leben die Restbestände im wesentlichen in den drei Nebenflüssen des Ganges, dem Girwa und Chambal (Indien) und dem Rapti–Narayani (Nepal). Einige Exemplare oder kleine und verstreute Populationen leben noch an wenigen Stellen der folgenden Flüsse: im Manas, Subansiri, Ken, Sone, Ghagra und Mahanadi (alle in Indien), im Karnali und Babai (Nepal), im Indus und Nara (Westpakistan) sowie im Jamuna und Padma (Bangladesh). In Bhutan und Burma heute ausgerottet (WHITAKER 1987).

Lebensraum:

Größere Ströme und gelegentlich Flüsse im Hügelland bis zu 500 m üNN. Erwachsene und geschlechtsreife Tiere leben in tiefen und langsam fließenden Flußabschnitten sowie Flußschleifen, die in Indien »Kunds« genannt werden.

Ökologie:

Alte Gaviale sind reviertreu und bleiben ein Leben lang ihrem Kund treu. Mit den durch heftige Monsunregen verursachten Überschwemmungen verteilen sie sich zwar über weite Flußbereiche, kehren jedoch am Ende der Regenzeit in ihre angestammten Bereiche zurück. Kündigt sich der Monsun an, so flüchten die Gaviale aus dem reißend gewordenen Hauptstrom in die ruhigeren Nebenflüsse.

Mehr als andere Krokodilarten halten sich Ganges–Gaviale im Wasser auf. Das Wasser ist ihr Hauptlebensraum, den sie nur zum Ausruhen und Sonnen sowie zur Eiablage verlassen. Sie sind sonnenhungrige Tiere, die man oft beim Sonnenbad mitten im Fluß und auf Sandbänken sieht. Zu Lande bewegen sie sich nur langsam und ungeschickt fort. Erwachsene Gaviale sind unfähig, auf vier Beinen zu gehen. Bei der Fortbewegung auf festem Boden gleitet stets der Bauch über dem Untergrund.

Ganges–Gaviale ernähren sich, wenn nicht ausschließlich, so doch vorzugsweise von Fischen. Von diesen abgesehen gehören von den Wirbeltieren Wasserschildkröten, Vögel und kleinere Säugetiere zu ihrem Beutespektrum (DANIEL 1983). Auch Ziegen und Hunde werden gefressen, wie auch menschliche Leichen, die dem Hinduglauben gemäß dem Fluß anvertraut werden und flußabwärts treiben. DAY (Brehms Tierleben 1912) bezeichnet den Ganges–Gavial ausdrücklich als »ein wahres fischfressendes Krokodil, das schwimmend Beute gewinnt«, und BOULENGER erwähnt gleichfalls, daß der Gavial durchaus von Fischen lebe.

FORSYTH, der akribisch zwischen dem Gavial und dem Mugger (Sumpfkrokodil) unterscheidet, geht nach seinen Erfahrungen nicht davon aus, daß der Gavial den Menschen sonderlich gefährlich wird, und STERNDALE führt an, daß höchstens der Mugger sich am Menschen vergreift, der Gavial hingegen ausschließlich von Fischen lebt. Ringe, Armbänder und sonstige Schmuckstücke in den Mägen von Gavialen stammen nicht von Überfällen auf Menschen, sondern von im Fluß treibenden Leichen oder wurden als Gastrolithen vom Gewässergrund aufgenommen.

Über das Beutefangverhalten von Ganges–Gavialen unter halbnatürlichen Bedingungen im New Yorker Bronx–Zoo berichtete THORBJARNARSON (1990). Seine Untersuchung bezog acht subadulte Ganges–Gaviale ein. Die Gavialanlage im Bronx–Zoo besteht aus einem naturgetreu nachgebildeten Flußbiotop, das durch einen simulierten Bergregenwald läuft. Zwei 1,8 m hohe Wasserfälle teilen den Fluß in drei Teiche mit Wassertiefen zwischen 1,5 und 2 m. Die Gesamtlänge des nachgebildeten Flusses beträgt 40 m. Wenn Fische ins Wasser gesetzt wurden, machten die Gaviale unter der Wasseroberfläche langsame, zur Seite ausscherende Bewegungen mit dem Kopf und dem Vorderkörper, wohl um die Beute zu lokalisieren. Sobald ein Fisch in die Nähe des Kopfes kam, erfolgten extrem schnelle Seitenschläge, wobei sich der Körper jedoch nur langsam bewegte. Diese Kopfbewegungen erfolgten in einem Winkel von bis zu 90°. Da sich die Gaviale meist am Grunde der künstlichen Teiche aufhielten und die Fische etwas oberhalb von ihnen schwammen, hatten die zur Seite hin verlaufenden Kopfbewegungen auch eine vertikale Komponente, die von einer Rotation des Kopfes und Nackens bis zu einem Winkel von 90° reichte. Ein einmal gepackter Fisch wurde im Maul zurechtgerückt und stets mit dem Kopf voran verschlungen.

Die Geschlechtsreife tritt bei den Männchen mit 13 und bei den Weibchen mit 16 Jahren ein (WHITAKER 1987). Das Fortpflanzungsverhalten des Ganges–Gavials entspricht weitgehend dem anderer Krokodile. Die Paarung findet ausschließlich in der kalten Jahreszeit von Dezember bis Januar statt. Zunächst sucht das Männchen Kontakt zum Weibchen, wobei es seinen Kopf an dessen Körper reibt. Es wurde festgestellt, daß das Männchen seine knollenartige Schnauzenspitze als Hebel verwendet, mit dem es den Kopf des Weibchens anhebt, bevor er zur Kopulation auf dieses steigt. Diese findet stets im Wasser statt. Anschließend beginnt das Weibchen mit dem Nestbau. Schon Wochen vor der Eiablage graben die Weibchen Nacht für Nacht Versuchsnester und bemühen sich dabei, sie nicht weiter als 10 m vom Ufer entfernt in einer günstigen Position im Sandboden anzulegen. Der Bau eines derartigen Sandloches, das, wie ich in einem Film gesehen habe, stets mit den Hinterbeinen ausgehoben wird, nimmt zwei bis drei Stunden in Anspruch. Die Nester sind ungefähr 22 cm breit und 30 bis 37 cm tief. Die Eiablage erfolgt stets gegen Ende März oder Anfang April. Die Gelegegröße schwankt zwischen 6 und 95 elliptischen Eiern, die ungefähr 90 mm lang und 70 mm breit sind. Sie werden sorgfältig mit Sand bedeckt, wobei das Weibchen wieder seine Hinterbeine in Aktion setzt.

Gavialmütter verteidigen ihre Nester und Eier heftig und greifen Schakale und andere Feinde an, die sich absichtlich oder unabsichtlich den Nistplätzen nähern. Bei optimaler Bodenfeuchtigkeit und einer Nesttemperatur zwischen 32 und 34 °C schlüpfen die Jungen nach 72 bis 92 Tagen, wobei der Durchschnitt bei 84,5 Tagen liegt. Sobald die Laute der Jungen im Ei ertönen und sie Bereitschaft zum Schlüpfen ankündigen, machen sich die Weibchen daran, die Eier nach mehr als zwei Monaten Nestbewachung auszugraben. Die Jungen sind beim Schlupf 32 bis 37 cm lang und wiegen zwischen 75 und 97 g. Das Weibchen hilft ihnen beim Schlupf und transportiert sie im Maul ins Wasser. Dort klettern sie auf die Köpfe und Rücken der Weibchen und, soweit diese es zulassen, auch auf die der Männchen. Im flachen Ufergewässer halten sich die Jungen unter Aufsicht der schützenden Weibchen in einer Schar zusammen. Nach einiger Zeit verteilen sie sich über das Flußrevier, soweit sie nicht schon Feinden wie Schakalen, Schweinen, Ratten, Greifvögeln, Schreitvögeln, großen Wasserschildkröten und Fischen zum Opfer gefallen sind. Die kleinen Ganges–Gaviale sind auch von reißenden Strömungen in der Folge von Überschwemmungen bedroht, die durch massive Monsunniederschläge hervorgerufen werden und die sie aus den günstigen Flußabschnitten spülen.

Mitte der 70er Jahre lag der Gesamtbestand des Ganges–Gavials in freier Wildbahn bei weniger als 200 erwachsenen Tieren. Nach Schätzungen von MASKEY & SCHLEICH (1992) leben zur Zeit ca. 1.850 Tiere in Südostasien im Freiland, wovon etwa 1.400 aus künstlicher Aufzucht stammen.

Abschüsse zur Hautgewinnung, Wilderei und Zerstörung der Lebensräume durch den Bau von Dämmen und Kraftwerken waren die wesentlichen Ursachen für diesen Niedergang. Um *G. gangeticus* vor der definitiven Ausrottung zu bewahren, wurden sowohl in Indien als auch in Nepal Nachzuchtstationen gegründet. MASKEY & MISHRA (1981) sowie MASKEY & SCHLEICH (1992) beschreiben die Vorgehensweise einer derartigen Nachzuchtstation am Ufer des Narayani–Flusses in Nepal. Die Orte, an denen in der freien Natur der Nestbau stattfindet, werden von geschulten Mitarbeitern überwacht. Nach der Ablage sammelt man die Eier ein, markiert, mißt und wiegt sie und transportiert sie dann sorgfältig in Holzkisten verpackt zur Zuchtstation. Dort werden die Eier dann auf einer eingezäunten und in jeder Weise gegen Feinde gesicherten 55 m^2 großen Sandbank am Ufer des Narayani–Flusses in 50 cm breiten und ebenso tiefen Löchern in der ursprünglichen Lage untergebracht. Nach dem Schlüpfen bringt man die jungen Gaviale in 12 Aufzuchtbehältern von 200 x 200 x 50 cm unter, wo sie dann ein Jahr verbleiben. Im zweiten Lebensjahr werden sie in größere Behälter überführt. Die Tiere werden täglich mit Fischen gefüttert und beim Erreichen einer Körperlänge von 1,5 bis 2 m in ihren Heimatflüssen ausgesetzt. Dies geschah erstmals 1980 an verschiedenen Stellen des Narayani–Flusses. Einige der ausgesetzten Exemplare wurden mit einem Sender versehen, um die Wanderung und Anpassungsfähigkeit der so aufgezogenen Tiere zu studieren.

Die Zucht– und Aussetzungsprogramme erwiesen sich auch an anderen Stellen als erfolgreich, so daß man hoffen kann, *G. gangeticus* eines Tages aus der Liste der vom Aussterben bedrohten Arten streichen zu können.

15 Danksagung

Für das Zustandekommen dieses Buches gebührt den vielen gleichgesinnten Freunden und Kollegen aus der Herpetologie, die mich mit ihren Hinweisen, ihrem zum Teil regen Schriftwechsel und ihrem klärenden Gedankenaustausch unterstützt haben, mein ergebenster Dank. Insbesondere stehe ich für sachliche Hinweise und mannigfaltige Hilfe aus dem In– und Ausland in der Schuld von Dr. J. BROCK (Stuttgart), K. DEDEKIND (Berlin), H. JES (Köln), Vl. JIROUSEK (Jihlava, Tschechische Republik), Prof. Dr. F. MEDEM † (Villavicencio(Kolumbien), J. MEHRTENS † (Miami/USA), Dr. W. NUTAPHAND (Bangkok/Thailand), J. NABITHABATHA (Bangkok/Thailand), Prof. Dr. G. PETERS (Berlin), A. RIOSUKE (Yokosuka/Japan), Dr. H. SCHILDBACH (Berlin), R. SOMMERLAD (Frankfurt/M.), R. WHITAKER (Madras/Indien) und Dr. H. WERMUTH (Freiberg).

Besonders dem letzteren wie dem Gustav Fischer Verlag (Stuttgart) und dem Verlag Walter de Gruyter (Berlin) bin ich für die großzügige Überlassung von Abbildungen dankbar.

Nicht gering ist auch die Anzahl derjenigen, die mir mit Fotos bei der Entstehung des Buches gewinnbringend geholfen haben. In dieser Hinsicht seien A. LIEBERMAN (San Diego/USA), A. RIOSUKE (Yokosuka/Japan), R. WHITAKER (Madras/Indien), H. HUNT (Atlanta/USA), Vl. LANKA (Prag/Tschechische Republik), J. MUENSTER (Decatur/USA), Prof. Dr. W. W. LAMAR (Tyler/USA), J. TASHIJAN (San Marcos/USA) und M. VANDERHAEGE (Peltre/Frankreich) freundlichst genannt.

Schließlich bin ich meinem Freund Dipl. Biol. F. J. OBST vom Staatlichen Museum für Tierkunde in Dresden, der die systematischen Aspekte des Manuskriptes einer Durchsicht unterzog und mir bei meinem Vorhaben stets kameradschaftlich zur Seite stand, zu ganz besonderem Dank verpflichtet. Mein ehemaliger Schüler A. AC SÁNTA (Wittlich) war mir bei der Übersetzung eines chinesischen Textes über den China–Alligator behilflich.

Nicht unerwähnt bleiben dürfen auch der ehemalige Ziemsen Verlag und die Herren Dr. SACHER und KÜNNE, die bei der Konzeption des Buches in der Eingangsphase förderlich tätig waren. Die Initiative und der Weg zur endgültigen Ausgestaltung lagen jedoch in der Hand von Dr. B. THIESMEIER von Westarp Wissenschaften, der es als sachkundiger Lektor verstanden hat, dem Band die notwendige Form zu verleihen, in der er nun dem interessierten Publikum übergeben werden kann.

16 Literaturverzeichnis

ACHAVAL, F. (1980): El Yacare. — Bol. Mus. Nov. Hist. Nat. Montevideo 2 (29): 5 – 6.

ALISTAIR, G. (1973). Alligile oder Krokogatoren? — DATZ 26 (5): 178 – 179.

ALISTAIR, G. & P. BEARD (1973): Eyelids of the Morning. The Mingled Destinies of Crocodiles and Men. — (ohne Ortsangabe), 260 S.

ALLEN, E. R. (1952): The American alligator. — Florida Wildlife 6 (5): 8 – 9, 44.

ALLEN, E. R. & W. T. NEILL (1952): The Florida crocodile. — Nature Mag. 45 (2): 77 – 80.

ALVAREZ DEL TORO, M. (1969): Breeding the spectacled caiman, *Caiman crocodilus* at Tuxtla Gutierez Zoo. — Int. Zoo. Yb. 9: 35 – 36.

ALVAREZ DEL TORO, M. (1974): Los Crocodylia de Mexico. — Inst. Mex. Rec. Nat. Renov. 9: 1 – 70.

ANONYMUS (1774): Naturgeschichte aus den besten Schriftstellern mit Merianischen und neuen Kupfern. 6. Abschnitt: Naturgeschichte und anderer vierfüßigen Thiere ohne Haare, welche Eyer legen. — Heilbronn.

ANONYMUS (1972): Ein Totengesang auf Krokodile. — Tier 12: 44 – 46.

ANONYMUS (1979): Fewer crocs mean fewer fish. — Oryx 15 (1): 22.

ANONYMUS (1983): Measures to save the Yangtze crocodile (in chinesisch). — Po–Wu 4: 35 – 36.

APPUN, K. F. (1871): Unter den Tropen. Wanderungen durch Venezuela, am Orinoco, durch Britisch Guiana und am Amazonenstrom in den Jahren 1849 – 1868 (Hrsg. HERMANN COSTENOBLE). — Jena, 519 S.

AROCHA–PINANGO, C. L. & S. GORZULA (1975): A naturally occurring inhibitor in the bold–clotting mechanism of *Caiman crocodilus*. — Herpetologica 31: 419 – 420.

BARTRAM, W. (1791): Travels through North and South Carolina, Georgia, East and West Florida. — New York.

BASU, D. (1979): Indien kämpft um den Ganges–Gavial. — Sielmanns Tierw. 3 (2): 4 – 13.

BATES, H. W. (1864): The Naturalist on the River Amazon. — London u. New York, 407 S.

BATH, W. (1906): Die Geschmacksorgane der Vögel und Krokodile. — Arch. Biontol. Berlin 1: 1 – 47.

BECHER, H. (1974): Poré/Perimbó — Einwirkungen der lunaren Mythologie auf den Lebensstil von drei Yanonámi–Stämmen – Surára, Padidái und Ironasitéri. — Völkerkundliche Abhandlungen, Bd. 4. Hannover.

BEHLER, J. L., P. BRAZAITIS & T. JOANEN (1982): The Chinese alligator (*Alligator sinensis*), its status and propagation in captivity. — Zool. Garten N. F. 52 (2): 73 – 77.

BEHURA, B. K. & S. K. KAR (1981): A note on the egg predators of the saltwater crocodile, *Crocodylus porosus* SCHNEIDER in the Bhitarkanika Wildlife Sanctuary, Orissa. — Pranikee (Bhubaneswar, Dangmal) 2: 25 – 28.

BELKIN, D. A. (1968): Bradicardia in response to threat. — Amer. Zoolog. 8: 775.

BELLAIRS, A. (1981): Les Reptiles. Vol. 2. — Lausanne, 767 S.

BLAINVILLE, H. M. D. DE (1816): Emydo–Sauriens. — In: Bull. Soc. Phil. Linnéenne de Normandie. Ostéographie 1855.

BLAKE, D. K. & J. P. LOVERIDGE (1986): Status, conservation and utilisation of the Nile crocodile in Zimbabwe. — In: Crocodiles. Caracas, 446 S.

BOCOURT, F. (1876): *Alligator (Jacare) chiapasius*. — J. Zool. Paris 5: 401.

BÖHME, W. (1977): Zur Entdeckerpriorität des Maultransports bei Krokodilen. — Salamandra 13: 185 – 186.

BOLTON, M. (1981): Crocodile husbandry in Papua New Guinea. — Wildl. Div., Dept. of Lands and Environment, Papua New Guinea. — FAO/UNDP Field Docum. 4: 113.

BOLTON, M. (1989): The Management of Crocodiles in Captivity. — FAO Cons. Guide 22, Rome, Part 1, 52 S., Part 2, 62 S.

BOWLER, J. K. (1977): Longevity of Reptiles and Amphibians in North American Collections. — Phil. Herp. Soc., 32 S.

BRAZAITIS, P. (1974): The identification of living crocodilians. — Zoologica 58: 59 – 105.

BRAZAITIS, P. (1986): An assessment of the current crocodilian hide and product market in the United States. — In: Crocodiles. Caracas, 446 S.

BREHM, A. (1878): Brehms Tierleben. Die Kriechtiere und Lurche, Bd. 7. — Leipzig, 673 S.

BREHM, A. (1912): Brehms Tierleben. Lurche und Kriechtiere. Bd. 1. — Leipzig und Wien, 572 S.

BROCK, J. (1960): Panzerechsen im Zimmer. — DATZ 13: 18 – 23, 50 – 53, 83 – 88, 118 – 121, 152 – 155, 180 – 183, 212 – 216, 245 – 247, 276 – 278.

BROCK, J. (1965): Krokodile. — Stuttgart, 48 S.

BROCK, J. & L. TRUTNAU (1992): Die Farben bei Krokodilen und ihre biologische Bedeutung. — herpetofauna, Weinstadt 14: 27 – 32.

BROOKS, D. R. (1981): Hennig's parasitological method: A proposed solution. — Syst. Zool. 30: 229 – 249.

BUFFETAUT, E. (1985): The place of *Gavialis* and *Tomistoma* in eusuchian evolution: a reconciliation of palaeontological and biochemical data. — Neues Jb. f. Min., Geol. u. Palaeontol., Stuttgart 1985 (12): 707 – 716.

BURTON, J. D. (1978): Reptiles in captivity. — University of Sydney, course for veterinarians. Lecture published as proceedings, Fauna 36.

BUSTARD, H. R. (1969): Tail abnormalities resulting from high temperature egg incubation. — Brit. J. Herpetol. 4: 121 – 123.

BUSTARD, H. R. (1980): Captive breeding of crocodiles. — Brit. Soc. Herpet. 1 – 20.

BUSTARD, H. R. & B. C. CHOUDHURY (1980): Long distance movement of a saltwater crocodile (*Crocodylus porosus*). — Brit. J. Herpetol. 6: 87.

BUSTARD, H. R. & S. K. KAR (1980): Defence of the nest against man by the saltwater crocodile (*Crocodylus porosus* SCHNEIDER). — Bombay Nat. Hist. Soc. 77: 514 – 515.

CAMPBELL, G. R. & A. L. WINTERBOTHAM (1985): Jaws, too. The natural history of crocodilians with emphasis on Sanibel Islands alligators. — Ft. Myers, 267 S.

CARDEILHAC, P. (1981: Nutritional disorders of alligators. — Paper presented at the 1st Ann. Alligator Product. Conf. Univ. Florida.

CARR, A. (1967): Alligators dragons in distress. — Nation. Geographic 131: 133 – 148.

CASTROVIEJO, J., C. IBANEZ & F. BRAZA (1976): Datos sobre alimentacion del babo o caimán chico (*Caiman sclerops*) en los Llanos de Venezuela. — Resumen Seminario II sobre chiguirres y babas. Maracabay.

CHABANAUD, P. (1920): Sur une tête osseuse de crocodilide d'Afrique occidentale. — Bull. Soc. zool. France 45: 231 – 233.

CHABREK, R. H. (1973): Temperature variation in nests of the American alligator. — Herpetologica 29: 48 – 51.

CHABREK, R. H. (1975): Moisture variation in nests of the American alligator (*Alligator mississippiensis*). — Herpetologica 31: 385 – 389.

CHABREK, R. H. (1976): Alligator predation on Canada goose nests. — Copeia 2: 404.

CHABREK, R. H. & T. JOANEN (1979): Growth rates of American alligators in Louisiana. — Herpetologica 35: 51 – 57.

CHEN BI HUI, HUA ZHAO CHE & LI BING HUA ZHU (1985): Der China–Alligator. — Hefei, 245 S.

CINTRA, R. (1988a): Nesting ecology of the Paraguayan caiman (*Caiman yacare*) in the Brazilian Pantanal. — J. Herpetol. 22: 219 – 222.

CINTRA, R. (1988b): Maternal care and daily pattern of behavior in a family of caimans, *Caiman yacare*, in the Brazilian Pantanal. — J. Herpetol. 23: 320 – 323.

COLBERT, E. H., R. B. COWLER & C. M. BOGERT (1946): Temperature tolerances in the American alligator and their bearing on the habits, evolution and extinction of the dinosaurs. — Bull. Amer. Mus. Nat. Hist. 86: 327 – 374.

CONANT, R. (1975): A field guide to reptiles and amphibians of eastern and central North America. — Boston, 429 S.

COTT, H. B. (1926): Observations on the life habits of some batrachians and reptiles from the lower Amazon, and a note on some mammals from Marajó Island. — Proc. Zool. Soc. London 29: 211 – 357.

COTT, H. B. (1961): Scientific results of an inquiry into the ecology and economic status of the Nile crocodile (*Crocodylus niloticus*) in Uganda and Northern Rhodesia. — Trans. Zool. Soc. London 29: 211 – 356.

COTT, H. B. (1968): Nile crocodile faces extinction in Uganda. — Oryx 9: 330 – 332.

COTT, H. B. (1969): Further observations on the status and biology of the Nile crocodile below Murchson Falls. — Rep. Director Uganda nation. Parks: 1 – 10.

COTT, H. B. & A. C. POOLEY (1971): Das Nilkrokodil. — In: Fauna. Kap. XXVIII: 31 – 52.

COTT, H. B. & A. C. POOLEY (1972): The status of crocodiles in Africa. — IUCN Publ. CN. S. J., Suppl. Paper 33: 1 1 – 98.

COTT, H. B. (1975): Looking at Animals. A Zoologist in Africa. — London.

COULSON et al. (1973): Some observations on the growth of captive alligators. — Zoologica New York 58: 47 – 52.

COULSON & HERNANDEZ (1983): Alligator metabolism. Studies on chemical reactions in vivo. — Pergamon Press.

CRAIGHEAD, F. C. (1968): The role of the alligator in shaping plant communities and maintaining wildlife in the southern Everglades. — Fla. Nat. 41: 2 – 7, 69 – 74.

CROSBY, E. C. (1917): The forebrain of *Alligator mississippiensis*. — J. comp. Neurol. 27: 325 – 402.

DANIEL, J. C. (1970): A review of the present status and position of the endangered species of Indian reptiles. — IUCN Publ. N. S. 18: 75 – 76.

DANIEL, J. C. (1983): The Book of Indian Reptiles. — Bombay, 141 S.

DATHE, H. (1971): Rückkehr des Nilkrokodils, *Crocodylus niloticus*, in ein altes Verbreitungsgebiet. — Salamandra 7: 156.

DATHE, H. (1974): Herpetologische Skizzen aus Kuba (2). Die Krokodilfarm. — Zool. Garten N. F. 44: 295 – 309.

DENSMORE, L. D. (1983): Biochemical and immunological systematics of the order Crocodilia. — Evolut. Biol. 16: 397 – 465.

DENSMORE III, L. D. & R. D. OWEN (1989): Molecular systematics of the order Crocodilia. — Amer. Zool. 29: 891 – 841.

DERANIYAGALA, P. E. P. (1936a): A new crocodile from Ceylon. — J. Sci. Sect. B. Zool. and Geol. 19: 279 – 286.

DERANIYAGALA, P. E. P. (1936b): Reproduction of the Estuarine crocodile of Ceylon. A new crocodile from Ceylon. — Ceylon J. Sci., Sect. B., Spolia Zeylan. 19: 253 – 277.

DERANIYAGALA, P. E. P. (1939): The Tetrapod Reptiles of Ceylon, Vol. 1, Testudinates and Crocodilians. — Colombo Museum, Sri Lanka.

DERANIYAGALA, P. E. P. (1953): A Colored Atlas of some Vertebrates from Ceylon. Vol. II. Tetrapod Reptilia. — The Ceylon Government Press, 101 S.

DERANIYAGALA, P. E. P. (1955): *Crocodylus porosus minikanna*. —Spolia zeylan. 27 (2): 277.

DE SOLA, R. (1933): The crocodilians of the world. — Bull. N. York Zool. Soc. 36: 1 – 24.

DIAZ, J. L., Y. KURATA & M. SUGIMOTO (1990): Phase of Breeding Behavior of *Crocodylus mindorensis*. — IUCN The World Conservation Union Gland, 380 S.

DIEFENBACH, C. O. D. C. (1973): Integumentary permeability to water in *Caiman crocodilus* and *Crocodylus niloticus* (Crocodilia: Reptilia). — Physiol. Zool. 46: 72 – 78.

DIEFENBACH, C. O. D. C. (1975): Thermal preferences and thermoregulation in *Caiman crocodilus*. — Copeia 1975 (3): 530 – 541.

DILL, D. B. & H. T. EDWARDS (1931): Respiration and metabolism in a young crocodile (*Crocodylus acutus* CUVIER). — Copeia 1931 (1): 1 – 3.

DIXON, J. R. & P. SOINI (1977): The reptiles of the upper Amazon basin, Iquitos region, Peru. II. Crocodilians, turtles and snakes. — Milwaukee Publ. Mus. Contr. Biol. Geol. 12: 1 – 91.

DOWLING, H. G. & W. E. DUELLMANN (1974 – 1978): Systematic Herpetology: A Synopsis of Families and higher Categories. — New York.

DOWNES, M. C. (1978): Report of the Consultant on Wildlife Management Programmes for Papua New Guinea. Part III: The Crocodile Project. — Wildlife in Papua New Guinea 17.

DUNN, R. W. (1980): Captive reproduction of *Crocodylus porosus* and *Crocodylus johnstoni*. — Proc. Melbourne Herpetol. Symp., S. 104 – 106.

EARL, L. (1954): Crocodile Fever. — London u. Glasgow, 255 S.

EDWARDS, H. (1989): Crocodile Attack. — New York, 240 S.

EHRENFELD, D. W. (1970): Biological Conservation. — New York.

EICHLER, R. (1969): Alligatorriesen mit nackter Hand überwältigt. — Das Tier: 18 – 21.

ELLIS, T. M. (1980): *Caiman crocodilus*: an established exotic in southern Florida. — Copeia 1980 (1): 152 – 154.

ELLIS, T. M. (1981): Tolerance of sea water by the American crocodile, *Crocodylus acutus*. — J. Herpetol. 15: 187 – 192.

FAUVEL, A. A. (1879): Alligators in China: their history, description and identification. — J. N.-China Branch Asiat. Soc. (Shanghai) 13: 1 – 36.

FERGUSON, M W. J. & T. JOANEN (1982): Temperature of egg incubation determines sex in *Alligator mississippiensis*. — Nature 296: 850 – 853.

FERGUSON, M W. J. & T. JOANEN (1983): Temperature dependent sex determination in *Alligator mississippiensis*. — J. Zool. London 200: 143 – 177.

FERGUSON, M W. J. (1985): Reproductive biology and embryology of crocodilians. — In: Biology of the reptiles. Vol. 14 (Ed. C. GANS, F. S. BILLET & P. F. A. MADERSON). New York, S. 329 – 491.

FISH, F. E. (1984): Kinematics of undulatory swimming in the American alligator. — Copeia 1984 (4): 839 – 843.

FITTKAU, E. J. (1970): Role of caimans in the nutrient regime of mouth–lakes of Amazon affluents. — Biotropica 2: 138 – 142.

FITTKAU, E. J. (1973): Crocodiles and the nutrient metabolism of Amazonian waters. — Amazoniana 4: 103 – 133.

FLEISHMAN, L. J. & A. S. RAND (1989): *Caiman crocodilus* does not require vision for underwater prey capture. — J. Herpetol. 23: 296.

FOGGIN, C. M. (1985): Diseases and disease control on crocodile farms in Zimbabwe. — Paper presented at the Internat. Tech. Conf. on Crocodile Conservation and Management. Darwin, Australia.

FORESTER, D. J. & P. T. SAWYER (1974): *Placobdella multilineata* (Hirudinea) from the American alligator in Florida. — J. Parasitol. 60: 673.

FUCHS, K. H. (1974): Die Krokodilhaut. Ein wichtiger Merkmalträger bei der Identifizierung von Krokodilarten. — Darmstadt, 183 S.

FUCHS, K. H., R. MERTENS & H. WERMUTH (1974): Zum Status von *Crocodylus cataphractus* und *Osteolaemus tetraspis*. — Stuttgarter Beitr. Naturk., Ser. A 226: 1 – 8.

FUCHS, K. H. (1977): Krokodilfarmen. — DATZ 30: 244 – 248.

FÜRBRINGER, M. (1922): Das Zungenbein der Wirbeltiere, insbesondere der Reptilien und Vögel. — Abh. Ak. Wiss. Heidelberg, math.–naturw. Kl., Abt. B, 11. Abh., XII u. S. 164.

FULLER, K. & B. SWIFT (1984): Latin American wildlife trade laws. — World Wildlife Fund. US–Cites Secretariat.

GALDIKAS, B. M. F. & C. P. YAEGER (1984): Crocodile predation on a crab eating macaque in Borneo. — Amer. J. Primatol. 6: 49 – 51.

GARNETT, S. T. (1989): Nutrition and farm husbandry of the green sea turtle (*Chelonia mydas*) and the estuarine crocodile (*Crocodylus porosus*). Ph. D. Theses, Univ. Queensland.

GARRICK, L. D. (1975): Structure and pattern of the roars of Chinese alligators (*Alligator sinensis* FAUVEL). — Herpetologica 31: 26 – 31.

GARRICK, L. D. & J. W. LANG (1977a): The alligator revealed. — The American Museum of Natural History. Vol. LXXXVI (6): 54 – 61.

GARRICK, L. D. & J. W. LANG (1977b): Social signals and behavior of adult alligators and crocodiles. — Amer. Zoolog. 17: 225 – 239.

GARRICK, L. D. &. J. W. LANG (1978): Alligatoren sind besser als ihr Ruf. — Tier 5/78: 16 – 19.

GATTEN, R. E. (1980): Metabolic rates of fasting and recently fed spectacled caimans (*Caiman crocodilus*). — Herpetologica 36: 361 – 364.

GAULKE, M. (1986): Beitrag zur Kenntnis des Philippinen–Krokodiles *Crocodylus mindorensis.* — herpetofauna, Weinstadt 8: 21 – 26.

GAUNT, A. S. & C. GANS (1969): Diving Bradycardia and withdrawal Bradycardia in *Caiman crocodilus.* — Nature 223: 207 – 208.

GAUPP, E. (1911): Beiträge zur Kenntnis des Unterkiefers der Wirbeltiere. II. Die Zusammensetzung des Unterkiefers der Quadrupeden. — Anat. Anz. 39: 433 – 473.

GEGENBAUR, C. (1864): Untersuchungen zur vergleichenden Anatomie der Wirbeltiere. 1. Heft: Carpus und Tarsus. — Leipzig, S. 176.

GEISSLER, L. & J. JUNGNICKEL (1989): Bemerkenswerte Schildkröten (Emydidae und Panzerechsen (Crocodylidae) aus Vietnam. — herpetofauna, Weinstadt 11: 26 – 34.

GILES, L. W. & V. L. CHILDS (1949): Alligator management of the Sabine Wildlife Refuge. — J. Wildl. Man. 13: 16 – 28.

GMELIN, J. (1789): Linnei Systema Naturae. Editio XIII. — Leipzig.

GODSHALK, R. E. (1978): El caiman de Orinoco, *Crocodylus intermedius*, en los Llanos Occidentales Venezolanos, con observaciones sobre su distribución en Venezuela y recomendaciones para su conservación. — Fundena 1 – 60: 26.

GOELDI, E. A. (1898): Die Eier von 13 brasilianischen Reptilien, nebst Bemerkungen aus den Jahren 1884 – 1897. — Zool. Jb. Syst., Jena 10: 640 – 679.

GOLDBY, F. (1925): The development of the Columella auris in crocodilia. — J. Anat. 59: 301 – 325.

GOODWIN, T. M. & W. R. MARION (1978): Aspects of the nesting ecology of American alligator (*Alligator mississippiensis*) in North–central Florida. — Herpetologica 34: 43 – 47.

GORDON, M. S. (1972): Animal physiology: Principles and adaptations. — 2. Aufl. New York.

GORZULA, S. J. (1978): An ecological study of *Caiman crocodilus crocodilus* inhabiting savanna lagoons in the Venezuela Guyana. — Oecologia 35: 21 – 34.

GRAHAN, A. (1971): Das Leben der Krokodile. — Fauna 3: 54.

GREER, A. E. (1975): Clutch sizes in Crocodilians. — J. Herpetol. 9: 319 – 322.

GREGÓRIO, I. J. (1980): Contribuicão Indigena ao Brasil. Vol. III. — Belo Horizonte, S. 1316.

GREIL, A. (1903): Beiträge zur vergleichenden Anatomie und Entwicklungsgeschichte des Herzens und des Truncus arteriosus der Wirbeltiere. — Gegenbaurs Morph. Jb. 33: 123 – 310.

GRENARD, S. (1991): Handbook of alligators and crocodiles. — Malabar, Florida, 210 S.

GROOMBRIDGE, B. (1987): The distribution and status of world crocodilians. — In: Wildlife management – Crocodiles and alligators. Chipping Norton, NSW, Australia, S. 9 – 21.

GRZIMEK, B. (1971): Grzimeks Tierleben – Kriechtiere. 6. Band. — Zürich, 609 S.

GUGGISBERG, C. A. W. (1972): Crocodiles. Their natural history, folklore and conservation. — Harrisburg, 195 S.

GUNDLACH, J. (1880): Contribución a la Erpetologia Cubana. — Habana.

HAGMANN, G. (1902): Die Eier von *Caiman niger.* — Zool. Jb. Syst., Jena 16: 405 – 410.

HAGMANN, G. (1906): Die Eier von *Gonatodes humeralis, Tupinambis nigropunctatus* und *Caiman sclerops.* — Zool. Jb. Syst., Jena 24: 307 – 316.

HARA, K. & F. KIKUCHI (1978): Breeding the Westafrican dwarf crocodile at Ueno Zoo, Tokyo. — Int. Zoo Yb. 18: 84 – 87.

HAWKEY, C. M. (1970): Fibrinolysis in animals. — Symp. Zool. Soc. London 27: 134 – 150.

HELFENBERGER, N. (1981): Ein Beitrag zur Fortpflanzungsbiologie von *Osteolaemus tetraspis.* — herpetofauna, Weinstadt 3: 9 – 11.

HEMLEY, G. & J. CALDWELL (1986): The crocodile skin trade since 1979. — In: Crocodiles. Caracas, 446 S.

HERMES, N. (1987): Crocodiles, killers in the wild. — Brookvale, NSW, Australia, 64 S.

HERRON, J. C., L. H. EMMONS & J. E. CADLE (1990): Observations on reproduction in the black caiman, *Melanosuchus niger.* — J. Herpetol. 3: 314 – 316.

HERZOG, H. A. (1975): An observation on nestopening by an American alligator (*Alligator mississippiensis*). — Herpetologica 31: 446 – 447.

HINES, T. C. & K. D. KEENLYNE (1975): Two incidents of alligator attacks on humans in Florida. — Copeia 1975 (4): 735 – 738.

HIRSCHFELD, K. (1966): Paarung und Eiablage der Brillenkaimane im Vivarium Kehl. — DATZ 19: 151 - 155.

HIRSCHFELD, K. (1967): Der Kaiman - Nachwuchs im Vivarium Kehl. — DATZ 20: 217 - 219.

HIRSCHHORN, H. H. (1986): Crocodilians of Florida and the tropical Americas. — Miami, 64 S.

HOCHSTÄTTER, F. (1906): Beiträge zur Anatomie und Entwicklungsgeschichte des Blutgefäßsystems der Krokodile. — In: A. VOELTZKOW, Wissenschaftliche Ergebnisse einer Reise in Ostafrika in den Jahren 1903 - 1905: 1 - 139.

HOLLANDS, M. (1987): The management of crocodiles in Papua New-Guinea. — In: Wildlife management - Crocodiles and alligators. Chipping Norton, NSW, Australia, S. 73 - 89.

HOPE, C. A. & C. L. ABERCROMBIE (1986): Hunters, hides, dollars and dependency: economics of wildlife exploitation in Belize. — In: Crocodiles. Caracas, 446 S.

HOPPING (1923): Zitiert nach WETTSTEIN, O. VON (1954): Sauropsida: Allgemeines - Reptilia. — Handb. Zool. 7 (2): 321 - 424.

HSIAO, S. D. (1935): Natural history notes on the Yangtze alligator. — Peking Nat. Hist. Bull. 9: 283 - 292.

HUANG CHU-CHIEN (1983): In litt. — In: A directory of crocodilian farming operations. Gland (1985), S. 204.

HUMBOLDT, A. VON (1800): Auswahl von ALEXANDER VON HUMBOLDTs Reisewerk »Voyage aux régions equinoxiales du Nouveau Continent«. — In: »Südamerikanische Reise«. Berlin, 1977, S. 608.

HUMBOLDT, A. VON & A. J. A. BONPLAND (1805 - 1832): Voyage dans l'intérieur de l'Amérique dans les années 1799 à 1804. Seconde Partie. — Réceuil d'observations de zoologie et d'anatomie comparée, faites dans un voyage aux Tropiques, dans les années 1799 - 1805. Paris.

HUNT, R. H. (1973): Breeding Morelet's crocodile, *Crocodylus moreletii*. — Int. Zoo Yb. 13: 103 - 105.

HUNT, R. H. (1975): Maternal behavior in Morelet's crocodile, Crocodylus moreletii. — Copeia 4: 763 - 764.

HUNT, R. H. (1987): Nest excavation and neonate transport in wild *Alligator mississippiensis*. — J. Herpetol. 21: 348 - 350.

Hunter (1861): Zitiert nach WETTSTEIN, O. VON (1954): Sauropsida: Allgemeines - Reptilia. — Handb. Zool. 7 (2): 321 - 424.

JACOBSEN, E. R. et al. (1979): Pox-like skin lesions in captive caimans. — J. Amer. Vet. Med. Assoc. 175: 937 - 940.

JACOBSEN, E. R. (1982): Captive health problems. — Field Document No. 11. FAO/IND/74/046, S. 23.

JARVIS, C. (1966): Reptiles bred in captivity. — Int. Zoo Yb. Vols. 2 - 8. Zool Soc. London.

JELDEN, D. C. (1981a): Preliminary studies on the breeding biology of *Crocodylus porosus* and *Crocodylus novaeguineae* on the middle Sepik (Papua New Guinea). —Amphibia-Reptilia 3: 353 - 358.

JELDEN, D. C. (1981b): Die Krokodile in Papua-Neuguinea - Lebensweise, Schutz und Nutzung. — DATZ 34: 356 - 360.

JELDEN, D. C. (1984): Die Krokodile Neuguineas. Variationsstatistische Untersuchungen mit Beiträgen zur Brutbiologie und Ökologie von *Crocodylus porosus* und *Crocodylus novaeguineae*. — Diss. Univ. Heidelberg, 202 S.

JELDEN, D. C. & H. FREY (1989): Die größten Krokodilfarmen der Erde. — DATZ 42: 353 - 357.

JES, H. (1983): Panzerechsen im Kölner Aquarium am Zoo. — Hausinterne Zeitschrift aus dem Zoologischen Garten in Köln: 9 - 11.

JES, H. (1993): Geschlechtsbestimmungen bei Panzerechsen mittels Vaginal-Spekulum. — Elaphe 1 (1), 6 - 7.

JOANEN, T. (1969): Nesting ecology of alligators in Louisiana. — Proc. SE Ass. Game Fish Comm. 23: 141 - 151.

JOANEN, T. & L. MCNEASE (1971): Propagation of the American alligator in captivity. — Proc. Ann. Conf. Ass. SE Game Fish Comm. 25: 106 - 116.

JOANEN, T. & L. MCNEASE (1973): A telemetric study of adult male alligators on the Rockefeller Refuge, Louisiana. — Proc. Ann. Conf. Ass. SE Game Fish Comm. 26: 252 - 275.

JOANEN, T. & L. MCNEASE (1975): Notes on the reproductive biology and captive propagation of the American alligator. — Proc. Ann. Conf. Ass. SE Game Fish Comm. 29: 407 - 415.

JOANEN, T. & L. MCNEASE (1976): Culture of immature American alligators in controlled environmental chambers. — Proc. Ann. Workshop World Maricult. Soc. 7: 201 - 211.

JOANEN, T. & L. MCNEASE (1977): Artificial incubation of alligator eggs and posthatching culture in controlled environmental chambers. — Proc. Ann. Workshop World Maricult. Soc. 8: 883 889.

JOANEN, T., L. MCNEASE & G. PERRY (1977): Effects of simulated flooding on alligator eggs. Proc. Ann. Conf. Assn. SE Fish and Wildl. Ags. 31: 33 - 35.

JOANEN, T. & L. MCNEASE (1981): Nutrition in alligators. — 1st Ann. Alligator Prod. Conf.

JOANEN, T. & L. MCNEASE (1984): Classification and population status of the American alligator. — In: Crocodiles. Caracas, 446 S..

JOLEAUD, L. (1933): Études de Géographie zoologique sur la Berberie. — Extr. Bull. Zool. Soc. France. 58: 397 - 404.

KÄLIN, J. A. (1933a): Beiträge zur vergleichenden Osteologie des Crocodilinenschädels. — Zool. Jb. Anat., Jena 57: 535 - 714.

KÄLIN, J. A. (1933b): Über Altersvariationen am Crocodilinenschädel. — Rev. Suisse Zool. 40: 237 - 241.

KÄLIN, J. A. (1941): Über Altersvariationen von *Osteolaemus tetraspis* COPE und über »*Osteoblepharon osborni* K. P. SCHMIDT«. — Zool. Anz., Jena 134: 295 - 299.

KÄLIN, J. A. (1955): Crocodilia. — In: T. PIVETEAU (Ed.), Traité de paléontologie, Vol 5, pp. 696 – 784. Masson, Paris.

KAR, S. K. (1978): Malformation at birth in the saltwater crocodile (*Crocodylus porosus* SCHNEIDER) in Orissa, India. — Bombay Nat. Hist. Soc. 76: 166 – 167.

KING, F. W. & P. BRAZAITIS (1971): Species identification of commercial crocodile skins. — Zoologica 56: 15 – 70.

KING, F. W. & R. L. BURKE (1989): Crocodilian, Tuatara, and Turtle Species of the World. A Taxonomic and Geographic Reference. — Washington, Ass. of Syst. Coll., 216 S.

KING, W. S. (1955): Stumpy crocodile farm. — Niger Fld. 18: 171 - 178.

KING, W. S. & J. S. DOBBS (1975): Crocodilian propagation in American zoos and aquaria. — Int. Zoo Yb. 15: 272 - 277.

KING, W. S. & T. KRAKAUER (1966): The exotic herpetofauna of south–east Florida. — Quart. J. Fla. Acad. Sci. 29: 144 – 154.

KLEINE, F. K. (1950): Beobachtungen über Krokodile und Fische. — DATZ 3: 29 – 30.

KLINGELHÖFFER, W. (1959): Terrarienkunde. Teil 4. Schlangen, Schildkröten, Panzerechsen, Reptilienzucht. — 2. Aufl. Stuttgart, 379 S.

KRAUS, F. (1906): Der Zusammenhang zwischen Epidermis und Cutis bei Sauriern und Krokodilen. — Arch. mikr. Anat. 67: 319 – 363.

KREEL, L. & S. SOETBEER (1899): Untersuchungen über die Wärmeökonomie der poikilothermen Wirbeltiere. — Arch. ges. Physiol. 77: 611 – 618.

KUHN, E. (1971): Neue Fortschritte und Probleme der Paläoherpetologie. —Ber. naturf. Ges. Bamberg 45: 1 – 41.

KUSHLAN, J. A. (1973): Observations on maternal behavior in the American alligator, *Alligator mississippiensis*. — Herpetologica 29: 256 – 257.

Kushlan, J. A. (1974): Observations on the role of the American alligator (Alligator mississippiensis) in southern Florida wetlands. — Copeia 1974 (4): 993 – 996.

KUSHLAN, J. A. & M. S. KUSHLAN (1980): Function of nest attendance in the American alligator. — Herpetologica 36: 27 – 32.

KUSHLAN, J. A. & F. J. MAZOTTI (1989a): Historic and present distribution of the American crocodile in Florida. — J. Herpetol. 23: 1 – 7.

KUSHLAN, J. A. & F. J. MAZOTTI (1989b): Population biology of the American crocodile. — J. Herpetol. 23: 7 – 21.

LA BASTILLE, A. (1973): Amerikanische Krokodile sterben aus. — Fauna 9: 124.

LA CONDAMINE, CH. M. de (1778): Relation abrégée d'un voyage fait dans l'intérieur de l'Amérique Méridional. — Paris.

LANCE, V. A. (1989): Reproductive cycle of the American alligator. — Amer. Zool. 29: 999 – 1018.

LANG, J. W. (1979): Thermophile response of the American alligator and the American crocodile to feeding. — Copeia 1979 (1): 20.

LANG, J. W. (1985): Research. — Hamadryad 10: 13 – 17.

LANG, J. W. (1989): Social behavior. In: Crocodiles and alligators. — New York, 240 S.

LANG, J. W., H. ANDREWS & R. WHITAKER (1989): Sex determination and sex ratios in *Crocodylus palustris*. — Amer. Zool. 29: 935 – 952.

LANGE, J. (1980): Erfolgreiche Zucht von Nilkrokodilen (*Crocodylus niloticus*) und Spitzkrokodilen (*Crocodylus acutus*) im Zoo Berlin. — Bongo 4: 75 – 76.

LANGSTON, W. (1965): Fossil crocodilians from Colombia and the Cenozoic history of the crocodilia in South Africa, — Univ. Calif. Publ. Geol. 52: 157.

LAZELL, J. D. & N. C. SPITZER (1977): Apparent play behavior in an American alligator. — Copeia 1977 (3): 188 – 189.

LEITÃO DE CARVALHO, A. (1951): Os Jacares do Brasil. — Arq. Mus. Nac. 42: 127 – 150.

LINNÉ, C. V. (1766): Systema Naturae. — Editio XII. Stockholm.

LÜDERWALDT, H. (1919): Os Manguesaes de Santos. — Rev. Mus. Paulista 11: 309 – 408.

LÜDERWALDT, H. (1926): Chava para a determinacão dos crocodilideos brasileiros, com uma lista das especies do Museu Paulista. — Rev. Mus. Paulista 14: 387 – 392.

LÜDICKE, M. (1939): Die Blutmenge in der Lunge und in der Niere der Schlangen. — Zool. Jb. Physiol., Jena 59: 463 – 504.

LÜTHI, H. J. (1983): Haltung und Zucht des Brauenglattstirnkaimans (*Paleosuchus palpebrosus*). — herpetofauna, Weinstadt 5: 22 – 27.

LUXMOORE, R. A., J. G. BARZDO, S. R. BROAD & D. A. JONES (1985): A Directory of Crocodilian Farming Operations. — Cambridge, 204 S.

LUXMOORE, R. A., J. G. BARZDO, S. R. BROAD & D. A. JONES (1986): A world survey of crocodilian farming. — In: Crocodiles. Caracas, 446 S.

MAGNUSSON, W. E. (1979): Maintenance of temperature of crocodile nests (Reptilia, crocodiles). — J. Herpetol. 13: 4391 – 443.

MAGNUSSON, W. E. (1992): Crocodiles and alligators. In: COGGER, H. G. & R. G. ZWEIFEL (ed.): Reptiles and Amphibians — Weldon Owen, Sydney, New York, 240 S.

MAGNUSSON, W. E., E. V. DA SILVA & A. P. LIMA (1987): Diets of Amazonian crocodiles. — J. Herpetol. 21: 85 – 95.

MAGNUSSON, W. E. et al. (1990): *Paleosuchus trigonatus* nests: Sources of heat and embryo sex ratios. — J. Herpetol. 24: 397 – 400.

MASKEY, T. M & H. R. MISHRA (1981): Conservation of gharial (*Gavialis gangeticus*) in Nepal. — In: Wild is Beautiful (Ed. T. CH. MAJUPURIA). Bangkok, S. 185 – 196.

MASKEY, T. M. & H. H. SCHLEICH (1992): Untersuchungen und Schutzmaßnahmen zum Gangesgavial in Südnepal. — Natur Museum, Frankfurt/M. 122: 258 – 267.

MAURER, F. (1895): Die Epidermis und ihre Abkömmlinge. — Leipzig, 352 S.

MAZAK, V. (1983): Der Tiger, *Panthera tigris*. —Die Neue Brehm-Bücherei 356, Wittenberg Lutherstadt, 228 S.

MAZZOTTI, F. J. & W. A. DUNSON (1989): Osmoregulation in crocodilians. — Amer. Zool. 29: 903 – 920.

MCCLINTOCK, J. (1983): Ein Alligator in meinem Garten. — Tier 9/93: 4 – 9.

MCILHENNY, E. A. (1935): The Alligator's Life History. — Reprint 1976. New York, 117 S.

MCINTYRE, TH. (1983): Gone 'Gatorin. — Spots afield. 190: 45 – 48, 104 – 107.

MEDEM, F. (1970): Sobre un hibrido inter–especifico del genero Paleosuchus (Crocodylia, Alligatoridae). — Rev. Acad. Colombiana Cien. Exat., Fis., Nat. 13: 467 – 471.

MEDEM, F. (1976): Das Orinoko–Krokodil, *Crocodylus intermedius*, in Kolumbien: Studien über seine Naturgeschichte und Verbreitung. — Natur Mus., Frankfurt/M. 106: 237 – 244.

MEDEM, F. (1980): The breeding biology of the black caiman (*Melanosuchus niger*) – what we don't know. — Soc. Study Amphib. Rept., Crocodile Symp. (abstract).

MEDEM, F. (1981): Los Crocodylia de Sur America. Vol. I. Los Crocodylia de Colombia. — Bogota, 354 S.

MEDEM, F. (1983): Los Crocodylia de Sur America. Vol. II. — Bogota, 270 S.

MEISSNER, M. & H. WERMUTH (1991): Die Krokodile Afrikas. Ein Beispiel für sinnvollen Artenschutz. — Datz 44: 168 – 171.

MERRILL, E. D. (1903): A Dictionary of the Plant Names of the Philippine Islands. — Manila, 319 S.

MERTENS, R. (1943): Die rezenten Krokodile des Natur–Museums Senckenberg. — Senckenbergiana, Frankfurt/M. 26: 252 – 312.

MERTENS, R. (1968): Putzervögel bei Krokodilen. — Natur Mus., Frankfurt/M. 98: 216.

MERTENS, R. (1969): Die Amphibien und Reptilien West-Pakistans. — Stuttgarter Beitr. Naturk. 197: 1 – 96.

MERTENS, R. (1972): Nachträge zum Krokodilkatalog der Senckenbergischen Sammlungen. — Senckenberg. biol., Frankfurt/M. 53: 21 – 35.

MILANI, A. (1897): Beiträge zur Kenntnis der Reptilienlunge. 2. Teil. — Zool. Jb. Anat. 10: 93 – 156.

MISHRA, H. R. & T. M. MASKEY (1982): Ganges–Gavial: Zurück in die Flüsse. — Tier 6/82: 14 – 18.

MODHA, M. L. (1967): The ecology of the Nile crocodile (*Crocodylus niloticus*) on Central Island, Lake Rudolph. — East African Wildl. J. 5: 74 – 95.

MOOK, C. C. (1934): The evolution and the classification of the Crocodylia. — J. Geol. 42: 295 – 304.

MÜLLER, L. (1924): Beiträge zur Osteologie der rezenten Krokodilier. — Z. Morph. Ökol. Tiere: 427 – 460.

MÜLLER & SCHLEGEL (1844): Zitiert nach WETTSTEIN, O. VON (1937): Krokodile. — Handb. Zool. 7 (1): 225 – 320.

MYERS, N. (1979): Gehaßt, gejagt und jetzt am Ende? — Geo 6/79: 50 – 62.

MYERS, N. (1983): Leopard überwältigt Krokodil. — Tier 10/83: 7 – 8.

NABITHABATHA, J. (1987): Mögliche Restbestände von Krokodilen in der Natur (in Thai). — Bangkok.

NATTERER, J. V. (1844): Beitrag zur näheren Kenntnis der südamerikanischen Alligatoren, nach gemeinschaftlichen Untersuchungen mit L. J. FITZINGER. — Ann. Wien. Mus. Naturgesch. 2: 313 – 324.

NEILL, W. T. (1971): The Last of the Ruling Reptiles. Alligators, Crocodiles and their Kin. — New York, 486 S.

NIEKISCH, M. (1988): Das Washingtoner Artenschutzübereinkommen. Schutz vor Raubbau an der Natur. — Praxis Naturwiss. 37: 1 – 9.

OBST, J. F., K. RICHTER & U. JACOB (1984): Lexikon der Terraristik und Herpetologie. — Landbuch, Hannover, 466 S.

OGDEN, J. C. (1972): Survival of the American crocodile in Florida. — Animal Kingdom 74 (6): 7 – 11.

OGDEN, J. C. (1978): Status and nesting biology of the American crocodile, *Crocodylus acutus* (Reptilia, Crocodylidae) in Florida. — J. Herpetol. 12: 183 – 196.

OLIVER, J. A. (1955): The Natural History of North American Amphibians and Reptiles. — New York, 359 S.

OTTE, K.–CHR. (1974): Project 579. Research programme *Melanosuchus niger* in the Manu National Park. — World Wildl. Yearb., S. 257 – 264.

OUBOTER, P E. & L. M. R. NANHOE (1987): Notes on nesting and parental care in *Caiman crocodilus* in northern Suriname and an analysis of crocodilian nesting habitats. — Amphibia–Reptilia, Leiden 8: 331 – 347.

OWEN, R. (1866): On the Anatomy of Vertebrates. Vol. I, Fishes and Reptiles.

PARKER, G. H. (1925): The time of submergence necessary to drawn alligators and turtles. — Occ. Pap. Boston Soc. Nat. Hist. 5: 157 – 159.

PELLEGRIN, J. (1937): Mort d'un alligator présumé avoir vécu 85 ans à la ménagerie des Reptiles. — Bull. Mus. Hist. nat. Paris 9: 176 – 177.

PÉREZ–HIGAREDA, G. (1979): Morelet's crocodile (*Crocodylus moreletii* DUMÉRIL & DUMÉRIL) in the region of Tuxtlas, Veracruz, Mexico. — Bull. Maryland Herpetol. Soc. 15: 20 – 21.

PÉREZ–HIGAREDA, G. (1980): Notes of nesting of *Crocodylus moreletii* in southern Veracruz, Mexico. — Bull. Maryland Herpetol. Soc. 16: 52 – 53.

PÉREZ–HIGAREDA, G., G. A. RANGEL & H. M. SMITH (1989): Comments on the food and feeding habits of Morelet's crocodile. — Copeia 1989 (4): 1039 – 1041.

PÉREZ–HIGAREDA, G., G. A. RANGEL & H. M. SMITH (1991): Maximum sizes of Morelet's and American crocodiles. — Bull. Maryland Herpetol. Soc. 27: 34 – 36.

PERNKOPF, E. & J. LEHNER (1937): Vorderdarm. In: Handbuch der vergleichenden Anatomie der Wirbeltiere. — Wien 3: 349 – 562.

PETZOLD, H. G. (1979): Krokodilschutz auf Kuba – beispielhaft für die Welt. — Urania, Leipzig 11/79: 18 – 22.

PITMAN, C. R. S. (1962): The cold–blooded creatures (reptiles and amphibians). — In: Uganda National Parks Handbook. Kampala.

POOLEY, A. C. (1969): Preliminary studies on the breeding of the Nile crocodile (*Crocodylus niloticus*) in Zululand. — Lammergeyer 3: 22 – 44.

POOLEY, A. C. (1971): Crocodile rearing and restocking. — IUCN Publ. 32: 104 – 130.

POOLEY, A. C. (1974): How does a baby crocodile get to water? — Afric. Wildlife 28: 8 – 11.

POOLEY, A. C. & C. GANS (1976): The Nile crocodile. — Sci. Amer. 234: 114 – 124.

POOLEY, A. C. (1977): Nest opening response of the Nile crocodile, *Crocodylus niloticus*. — J. Zool., London 182: 17 – 26.

POOLEY, A. C. (1982): Discoveries of a Crocodile Man. — Johannesburg, 213 S.

POOLEY, A. C. & CH. A. ROSS (1989): Mortality and Predators. Crocodiles and Alligators. Facts on File. — New York, 240 S.

POOLEY, A. C., T. C. HINES & J. SHIELD (1989): Attacks on humans. In: Crocodiles and alligators. Fact on file. — New York, 240 S.

POPE, C. H. (1935): The reptiles of China. Natural history of Central Asia. Vol. X. — New York, 573 S.

RAMO, C. & B. BUSTO (1986): Censo Aereo de Caimanes (*Crocodylus intermedius*) en el Rio Tucupido (Portuguesa – Venezuela) con observaciones sobre su Actividad de Soleamiento. — In: Crocodiles. Caracas, 446 S.

REESE, A. M. (1915): The Alligator and its Allies. — New York, 358 S.

REESE, A. M. (1921): The structure and development of the integumental glands of the crocodilia. — J. Morphol. 35: 581 – 610.

REESE, A. M. (1925): The cephalic glands of *Alligator mississippiensis*, Florida alligator, and of Agkistrodon, Copperhead and Mokassin. — Biol. gen. 1: 482 – 500.

REESE, A. M. (1931): The ductless glands of *Alligator mississippiensis*. — Smithson. misc. Coll. 82: 1 – 16.

RETZIUS, G. (1884): Das Gehörorgan der Wirbeltiere. — 2: 106 – 136.

RICCIUTI, E. (1972): The American alligator. Its life in the wild. — New York, 71 S.

RICHTER, U. (1973): Kreuzung zwischen Nil– und Spitzkrokodil. — DATZ 26: 210 – 211.

RIOSUKE, A. (1985): Beobachtungen an *Crocodylus mindorensis* auf Mindoro, Philippinische Inseln. — herpetofauna, Weinstadt 7: 6 –11.

ROBERTSON, W. B. (1959): Everglades – the Park Story. — Miami.

RODHAIN, J. (1926): Les petits Crocodiles du District des Bangala. — Rev. Zool. Afr., XIV, fasc. 2, Cercle Zool. Congolais, Vol. II: 21 – 22.

ROMER, A. S. (1956): Osteology of the Reptiles. — University of Chicago Press, Chicago.

ROOJ, N. DE (1915): The reptiles of the Indo–Australian Archipelago. I, Lacertilia, Chelonia, Emydosauria. — Leiden, 384 S.

ROOTES, W. L. & R. H. CHABRECK (1993): Cannibalism in the American alligator. — Herpetologica 49: 99 – 107.

ROSS, C. A. & A. C. ALCALA (1983): Distribution and status of the Philippine crocodile (*Crocodylus mindorensis*). — Philippine J. Biol. 1/2: 169 – 173.

ROSS, C. A. (1986): Comments on Indopacific crocodile distributions. — Crocodiles. Caracas , 446 S.

ROSS, C. A. & W. E. MAGNUSSON (1989): Living crocodiles. — In: Crocodiles and alligators. Facts on File. New York 240 S.

SARDEMANN (1887): Zitiert nach WETTSTEIN, O. VON (1954): Sauropsida: Allgemeines – Reptilia. — Handb. Zool. 7 (2): 321 – 424.

SCHALLER, G. B. & P. GRANSDEN CRAWSHAW (1982): Fishing behavior of Paraguayan caiman (*Caiman crocodilus*). — Copeia 1982 (1): 66 – 72.

SCHILDBACH, H. (1990): Krokodile als Pfleglinge. — DATZ 43: 347 – 348.

SCHMIDT, K. P. (1919): Contributions to the herpetology of the Belgian Congo based on the collection of the American Museums Congo expedition, 1909 – 1915. I. Turtles, crocodiles, lizards and chameleons. — Bull. Amer. Mus. Nat. Hist. 39: 385 – 624.

SCHMIDT, K. P. (1924): Notes on Central American crocodiles. — Field Mus. Nat. Hist. Chicago, Zool. Ser. 12: 79 – 92.

SCHMIDT, K. P. (1928): Notes on South American caimans. — Field Mus. Nat. Hist. Chicago, Zool. Ser. 12: 205 – 231.

SCHMIDT, K. P. (1932): Notes on New Guinean crocodiles. — Field Mus. Nat. Hist. Chicago, Zool. Ser. 18: 167 – 172.

SCHMIDT, K. P. (1935): On the status and relations of *Crocodylus mindorensis*. — Fieldiana Zool. 33: 535 – 539.

SCHMIDT, K. P. (1952): Crocodile hunting in Central America. — Chic. Nat. Hist. Mus., Ser. Zool. 15: 1 – 23.

SCHMIDT, K. P. & F. INGER (1957): Knaurs Tierreich in Farben. Reptilien. — München, 311 S.

SCHULTZE, W. (1914): Notes on the nesting place of *Crocodylus palustris* LESSON. — Philippine J. Sci. 9: 315 – 333.

SEIDEL, M. R. (1979): The osteoderms of the American alligator and their functional significance. — Herpetologica 35: 375 – 380.

SEIJAS, A. E. (1986): Situación actual del Caiman de la Costa, *Crocodylus acutus*, en Venezuela. In: Crocodiles. — Caracas, 446 S.

SESHADIRI, B. (1969): The Twilight of India's Wildlife. — London.

SHOTTS, A. C. (1981): Bacterial diseases of alligators: an overview. — 1st Ann. Alligator Prod. Conf.

SIEBENROCK, F. (1905): Die Brillenkaimane von Brasilien. — Denkschr. Ak. Wiss. Wien 76: 29 – 39.

SILL, W. D. (1968): The zoogeography of the crocodilia. — Copeia 1968: 76 – 88.

SINGH, L. A. K., S. KAR & B. C. CHOUDHOURY (1986): India: Status of wild crocodiles. In: Crocodiles. — Caracas, 446 S.

SLONIMSKI, P. (1935): Les éléments figurés du sang chez le crocodile (*Crocodylus rhombifer*). — C. R. Soc. Biol. Paris 119: 1206 – 1208.

SMITH, E. N., R. D. ALLISON & W. E. CROWDER (1974): Bradycardia in a free ranging American alligator. — Copeia 1974 (3): 770 – 772.

SMITH, M. A. (1931): The fauna of British India, including Ceylon and Burma. — Reprinted 1973: Hollywood, Florida, 185 S.

SÖLLER, L. (1931): Über den Bau und die Entwicklung des Kehlkopfes bei Krokodiliern (*Caiman*) und Marsupialiern (*Didelphis*). — Morphol. Jb. 68: 541 – 593.

SOWERBY, A. DE C. (1925): The Yangtze alligator. In: A naturalist's note–book in China. — North–China Daily News and Herald: 59 – 61.

SPIX, J. B. (1825): Animalia nova sive especies novae Lacertarum. — Franc. Seraph.: 1 – 26.

SPIX, J. B. & C. F. PH. V. MARTIUS (1828): Reise in Brasilien auf Befehl seiner Majestät Maximilian Joseph I., Vol. 2. — München, 884 S.

SPRUCE, R. (1908): Notes of a botanist on the Amazon and Andes (Ed. A. R. WALLACE). — London, 518 S.

STATON, M A. & J. R. DIXON (1975): Studies on the dry season biology *Caiman crocodilus crocodilus* from the Venezuelan Llanos. — Mem. Soc. Ci. Nat. 101: 237 – 265.

STATON, M A. & J. R. DIXON (1977): Breeding biology of the spectacled caiman, *Caiman crocodilus crocodilus*, in the Venezuelan Llanos. — Fish Wildl. Serv. Rep. 5: 1 – 21.

STEEL, R. (1973): Handbuch der Paläoherpetologie, Teil 16, Crocodylia. — Stuttgart, 116 S.

STEEL, R. (1975): Die fossilen Krokodile. — Die Neue Brehm–Bücherei 488, Wittenberg Lutherstadt, 76 S.

STEEL, R. (1989): Crocodiles. — Bromley, Kent, 198 S.

STEEL, R. & H. HAUBOLD (1979): Die Dinosaurier. — Die Neue Brehm–Bücherei 432, Wittenberg Lutherstadt, 136 S.

STEVENSON - HAMILTON, J. (1912): Animal Life in Africa.

STONEBURGER, D. L. & J. A. KUSHLAN (1984): Heavy metal burdens in American crocodile eggs from Florida Bay, Florida, USA. — J. Herpetol. 18: 192 - 193.

STRAUCH, A. (1866): Synopsis der gegenwärtig lebenden Crocodiliden. — Mem. Acad. Imp. St. Petersburg, VII, Ser. 10 (13): 1 – 110.

STRIBRNY, R. (1978): Nachzucht von *Caiman crocodilus fuscus* in der Gefangenschaft. — DATZ 31: 422 – 424.

SUVANAKORN, P. & CH. YOUNGPRAPAKORN (1987): Crocodile farming in Thailand. In: Wildlife Management - Crocodiles and alligators. — Chipping Norton, 552 S.

SUVANAKORN, P. & CH. YOUNGPRAPAKORN (o.J.): The Breeding of Crocodiles in Captivity at Samutprakan. Thailand. — Lose Blattsammlung, 6 S.

TAGUCHI, H. (1920): Beiträge zur Kenntnis über die feinere Struktur der Eingeweideorgane der Krokodile. — Mitt. med. Fac. Tokio 25: 119 – 188.

TANSEY, M. R. (1973): Isolation of thermophilic fungi from alligators nesting material. — Mycologia 65: 594 – 601.

TAPLIN, L. E., G. C. GRIGG & L. BEARD (1985): Salt gland function in fresh water crocodiles: Evidence for a marine phase in eusuchian evolution? In: G. C. GRIGG, R. SHINE & H. EHMANN (Eds.), Biology of Australasian frogs and reptiles, pp. 403 – 410. — Surrey Beatty and Sons, Sydney.

TAYLOR, E. H. (1970): The turtles and crocodiles of Thailand and adjacent waters. — Univ. Kansas Sci. Bull. 49: 87 – 179.

TAYLOR, R., D. K. BLAKE & J. P. LOVERIDGE (1982): Population numbers of crocodiles (*C. niloticus*) on Lake Kariba and factors influencing them. In: Crocodiles. — Caracas, 446 S.

THORBJARNARSON, J. B. (1984): Status and ecology of the American crocodile in Haiti. — Msc. Thesis. University of Florida.

THORBJARNARSON, J. B. (1986): The present status and distribution of *Crocodylus acutus* on the Caribean Island of Hispaniola. In: Crocodiles. — Caracas, 446 S.

THORBJARNARSON, J. B. (1988): Status and ecology of the American crocodile in Haiti. — Bull. Florida State Mus. 33: 1 – 86.

THORBJARNARSON, J. B. (1990): Notes on the feeding behavior of the gharial (*Gavialis gangeticus*) under semi–natural conditions. — J. Herpetol. 24: 99 – 100.

TOOPS, C. M. (1979): The alligator, monarch of the Everglades. — The Everglades Nat. Hist. Ass., S. 64.

TORRES, DE LA LLOSA, J. P. (1975): Cartilla para la represión de los ilicitos contra la fauna indigena a y su habitat en todo el territorio Nacional. — Talleres de Imprenta, Jefatura de Policia, Montevideo.

TRETJAKOFF, D. (1930): Die orbitalen Sinusse bei den Amphibien, Reptilien und Vögeln. — Gegenbaurs Morph. Jb. 64: 133 – 177.

TROMPF, G. W. (1989): Mythology, religion, art and literature. — In: Crocodiles and alligators. Facts on file. New York, 240 S.

TROXELL, E. L. (1925): Mechanics of crocodile vertebrae. — Bull. Geol. Soc. Amer. 36: 605 – 614.

TRUTNAU, L. (1980): Über die Lebensweise und Pflege des Netzpythons *Python reticulatus* (SCHNEIDER). — herpetofauna, Weinstadt 2: 26 – 31.

TRUTNAU, L. (1985): »Crocodile Farm« – die größte Krokodilfarm der Welt. — herpetofauna, Weinstadt 7: 25 – 34.

TRUTNAU, L. (1990): Zur Kenntnis des Krokodilkaimans *Caiman crocodilus* (LINNAEUS 1758). — herpetofauna, Weinstadt 12: 25 – 34.

TYRON, B. W. (1980): Observations on reproduction in the west African dwarf crocodile with a description of parental behavior. — SSAR Contributions to Herpetology, No. 1.

ULRICH, D. (1989): Die Everglades: Alligatoren, Krokodile und Kaimane. — DATZ 42: 685 – 688.

VALENTINE et al. (1972): Alligator diets on the Sabine National Wildlife Refuge, Louisiana. — J. Wildl. Man. 36: 809 – 815.

VAN DER MEER MOHR, J. C. (1933): A note on a hair–ball from the stomach of a crocodile. — Misc. zool. sumatrana 74: 1 – 2.

VANZOLINI, P. E (1993): Cátalogo bibliográfico dos crocodylia du America do Sul. — Papéis Avulsos Zool., Sao Paulo 38: 107 – 154.

VANZOLINI, P. E. P. & N. GOMEZ (1972): Notes on the ecology and growth of Amazonian caimans (Crocodylia, Alligatoridae). — Papéis Avulsos Zool., Sao Paulo 32: 205 – 216.

VARONA, L. S. (1966): Notas sobre los crocodilidos de Cuba y description de uma nueva especie del Pleistoceno. — Pocyana, Inst. Biol. (A) 16: 1 – 34.

VARONA, L. S. (1980): The status of *Crocodylus acutus* and *Crocodylus rhombifer* in Cuba (unpubl. Mskr.).

VARONA, L. S. (1987): The status of *Crocodylus acutus* in Cuba. — Carib. J. Sci. 23: 256 – 259.

VAZ–FEREIRA, R. & F. ACHAVAL (1980): Nidificación y nacimiento de *Caiman latirostris latirostris* (DAUDIN, 1802). — I. Reunión Iberoameric. Zool. Vert. 385 – 396.

VILLIERS, A. (1956a): Le Parc National du Niokolokoba. — Mem. Inst. Franc. Afric. 48: 143 – 162.

VILLIERS, A. (1956b): Un crocodile nouveau pour le Sénégal, Osteolaemus tetraspis. — Not. Afric. 70: 80 – 81.

VILLIERS, A. (1958): Tortues et Crocodiles de l'Afrique Noire Française. — Inst. Franc. d'Afr. N. Initiations Africaines. No. XV Dakar, 354 S.

VOELTZKOW, A. (1891): Über Eiablage und Embryonalentwicklung der Krokodile. — SB. Ak. Wiss. Berlin 7: 1 – 6.

VOELTZKOW, A. (1899): Biologie und Entwicklung der äußeren Körperform von *Crocodilus madagascariensis* GRAND. — Abh. Senckenberg. naturf. Ges., Frankfurt/M. 26: 1 – 149.

VOELTZKOW, A. (1902): Beiträge zur Entwicklungsgeschichte der Reptilien. Biologie und Entwicklung der äußeren Körperform von *Crocodilus madagascariensis* GRAND. — Abh. Senckenberg. naturf. Ges., Frankfurt/M. 29: 1 – 150

VOGEL, Z. (1958): Über das postembryonale Wachstum einiger Krokodile. Zool. Garten N.F. 24: 222 – 227.

WAGLER, J. (1830): Natürliches System der Amphibien. — München.

WAITKUWAIT, W. E. (1982): Investigations into the breeding biology of the slender snouted crocodile *Crocodylus cataphractus*. — Paper contributed to the Symposium on crocodile conservation and utilisation and 6th working meeting of the crocodile specialsts group. Victoria Falls.

WAITKUWAIT, W. E. (1985) Investigations on the breeding biology of the Westafrican slendersnouted crocodile *Crocodylus cataphractus* CUVIER, 1825. — Amphibia–Reptilia, Leiden 6: 387 – 399.

WAITKUWAIT, W. E. (1986): Contribution à l'étude des crocodiles en Afrique de l'ouest. — Nature et Faune No. 1.

WAITKUWAIT, W. E. (1989): Present knowledge on the westafrican slendersnouted crocodile, *Crocodylus cataphractus*, CUVIER, 1825 and the westafrican dwarf crocodile *Osteolaemus tetraspis*, COPE, 1861. In: Crocodiles – Their ecology, management and conservation. — Gland, 308 S.

WALLACE, A. R. (1889): A narrative of travels on the Amazon and Rio Negro. — 1. u. 2. Aufl. London, 363 S.

WEBB, G. J. W. (1977): The natural history of *Crocodylus porosus*: habitat and nesting. In: Australian animals and their environment. — Sydney, S. 237 – 284.

WEBB, G. J. W. (1980): Nesting biology of *Crocodylus johnstoni* in the Northern Territory. — Proc. Melbourne Herp. Symp., S. 107.

WEBB, G. J. W. & H. MESSEL (1977): Abnormalities and injuries in the estuarine crocodile, *Crocodylus porosus*. — Austral. Wildlife Res. 4: 311 – 319.

WEBB, G. J. W., H. MESSEL & W. MAGNUSSON (1977): The nesting of *Crocodylus porosus* in Arnhem Land, northern Australia. — Copeia 1977 (2): 238 – 249.

WEBB, G. J. W., H. MESSEL & W. MAGNUSSON (1987): Crocodile management in the Northern Territory of Australia. In: Wildlife management - Crocodiles and alligators. — Chipping Norton, NSW, Australia, S. 107 – 124.

WEBB, G. J. W., K. DEMPSEY & A. M. BEAL (1985): Predicting the development rate of crocodilian embryos and quantifying periods of sex determination. — Intern. Techn. Conf. Croc. Conserv. Man.

WELLS, R. W. & C. R. WELLINGTON (1985): A classification of the amphibia and reptilia of Australia. — Austr. J. Herpetol., Suppl. Ser. 1: 1 – 98.

WEIGMANN, R. (1929): Über Unterschiede in der Kältebeständigkeit von Fröschen, Eidechsen und Alligatoren. — Verh. phys.-med. Ges. 54: 88 – 97.

WERMUTH, H. (1953): Systematik der rezenten Krokodile. — Mitt. Zool. Mus. Berlin 29: 375 – 514.

WERMUTH, H. (1963): Farbwechsel und Lernfähigkeit bei Krokodilen. — DATZ 16: 90 – 93.

WERMUTH, H. (1964): Das Verhältnis zwischen Kopf–, Rumpf– und Schwanzlänge bei den rezenten Krokodilen. — Senckenberg. biol., Frankfurt/M. 45: 369 – 385.

WERMUTH, H. (1978): Artenschutz für Krokodile und die Reptillederindustrie. — Beih. Veröff. Natursch. Baden–Württ. 11: 451 – 454.

WERMUTH, H. (1989): Wie, wann und warum brüllen Krokodile? — DATZ 42: 553 – 555.

WERMUTH, H. & K. H. FUCHS (1978a): Bestimmen von Krokodilen und ihrer Häute. — Stuttgart, 100 S.

WERMUTH, H. & K. H. FUCHS (1978b): Bastarde zwischen südostasiatischen Krokodilen. — Stuttgarter Beitr. Naturk., Ser. A 314: 1 – 17.

WERMUTH, H. & K. H. FUCHS (1985): Erkennungs-Handbuch. — Wash. Artenschutzübereinkommen. A–306000.001 – 306.003.001 und L–306.000.000.001 – 306.003.001.

WERMUTH, H. & R. MERTENS (1961): Schildkröten, Krokodile und Brückenechsen. — Jena, 422 S.

WETTSTEIN, O. VON (1937): Krokodile. — Handb. Zool. 7 (1): 225 – 320.

WETTSTEIN, O. VON (1954): Sauropsida: Allgemeines - Reptilia. — Handb. Zool. 7 (2): 321 – 424.

WEYENBERG, H. (1876): Noticias biologicas y anatomicas el Yacare o *Alligator sclerops* L. — Bol. Ac. nac. Córdoba 2: 224 – 254.

WHATELEY, A. (1983): Löwe tötet Krokodil. — Tier 4/83: 21.

WHITAKER, R. (1987): The management of crocodilians in India. In: Wildlife management - Crocodiles and alligators. — Chipping Norton, NSW, Australia., S. 63 – 72.

WHITAKER, R. & Z. WHITAKER (1977): Notes on natural history of *Crocodylus palustris*. — J. Bombay nat. Hist. Soc. 74: 358 – 360.

WHITAKER, R. & Z. WHITAKER (1979): Preliminary crocodile survey - Sri Lanka. — J. Bombay nat. Hist. Soc. 76: 66 – 85.

WHITAKER, R. & Z. WHITAKER (1984): Reproductive biology of the mugger. — J. Bombay nat. Hist. Soc. 81: 297 – 316.

WHITAKER, R. & Z. WHITAKER (1989): Ecology of the mugger crocodile. In: Crocodiles, their ecology, management and conservation. — Gland, 308 S.

WHITE, F. N. (1969): Redistribution of cardiac output in the diving alligator. — Copeia 1969 (3): 567 – 571.

WIED–NEUWIED, M. (1825): Reise nach Brasilien in den Jahren 1815 bis 1817, von 1820 bis 1821. — Frankfurt.

Wiedersheim, R. (1909): Zitiert nach WETTSTEIN, O. VON (1954): Sauropsida: Allgemeines - Reptilia. — Handb. Zool. 7 (2): 321 – 424.

WORREL, E. (1964): The Reptiles of Australia. — Sydney, 207 S.

ZAPPALORTI, R. T. (1976): The Amateur Zoologist's Guide to Turtles and Crocodiles. Vol. 1. — Harrisburg, 208 S.

ZERRIES, O. (1938): In: Das Krokodil, der Kaiman in Vorstellung und Darstellung südamerikanischer Indianer (Hrsg. K. R. ZELLER). — Hohenschäftlarn, 527 S.

ZHANG, M. W. & C. C. HUANG (1979): Chinese crocodilian species — the Chinese alligator and the saltwater crocodile. — Dongwu Zazhi 2: 52.